焊工上岗指南

新版
电焊工入门

王滨涛　代景宇　张政兴　雒庆桐　编著

机械工业出版社

本书是为上岗、转岗、再就业、农村劳动力转移焊工设计的一条通往焊工岗位的通途，同时也是为适应"工学结合，校企合作"培养模式的要求，提高职业学校学生的操作技能、满足就业需要而编写的技能培训类用书。

本书以介绍焊工上岗必备的焊工安全知识、焊接基本知识、焊接基本操作技能为主；辅之以焊工应知的机械识图基本知识、气焊知识、冷作知识等相关知识；拓展了新时代焊工应学会的手工钨极氩弧焊和CO_2气体保护焊操作技能。

本书可供中等职业学校、技工学校、青年技工以及上岗、转岗、再就业、农村劳动力转移焊工作为焊工初级技能培训教材使用，也可供焊工自学，还可供焊接技术人员及有关人员参考。

图书在版编目(CIP)数据

新版电焊工入门/王滨涛等编著.—北京：机械工业出版社，2011.1
(2014.9重印)
(焊工上岗指南)
ISBN 978-7-111-28702-5

Ⅰ.①新… Ⅱ.①王… Ⅲ.①电焊-基本知识 Ⅳ.①TG443

中国版本图书馆 CIP 数据核字（2011）第 092701 号

机械工业出版社（北京市百万庄大街 22 号 邮政编码 100037）
策划编辑：何月秋 责任编辑：何月秋 版式设计：霍永明
责任校对：樊钟英 封面设计：姚 毅 责任印制：刘 岚
北京圣夫亚美印刷有限公司印刷
2014年9月第1版第3次印刷
148mm×210mm · 13 印张 · 423 千字
7001—9000 册
标准书号：ISBN 978-7-111-28702-5
定价：29.80 元

凡购本书，如有缺页、倒页、脱页，由本社发行部调换
电话服务   策划编辑：(010)88379732
社服务中心 ：(010)88361066   网络服务
销售一部 ：(010)68326294   门户网：http://www.cmpbook.com
销售二部 ：(010)88379649   教材网：http://www.cmpedu.com
读者购书热线：(010)88379203 封面无防伪标均为盗版
编辑热线 ：(010)88379732

新版前言

焊接技术被广泛应用于车辆工程、机械制造、建筑工程、桥梁、航空航天、电站、锅炉、压力容器、石油化工、矿山、起重机械以及国防等各个行业。我国焊接行业经过多年的发展壮大，目前已形成了一批有一定规模的企业，焊接已经从一般传统的热加工发展到集结构力学、自动化技术等多门类学科为一体的综合工程学科，我国焊接行业的发展充满了机遇和挑战。

为帮助广大技术工人，特别是青年工人、军转民工人、农民工等提高焊接操作技能，掌握相关的焊接知识，我们1998年编写出版了《上岗之路——电焊工入门》第1版，第1版出版13年多来，先后重印18次，销售10多万册。现在，根据最新《国家职业标准 焊工》和读者的反馈意见对第1版进行了修订，去除落后的技术内容，加入新的技术知识，推出了《新版电焊工入门》，使全书与当前的焊接技术发展同步，更富有时代感。

本书是依据最新《国家职业标准 焊工》的要求，按照岗位培训需要的原则编写的，本书在编写时遵循实用性、针对性原则，对焊条电弧焊、CO_2气体保护焊、氩弧焊的操作方法和焊接工艺进行了详细的介绍。

本书第二、三章由张政兴编写，第一、九、十、十二章由代景宇编写，其余章节由王滨涛和雒庆桐编写，全书由王滨涛、雒庆桐统稿。

本书通俗易懂、实用性强，是焊工工作中的好帮手。本书可供初、中级焊工培训和自学之用，也可作为技工学校、中等职业技术学校的生产实习教学用书。

本书在编写过程中参考了大量文献，在此向所有文献的作者表示衷心的感谢和崇高的敬意！

因编者水平有限，加上时间仓促，书中难免有误和不妥之处，恳请读者批评和指正。

编 者

目 录

新版前言
第一章　焊接安全知识 …………………………………… 1
　第一节　焊接安全用电 …………………………………… 1
　第二节　焊接安全检查 …………………………………… 4
　第三节　特殊环境焊接的安全技术 ……………………… 6
　第四节　焊接安全卫生及劳动保护 ……………………… 8
第二章　机械识图基本知识 …………………………… 12
　第一节　识图基础知识 …………………………………… 12
　第二节　焊接图 …………………………………………… 23
第三章　焊接基本知识 ………………………………… 42
　第一节　概述 ……………………………………………… 42
　第二节　焊接电弧 ………………………………………… 45
　第三节　焊接冶金基础 …………………………………… 52
　第四节　焊接接头的组织和性能 ………………………… 55
第四章　焊条电弧焊技术 ……………………………… 65
　第一节　概述 ……………………………………………… 65
　第二节　焊条电弧焊常用工具和量具 …………………… 66
　第三节　焊条电弧焊的焊接接头形式和焊接位置 ……… 72
　第四节　焊条电弧焊焊接参数的选择 …………………… 78
　第五节　焊条电弧焊的基本操作技术 …………………… 80
　第六节　不同焊接位置焊条电弧焊的基本操作方法 …… 88
　第七节　焊条电弧焊的定位焊 …………………………… 106
　第八节　焊条电弧焊的单面焊双面成形操作技术 ……… 107
　第九节　薄板的焊条电弧焊 ……………………………… 114
　第十节　焊条电弧焊焊接接头常见缺陷的分析 ………… 116

第十一节　焊接检验知识 …………………………………… 124
第五章　焊条 …………………………………………………………… 133
　　第一节　焊条的组成及作用 ……………………………………… 133
　　第二节　焊条的分类、型号及规格 ……………………………… 135
　　第三节　焊条的选用原则 ………………………………………… 143
　　第四节　焊条的检验和保管 ……………………………………… 143
　　第五节　高效专用焊条简介 ……………………………………… 146
第六章　弧焊电源及设备 ……………………………………………… 148
　　第一节　弧焊电源的种类及其基本要求 ………………………… 148
　　第二节　弧焊电源的型号及技术特性 …………………………… 154
　　第三节　常用弧焊电源 …………………………………………… 156
　　第四节　弧焊电源的选择与维护 ………………………………… 172
　　第五节　常用弧焊设备 …………………………………………… 181
第七章　常用金属材料的焊接 ………………………………………… 192
　　第一节　常用钢材 ………………………………………………… 192
　　第二节　金属材料的焊接性 ……………………………………… 195
　　第三节　碳素钢的焊接 …………………………………………… 197
　　第四节　低合金结构钢的焊接 …………………………………… 201
　　第五节　珠光体耐热钢的焊接 …………………………………… 204
　　第六节　奥氏体不锈钢的焊接 …………………………………… 207
　　第七节　铸铁补焊 ………………………………………………… 212
　　第八节　不锈复合钢板的焊接 …………………………………… 214
第八章　CO_2气体保护焊 …………………………………………… 221
　　第一节　概述 ……………………………………………………… 221
　　第二节　CO_2气体保护焊的焊丝及气体 …………………… 224
　　第三节　CO_2气体保护焊的焊接参数 ……………………… 230
　　第四节　CO_2气体保护焊的基本操作技术 ………………… 234
　　第五节　不同焊接位置CO_2气体保护焊的基本操作方法 … 240
　　第六节　CO_2气体保护焊中厚板单面焊双面成形操作技术 … 255
第九章　钨极氩弧焊 …………………………………………………… 263
　　第一节　概述 ……………………………………………………… 263
　　第二节　钨极氩弧焊的焊接材料 ………………………………… 265
　　第三节　钨极氩弧焊焊接参数的选择 …………………………… 270

  第四节 钨极氩弧焊的操作技术 …………………………… 275
  第五节 手工钨极氩弧焊（TIG）的基本操作方法 ……… 283
  第六节 钨极氩弧焊单面焊双面成形操作技术 …………… 292
  第七节 钨极氩弧焊焊接接头常见缺陷分析 ……………… 302
第十章 其他常用焊接与切割方法简介 ……………………… 305
  第一节 埋弧焊 …………………………………………… 305
  第二节 等离子弧焊与切割 ……………………………… 314
  第三节 碳弧气刨 ………………………………………… 318
  第四节 气焊与气割 ……………………………………… 322
第十一章 焊接应力和变形 …………………………………… 342
  第一节 焊接应力和变形产生的原因 …………………… 342
  第二节 焊接应力及其控制 ……………………………… 345
  第三节 焊接变形及其控制 ……………………………… 348
第十二章 结构件的冷作加工 ………………………………… 357
  第一节 钢材的基本知识 ………………………………… 357
  第二节 钢材的矫正 ……………………………………… 361
  第三节 划线、号料放样及展开 ………………………… 363
  第四节 钢材的切割与成形 ……………………………… 397
  第五节 结构件的装配 …………………………………… 399
  第六节 连接 ……………………………………………… 403
参考文献 …………………………………………………………… 409

第一章

焊接安全知识

焊工在工作时要与电、易燃易爆气体或液体、压力容器等接触。在焊接过程中还会产生一些有害气体和烟尘，以及弧光辐射、热源高温等。如果焊工不遵守安全操作规程，就可能引起触电、灼伤、火灾、爆炸、中毒等事故，直接影响焊工及其他工作人员的人身安全，造成经济损失。

第一节　焊接安全用电

所有用电的焊工都有触电的危险，必须懂得安全用电常识。

一、电流对人体的危害

1. 电对人体危害的形式

电对人体有三种类型的危害，即电击、电伤和电磁场生理伤害。

（1）电击　电流通过人体内部，破坏心脏、肺部或神经系统的功能叫做电击。

（2）电伤　指电流的热效应、化学效应或机械效应对人体外部组织造成的局部伤害。

（3）电磁场生理伤害　指在高频电磁场作用下，使人产生头晕、乏力、记忆力衰退、失眠多梦等神经系统的症状。

2. 电流对人体伤害的影响因素

（1）流经人体的电流　电流引起人的心室颤动是电击致死的主要原因。电流越大，引起心室颤动所需时间越短，致命危险越大。

能使人感觉到的电流为：交流约 1mA，直流约 5mA，交流 5mA 能引起轻度痉挛；人触电后自己能摆脱的电流为：交流约 10mA，直流约 50mA，交流达到 50mA 时在较短的时间内就能危及人的生命。

在比较干燥的情况下，人体电阻约为 1000~1500Ω，通过人体不引起心室颤动的最大电流可按 30mA 考虑，则安全电压 $U = 3 \times 10^{-3} \times (1000~$

1500)V = 35 ~ 45V，我国规定为 36V；对于潮湿情况，人体电阻仅为 500 ~ 650Ω，则安全电压 $U = 3 \times 10^{-3} \times (500 ~ 650)V = 15 ~ 19.5V$，我国规定为 12V；若通过人体的电流按不引起痉挛的电流 5mA 考虑，则安全电压 $U = 5 \times 10^{-3} \times (500 ~ 650)V = 2.5 ~ 3.75V$。

（2）人体触电的方式　根据人能触及的电压，可将触电分成两种情况：

1）单相触电　当人站在地上或者其他导体上时，身体其他部位碰到一根火线引起的触电事故叫做单相触电。若此时碰到的电压是交流 220V，是比较危险的。

2）两相触电　当人体同时接触两根火线时引起的触电事故叫做两相触电。若碰到的电压是交流 380V，触电的危险会更大些。

（3）通电时间　电流通过人体的时间越长，危险性越大，人的心脏每收缩扩张一次，中间约有 0.1s 间歇，这段时间心脏对电流最敏感。若触电时间超过 1s，肯定会与心脏最敏感的间隙重合，危险性增加。

（4）电流通过人体的途径　通过人体的心脏、肺部或中枢神经系统的电流越大，危险越大，因此人体从左手到右脚的触电事故最危险。

（5）电流的频率　现在使用的工频交流电是最危险的频率。

（6）人体的健康状况　人的健康状况不同，对触电的敏感程度也不同，凡患有心脏病、肺病和神经系统疾病的人，触电伤害的程度都比较严重，因此一般不允许有这类疾病的人从事电焊作业。

二、焊接作业用电特点

不同的焊接方法对焊接电源电压、电流等参数的要求不同，我国目前生产的焊条电弧焊电源的空载电压限制在 90V 以下，工作电压为 25 ~ 40V；电弧焊电源的空载电压为 70 ~ 90V；电渣焊电源的空载电压一般是 40 ~ 65V；氩弧焊、二氧化碳气体保护焊电源的空载电压是 65V 左右；氢原子焊电源的空载电压为 300V，工作电压为 100V；等离子弧切割电源的空载电压高达 300 ~ 450V。所有焊接电源的输入电压均为 220V/380V，都是 50Hz 的工频交流电，因此触电的危险是比较大的。

三、焊接操作时造成触电的原因

1. 直接触电

1）在更换焊条、电极和焊接的过程中，焊工的手或身体接触到焊条、焊钳或焊枪的带电部分，而脚或身体其他部位与地或工件间无绝缘防护。当焊工在金属容器、管道、锅炉、船舱或金属结构内部施工，或当人体大量出汗，或在阴雨天或潮湿的地方进行焊接作业时，特别容易发生这种触电事故。

2）在接线、调节焊接电流或移动焊接设备时，易发生触电事故。

3）在登高焊接时，碰上低压线路或靠近高压电源引起触电事故。

2. 间接触电

1）焊接设备的绝缘烧损或机械损伤，使绝缘损伤部位碰到机壳，而人碰到机壳引起触电。

2）焊机的火线和零线接错，使外壳带电。

3）焊接操作时人体碰上了绝缘破损的电缆、刀开关带电部分等。

四、预防触电的措施

1）焊工操作时必须按规定穿戴防护工作服、绝缘鞋和防护手套，并注意以下几点：

① 工作前应先检查电源有无接地及接零装置，各接线点接触是否良好，焊接电缆的绝缘有无破损等。

② 更换焊件时一定要戴皮手套，禁止用手和身体随便接触二次回路的导电体，身体出汗衣服潮湿时，切勿靠在带电的钢板上或坐在焊件上工作。

③ 在金属容器内或在金属结构上焊接时，触电的危险性更大，必须穿绝缘鞋、戴皮手套，垫上橡胶板或其他绝缘衬垫，以保障焊工身体与焊件间绝缘，并应设有监护人员，随时注意操作人员的安全动态，遇有危险时立即断电进行救护。

④ 下列操作应在断电后进行：改变电源接头、改接二次回路线、搬动焊接电源、更换熔丝、检修焊接电源。

⑤ 焊工在切断和闭合刀开关或接触带电物体时，必须单手进行。因为双手切断和闭合刀开关或接触带电物体时，如果发生触电，会通过人体心脏形成回路，造成触电者迅速死亡。

2）焊接电缆软线（二次线）外皮烧损超过两处，应更换检修再用。

3）在容器内部施焊时，照明电压采用12V，登高作业不准将电缆线缠在焊工身上或搭在背上。

4）所有交、直流电焊设备的外壳都必须可靠接地。

5）焊接电源应安装自动断电装置，使电源空载电压降至安全电压范围内，既能防止触电，又能降低空载损耗，具有安全和节电的双重作用。

6）焊机工作负荷不应超出规定，即在允许的负载持续率下工作，不得任意长时间超载运行。电源应按时检修，保持绝缘良好。焊钳及焊枪应有良好的绝缘性能和隔热能力。焊接电缆应具有较好的导电能力和绝缘外层，绝缘电阻不得小于 $1M\Omega$。焊接电缆的截面积应根据焊接电流的大小来选用，以保证电缆不致过热而损坏绝缘层。

第二节　焊接安全检查

一、电焊设备安全技术要点

1. 电焊机

1）焊机外壳应接地，绝缘应完好，各接点应紧固可靠。

2）一般弧焊电源空载电压：直流≤100V，交流≤80V；等离子弧切割电源空载电压高达 400V，应尽量采用自动切割，并加强防触电措施。

3）焊机带电的裸露部分和转动部分必须有安全保护罩。

4）电压≥20kV 时（如电子束焊设备）应有铅屏防护或遥控操作。

5）应防止焊机受到碰撞或剧烈振动。

6）禁止多台焊机共用一个电源开关。

7）应平稳地安放在通风良好、干燥的地方，不准靠近高热、易燃、易爆危险的环境，室外使用时应有防雨、雪设备。

8）焊机上禁止放任何物件，启动前电焊钳与焊件不能短路。

9）焊机发生故障时，必须切断电源后由电工修理。

2. 焊接电源

1）电缆必须按规定选用。电缆外皮必须完整、绝缘良好、柔软，绝缘电阻不小于 $1M\Omega$，用高频引弧或稳弧时，焊接电缆应有铜网编织的屏蔽套。

2）一次电源线电缆长度不宜超过 3m；焊机与焊钳应用软电缆线连接，长度不宜超过 20m。

3）焊接用电缆禁止搭在气瓶、乙炔瓶或其他易燃物品的容器和材料上。

4）禁止利用厂房金属结构、轨道、管道、暖气设施或其他金属物体搭接起来，作焊接电缆。

5）禁止与油脂等易燃物接触。

3. 焊钳

1）焊钳的手柄要有良好的绝缘层和隔热能力。

2) 焊钳与焊接电缆的连接应简单可靠，接地良好。
3) 焊钳使用起来操作灵便，能夹紧焊条，并能安全方便的更换。
4) 焊钳质量应不超过600g。

二、气焊、气割安全技术要点

气焊、气割安全技术的一般要求如下：

1) 乙炔最高工作压力禁止超过1.47MPa。
2) 禁止使用纯铜、纯银或铜的质量分数超过70%的铜合金制造与乙炔接触的仪表、管子、零件、工具。
3) 乙炔瓶、回火防止器、氧气瓶、减压器等均应采取防冻措施，应用热水解冻，禁止用明火或棍棒敲打解冻。
4) 乙炔系统的检漏可用涂抹肥皂水的方法进行，严禁用明火检漏。
5) 电石和乙炔混合气着火时，应采用干沙、CO_2或干粉灭火器灭火。

气焊、气割安全技术的具体要求详见第十章第四节。

三、焊接、气割现场的防火、防爆

1. 焊接现场发生爆炸的可能性

焊接时能发生爆炸的几种情况如下：

(1) 可燃气体的爆炸 工业上大量使用的可燃气体（如乙炔、天然气等）与氧气或空气均匀混合达到一定限度，遇到火源便发生爆炸，这个限度称为爆炸极限，常用可燃气体在混合物中所占的体积分数来表示。例如：乙炔与空气混合爆炸极限为2.2%~81%；乙炔与氧混合爆炸极限为2.8%~93%；丙烷或丁烷与空气混合爆炸极限分别为2.1%~9.5%和1.55%~8.4%。

(2) 可燃液体或可燃液体蒸气的爆炸 在焊接场地或附近放有可燃液体时，可燃液体或可燃液体的蒸气达到一定浓度，遇到焊接火花即会发生爆炸（例如汽油蒸气与空气混合，其爆炸极限仅为0.7%~6.0%）。

(3) 可燃粉尘的爆炸 可燃粉尘（例如镁、铝粉尘，纤维素粉尘等）悬浮于空气中，达到一定浓度范围，遇到火源（例如焊接火花）也会发生爆炸。

(4) 焊接密闭容器的爆炸 对密闭容器或正在受压的容器进行焊接时，如不采取适当措施也会产生爆炸。

2. 防火、防爆措施

1) 焊接场地禁止放置易燃、易爆物品，场地内应备有消防器材，保证足够的照明和良好的通风。

2）焊接场地10m内不应储存油类或其他易燃、易爆物质的储存器皿或管线、氧气瓶。

3）对受压容器、密闭容器、各种油桶和管道、沾有可燃物质的工件进行焊接时，必须事先进行检查，并经过冲洗，除掉有毒、有害、易燃、易爆物质，解除容器及管道压力，消除容器密闭状态后，再进行焊接。

4）焊接密闭空心工件时，必须留有出气孔；焊接管子时，两端不准堵塞。

5）在有易燃、易爆物的车间、场所或煤气管、乙炔管（瓶）附近焊接时，必须取得消防部门的同意。操作时采取严密措施，防止火星飞溅引起火灾。

6）焊工不准在木板、木砖地上进行焊接操作。

7）焊工不准在手把或接地线裸露的情况下进行焊接，也不准将二次回路线乱接乱搭。

8）气焊、气割时，要使用合格的电石、乙炔发生器及回火防止器，压力表（乙炔、氧气）要定期校检，还要应用合格的橡胶软管。

9）离开施焊现场时，应关闭气源、电源，并将火种熄灭。

第三节 特殊环境焊接的安全技术

所谓特殊环境，是指在一般工业企业正规厂房以外的地方，例如高空、野外、水下、容器内部等。在这些地方焊接时，除遵守上面介绍的一般安全技术外，还要遵守一些特殊的规定。

一、容器内的焊接

1）在容器内进行气焊时，点燃和熄灭焊炬的操作应在容器外部进行，以防止有未燃的可燃气聚集在容器内发生爆炸。

2）在容器内焊接时，容器内部尺寸不应过小，外面必须设人监护，或两人轮换工作，容器内应有良好的通风措施，照明电压应采用12V。禁止在已进行涂装或喷涂过塑料的容器内焊接，严禁用氧气代替压缩空气在容器内进行吹风。

3）在容器内进行氩弧焊时，焊工应戴专用面罩，以减少臭氧及粉尘危害，不应在容器内部进行碳弧气刨。

4）若在已使用过的容器或储存器皿内部进行焊接时，必须将原来内部残留的介质、痕迹进行仔细清理。若该介质是易燃、易爆物质，还必须进行严格的化学清理并经检验确实无危险的,才能进行焊接。

5)应打开被焊容器的人孔、手孔、清扫孔和散热管等,方可进入容器内进行焊接。

6)在容器内焊接时,焊工要特别注意加强个人防护,穿好工作服、绝缘鞋、戴好皮手套,在有可能的情况下,最好垫上绝缘垫。焊接电缆、焊钳的绝缘必须完好。

二、高空作业焊接

1)高空作业时,焊工应系安全带,地面应有人监护(或两人轮换作业)。

2)高空作业时,手把线要绑紧在固定地点,不准缠在焊工身上,或搭在背上。

3)更换焊条时,应把热焊条头放在固定的筒(盒)内,不准随便往下扔。

4)焊接作业周围(特别下方),应清除易燃、易爆物。

5)不准在高压电线旁工作,不得已时,应切断电源,并在电闸盒上挂牌,设专人监护。

6)高空作业时,不准使用高频引弧器。

7)高空作业或下来时,应抓紧扶手,走路小心。除携带必要的小型器具外,不准背着带电的手把软线或负重过大(一切重物均应单独起吊)。

8)雨天、雪天、雾天或刮大风(六级以上)时,禁止高空作业。

9)高空作业遇到较高焊接处,而焊工够不到时,一定要重新搭设脚手架,然后进行焊接。

10)高空作业前(第一次),焊工应进行身体检查,发现有不利于高空作业的疾病(如心脏病等),不宜进行。

11)下班前必须检查现场,确认无火源才能离开,以免引起火灾。

三、露天或野外作业的焊接

1)夏季在露天工作时,必须有防风雨棚或临时凉棚。

2)露天作业时应注意风向,注意不要让吹散的液态金属及熔渣伤人。

3)雨天、雪天或雾天时不准露天电焊,在潮湿地带工作时,焊工应站在铺有绝缘物品的地方,并穿好绝缘鞋。

4)应安设简易屏蔽板,遮挡弧光,以免伤害附近人员或行人眼睛。

5) 夏天露天气焊时，应防止氧气瓶、乙炔瓶直接受烈日曝晒，以免气体膨胀发生爆炸。冬天如遇瓶阀或减压器冻结时，应用热水解冻，严禁用火烤。

第四节　焊接安全卫生及劳动保护

一、焊接、切割操作中的注意事项

1) 焊工应经过安全教育，经考试合格并持有上岗证书。

2) 从事电焊的工作人员，应了解所操作焊机的结构和性能，能严格执行安全操作规程，正确使用防护用品，掌握触电的急救方法。

3) 焊接、切割盛过易燃、易爆物料、强氧化物或有毒物料的各种容器、管道、设备时，必须遵守安全规定，采取安全措施，并获得企业和消防管理部门的允许证明。

4) 工作地点应有良好的天然采光和局部照明。

5) 禁止在带压力或带电以及同时带压带电的容器、罐、柜、管道、设备上进行焊接或切割工作。

6) 焊接、切割现场禁止把焊接电缆、气体胶管、钢绳混绞在一起。

7) 直接在水泥地面上切割金属材料时，应有防伞花喷射造成烫伤的措施。

8) 露天作业遇到6级大风或下雨时，应停止焊接、切割工作。

9) 工作地点环境机械噪声值不超过85dB。

10) 焊工施焊的位置和姿态应该正确，以利于身体健康和提高生产率。

二、焊接劳动保护

1. 佩戴个人防护用具的意义

焊接过程中产生有害因素是多方面的，如有害气体、焊接烟尘、强烈弧光辐射、高频电磁场，以及放射物质和噪声等。这些有害因素对人体的呼吸系统、皮肤、眼睛、血液及神经系统都有不良影响。

所谓个人防护用品，即为保护工人在劳动过程中的安全和健康所需要的、必不可少的个人预防性用品。在各种焊接与切割中，一定要按规定佩戴防护用品，以防止上述有害气体、焊接烟尘、弧光等对人体造成危害。

2. 个人防护用具

(1) 面罩　焊接面罩是一种为防止焊接时的飞溅、弧光及其他辐射对焊工面部及颈部损伤的一种遮盖工具。最常用的面罩有手持式面罩和头戴式面罩两种。

(2) 焊接防护镜片　焊接弧光的主要成分是紫外线、可见光和红外线。而对人体眼睛危害最大的是紫外线和红外线。防护镜片的作用是适当地透过可见光，使操作人员既能观察熔池，又能将紫外线和红外线减弱到允许值（透过率等于0.0003%）以下。防护镜片由滤光玻璃（用于遮蔽焊接有害光线的黑玻璃）和防护白玻璃（为保护黑玻璃不受飞溅损坏而罩在其外的一种无色透明玻璃）两部分组成。

(3) 防护眼镜　防护眼镜包括滤光玻璃（黑色玻璃）和防护白玻璃两层，焊工在气焊或气割中必须佩戴，它除与防护镜片有相同的滤光要求外，还应满足不能因镜框受热造成镜片脱落，接触人体面部的部分不能有锐角，接触皮肤的部分不能用有毒材料制作三个要求。

(4) 防尘口罩及防毒面具　焊工在焊接、切割作业时，当采用整体或局部通风不能使烟尘浓度降低到卫生标准以下时，必须选用合适的防尘口罩或防毒面具。

(5) 噪声防护用具　国家标准规定若噪声超过85dB时，应采取隔声、消声、减振和阻尼等控制技术。当采取措施仍不能把噪声降低到允许值以下时，操作者应采用个人噪声防护用具，如耳塞或防噪声头盔等。

(6) 安全帽　在高层交叉作业现场，为了预防高空和外界飞来物的危害，焊工应配戴安全帽。

(7) 防护服　焊接用防护工作服，主要起隔热、反射和吸收等屏蔽作用，以保护人体免受焊接热辐射或飞溅物伤害。

(8) 焊工手套、工作鞋及护脚　为了防止焊工四肢触电、灼伤和砸伤，避免不必要的伤亡事故发生，要求焊工在任何情况下操作，都必须佩戴好规定的焊工手套、胶鞋及护脚。

(9) 安全带　为了防止焊工在登高作业时发生坠落事故，必须使用符合国家标准的安全带。

三、焊接安全卫生

由于焊接种类很多，可产生各种职业性有害因素。焊工劳动条件也很不同，有室外、室内、水下、高空、密闭环境等，因而焊工在作业过程中，也会受到不同程度的危害。为此焊工必须熟悉自己工作的环境和条件，了解医学知识，从而避免或减少自己职业的危害。

1. 焊工尘肺

焊条电弧焊时，焊条药皮、焊芯和被焊金属在电弧高温下熔化并激烈过热、蒸发和氧化，产生大量金属氧化物及其他烟尘，呈气溶胶状逸散于空气中，烟尘粒度一般为 0.04~0.4mm，呈球形，相互凝集为尘埃。

焊工长期吸入高浓度电焊烟尘，可导致在肺内蓄积，引起焊工尘肺。尘肺发病期缓慢（一般在 10 年以上），临床表现为：早期轻度干咳，合并肺部感染时则咯痰；晚期咳嗽加剧，有时胸闷、胸痛、气短，甚至咯血。

2. 臭氧对呼吸道的危害

当氩弧焊或碳弧气刨时，空气中的氧（O_2），由于电弧发出的紫外线辐射，而引起光化学反应，产生臭氧（O_3）。

臭氧是无色气体，具有特殊腥味。臭氧的氧化能力很强，对眼结膜、呼吸道和肺有强烈的刺激作用。臭氧中毒的临床表现为：当人体吸入较高浓度（$\geq 10\text{mg/m}^3$）的臭氧较长时间后，会有明显的呼吸困难、胸痛、胸闷、咳嗽、咯痰，严重时引起肺水肿。

3. 电光性眼炎

电光性眼炎系眼部受紫外线过度辐射所引起的角膜结膜炎。临床表现为：轻则眼部有异物感，重则眼部有烧灼感和剧痛，并伴有高度畏光、流泪和脸痉挛。

4. 锰中毒

焊条药皮与焊芯中均含有不同数量的锰，在电弧高温下均以氧化锰的形式进入烟尘。据测定，电焊作业周围空气 MnO_2 浓度在 0.3~47mg/m^3，焊工不注意，长期吸入含 MnO_2 高的烟尘，会引起锰中毒。

锰中毒临床表现为：精神萎靡、淡漠、头晕、头疼、疲乏、四肢酸疼、注意力涣散、记忆力减退、睡眠障碍，并伴有食欲不振、恶心、流涎增多、心悸、多汗等。严重时，会出现锰中毒性帕金森综合征，患者四肢僵直、动作缓慢笨拙，说话含糊不清，甚至会出现精神失常。

5. 氟中毒

由于低氢型焊条药皮中加有萤石（氟化钙），因此焊接烟尘中还含有氟化物（氟化钾、氟化钠、氟化氢）。焊工长期过量吸入氟化物，可对眼、鼻、呼吸道黏膜产生刺激，引起流泪、鼻塞、咳嗽、气急、胸疼，并使腰背、四肢关节疼痛，严重时会引起氟骨症。

6. 焊工职业病的预防和早期诊断

上述病症是由焊工职业环境、条件所造成的，但并不是每个焊工都必然染上这些病症。关键是要注意预防，注意安全卫生，注意早期诊断治疗。

1）在任何情况下进行焊接操作时，都必须佩戴好个人防护用品。

2）注意操作现场的通风、除尘、屏蔽。如果通风条件差，应戴上口罩，或佩戴通风面罩，设置各种通风设备等。

3）个人感觉有上述职业病预兆时，应及时到医院就诊，早期治疗。

4）在房间内（例如某些试验室）没有通风措施时，绝对不应进行氩弧焊操作。

第二章

机械识图基本知识

第一节 识图基础知识

一、图样

准确地表达物体的形状、尺寸及其技术要求的图，称为图样。图样是制造工具、机器、仪表等产品和进行建筑施工的重要技术依据。不同的生产部门对图样有不同的要求，机械制造业中使用的图样称为机械图样。

图样是表达设计意图、交流技术思想的重要工具，是工业生产的重要技术文件，也是工程界的技术语言。

对机械工人来说，正确地读出图样的内容是非常重要的。

1. 零件图和装配图

在机械制造过程中，用于加工零件的图样是零件图。图 2-1 所示为支承座零件图，它是制造和检验该零件的技术依据。用于将零件装配在一起的图样是装配图。图 2-2 所示为千斤顶的装配图，它表达了该千斤顶四种零件装配在一起的图样。

2. 图样上标注尺寸的规定

图样中，图形只能表达物体的形状，不能确定物体的真实大小。因此，在图样上必须标注尺寸。国家标准《机械制图》中有关尺寸标注方法的规定如下：

1）机件的真实大小应以图样上所注的尺寸数值为依据，与图形的大小及绘图的准确度无关。

2）图样中（包括技术要求和其他说明）的尺寸，以毫米为单位时，不需标注计量单位的代号或名称，如采用其他单位，则必须注明相应计量单位的代号或名称。

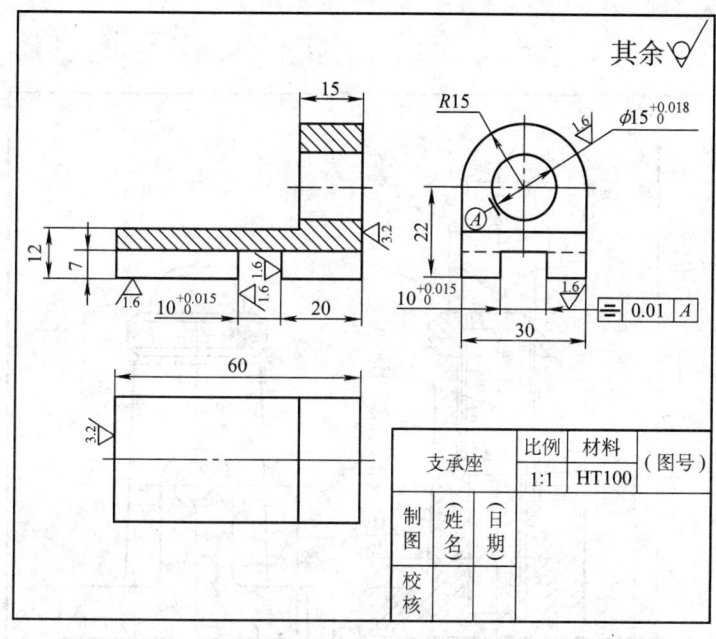

图 2-1 支承座零件图

3）图样中所标注的尺寸，为该图样所示机件的最后完工尺寸，否则应另加说明。

4）机件的每一尺寸，一般只标注一次，并应标注在反映该结构最清晰的图形上。

二、机件的表达方法

1. 视图

视图为机件向投影面投影所得的图形。它一般只画机件的可见部分，必要时才画出其不可见部分。

视图有基本视图、局部视图、斜视图和旋转视图四种。

（1）基本视图　机件向基本投影面投影所得的图形称为基本视图。

国家标准《机械制图》中规定，采用正六面体的六个面为基本投影面。如图 2-3 所示，将机件放在正六面体中，由前、后、左、右、上、下六个方向，分别向六个基本投影面投影，再按图 2-3b 规定的方法展开，正投影面不动，其余各面按箭头所指方向旋转展开，与正投影面成一个平面，即得六个基本视图，如图 2-3c 所示。

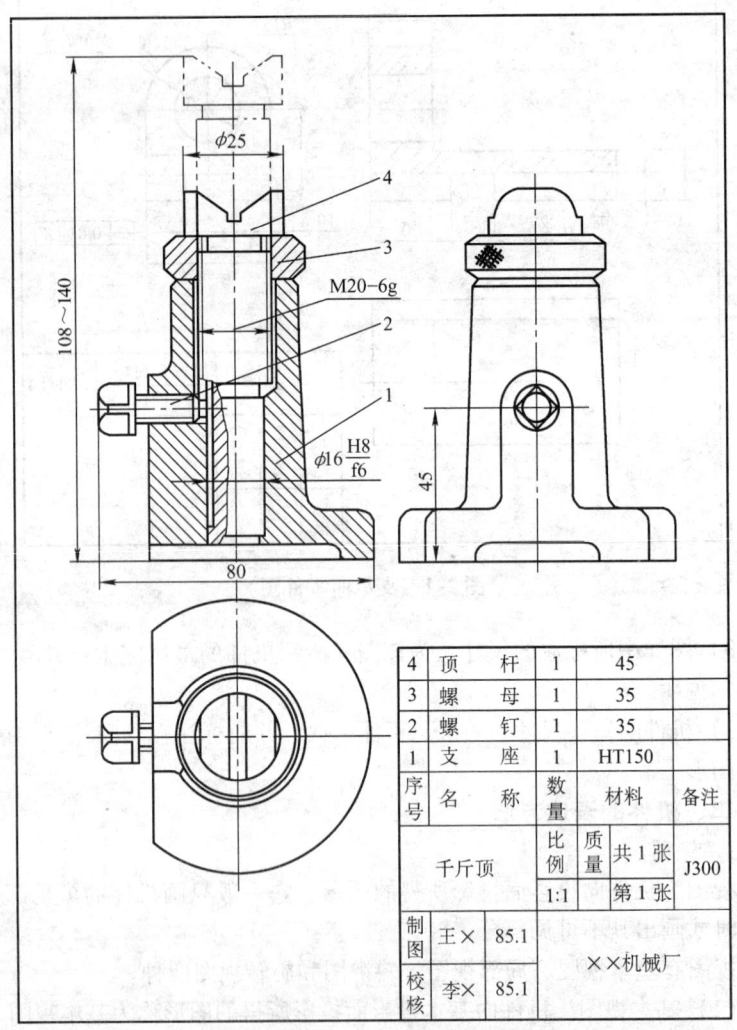

图 2-2 千斤顶的装配图

第二章 机械识图基本知识

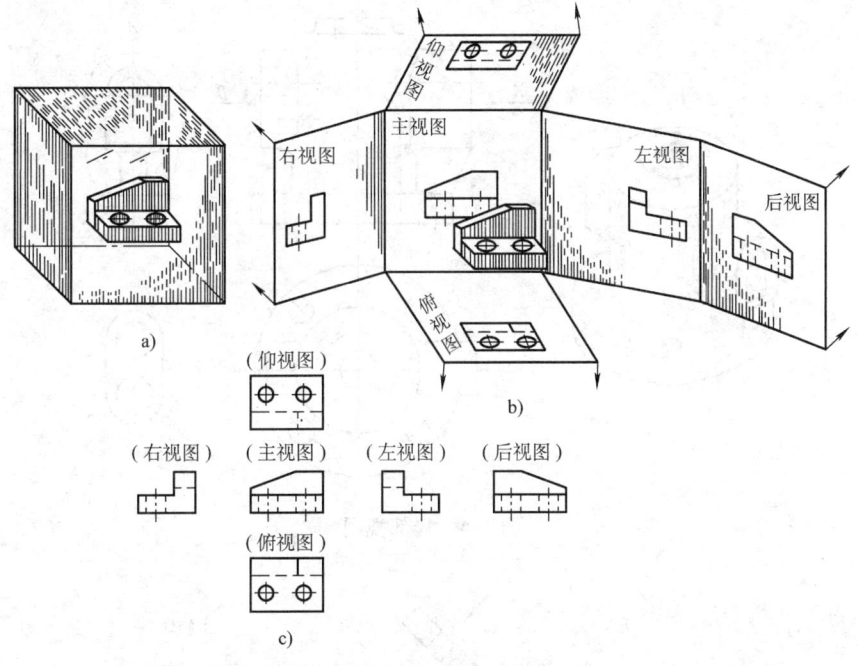

图 2-3 六个基本视图

六个基本视图中，最常应用的是主、俯、左三个视图，各视图的采用应根据机件形状特征而定。

(2) 局部视图 机件的某一部分向基本投影面投影而得到的视图称为局部视图，局部视图是不完整的基本视图。利用局部视图，可以减少基本视图的数量，补充基本视图尚未表达清楚的部分。

如图 2-4 所示机件，主、俯两基本视图，已将其基本部分的形状表达清楚，唯有两侧凸台和左侧肋板的厚度尚未表达清楚，因此采用 A 向、B 向两个局部视图加以补充，这样就可以省去两个基本视图，简化表达方法，节省了画图工作量。

(3) 斜视图 机件向不平行于任何基本投影面的平面投影所得的视图，称为斜视图。

如图 2-5 所示弯板形机件，其倾斜部分在俯视图和左视图上都不能得到实形投影，这时就可以另加一个平行于该倾斜部分的投影面，在该投影面上画出倾斜部分的实形投影，即斜视图。

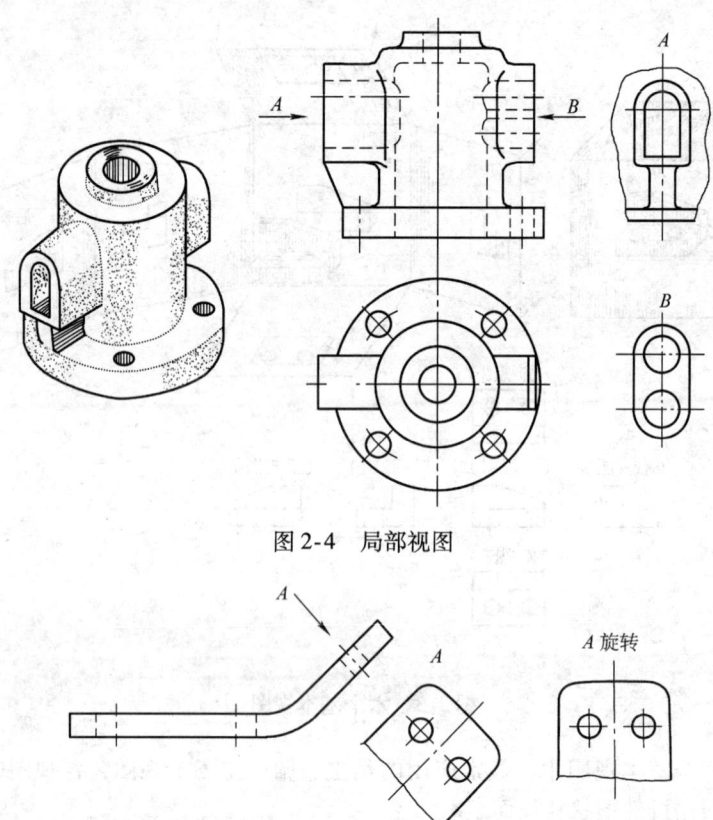

图 2-4 局部视图

图 2-5 斜视图

(4) 旋转视图 假想将机件的倾斜部分旋转到与某一选定的基本投影面平行后再向该投影面投影所得到的视图,称为旋转视图。

图 2-6 所示连杆的右端对水平面倾斜,为将该部分结构形状表达清楚,即可假想将该部分绕机件回转轴旋转到与水平面平行的位置,再投影而得的俯视图,即为旋转视图。

2. 剖视图

用视图表达机件时,机件内部的结构形状都用虚线表示。如果视图中虚线过多,会使图形不够清晰,而且标注尺寸也不方便。为此,表达

第二章 机械识图基本知识

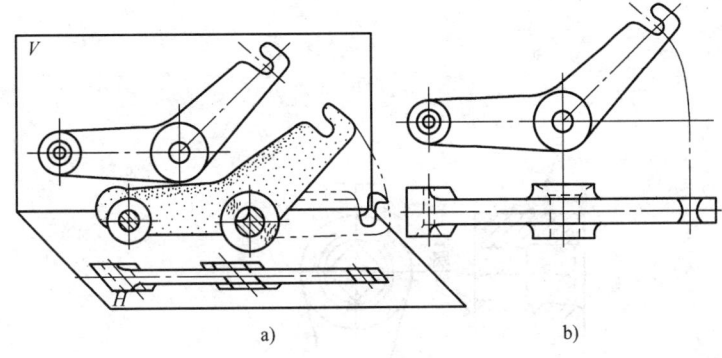

a)   b)

图 2-6 旋转视图

机件内部结构，常采用剖视图的方法，简称剖视。

假想用剖切面剖开机件，将处在观察者和剖切面之间的部分移去，而将其余部分向投影面投影所得到的图形称为剖视图。

如图 2-7 所示，在机件的视图中，主视图用虚线表达其内部形状，不够清晰。假想沿机件前后对称平面将其剖开，去掉前部，将后部向正投影面投影，就得到一个剖视的主视图。

剖视图中，凡被剖切的部分应画上剖面符号。国家标准《机械制图》中规定了各种材料的剖面符号，见表 2-1。

表 2-1 各种材料的剖面符号

材料名称	剖面符号	材料名称	剖面符号
金属材料 （已有规定剖面符号者除外）		木质胶合板 （不分层数）	
非金属材料（已有规定剖面符号者除外）		钢筋混凝土	
木材 纵剖面		液体	
木材 横剖面			

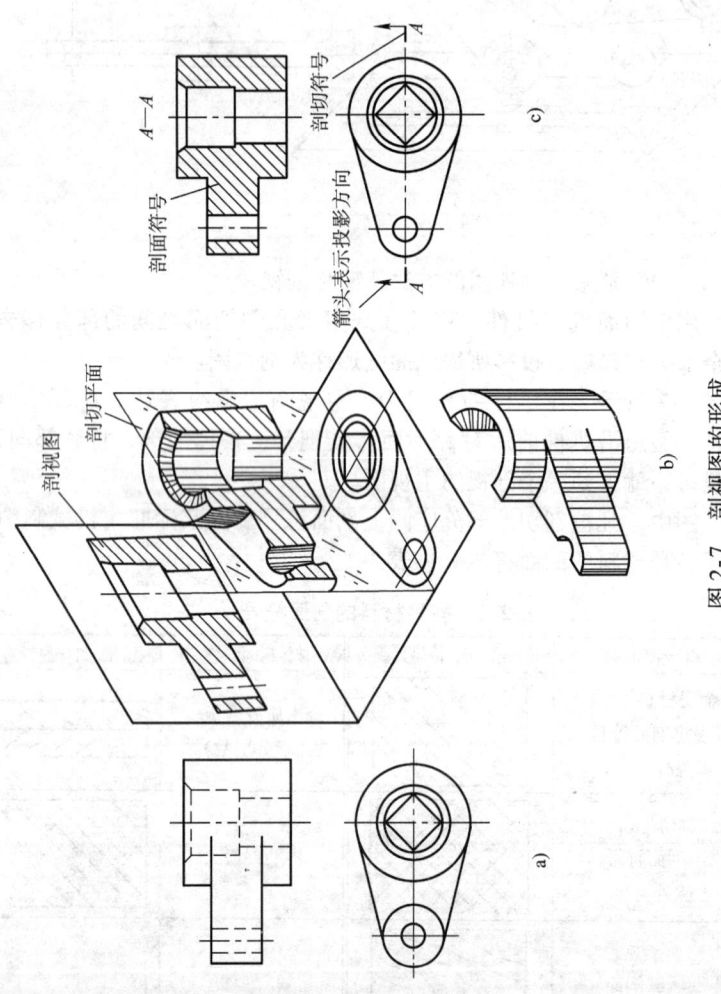

图 2-7 剖视图的形成

剖视图的标注：一般应在剖视图上方用字母标出剖视图的名称"×—×"，在相应视图上用剖切符号表示剖切位置，用箭头表示投影方向，并注上相同的字母，如图2-7所示。

由于不同结构形状的机件，其剖视图具体画法各有不同，所以标注形式也各有区别。

剖视图按剖切范围的大小，可分为全剖视图、半剖视图和局部剖视图。

（1）全剖视图　用剖切面（一般为平面，也可为柱面）完全地剖开机件所得到的剖视图，称为全剖视图。图2-8中的主视图和左视图均为全剖视图。全剖视图一般用于表达内形复杂的不对称机件和外形简单的对称机件。对于某些内外形状都比较复杂而又不对称的机件，则可用全剖视图表达它的内部结构，再用视图表达它的外形。

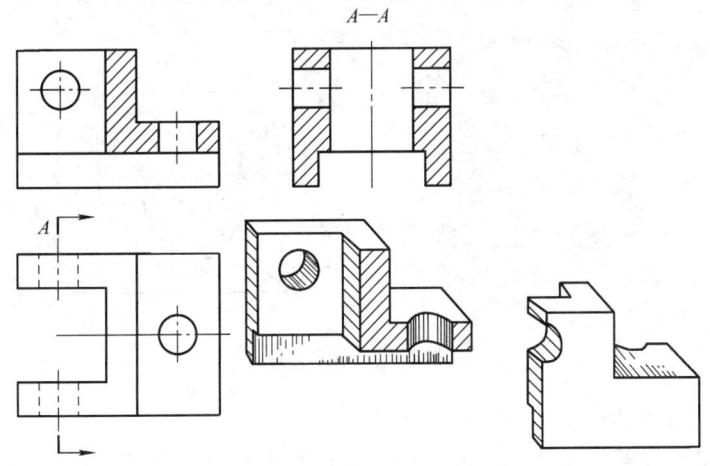

图2-8　全剖视图

全剖视图的标注，应按不同情况分别对待。当剖切平面通过机件对称（或基本对称）平面，且剖视图按投影关系配置，中间又无其他视图隔开时，可省略标注，如图2-8中的主视图所示；而左视图剖切平面不是对称平面，则必须按规定方法标注，但它按投影关系配置，故箭头可省略。

（2）半剖视图　当机件具有对称平面时，在垂直于对称平面的投影所得的图形，可以对称中心线为界，一半画成剖视，另一半画成视图，这种图形，称为半剖视图。

图 2-9 所示机件的主视图和俯视图均为半剖视图，其剖切方法如立体图所示。半剖视图既充分地表达了机件的内部形状，又保留了机件的外部形状，所以它是内外形状都比较复杂的对称机件常采用的表达方法。

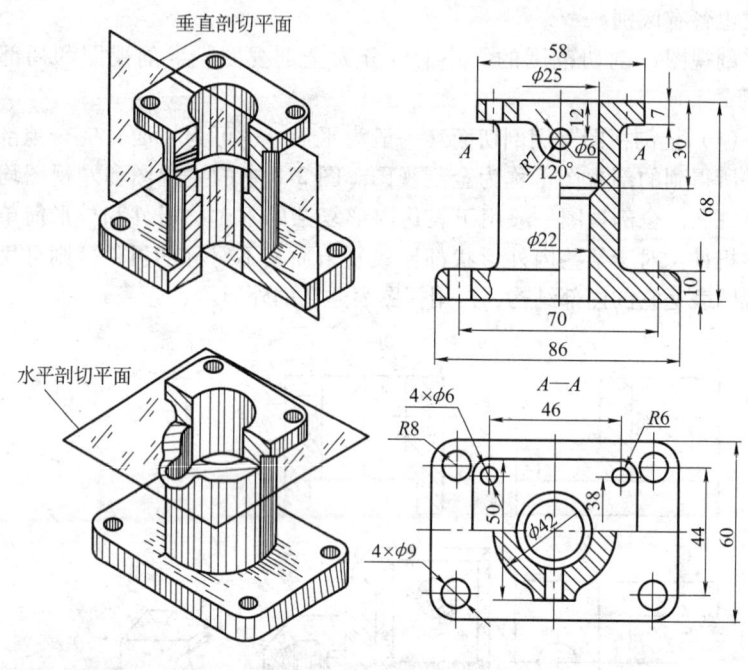

图 2-9　半剖视图

半剖视图的标注与全剖视图相同。

（3）局部剖视图　用剖切平面局部地剖开机件，所得的剖视图称为局部剖视图。

图 2-10 的主视图和左视图均采用了局部剖视图画法。局部剖视图既能把机件局部的内部形状表达清楚，又能保留机件的某些外形，其剖切范围可根据需要而定，是一种很灵活的表达方法。

3. 断面图

假想用剖切平面将机件的某处切断，仅画出断面的图形，称为断面图，简称断面。

断面图与剖视图不同之处是：断面图仅画出机件断面的图形，而剖

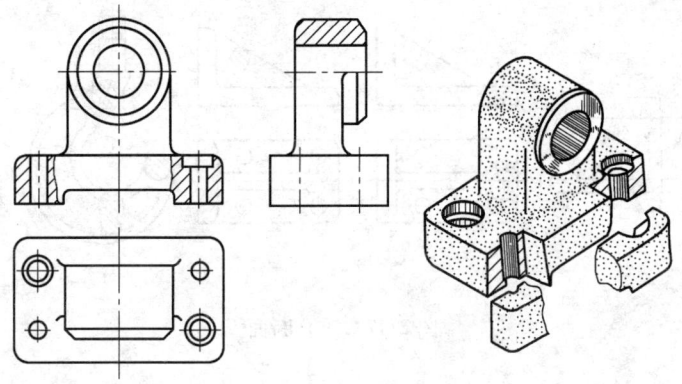

图 2-10 局部剖视图

视图则要求画出剖切平面以后的所有部分的投影,如图 2-11c 所示。

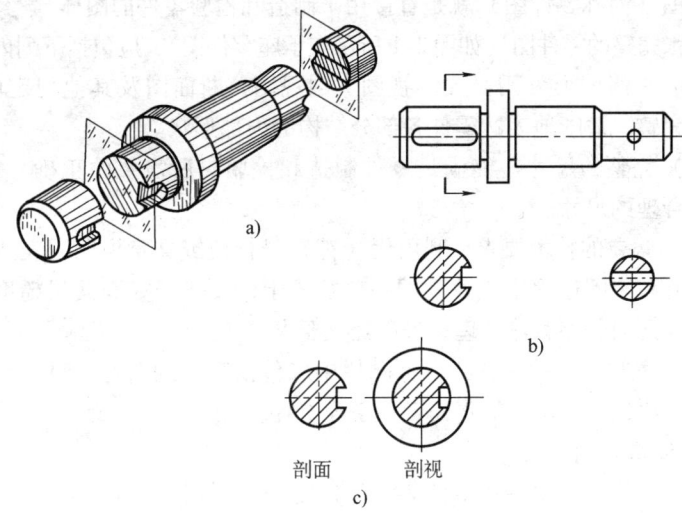

图 2-11 断面图

断面分为移出断面和重合断面两种。

(1) 移出断面 画在视图轮廓之外的断面称为移出断面。图 2-11b 所示断面即为移出断面。

(2) 重合断面 画在视图轮廓之内的断面称为重合断面,如图 2-12 所示。

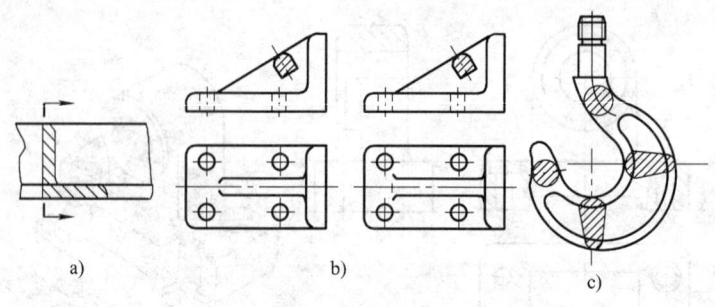

图 2-12 重合断面

三、零件图

1. 零件图的内容

机器都是由许多零件装配而成的,制造机器必须首先制造零件。零件工作图(简称零件图)就是直接用于制造和检验零件的图样。

一张完整的零件图(如图 2-1 所示支承座零件图),应包括下列内容:

(1)一组图形　用必要的视图、剖视图、断面图及其他规定画法,正确、完整、清晰地表达零件各部分结构的内部形状。

(2)完整的尺寸　能满足零件制造和检验时所需要的正确、完整、清晰、合理的尺寸。

(3)必要的技术要求　利用代(符)号标注或文字说明,表达出制造、检验和装配过程中应达到的一些技术上的要求。如表面粗糙度、尺寸公差、几何公差、热处理和表面处理要求等。

(4)填写完整的标题栏　标题栏中应包括零件的名称、材料、图号和图样的比例以及图样的责任者签字等内容。

2. 读零件图

正确、熟练地读零件图,是技术工人必须掌握的基本功。

读零件图的一般步骤:

(1)看标题栏　了解零件概貌(零件名称、材料、图样的比例)。

(2)看视图　了解视图名称和视图数目,研究图样中视图是怎样选取的,视图中都取了什么剖视、断面?并根据所给视图想象零件形状。

(3)看尺寸标注　根据零件图上所给的全部尺寸,了解零件的大小及各部分尺寸所允许的尺寸偏差,注意尺寸基准和主要尺寸。

(4)看技术要求　了解质量标准。

第二节 焊 接 图

焊接图是供焊接加工时所用的图样,如图2-13所示。

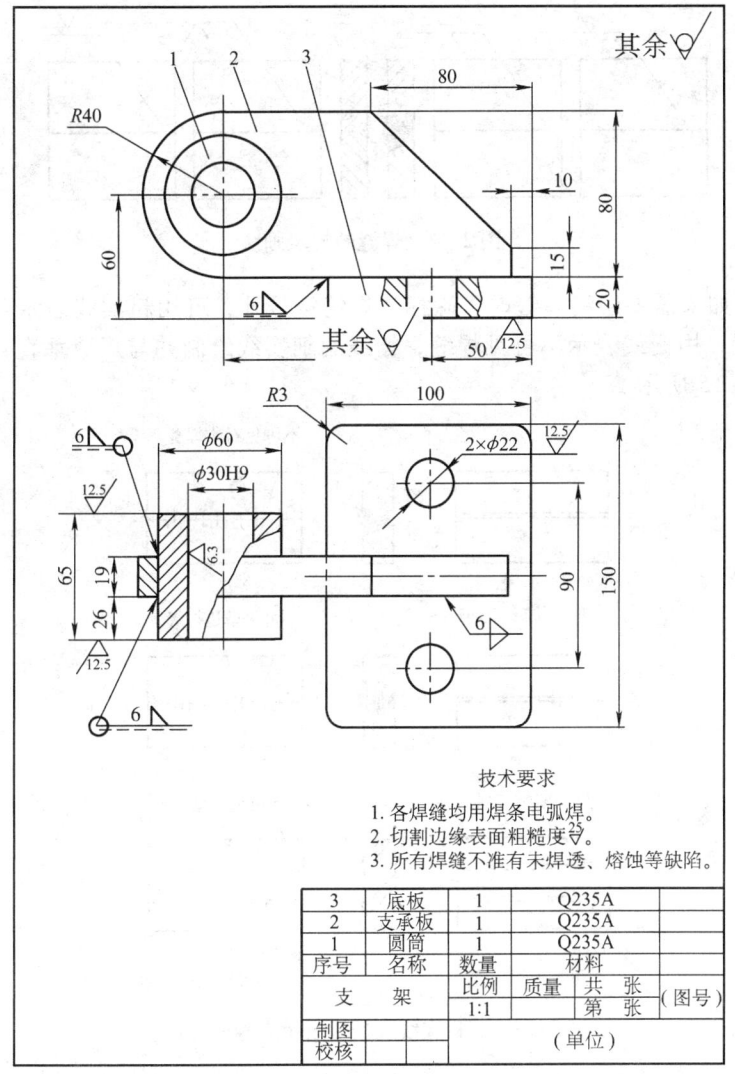

图2-13 焊接图

一、焊缝的规定画法

图样上一般不需要特别表示焊缝，只在焊缝处标注焊缝符号，如图 2-14 所示。

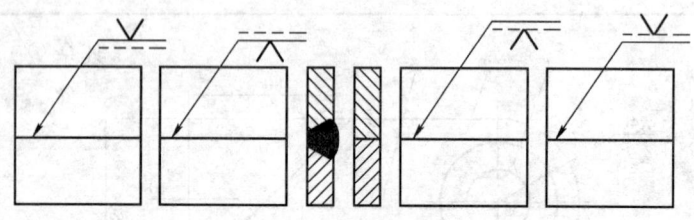

图 2-14　焊缝的规定画法

如果需要绘制焊缝时，除标注焊缝符号外，可用粗实线表示可见焊缝，用栅线表示不可见焊缝，栅线用细实线绘制并与焊缝垂直，如图 2-15 所示。

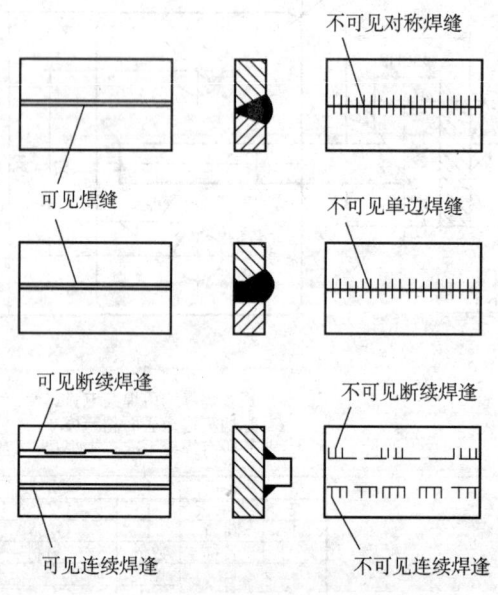

图 2-15　用粗实线和栅线表示焊缝的画法

二、焊缝符号的组成

在图样中，焊缝形式及尺寸均用焊缝符号来说明。根据 GB/T 324—

2008《焊缝符号表示法》的规定，焊缝符号一般是由基本符号与指引线组成，必要时，可加上辅助符号、补充符号和焊缝尺寸符号。

1. 基本符号

焊缝基本符号是表示焊缝横截面形状的符号，见表2-2。

表2-2 基本符号

序号	名称	示意图	符号
1	卷边焊缝（卷边完全熔化）	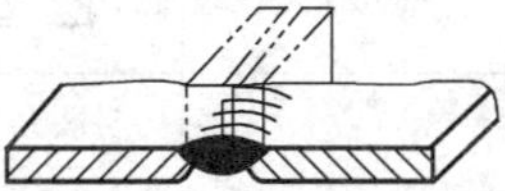	 八
2	I形焊缝	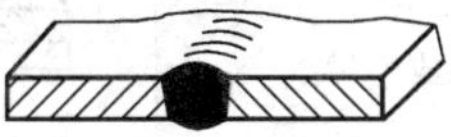	 ‖
3	V形焊缝		 V
4	单边V形焊缝		 V
5	带钝边V形焊缝		 Y
6	带钝边单边V形焊缝		 Y
7	带钝边U形焊缝		 Y
8	带钝边J形焊缝		 Y
9	封底焊缝	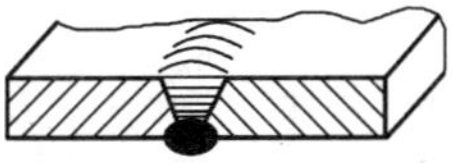	⌴

（续）

序号	名称	示意图	符号
10	角焊缝		
11	塞焊缝或槽焊缝		
12	点焊缝		
13	缝焊缝		
14	陡边 V 形焊缝		
15	陡边单 V 形焊缝		

(续)

序号	名称	示意图	符号
16	端焊缝	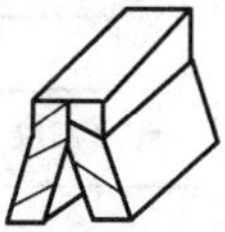	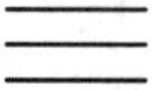 ≡
17	堆焊缝		 ∽
18	平面连接（钎焊）	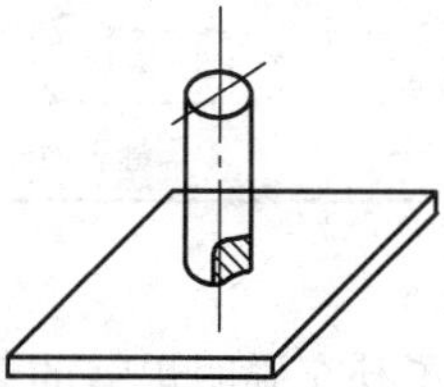 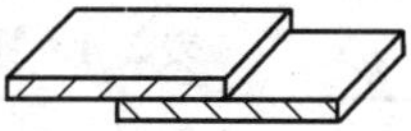	 —
19	斜面连接（钎焊）	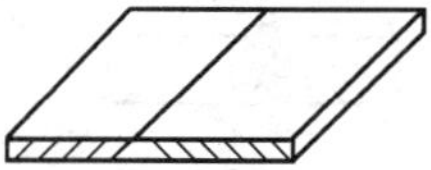	 ⁄⁄
20	折叠连接（钎焊）	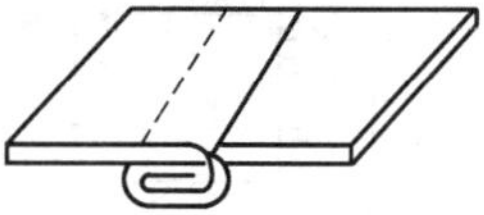	 ⌇

2. 辅助符号

辅助符号是表示焊缝表面形状特征的符号，其符号及其应用见表 2-3。如果不需要确切地说明焊缝的表面形状，可以不用辅助符号。

表 2-3　辅助符号及应用

序号	名称	示意图	符号	应用示例
1	平面符号	 （焊缝表面齐平）	―	 ▽
2	凹面符号	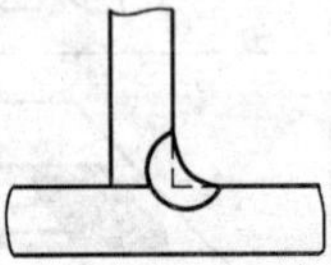 （焊缝表面凹陷）	 ⌣	
3	凸面符号	 （焊缝表面凸起）	 ⌢	

3. 补充符号

补充符号是为了补充说明焊缝的某些特征而采用的符号，见表 2-4。补充符号的应用见表 2-5。

表 2-4　补充符号

序号	名称	示意图	符号	说明
1	带垫板符号	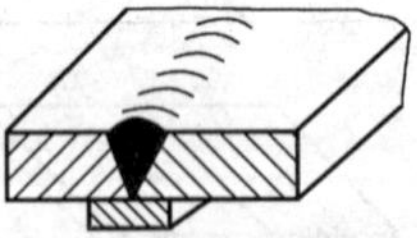	 ▭	表示焊缝底部有垫板
2	三面焊缝符号	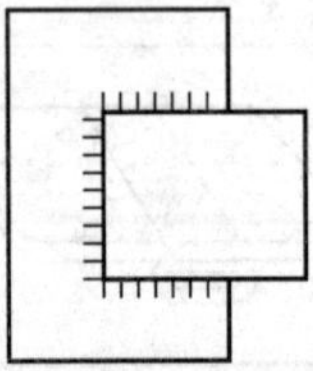	⊐	表示三面带有焊缝
3	周围焊缝符号	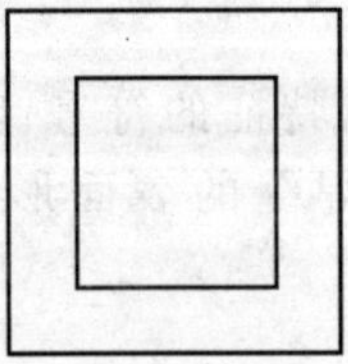	○	表示环绕工件周围焊缝

(续)

序号	名 称	示 意 图	符号	说 明
4	现场符号	—	🚩	表示在现场或工地上进行焊接
5	尾部符号	—	<	

表2-5 补充符号的应用示例

示 意 图	标注示例	说 明
		表示V形焊缝的背面底部有垫板
		工件三面带有焊缝,焊接方法为焊条电弧焊
		表示在现场沿工件周围施焊

4. 指引线

指引线一般由带有箭头的指引线和两条基准线（一条为实线,一条为虚线）两部分组成,如图2-16所示。

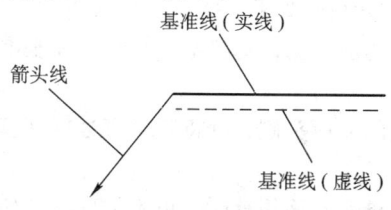

图2-16 指引线的画法

(1) 箭头线的位置　箭头线相对焊缝的位置一般没有特殊要求,可以标在焊缝侧,也可标在非焊缝侧,但对于单边坡口如V、Y、J形焊缝时,箭头线应指向带有坡口一侧的工件,如图2-17所示。必要时,允许箭头线弯折一次,如图2-18所示。

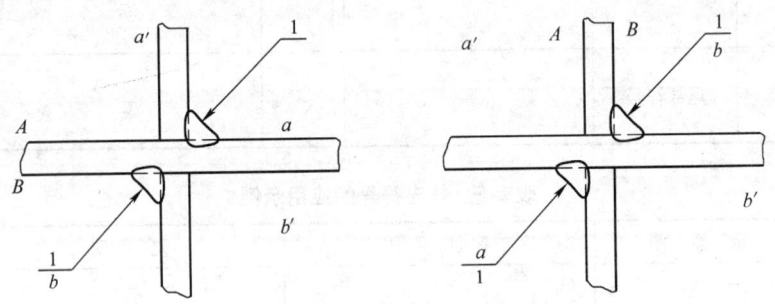

图2-17　箭头线标注的位置
1—箭头线　A—接头A　B—接头B
a—接头A的箭头线　b—接头B的箭头线
a′—接头A的非箭头线　b′—接头B的非箭头线

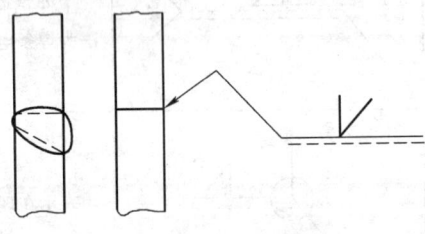

图2-18　弯折的箭头线

(2) 基准线的位置　基准线的虚线,可以画在基准线的实线下侧或上侧。

(3) 基本符号相对基准线的位置　为确切地表示焊缝的位置,基本符号相对基准线的位置可作如下规定:

1) 焊缝在接头的箭头侧,则将基本符号标在基准线的实线侧,如图2-19a所示。

2) 焊缝在接头的非箭头侧,则将基本符号标在基准线的虚线侧,如图2-19b所示。

3) 标注对称焊缝及双面焊缝时,可不加虚线,如图2-19c、d所示。

第二章 机械识图基本知识

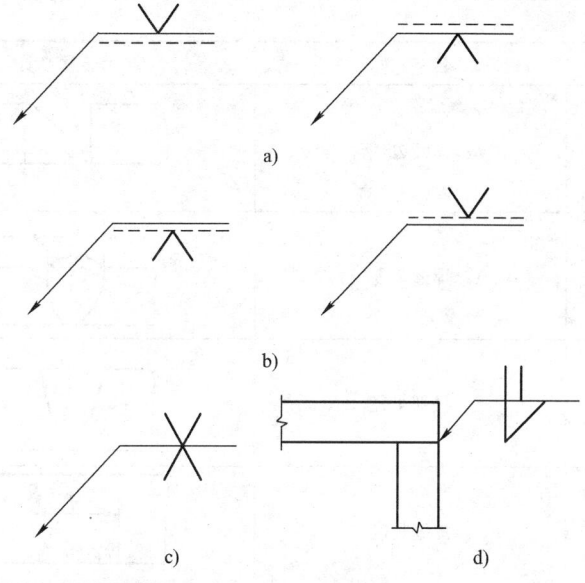

图 2-19　基本符号相对基准线的位置
a) 焊缝在接头的箭头侧　b) 焊缝在接头的非箭头侧
c) 对称焊缝　d) 双面焊缝

5. 焊缝尺寸符号及标注位置
（1）焊缝尺寸符号 （见表 2-6）

表 2-6　焊缝尺寸符号

符　号	名　称	示　意　图
δ	工件厚度	
α	坡口厚度	
b	根部间隙	

(续)

符号	名称	示意图
p	钝边	
c	焊缝宽度	
R	根部半径	
l	焊缝长度	
n	焊缝段数	$n=2$
e	焊缝间距	
K	焊脚尺寸	
d	熔核直径	
S	焊缝有效厚度	

(续)

符 号	名 称	示 意 图
N	相同焊缝数量符号	$N=3$
H	坡口深度	
h	余高	
β	坡口面角度	

(2) 焊缝尺寸符号及数据标注原则（见图2-20）

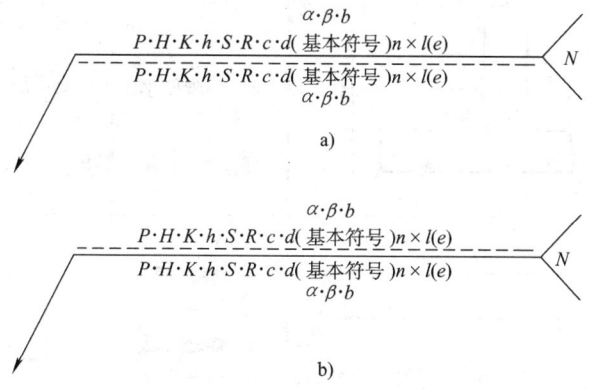

图2-20 焊缝尺寸的标注位置

1) 焊缝横截面上的尺寸标在基本符号的左侧。
2) 焊缝长度方向的尺寸标在基本符号的右侧。

3）坡口角度、坡口面角度、根部间隙等尺寸标在基本符号的上侧或下侧。

4）相同焊缝数量符号标在尾部。

5）焊缝尺寸的标注示例见表2-7。

表2-7 焊缝尺寸的标注示例

名 称	示 意 图	焊缝尺寸符号	示 例
对接焊缝		S：焊缝有效厚度	
交错断续焊接		l：焊缝长度 e：焊缝间距 n：焊缝段数 K：焊脚尺寸	
连续角焊缝		K：焊脚尺寸	
断续角焊缝		l：焊缝长度 （不计弧坑） e：焊缝间距 n：焊缝段数 K：焊脚尺寸	

6. 焊缝基本符号应用举例（见表2-8）

表2-8　焊缝基本符号应用举例

符　号	示　意　图	标　注　方　法
‖		
V		
⋁		
Y		

(续)

符 号 	示 意 图 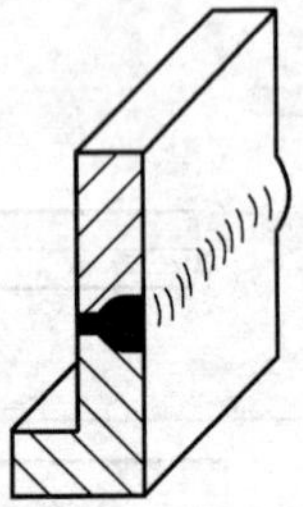	标 注 方 法 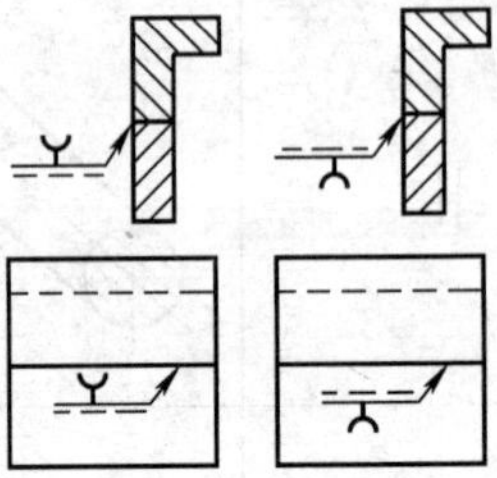

7. 基本符号与辅助符号举例（见表2-9）

表2-9 基本符号与辅助符号举例

符号组合	示 意 图	标 注 方 法

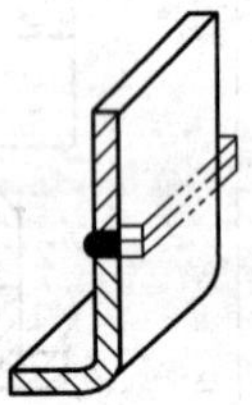

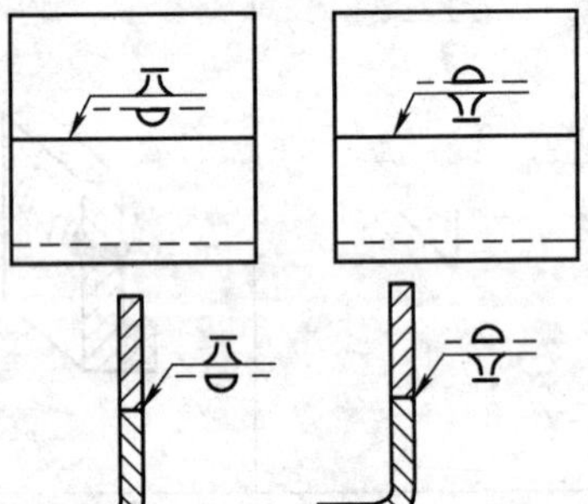

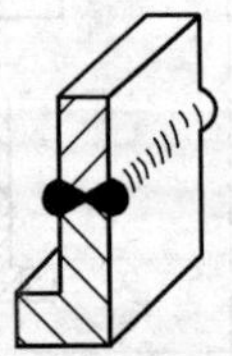

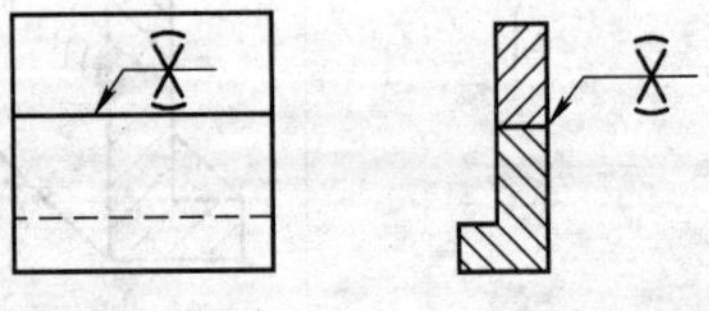

（续）

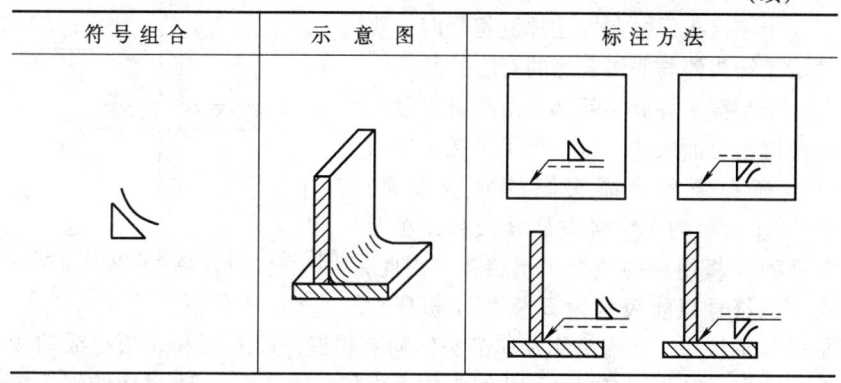

8. 特殊焊缝的标准（见表2-10）

表2-10 特殊焊缝的标准

9. 十字接头焊缝符号表示要点

十字接头焊缝在标注焊缝符号时，要搞清楚箭头侧与非箭头侧的对应关系。

十字接头焊缝实际都是由两组T形接头焊缝组合而成的。每一个T形接头构成一组箭头侧和非箭头侧的对应关系，图2-21所示的十字接头是 B 板和 A 板及 B 板和 A' 板组成的两个T形接头。因此，图中的符号只能表示为 B 板和 A' 板所组

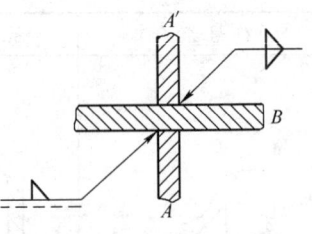

图2-21　十字接头的标注方法

成的T形接头，在箭头侧及非箭头侧均有焊缝，而 B 板和 A 板组成的接头只在符号箭头侧有焊缝，非箭头侧不焊接，因此图2-21对应的焊接情况如图2-22所示。

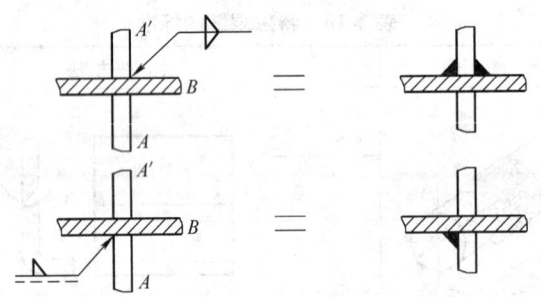

图2-22　十字接头的标注方法对应的焊接情况

三、GB 324—2008《焊接符号表示法》的应用

在设计焊接构件标注焊缝时，按GB/T 324—2008 的规定，可简明表达以下内容：

1）坡口形式、尺寸及组装焊接要求。
2）采用的焊接方法。
3）焊缝的质量要求。
4）无损检验要求。
5）其他需要标注的技术内容。

焊缝符号表示方法的实例如图2-23所示。表达含义为：焊缝坡口采用带钝边的V形坡口；坡口间隙为2mm；钝边高为3mm；坡口角度为60°；采用焊条电弧焊；背面封底焊（即焊缝背面清根后再封底焊）；背

面焊缝要求打磨平整。

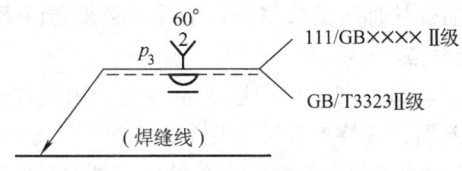

图2-23 焊缝符号表示方法的实例

焊缝内部质量要求达到GB/T 3323—2005《金属熔化焊焊接接头射线照相》的规定，Ⅱ级为合格。

常采用的焊接方法表示代号见表2-11。焊接方法表示代号与GB/T 324—2008《焊缝符号表示法》配套使用。

表2-11 焊接方法表示代号

序 号	焊 接 方 法	代 号
1	焊条电弧焊（涂料焊条熔化极电弧焊）	111
2	埋弧焊	12
3	丝极埋弧焊	121
4	板极埋弧焊	122
5	熔化极气体保护焊	13
6	MIG焊：熔化极惰性气体保护焊（含熔化极氩弧焊）	131
7	MAG焊：熔化极非惰性气体保护焊（含CO_2气体保护焊）	135
8	非熔化极气体保护焊	14
9	TIG焊：钨极惰性气体保护焊（含钨极氩弧焊）	141
10	氧燃气焊	31
11	氧乙炔焊	311
12	超声波焊	41
13	摩擦焊	42
14	电渣焊	72
15	螺柱电弧焊	781

四、焊接图的识读

焊接图是产品焊接加工的依据，每个焊工必须会识读焊接图。

1. 焊接图的特点

焊接图必须把与焊接有关的问题表示清楚，因此在表达形式上与一般机械图样有所差别，其特点有以下几个方面。

1）焊接零件图除了包含与焊接有关的内容外，还需有其他加工所需的全部内容。这和一般零件图基本相同。

2）焊接部件图只包含与焊接有关的内容，而其中的每一个零件需另画零件图，大部分焊缝用焊缝符号表示，局部重要焊缝有时用放大的剖视图表示。

3）钢结构焊接图（如钢梁、钢柱、钢框架等）由于在结构特点上与一般机械结构有所不同，因而在图样上也有以下特点：

① 钢结构多用型钢（角钢、槽钢或工字钢）制造，图形表达上可能采用一个视图加标注的方法，如只要在一根型钢上画出它的断面形状就能表达其他同类型钢的形状。

② 主视图用一个缩小的比例，而断面和节点则采用相对放大的比例，其目的是更好地表示焊缝形状、尺寸和确切位置。

③ 钢结构一般不画焊缝，只标注焊缝符号。

2. 识读焊接图的方法和步骤

焊工拿到的焊接图样多数是焊接装配图样、焊接部件图样或总装配图样，其识读方法和步骤与一般机械图样相似，但识读时要注意以下几点：

1）识读焊接图时，在弄清焊件的形状和组成的基础上，要重点了解与焊接有关的内容和技术要求。

2）分析视图时，要将焊缝的位置和焊缝符号识读清楚。

3）分析零件时，主要了解它的基本结构形状和作用，以便弄清装配焊接顺序及各焊接处的焊接性。

4）识读焊接图时，要与阅读焊接工艺卡密切结合，因为焊接工艺卡规定的焊接技术条件及要求等较为详细，考虑起来更加切合实际。

3. 焊接图识读示例

图2-13为支架的焊接图，图中除一般装配图应具备的内容外，还有与焊接有关的说明、标注和每个构件的明细栏。

主视图上有一处焊缝符号，表示支承板下面与底板之间为角焊缝，焊脚尺寸为6mm。俯视图上有三处焊缝符号，两处表示圆筒与支承板之间为角焊缝，焊脚尺寸为6mm，环绕圆筒进行焊接。另一处表示支承板与底板之间为双面角焊缝，焊脚尺寸为6mm。

  在技术要求中提出了有关焊接要求，其中第一项也可用符号标注。构件的规格、大小等要在标题栏内注明。

第三章

焊接基本知识

第一节 概 述

在金属结构和机械制造中,总是需要将两个或两个以上的零件,按一定形状和位置连接起来,并保证有足够的连接强度。连接的方法主要有两大类:一类是可以拆卸的,如螺栓联接、销钉联接、键联接等;另一类是永久性的,如铆焊、焊接。

焊接随着现代科学技术的发展,在金属构件的连接中已取代了铆接,成为金属构件的主要加工方法之一,并成为一门独立的科学,广泛应用于机械、电力、建筑、桥梁、锅炉、船舶、化工、核能、宇航与海洋工程等国民经济的各个领域。据统计,我国年产焊接件用钢量占钢材总产量的28%以上,而世界工业发达的国家焊接耗钢量已占钢材总产量的45%左右,可见焊接技术的应用前景是很广阔的。

我国采用焊接技术已成功地制造了各种现代化的大型高质量设备,如120万kW原子能发电设备、60万kW火电设备、48万t巨型油轮、大型高压化工容器、10万kW以上的水压机、大型复杂的桁架结构等。此外,还成功地解决了难熔或活性金属(钛、锆、铌等)的焊接问题。

焊接不仅可以连接金属材料,而且还可以实现某些非金属材料的永久性连接,如玻璃焊接、陶瓷焊接、塑料焊接等。

一、焊接的优点

焊接技术之所以能得到如此迅速的发展,是由于焊接与铆接、铸造、锻压相比具有下列优点:

1) 节省金属材料,减轻结构重量,经济效益好。

2) 制造设备简单,简化加工与装配工序,生产周期短,生产效率高。

3) 结构强度高,接头密封性好。

4) 结构设计的灵活性大，按结构的受力情况可优化配置材料；按工作情况的需要，可在不同部位选用不同强度、不同耐磨、耐腐蚀及高温等性能的材料。

5) 焊接结构件外形平整，加工余量少。

6) 焊接工艺过程容易实现机械化和自动化。

二、焊接的缺点

1) 用焊接方法加工的结构易产生较大的焊接残余应力和焊接残余变形，从而影响结构的承载能力、加工精度和尺寸稳定性，同时在焊缝与焊件交界处还会产生应力集中，对结构的脆性断裂有较大影响。

2) 在焊接接头中存在一定数量的缺陷，如裂纹、气孔、夹渣、未焊透、未熔合等。这些缺陷的存在会降低强度，引起应力集中，损坏焊缝致密性，是造成焊接结构破坏的主要原因之一。

3) 焊接接头具有较大的性能不均匀性。由于焊缝的成分及金相组织与母材不同，接头各部位经历的热循环不同，使接头不同区域的性能不同。

4) 焊接生产过程中产生高温、强光及一些有害气体，对人身体会有一定损害，因此要加强焊接操作人员的劳动保护。

三、焊接的实质

在工业生产中，焊接主要用于连接金属材料。要使两部分金属材料达到永久连接的目的，就必须使分离的金属相互非常接近，只有这样才能使原子间产生足够大的结合力，形成牢固的接头。这对液体来说是很容易的，而对固体来说则比较困难，需要外部给予很大的能量，以使金属接触表面达到原子间结合的距离。因此必须采用加热、加压或两者并用的方法。

焊接就是通过加热或加压，或两者并用，并且可以使用或不使用填充材料，使工件达到原子结合的一种加工方法。

四、焊接的分类

按照焊接过程中的工艺特点和母材金属所处的状态不同，可以把焊接方法分为熔焊、压焊和钎焊三种。

1. 熔焊

在焊接过程中，将待焊处母材金属加热熔化以形成焊缝的焊接方法称为熔焊。

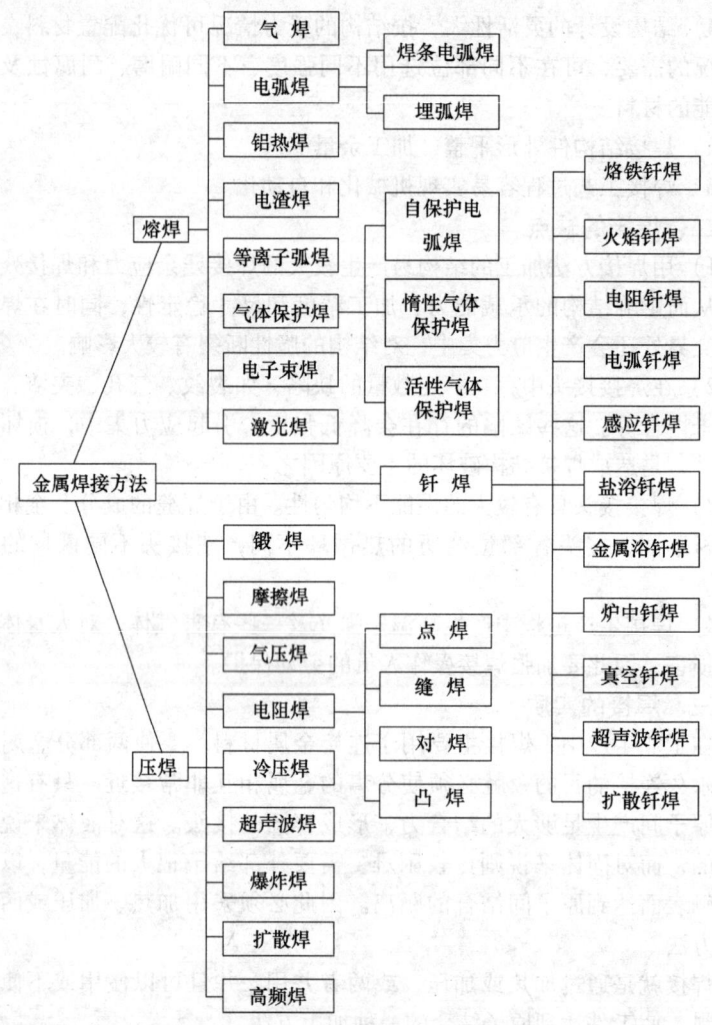

图 3-1　金属焊接的分类

熔焊是目前应用最广泛的焊接方法。常用的有焊条电弧焊、埋弧焊、气体保护焊等。

2. 压焊

焊接过程中，必须对焊件施加压力（加热或不加热），以完成焊接的方法称为压焊。压焊包括电阻焊、冷压焊及扩散焊等。

3. 钎焊

钎焊是硬钎焊和软钎焊的总称。钎焊是一种采用比母材熔点低的金属材料作钎料,将焊件和钎料加热到高于钎料熔点,低于母材熔化温度,利用液态钎料润湿母材,填充接头间隙并与母材相互扩散实现焊件连接的方法。

金属焊接方法的分类如图 3-1 所示。

第二节 焊接电弧

电弧具有两个特性:一是产生高热;二是产生强光。

电弧焊就是利用它的热能来熔化填充金属和母材金属的,因此焊接时电弧的稳定性及热特性等各种性质,对焊接的质量都有直接的影响。

一、焊接电弧的产生

1. 焊接电弧的基本知识

焊接电弧是由焊接电源供给的,在具有一定电压的两电极间或电极与母材间的气体介质中产生的强烈而持久的放电现象。

(1) 气体电离　一般情况下,由于气体的分子和原子都呈中性,气体中没有带电质点,因此气体不能导电。气体不导电,电流通不过,电弧也就不能自发地产生,要使电弧引燃和连续燃烧,就必须使两电极间的气体变成导电体,这是电弧产生和维持的重要条件。使气体导电的方法是把气体电离,即使中性的气体分子或原子释放电子变成能导电的离子。

焊接时能引起气体电离的方式有:碰撞电离、热电离和光电离三种。

(2) 阴极电子发射　阴极电子发射是阴极端金属表面连续地向外发射出电子的现象。

焊接时,虽然气体电离是产生电弧的重要条件,但是,如果只有气体电离而阴极不能发射电子流,那么电弧还是不能形成。因此,阴极电子发射和气体电离是电弧产生和维持的两个必要条件。

一般情况下,电子是不能自由离开金属表面向外发射的。要使电子逸出金属表面而产生电子发射,就必须给电子施加一定的能量。

焊接时,根据阴极所吸收的能量不同,所产生的电子发射有:热电子发射、强电场电子发射和撞击电子发射三种。

2. 焊接电弧的产生过程

不同的焊接方法引燃电弧的方法并不相同，但总体有以下两种：

(1) 高频高压引弧法　这种方法是将两电极互相靠近2～5mm，然后加上2000～3000V的空载电压，利用高电压将空气击穿，引燃电弧。由于高压电危险性很大，通常将其频率提高到150～260kHz，利用高频电流强烈的集肤效应，以减少对人身的危害性。这种引弧方法主要用于钨极惰性气体保护焊。

(2) 接触短路引弧法　焊条电弧焊采用这种方法引弧。这种引弧方法包括两个过程，一是先将两电极互相接触短路；二是在短路后迅速将电极拉开，电弧瞬间引燃，如图3-2所示。

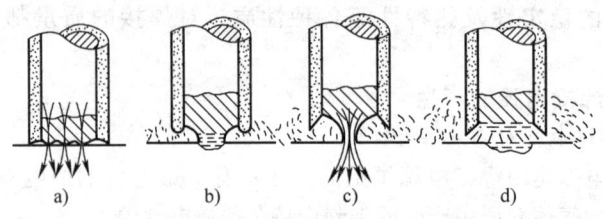

图3-2　接触引弧时电弧的引燃过程

焊接过程中，当焊条与焊件表面互相接触时，焊接回路短路，短路电流增大到最大值，另外由于焊条与焊件两个接触面的不平整，实质上只是个别点的接触（见图3-2a），因而接触部分的电流密度非常大，在电阻热的作用下，使接触部分的金属温度剧烈地升高而熔化，甚至部分发生蒸发而变成金属蒸气（见图3-2b）。当快速提起焊条时，大量的电流只能从熔化金属的细颈通过（见图3-2c），产生的热作用也突然增大，使细颈部分的液态金属的温度猛烈升高，产生爆断，从而使焊条与焊件之间的液态金属迅速分开（见图3-2d）。这时在热与电场的作用下，焊条与焊件间的高温气体就会引起热电离、碰撞电离等复杂的电离过程。另外，由于焊条与焊件断开会产生一个强电场，于是强电场发射立即产生，而热电子发射、撞击电子发射也随之产生。这样，阴极不断发射电子和两极间气体不断发生电离，并在电场的作用下，带电质点各自作定向运动，电弧便引燃了。

(3) 接触短路引弧的因素　影响引弧的因素有：焊接电流强度、气体中的电离物质、弧焊电源的空载电压及其特性等。如果焊接电流大、气体中存在容易电离的元素、弧焊电源的空载电压高时，则电弧就容易引燃。

二、焊接电弧的组成及温度分布

1. 焊接电弧的组成

焊接电弧是由阴极区、阳极区和弧柱区三部分组成的，如图3-3所示。

（1）阴极区　阴极区靠近阴极处（电源负极），区域很窄，大约只有10^{-4}mm左右，在阴极表面有一个明显光亮的斑点，称为阴极斑点。阴极斑点是电子发射的发源地。

（2）阳极区　阳极区在靠近阳极处（电源正极），区域比阴极区宽些，大约有$10^{-3}\sim10^{-2}$mm。在阳极表面也有一个明亮的斑点，称为阳极斑点。

（3）弧柱区　弧柱区是处于阴极区与阳极区之间的区域，由于阴极区和阳极区都很窄，电弧的主要部分是弧柱区，弧柱长度基本上等于电弧长度。

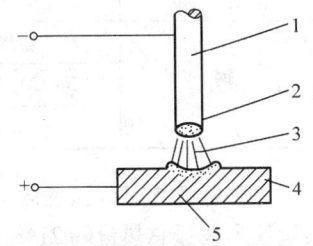

图3-3　焊接电弧的组成
1—焊条　2—阴极区性　3—弧柱区
4—阳极区　5—焊件

2. 焊接电弧的温度分布

焊接电弧三个区域的温度分布是不均匀的。

（1）阴极区温度　阴极斑点的温度一般可达2400～3500K，阴极区放出的有效热量占电弧总热量的36%左右。

阴极区温度的高低主要取决于阴极的电极材料，而且阴极区温度一般低于阴极材料的沸点，见表3-1。

表3-1　不同电极材料的电弧两极温度　　（单位：K）

电极材料	气体介质	材料沸点	阴极斑点温度	阳极斑点温度
碳	空气	4640	3500	4100
铁		3271	2400	2600
铜		2868	2370	2450
钨		6200	3000	4250

（2）阳极区温度　阳极斑点的温度达到了2600～4200K。阳极区放

出的有效热量约占电弧总热量的43%左右。

焊条电弧焊时,阳极区温度高于阴极区温度。

(3) 弧柱区　弧柱区的热量及温度与气体介质的电离程度及焊接电流的大小等因素有关,几种气体介质中的弧柱区温度见表3-2。

表3-2　几种气体介质中的弧柱区温度

电极材料	气体介质	焊接电流/A	弧柱温度/K
钢	空气	280	6100
	Na_2CO_3（气）		4800
	K_2CO_3（气）		4300

焊条电弧焊时,弧柱区的中心温度大约为5000~8000K。放出的有效热量仅为电弧总热量的21%。

焊接电弧作为焊接热源,其主要特点是温度高、热量集中,因此金属熔化非常快。使金属熔化的热量主要集中产生于两极,弧柱温度虽高,但大部分热量散失于周围空气中,对金属熔化并不起主要作用。

三、电弧电压

电弧两端(两电极)之间的电压降称为电弧电压,电弧电压由阴极压降、阳极压降以及弧柱压降三部分组成。当弧长一定时,焊接电弧压降的分布如图3-4所示。

电弧电压可用下式来表示:

$$U = U_{阴} + U_{阳} + U_{柱} = a + bl_{弧}$$

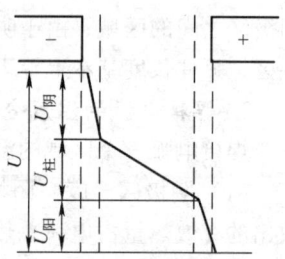

图3-4　焊接电弧压降分布的示意图

式中　U——电弧电压(V);

$U_{阴}$——阴极电压降(V);

$U_{阳}$——阳极电压降(V);

$U_{柱}$——弧柱电压降(V);

a——$a = U_{阴} + U_{阳}$;

b——单位长度的弧柱电压降,一般为20~40V/cm;

$l_{弧}$——电弧长度(cm)。

在电极材料、气体介质一定时,电弧的阴极压降和阳极压降为一常数,因此电弧电压只与电弧长度有关,即随电弧长度的增加,电弧电压增高,反之电弧电压下降。

四、焊接电弧的静特性

1. 电弧的静特性

焊接电弧的静特性是在电极材料、气体介质和弧长一定的情况下，电弧稳定燃烧时，焊接电流与电弧电压变化的关系，一般也称为伏—安特性。

焊接电流与电弧电压之间的关系常用一条曲线表示，这条曲线称为焊接电弧静特性曲线，如图 3-5 所示。

电弧静特性曲线呈 U 形，分为三部分：

下降特性 ab 段——随着焊接电流的增加，电弧电压迅速减小。

水平特性 bc 段——随着焊接电流的增加，电弧电压基本保持不变。

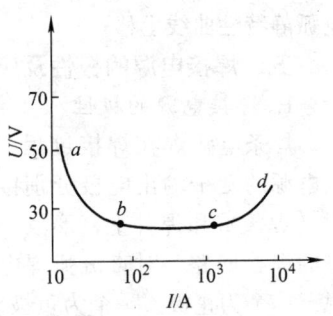

图 3-5 焊接电弧静特性曲线

上升特性 cd 段——随着焊接电流的增加，电弧电压也随之增加。

2. 不同焊接方法的电弧静特性

在一定的条件下，不同焊接方法的静特性只呈现曲线的某一区段。

（1）焊条电弧焊 焊接时，由于使用电流受到限制（焊条电弧焊使用的焊接电流不大于500A），其静特性曲线无上升特性（cd）段。

（2）钨极惰性气体保护焊 一般在小电流焊接时，其静特性为下降特性（ab）段；在大电流区间焊接时，其静特性为水平特性（bc）段。

（3）埋弧焊 在正常电流密度下焊接时，其静特性为水平特性（bc）段。

（4）熔化极气体保护焊 由于焊接电流密度大，其静特性为上升特性（cd）段。

3. 影响焊接电弧静特性的因素

焊接电弧的静特性曲线与电弧长度及气体介质等因素有关。

（1）电弧长度的影响 当电弧长度发生变化时，静特性曲线上下平行移动，即电弧长度增加，电弧电压升高，曲线平行上移，如图3-6所示。

（2）气体介质种类的影响 电弧周围气体介质的物理性能不同，会对电弧电压产生显著的影响，从而改变电弧静特性曲线的位置。例如氩弧焊，在纯氩中加入体积分数为50%的氢气，电弧电压升高，电弧静特性曲线上移。

（3）气体介质压力的影响 气体介质压力增大，使电弧电压升高，电弧静特性曲线上移。

五、焊接电源的极性及应用

1. 焊接电源的极性

焊条电弧焊在焊接过程中，焊接电源的两个输出电极分别接到焊钳（焊条）和焊件上，形成一个完整的焊接回路，对直流弧焊电源来

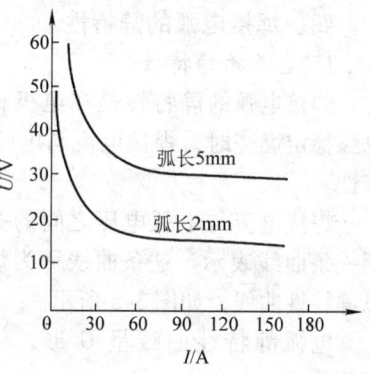

图3-6 不同弧长的静特性曲线

说，一个为正极，一个为负极。焊件接电源正极、焊钳（焊条）接电源负极的接线法叫正接，反之叫反接，如图3-7所示。

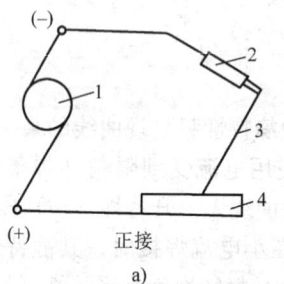
a)

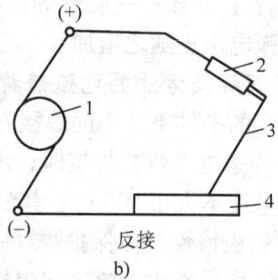
b)

图3-7 正接与反接
a）正接 b）反接
1—直流弧焊电源 2—焊钳 3—焊条 4—焊件

对于交流弧焊电源来说，由于电流是交变的，所以不存在正接与反接。

2. 极性的应用

焊条电弧焊采用酸性焊条、直流弧焊电源焊接时，采用正接法，焊件（接正极）温度较高，熔深大，用来焊厚板；而在焊接薄板时，为了防止烧穿，可采用反接法。

若用低氢型碱性焊条，必须使用直流反接法。

3. 直流电源极性鉴别方法

在实际生产中，因某种原因使直流电源的极性分不清时，可用下述

方法之一进行鉴别：

（1）试焊法　试焊法有两种：

1）采用低氢型碱性焊条（如 E5015）试焊，若电弧稳定、飞溅小、声音正常则表明是反接，否则为正接。

2）用碳棒试焊，若碳弧燃烧稳定，电弧拉起很长仍不熄弧，断弧后碳棒端面光滑，则是正接，反之为反接。

（2）直流电压表鉴别法　将直流电压表的正、负极分别接在直流电源的两个电极上，若电压表的指针向正方向偏转时，则与电压表正极相接的是直流电源的正极，反之是负极。

六、焊接电弧的稳定性

电弧保持稳定燃烧（不产生断弧、飘移和磁偏吹等）的程度称为电弧稳定性。

焊接电弧燃烧是否稳定，直接影响到焊接质量的好坏和焊接过程的正常进行。

电弧燃烧稳定性与许多因素有关，除焊工的操作技术水平外，大致可归纳为以下几个方面：

1. 弧焊电源的影响

弧焊电源的种类和特性会影响电弧的稳定性。直流弧焊电源比交流弧焊电源的电弧稳定性好；弧焊电源的空载电压高，电弧稳定性好。

2. 焊条药皮的影响

当焊条药皮含有较多的易电离元素（钾、钠、钙等）及其化合物时，电弧稳定性好；当焊条药皮含有较多氟化物（如萤石）时，会降低电弧稳定性；焊条药皮厚薄不均（焊条偏心）或药皮局部脱落，焊接时易引起偏吹，降低电弧稳定性。

3. 焊件接头处的清洁程度和气流的影响

焊件接头处若有氧化皮、油污、水分等杂质时，会降低电弧稳定性。电弧区周围有较大的流动气流（如在风较大的露天中或在气流速度大的管道中焊接），电弧稳定性差，严重时甚至无法施焊。

4. 电弧的磁偏吹

电弧受磁力作用而产生的飘移现象叫电弧磁偏吹，它是由于直流电所产生的磁场在电弧周围分布不均匀而造成的。

在焊接过程中电弧磁偏吹会引起电弧强烈的摆动和飘移，使电弧的稳定性变得很差，直接影响焊接质量，甚至使焊接过程难以进行。

(1) 造成电弧磁偏吹的因素

1) 接地线位置不正确引起的电弧磁偏吹如图 3-8 所示。

2) 铁磁物质引起的电弧磁偏吹如图 3-9 所示。

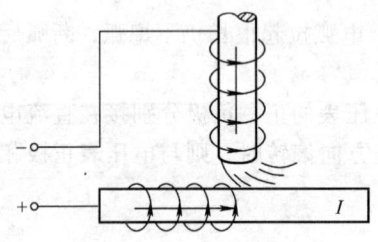
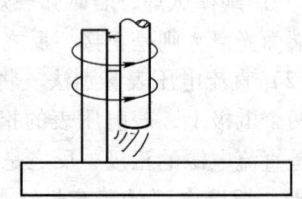

图 3-8　接地线位置不正确引起的电弧磁偏吹　　　图 3-9　铁磁物质引起的电弧磁偏吹

(2) 减少或防止电弧磁偏吹的方法

1) 可适当改变焊件上的接地线位置,尽可能使电弧周围磁场分布均匀。

2) 在操作时适当调整焊条角度,使焊条偏吹的方向指向熔池,这种方法在实际工作中应用得较广泛。

3) 采用短弧焊接,以增加电弧的挺度,减少电弧磁偏吹程度。

第三节　焊接冶金基础

在焊接过程中,由于电弧的高温作用,使基本金属局部熔化形成熔池。熔池中的液态金属一般是由部分熔化的基本金属和熔化的焊条金属所组成,随着电弧的移动,熔池金属不断冷凝形成焊缝。

焊接时,熔池的周围充满着大量的气体,熔池中还覆盖着熔渣,这些气体、熔渣与液体金属之间不断地进行着一系列复杂的物理、化学反应,一般称为冶金反应。冶金反应的结果,在很大程度上决定着焊缝金属的质量,因此,应了解与掌握冶金反应的规律,通过焊接冶金处理方法,消除焊缝金属中的有害杂质,增加焊缝金属中某些有益元素,从而保证焊缝金属的各种性能。

一、焊接冶金过程的特点

1. 电弧区和熔池的温度高

焊接电弧的温度很高,一般可达 6000~8000℃,熔池的平均温度在

1700℃左右。由于温度高，加上电弧对熔池的强烈搅拌作用，因此电弧区和熔池中的冶金反应非常强烈，反应速度快。

2. 熔池体积小，存在时间短

由于熔池体积小（焊条电弧焊熔池体积只有 2~10cm³）、存在时间短（只有几秒），所以各种冶金反应不能充分进行。

3. 熔池金属不断更新

焊接过程中，随着焊接熔池的移动，不断有新的液态金属和熔渣加入到熔池中去，熔池金属不断更新，这就增加了焊接冶金反应的复杂性。

4. 反应接触面积大

焊接时，熔化的液态金属是以滴状从焊条顶端过渡到熔池中的，因此熔滴与气体及熔渣的接触面积大大增加，加速了冶金反应的过程。同时气体侵入液体金属的机会也增多，使焊缝金属易于氧化、氮化和产生气孔。

二、焊接区气体对金属的作用

1. 焊接区气体的来源和成分

（1）来源　焊接区气体的来源主要是：电弧周围的空气侵入，焊条药皮中某些成分分解和析出的气体，焊条与母材表面上杂质、污物分解析出的气体，金属、熔渣高温蒸发的气体等。

（2）主要成分　焊接区气体主要有 CO、CO_2、H_2、O_2、N_2、H_2O 及少量的金属和熔渣的蒸气。

对焊缝金属影响最大的是 N_2、H_2、O_2 三种。

2. 氮对焊缝金属的影响

氮主要来自焊接区周围的空气。

焊缝中氮含量较高时，对焊缝金属的力学性能有较大影响，使焊缝强度增高，塑性、韧性下降，同时也是焊缝产生气孔的原因之一。因此焊缝中的氮是有害元素。

控制焊缝中氮含量的主要措施是加强对焊接区的保护，隔离空气与液态金属的接触，焊条电弧时，可采用短弧焊接，减少空气中氮的侵入。

3. 氢对焊缝金属的影响

焊接区的氢主要来源于焊条药皮中的水分、药皮中的有机物和金属表面的油、锈等污物。

不同焊接方法，不同的焊条药皮类型，焊缝中的氢含量是不同的，碳钢焊接时焊缝中氢含量见表3-3。

表3-3 碳钢焊接时焊缝中的氢含量

焊接方法	焊条电弧焊					埋弧焊	CO_2气体保护焊
	纤维类型	钛型	钛铁矿型	氧化铁型	低氢钠型		
氢含量/(cm^3/100g)	42.1	46.1	36.8	38.8	6.8	5.9	1.54

氢可引起钢的氢脆或白点,使钢的硬度升高,塑性、韧性严重下降,氢是焊接接头中产生气孔和冷裂纹的主要因素之一。

控制焊缝中氢含量的主要措施是:烘干焊条、清理干净焊件表面上的杂质、选用低氢型焊条、焊后消氢处理。

4. 氧对焊缝金属的影响

氧主要来自焊条药皮、焊剂、保护气体、水分及焊件表面上的锈、氧化皮,其次是来自大气。

焊缝中氧的存在使焊缝金属的强度、塑性和韧性降低,使钢的脆性转变温度提高,降低钢的疲劳强度和冷热加工性能。氧是产生CO气孔的主要原因之一;氧会烧损有益的合金元素,使焊缝金属性能变坏。另外,在熔滴中氧和碳的含量过多时,由于它们的互相作用生成的CO受热膨胀,使熔滴爆裂,造成较大飞溅,影响焊接过程的稳定性。因此,氧在焊缝中是有害元素。

控制焊缝中氧含量的措施是:采用短弧焊,清理干净焊件表面上的锈污,但最有效的措施是进行焊接冶金脱氧。

三、夹杂物对焊缝的影响

焊后残留在焊缝金属中的非金属夹杂物主要有氧化物和硫化物等。

焊接钢材时,氧化物夹杂的主要成分是SiO_2,其次是MnO、TiO_2和Al_2O_3等。这些夹杂物的危害性较大,易引起焊缝热裂纹。

硫化物夹杂主要是MnS和FeS。以FeS形式存在的夹杂,对钢的危害性最大,会使焊缝产生热裂纹。

防止焊缝中产生夹杂物的主要方法是正确选择焊条或焊剂,使之更好的脱氧、脱硫。同时要注意选用合适的焊接参数,注意清理焊渣,加强熔池保护,防止空气的侵入。

四、焊接熔渣的酸、碱性

焊接过程中,焊条药皮熔化后经过一系列化学变化形成的覆盖于焊缝表面的非金属物质称为熔渣。

焊条电弧焊的熔渣主要由氧化物组成。这些氧化物按化学性质可分为碱性氧化物、酸性氧化物和两性氧化物。

碱性氧化物多时，熔渣就表现为碱性；反之，就表现为酸性。熔渣碱性的强弱用碱度 K 表示。

$$K = \frac{各种碱性氧化物的总量}{各种酸性氧化物的总量}$$

当 $K>1.5$ 时，称为碱性渣；$K<1.5$ 时，称为酸性渣。

焊接熔渣呈碱性的焊条称为碱性焊条（如 E5015），呈酸性的焊条称为酸性焊条（如 E4303、E4320 等）。

第四节　焊接接头的组织和性能

一、焊接接头的组成

用焊接方法连接的接头叫焊接接头，如图 3-10 所示。

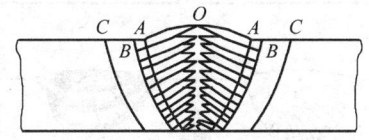

图 3-10　焊接接头示意图

焊接接头包括：焊缝（OA）、熔合区（AB）和热影响区（BC）三部分。

焊缝是焊件经焊接后形成的结合部分。通常由熔化的母材和焊材组成，有时全部由熔化的母材组成。

热影响区是焊接过程中，母材因受热（但未熔化）而发生金相组织和力学性能变化的区域。

熔合区是焊接接头中焊缝与母材交界的过渡区域。它是刚好加热到熔点与凝固温度区间的部分。

二、焊缝金属的组织和性能

焊缝金属由高温的液体状态冷却至常温的固体状态，经历了两次结晶过程，即从液相转变为固相的一次结晶过程和在固相焊缝金属中出现组织转变的二次结晶过程。

焊缝金属的结晶过程对焊缝金属的组织、性能有较大影响。

1. 焊缝金属的一次结晶

(1) 焊缝金属的一次结晶过程 熔焊时，随着电弧的移去，熔池液态金属的温度逐渐降低，原子间的活动能力逐渐减小。降到凝固温度时，液态金属的原子中，有部分原子开始作有规律的排列，形成晶核。在熔池中，因熔合线处的温度最低，所以最先出现晶核的部位是在熔合线上（见图3-11a）。随着熔池温度的不断降低，晶核开始向着与散热方向相反的方向长大，同时也向两侧缓慢的增长（见图3-11b）。在晶体长大过程中，由于受到相邻长大晶体的阻碍，晶体只能向熔池中心生长，从而形成柱状晶（见图3-11c）。当柱状晶不断长大至互相接触时，焊缝一次结晶过程结束（见图3-11d）。

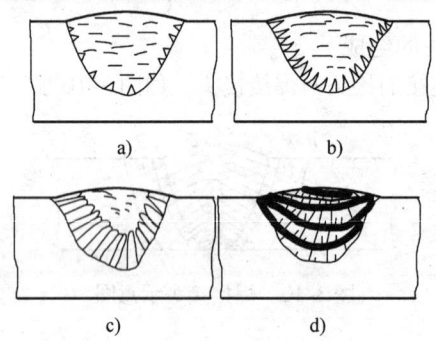

图3-11 焊缝熔池的结晶过程
a) 开始结晶 b) 晶粒长大 c) 柱状结晶 d) 结晶结束

(2) 焊缝结晶过程中的偏析现象 焊缝一次结晶过程中，由于冷却速度快，焊缝金属的化学成分来不及扩散，因此合金元素的分布是不均匀的，这种现象称为偏析。偏析对焊缝金属的质量影响很大，它不仅由于化学成分不均匀而导致性能改变，同时也是产生裂纹、气孔、夹杂物等焊接缺陷的主要原因之一。

焊缝中的偏析主要有显微偏析、区域偏析和层状偏析三种。

1) 显微偏析。在一个晶粒内部或晶粒之间的化学成分的不均匀现象称为显微偏析。焊缝结晶时晶粒中心金属最纯，而后结晶部分含合金元素和杂质略高，最后结晶的部分即晶粒的外端和前缘含合金元素杂质最高。

影响显微偏析的主要因素是金属化学成分，因为金属化学成分决定金属结晶区间,结晶区间越大,越容易产生显微偏析。低碳钢因其结晶区间不大,所以显微偏析现象并不严重;高碳钢、合金钢由于合金元素含量较多,结晶区间增大,所以焊接时易产生较严重的显微偏析。因此,焊后一般需要进行均匀化退火及细化晶粒的热处理,以消除显微偏析的现象。

2) 区域偏析。熔池结晶时,由于柱状晶的不断长大和推移,会把杂质推向熔池中心,使熔池中心的杂质比其他部位多,这种现象叫区域偏析。

焊缝的断面形状对区域偏析的分布有很大影响。窄而深的焊缝,柱状晶的交界在焊缝中心,因此在焊缝中心有许多杂质聚集(见图3-12a),易产生热裂纹;宽而浅的焊缝,杂质聚集在焊缝的上部(见图3-12b),这种焊缝具有较高的抗热裂能力。

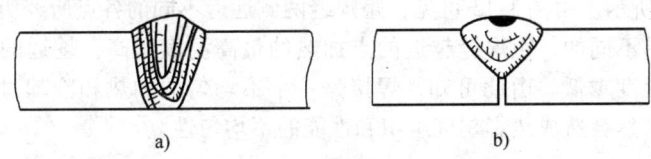

图3-12 焊缝断面形状及对偏析分布的影响

3) 层状偏析。层状偏析是在焊缝横断面上出现的分层组织,不同分层的化学成分的分布是不均匀的,因此称为层状偏析。层状偏析会使焊缝的力学性能和耐蚀性不均匀。

2. 焊缝金属的二次结晶

焊接熔池一次结晶后,已转为固态焊缝,高温焊缝金属冷却到室温时,要经过一系列的相变过程,这种相变过程称为二次结晶。

焊缝金属二次结晶的组织和性能与焊缝的化学成分、冷却速度及焊后热处理有关。

以低碳钢为例,平衡状态下的二次结晶组织是铁素体加上少量的珠光体,随着冷却速度增加,珠光体含量增多,铁素体减少,焊缝的硬度和强度均有所提高,而塑性和韧性也会下降。

三、熔合区的组织和性能

熔合区紧邻焊缝金属,温度处于固、液相线之间,该区很窄,金属处于部分熔化状态。晶粒粗大,化学成分与组织极不均匀,冷却后的组织为过热组织。

当焊缝金属和母材的化学成分相差较大或异种钢焊接时,在熔合区附近发生碳和合金元素的相互扩散,成分和组织的差异更大,产生新的不利的组织带。

尽管熔合区很窄,但由于产生过热组织,晶粒粗大,或产生不利的组织带,使该区塑性和韧性下降,成为焊接接头中的薄弱环节。在许多情况下,熔合区往往是使焊接接头产生裂纹或局部脆性破坏的发源地。

四、热影响区组织和性能

1. 焊接热循环概念

在焊接过程中热源沿焊件移动,在焊接热源的作用下,焊件上某点的温度随时间变化的过程称为该点的焊接热循环。当热源向该点靠近时,该点的温度随之升高,直至达到最大值,随着热源的离开,温度又逐渐降低,整体过程可以用一条曲线表示,这条曲线叫焊接热循环曲线,如图3-13所示。由图3-13可见,距焊缝两侧远近不同的各点所经历的焊接热循环是不同的,距焊缝越近的点加热的最高温度越高,越远的点加热的最高温度越低。由此可知,焊接是一个不均匀的加热和冷却过程,这种过程必然会造成热影响区组织和性能的不均匀性。

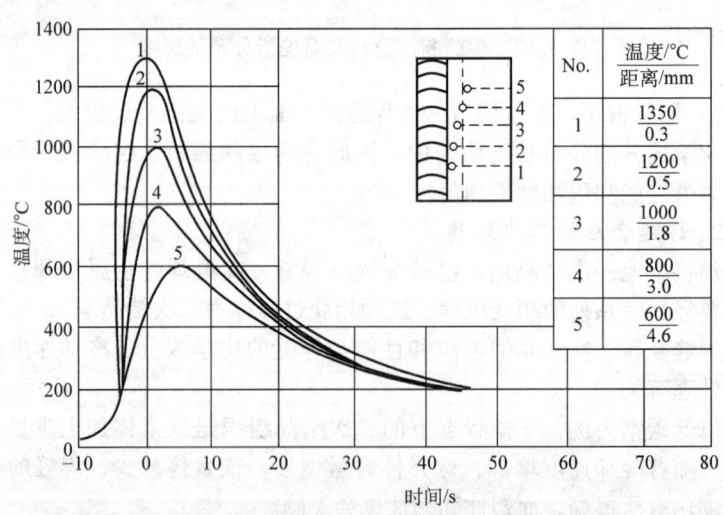

图3-13 热影响区各点的焊接热循环曲线

(1) 焊接热循环的主要参数 焊接热循环的主要参数有最高加热温度和高温停留时间。

1) 最高加热温度。焊接接头在加热过程中所达到的最高温度。最高加热温度会影响焊接接头热影响区的显微组织。

2) 高温停留时间。在加热过程中，焊接接头在1100℃以上的停留时间即高温停留时间。高温停留时间过长，会出现晶粒长大现象，其韧性明显降低。

(2) 冷却速度　焊缝和热影响区的显微组织和力学性能不仅与最高加热温度及高温停留时间有关，而且与焊后冷却速度的快慢有直接关系。当钢材具有淬硬倾向时，冷却速度快，易形成淬硬组织——马氏体，不仅使塑性和韧性不好，还容易产生焊接裂纹。常用从800℃冷却到500℃的冷却时间，表示冷却速度，此时间短，说明冷却快。有时也用650℃的冷却速度进行对比。

2. 焊接热影响区的组织与性能

(1) 低碳钢热影响区的组织和性能　低碳钢焊接接头热影响区的组织变化如图3-14所示。

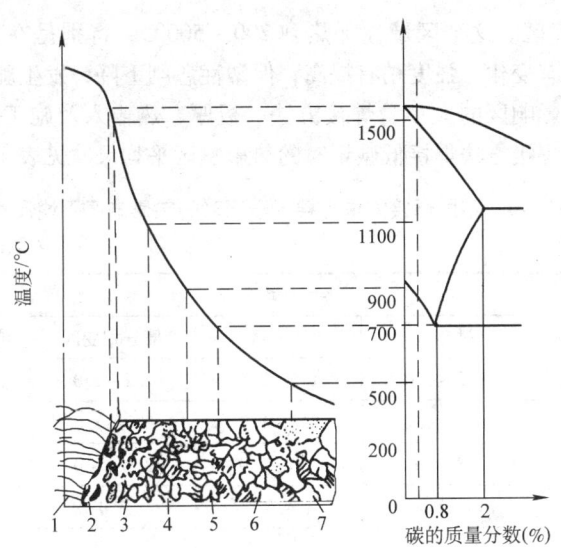

图3-14　低碳钢焊接接头的金相组织示意图
1—焊缝　2—熔合区　3—过热区　4—正火区　5—部分相变区　6—再结晶区　7—蓝脆区

1) 过热区。焊接热影响区中，具有过热组织或晶粒显著粗大的区域，称为过热区。对于低碳钢，这个区域的金属被加热到1100~1490℃，晶粒严重长大，冷却后得到粗大的过热组织，使金属塑性降低，对韧性的影响尤其显著（一般比基本金属低20%~30%），是热影响区中的薄弱区域。

2）正火区。这个区域被加热到900~1100℃，冷却后产生正火组织，金属晶粒较细。正火区是热影响区中综合力学性能最好的区域，既具有较高的强度，又有较好的塑性和韧性。该区又称重结晶区或细晶区。

3）部分相变区。低碳钢在这个区域被加热到750~900℃，使一部分金属受到了正火处理，另一部分仍保持原来状态，由于组织转变不完全，晶粒大小不均匀，所以力学性能也不均匀，强度有所下降。该区又称不完全重结晶区。

4）再结晶区。这个区域被加热到450~750℃，对于经过冷变形加工的母材，在此温度区域内发生再结晶。该区域的组织没有变化，仅塑性稍有改善。

5）蓝脆区。这个区域被加热到200~500℃，特别是在200~300℃时，组织没有变化，强度稍有提高，但塑性急剧下降，发生脆性现象。

焊接热影响区的大小受焊接方法、板厚、热输入及施工条件等因素影响。不同焊接方法焊接低碳钢时的热影响区平均尺寸见表3-4。

表3-4 不同焊接方法焊接低碳钢时的热影响区平均尺寸

（单位：mm）

焊接方法	各区平均尺寸			总宽
	过热区	正火区	部分相变区	
焊条电弧焊	2.2~3.0	1.5~2.5	2.2~3.0	6.0~8.5
埋弧焊	0.8~1.2	0.8~1.7	0.7~1.0	2.3~4.0
电渣焊	18~20	5.0~7.0	2.0~3.0	25~30
氧乙炔焊	21	4.0	2.0	27.0
真空电子束焊	—			0.05~0.75

（2）低合金结构钢热影响区的组织和性能 对于不易淬火的低合金结构钢，如Q345（16Mn）钢、Q390（15MnTi、15MnV）钢，其热影响区组织与低碳钢相似，主要有三个区域：过热区、正火区和部分相变区（见图3-15）。

对于易淬火的低合金结构钢，如含合金元素较多的高强度钢和耐热钢，将出现马氏体组织，硬度高、脆性大、容易开裂。其热影响区显微组织分布与母材焊前热处理状态有关。如果母材焊前是退火状态，则热影响区的组织可分为：淬火区和部分淬火区；如果母材焊前是淬火状态，还要形成一个回火区，如图3-15所示。

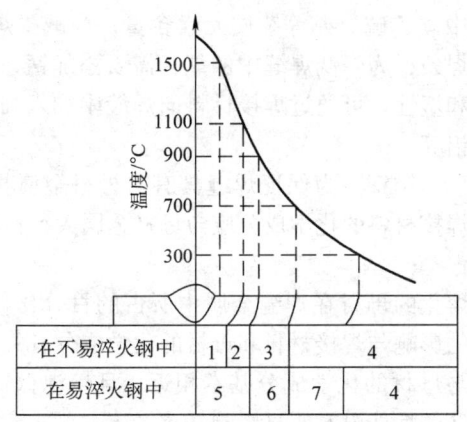

图3-15 合金钢的热影响区组织分布
1—过热区 2—正火区 3—不完全相变区
4—母材 5—淬火区 6—不完全淬火区 7—回火区

综上分析，钢在焊接热循环作用下，热影响区的组织分布是不均匀的。熔合区和过热区有严重的晶粒长大现象，是整个焊接接头的薄弱地带。对于碳含量高、合金元素较多、淬硬倾向较大的钢种，将出现淬火组织马氏体，使焊接接头塑性降低，而且容易产生裂纹。

实践表明，焊接接头的质量不仅仅取决于焊缝区，同时还取决于熔合区和热影响区，有时熔合区和热影响区存在的问题比焊缝区还要复杂，特别是焊接合金钢时更是如此。

五、影响焊接接头性能的因素及质量控制

影响焊接接头组织和性能的因素很多，主要包括焊接材料选择、熔合比、热输入及焊接参数、操作方法和焊后热处理等。

1. 焊接材料的选择

通常情况下，焊缝金属的化学成分和力学性能应与母材金属基本相近。但考虑到焊接应力的作用，焊缝的晶粒又比较粗大和存在偏析，并有产生裂纹、气孔和夹渣等焊接缺陷的可能性,在多数情况下,常通过调节焊缝金属的化学成分来改善焊缝和熔合区的性能,这就使焊缝与母材的成分有区别。

对于低碳钢、低合金结构钢,一般不要求焊缝与母材成分一样,主要是根据母材的力学性能选择相应强度的焊接材料。为提高焊缝的抗裂性能应降低焊缝中碳、硫、磷等杂质元素含量;为减少焊缝中的氢,应采用碱性低氢型焊条;为降低焊缝中的氧,需要添加锰、硅等脱氧元素;为保证焊缝强度和塑性,可通过焊接材料向焊缝中加入细化晶粒的元素,如钒、钛、铌和铝等。

对于耐热钢、不锈钢,为保证焊缝具有与母材金属相当的高温性能和抗氧化性,其焊接材料的化学成分应与母材金属大致相同。

2. 熔合比

熔焊时,被熔化的母材在焊缝金属中所占的百分比称为熔合比。熔合比对焊缝性能的影响与焊接材料和母材的化学成分有关。

当焊接材料与母材的化学成分基本相近,且熔池保护良好时,熔合比对焊缝和熔合区的性能没有明显影响。

当焊接材料与母材的化学成分不同时,在焊接中紧靠熔合区部位的化学成分变化较大,焊接材料与母材化学成分相差越大,熔合比越大,则变化幅度也越大,不均匀程度及其范围也增加,从而使该区组织变得较为复杂,在一定条件下还会出现不利的组织带,导致性能明显下降。

当母材比焊接材料中含有较多的杂质元素(硫、磷等)时,熔合比越大,母材中杂质元素熔入焊缝中的量越多,焊缝金属的塑性和韧性降低,裂纹倾向性增加。因此应根据具体要求适当控制熔合比。

3. 热输入及焊接参数

焊接热输入及焊接参数直接影响焊接热循环的特征,从而改变焊接过程中的加热和冷却条件,对焊接接头的组织和性能有很大影响。

(1) 对焊缝组织和性能的影响 热输入的大小决定了焊缝一次结晶组织和二次结晶组织的特征和晶粒的大小。小的热输入可以得到细小的组织;热输入过大,高温停留时间过长,二次结晶组织容易成为最大的过热组织。为了改善焊缝金属的塑性、韧性,减少力学性能的不均匀程度,提高焊缝金属的抗裂性能,则要求焊缝具有细小的结晶组织,同时也使焊缝中的偏析程度小而分散。因此,在满足工艺和操作要求的条件下,应采用较小的热输入。

对于某种奥氏体不锈钢，要控制热输入和焊接热循环特征，尽量减少焊缝在 400~850℃ 的停留时间，以防止焊缝产生奥氏体晶界贫铬，从而保证焊缝具有良好的抗晶间腐蚀性能。

（2）对过热区性能的影响　热输入越大，高温停留时间越长，过热区越宽，过热现象越严重，晶粒越粗大，因而塑性和韧性下降越严重，所以应尽量采用较小的热输入，以减小过热区的宽度，降低晶粒长大的程度。

焊接易淬火钢时，常采用焊前预热、控制层间温度和焊后缓冷等工艺措施，以降低冷却速度，防止过热区产生粗大的淬硬组织，从而改善该区域的性能，并防止产生冷裂纹。

4. 操作方法

焊接操作有单道焊法与多道焊法，对于焊条电弧焊还有小电流快速不摆动焊法和大电流慢速摆动焊法等。

单道焊、大电流慢速摆动焊法，由于焊接热输入大，电弧在坡口两侧停留时间长，导致焊缝晶粒粗大，杂质元素的偏析易集中在焊缝中心区域，从而导致焊缝力学性能下降，并使热影响区加宽，过热区晶粒粗大，导致该区塑性和韧性下降；而采用多层多道焊、小电流快速不摆动焊法，由于焊接热输入小，故焊缝晶粒细，热影响区窄，接头的塑性和韧性得到改善，而且杂质元素的偏析比较分散，不会集中在焊缝中心，如图 3-16 所示。

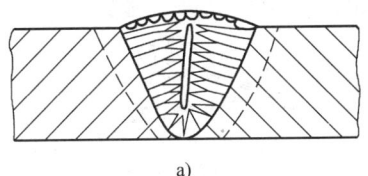

a)

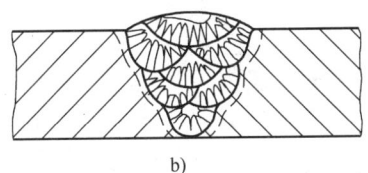

b)

图 3-16　单道焊与多层多道焊对偏析分布的影响
a) 单道焊　b) 多层多道焊

多层多道焊不仅由于焊接热输入小可以改善焊接接头的性能，而且由于后一焊道对前一焊道及其热影响区进行再加热，使再加热区的组织和性能发生变化，形成细小晶粒，塑性和韧性得到改善，因而使整个焊接接头的性能比单道焊、大电流慢速摆动焊法所得到的接头性能要优越得多。

第四章

焊条电弧焊技术

焊条电弧焊是用手工操纵焊条进行焊接的电弧焊方法。

第一节 概 述

一、焊条电弧焊的焊接过程

焊条电弧焊是熔焊方法之一。焊接过程如图4-1所示。

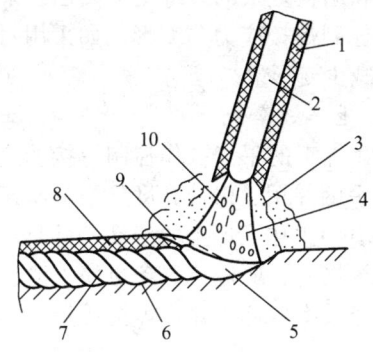

图4-1 焊条电弧焊过程示意图
1—药皮 2—焊芯 3—保护气 4—电弧 5—熔池 6—母材
7—焊缝 8—焊渣 9—熔渣 10—熔滴

开始焊接时，在焊条与焊件之间，先接触短路，然后立即提起焊条到一定距离，将电弧引燃，在电弧的高温作用下药皮、焊芯及焊件熔化，形成熔池。

焊条的焊芯熔化时，是以熔滴的形式向熔池过渡的。药皮熔化过程中产生的气体充满在电弧和熔池周围，产生的熔渣覆盖在液体金属上面，起着保护液态金属的作用，同时和熔化了的焊芯、母材发生系列的冶金反应,这种反应能精炼焊缝金属,提高焊缝质量。

随着电弧沿焊接方向移动,焊接熔池迅速冷却而凝固,形成焊缝,液态熔渣也随之冷却凝固成为焊渣。

二、焊条电弧焊的特点

1. 操作灵活、适应性强

在空间任意位置的焊缝,凡焊条能够达到的地方都能进行焊接。对一些不规则的焊缝、短焊缝、狭窄位置的焊缝,更显得机动灵活,操作方便。

2. 设备简单、维护方便

焊条电弧焊使用的交流电源和直流电源,结构都比较简单,焊工很容易掌握,而且使用简便、可靠,购置设备的投资少,维护保养也比较方便。

3. 容易控制焊接应力与变形

焊件在焊接过程中,因受焊接热循环的作用,必然会产生应力和变形,大焊件、长焊缝和结构复杂的焊缝更为突出,采用焊条电弧焊可以通过调整焊接工艺来控制焊接应力与变形,如采用对称焊、分段焊等方法来改善应力分布和减少变形量。

4. 劳动条件差,生产效率低

焊条电弧焊主要靠焊工的手工操作控制焊接的全过程,在整个焊接过程中,焊工都处在手脑并用、精神高度集中的状态,而且还要在高温烘烤、有毒的烟尘环境中工作,焊工的劳动条件是比较差的,因此要加强劳动保护。另外,焊接时,要进行焊条更换、清渣等工作,焊接过程不能连续的进行,生产效率较低,并且焊接质量与焊工的操作技术水平密切相关。

三、焊条电弧焊的应用范围

焊条电弧焊不仅可以焊接低碳钢、低合金钢,而且还可以焊接高合金钢及有色金属。同时由于焊条电弧焊具有上述的特点,使它在国民经济各行业都得到广泛应用,如造船、锅炉及压力容器、机械制造、建筑结构、化工设备等制造、维修行业中都广泛使用焊条电弧焊。

第二节 焊条电弧焊常用工具和量具

一、常用工具

为了保证焊接过程的顺利进行,保障焊工的安全,焊条电弧焊时必须备有相应的各种工具,如焊钳、焊接电缆及焊接电缆快速接头等。

1. 焊钳

焊钳的作用是夹持焊条和传导焊接电流。焊钳应具有良好的导电性,不易发热、质量轻、夹持焊条牢固及装换焊条方便。焊钳的构造如图 4-2 所示,使用时钳口上的焊渣要经常清除,以减小电阻,降低热量,延长使用寿命。常用 G352 型焊钳的规格及尺寸见表 4-1。

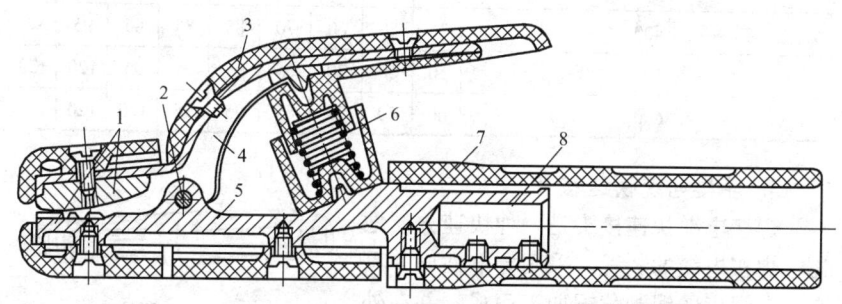

图 4-2 焊钳的构造

1—钳口 2—固定销 3—弯臂罩壳 4—弯臂 5—直柄 6—弹簧
7—胶木手柄 8—焊接电缆固定处

表 4-1　G352 型焊钳的规格及尺寸

使用电流/A	电缆孔径/mm	质量/kg	焊条直径/mm
300	14	0.5	2~4

2. 焊接电缆

焊接电缆是连接焊机与焊钳和焊机与焊件的导线,其作用是传导焊接电流。焊接电缆应柔软,容易弯曲,具有良好的导电性能,外表应有良好的绝缘层。焊接电缆外皮如有烧损,应立即用绝缘胶布包扎好或更换,以避免触电事故。焊接电缆截面积的大小应根据焊接电流的大小和导线长度选择,见表 4-2。

表4-2 焊接电缆截面积的选择表

焊接电缆截面积/mm² 焊接电流/A	焊接电缆长度/m								
	20	30	40	50	60	70	80	90	100
100	25	25	25	25	25	25	25	25	35
150	35	35	35	35	50	50	60	70	70
200	35	35	35	50	60	70	70	70	70
300	35	50	60	60	70	70	70	85	85
400	35	50	60	70	85	85	85	95	95
500	50	60	70	85	95	95	95	120	120
600	60	70	85	85	95	95	120	120	120

3. 焊接电缆快速接头

焊接电缆快速接头是一种快速方便地连接焊接电缆的装置。采用导电性好并具有一定强度的锻制黄铜加工而成,并在外面套上氯丁橡胶护套,可保证接头处接触良好和安全可靠,如图4-3所示。

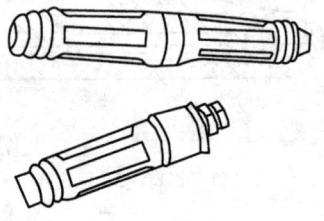

图4-3 焊接电缆快速接头示意图

二、辅助工具

焊条电弧焊常用的辅助工具有焊条保温筒、敲渣锤、钢丝刷、钢字码、角向磨光机等。

1. 焊条保温筒

焊条保温筒是在施工现场,供焊工携带的可储存少量焊条的一种保温容器,如图4-4所示。焊条保温筒是焊工在工作时为保证焊接质量不可缺少的工具,焊接压力容器时尤为重要。焊条保温筒与电焊机的二次电压相连,使其保持一定的温度。能保持筒内的焊条干燥,防止经过烘干后的焊条在使用过程中再次受潮,从而保证焊条的工艺性能和焊接质量。使用焊条保温筒时,先将焊条装入筒内,盖好上盖,按需要将调温器调至规定温度,在弧焊电源送电的情况下,将鳄鱼卡卡在地线上,把焊把线卡在接线柱上,即可对焊条加热保温。取焊条前,应将焊把取下,切断焊条保温筒电源。从筒中取焊条时,应先将筒内托盘提起,以防烫伤。焊条保温筒不要放在潮湿处，放置要平稳，避免碰撞，以免损伤内部元件。焊条保温筒分为立式和卧式两种，温度可达200℃，可装焊条质量分别为2.5kg、5kg。焊条保温筒的主要技术数据见表4-3。

表4-3 焊条保温筒的主要技术数据

参数 项目	型号	TRB—2型（立式）	TRB—3型（立式）	TRB—4型（卧式）
电压范围/V		25~90	25~90	25~90
加热功率/W		100	100	100
绝缘性能/MΩ		>3	>3	>3
可装焊条长度/mm		350、400、450	350、400、450	350、400、450
可装焊条质量/kg		2.5	5	5
外形尺寸 mm×mm		φ110×570	φ155×690	φ195×700
自重/kg		2.8	4.5	5

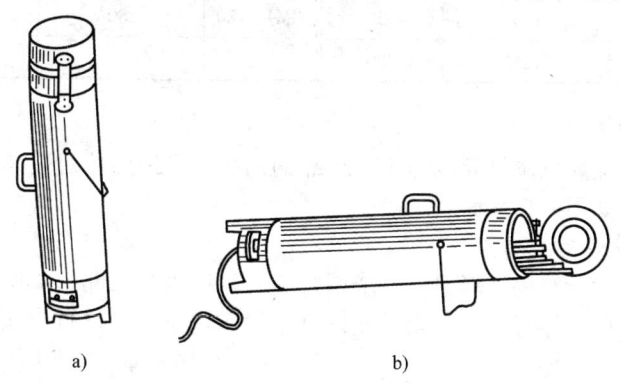

图4-4 焊条保温筒
a）立式 b）横式

2. 敲渣锤和钢丝刷

敲渣锤和钢丝刷的作用主要是清理焊缝表面、焊缝层间的焊渣及焊件上的铁锈、油污。敲渣锤有0.5kg、0.7kg、1.5kg三种，锤的两端可根据实际情况磨成圆锥形或扁铲形等。为清理坡口内层间焊道，钢丝刷宜采用2~3行的窄形弯把刷。

3. 钢字码

持有焊工合格证的焊工应备有自己代号的钢字码,凡要求持有合格证的焊工来焊接的焊件,焊后应按规定用钢字码打上自己代号的钢印。

4. 角向磨光机

角向磨光机的外形如图4-5所示。角向磨光机实际上是一种小型电动砂轮机,主要用来打磨坡口和焊缝接头处。如果换上同直径的钢丝轮,还可以用来除锈。

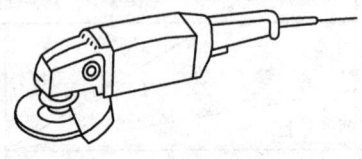

图4-5 角向磨光机

角向磨光机的功率很小,特别是100mm的角向磨光机,功率只有400W,使用时不能过载。常用角向磨光机的型号见表4-4。

表4-4 角向磨光机的型号

型 号	砂轮片直径/mm	功率/W	型 号	砂轮片直径/mm	功率/W
SIMJ—100	100	400	SIMJ—150	150	850
SIMJ—115	115	450	SIMJ—180	180	1800
SIMJ—125	125	800			

5. 地线夹

为保证焊机输出导线与工件可靠的连接,可采用地线夹连接,地线夹的形状如图4-6所示。

6. 管焊对口钳

焊接管子对接焊缝时,若采用管焊对口钳进行装配,可保证两对接管的同心度,焊完定位焊缝后,拆下管焊对口钳即可进行焊接。常用管焊对口钳的外形如图4-7所示。管焊对口钳适用于 $\phi15 \sim \phi108mm$ 的管子的对接焊。

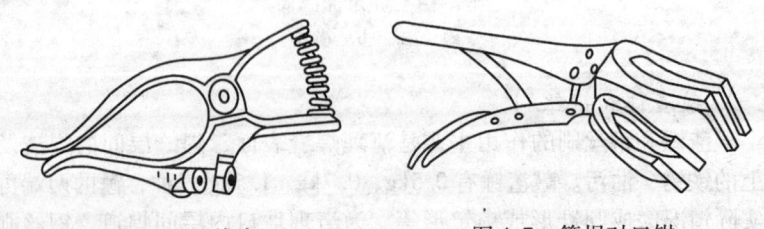

图4-6 地线夹　　　　图4-7 管焊对口钳

三、常用量具

电焊工常用量具有普通量具和焊接测量器等。普通量具主要有钢直尺和钢卷尺,其作用是检查较长焊缝的长度。

焊接测量器是一种精确测量焊缝的量规,使用范围很广,它可以测量焊接结构件及焊接零件的坡口角度、间隙宽度、焊缝高度和焊缝宽度等,其构造如图4-8所示。焊接测量器的使用方法如图4-9所示。

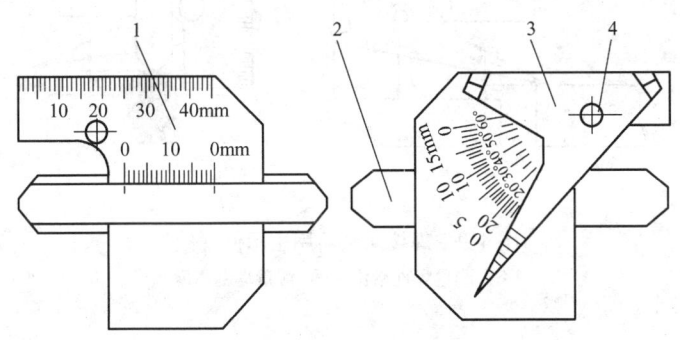

图4-8 焊接测量器的构造
1—主尺 2—活动尺 3—测角尺 4—铆钉

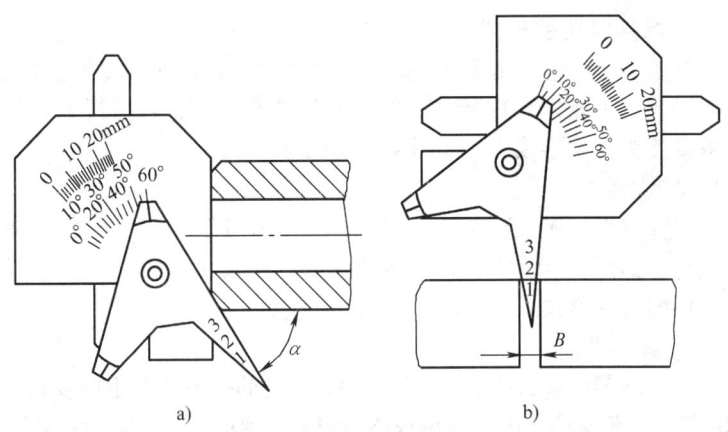

图4-9 焊接测量器用法示例
a)测量坡口角度 b)测量间隙宽度

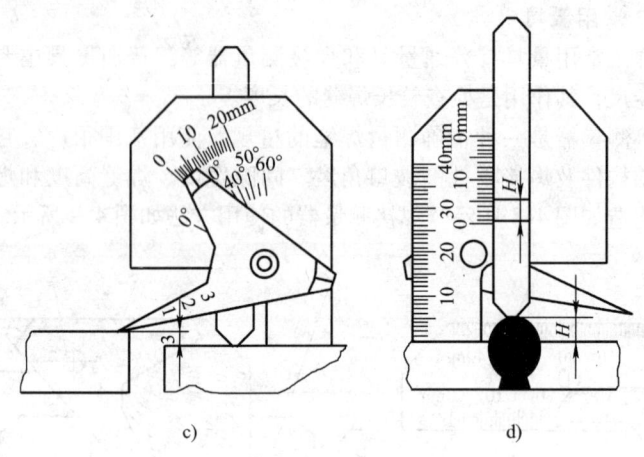

图 4-9 焊接测量器用法示例（续）
c）测量焊件错位 d）测量焊缝高度

第三节 焊条电弧焊的焊接接头形式和焊接位置

焊接接头即用焊接方法连接的接头，它是由两个或两个以上零件用焊接的方式组合或已经焊合的接点，由焊缝、熔合区和热影响区组成。

一、焊接接头的形式

在焊条电弧焊中，由于焊件厚度、结构形状以及对质量要求的不同，其接头形式也不相同。焊接接头的基本形式有四种：对接接头、角接接头、搭接接头和 T 形接头，如图 4-10 所示。

1. 对接接头

两焊件表面构成大于或等于 135°、小于或等于 180° 夹角的接头称为对接接头，如图 4-10a 所示。这种接头能承受较大的载荷，是焊接结构中最常用的接头形式。

2. 角接接头

两焊件端部构成大于 30°、小于 135° 夹角的接头称为角接接头，如图 4-10b 所示。角接接头的焊缝承载能力很差，因此多用于一般不重要的结构或箱形构件上。

3. 搭接接头

两焊件部分重叠放置构成的接头称为搭接接头，如图 4-10c 所示。

第四章 焊条电弧焊技术

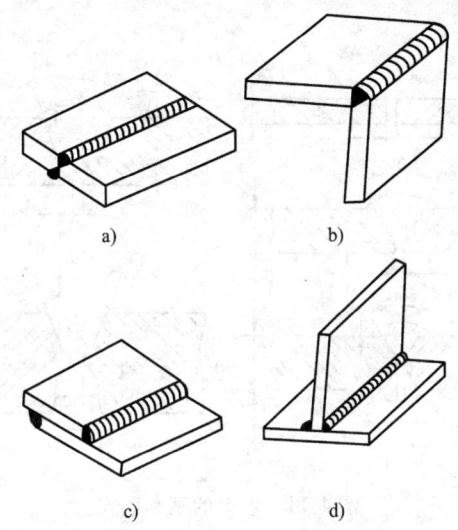

图4-10 焊接接头的基本形式
a) 对接接头 b) 角接接头 c) 搭接接头 d) T形接头

搭接接头的应力分布不均匀，承载能力较低，但是由于搭接接头焊前准备和装配工作比对接接头简单，其横向收缩量也比对接接头小，所以在结构中仍得到应用。

4. T形接头

一焊件之端面与另一焊件表面构成直角或近似直角的接头称为T形接头，如图4-10d所示。T形接头能承受各种方向的力和力矩，在焊接生产中应用很普遍。

二、坡口形式

根据设计或工艺的需要，在焊件的待焊部位加工并装配成的一定几何形状的沟槽称为坡口。

1. 坡口的基本形式

按照焊件的厚度和坡口准备的不同，坡口可分为I形坡口、V形坡口、X形坡口、U形坡口和双U形坡口五种基本形式，如图4-11所示。

2. 坡口的作用

坡口的主要作用是保证电弧能深入根部，使焊缝根部焊透，便于清除焊渣，获得较好的焊缝成形。

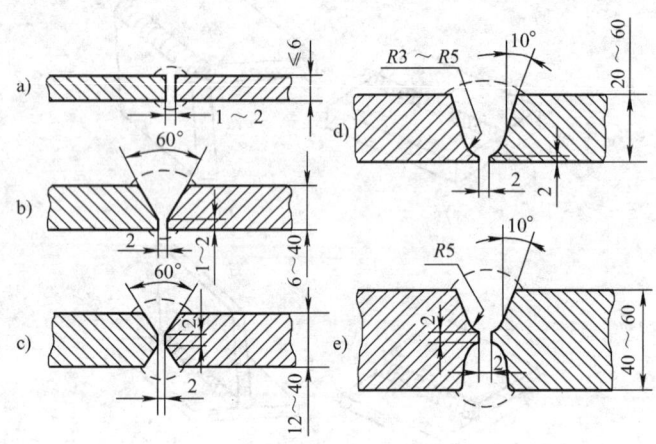

图 4-11 坡口的基本形式

a) I 形坡口 b) V 形坡口 c) X 形坡口 d) U 形坡口 e) 双 U 形坡口

3. 坡口的选择

坡口的选择一般遵循以下原则:

1) 能够保证焊件焊透,焊条电弧焊熔深一般为 2~4mm,且便于焊接操作。

2) 坡口形状容易加工。

3) 尽可能提高焊接生产率和节省焊条。

4) 尽可能减少焊后工件变形。

三、焊接位置

熔焊时,焊件接缝所处的空间位置称为焊接位置。

1. 焊接位置的参数

根据 GB/T3375—1994《焊接术语》规定,焊接位置可用焊缝倾角和焊缝转角表示。

(1) 焊缝倾角 焊缝轴线与水平面之间的夹角,如图 4-12 所示。

(2) 焊缝转角 焊缝中心线(焊根与盖面层中心连线)和水平参照面 Y 轴的夹角,如图 4-13 所示。

2. 常用的焊接位置

(1) 平焊位置 焊缝倾角 0°,焊缝转角 90°的焊接位置称为平焊位置,如图 4-14 中 PA 所示。

第四章 焊条电弧焊技术

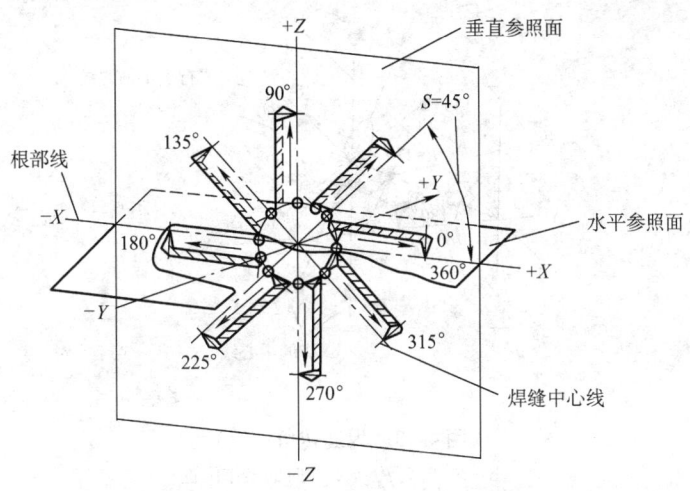

图 4-12 焊缝倾角

(2) 横焊位置 焊缝倾角 0°、180°，焊缝转角 0°、180°的对接位置，如图 4-14 中 PC 所示。

(3) 立焊位置 焊缝倾角 90°（立向上）、270°（立向下）的焊接位置，如图 4-14 中 PF 所示。

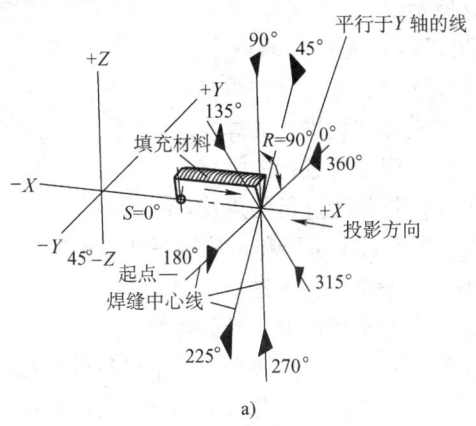

a)

图 4-13 焊缝转角
a) $S=0°$（或 360°）及 $R=90°$时的工作位置

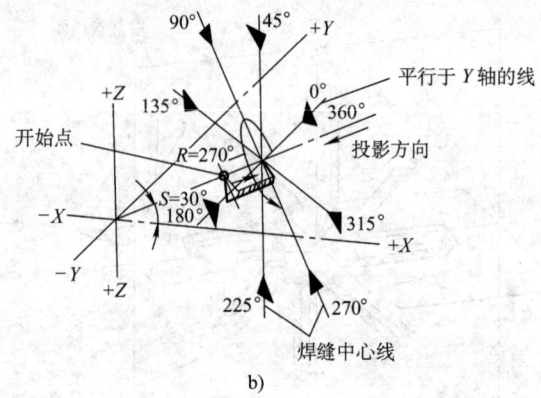

b)

图 4-13 焊缝转角（续）
b) $S=30°$ 及 $R=270°$ 时的工作位置

（4）仰焊位置 对接焊缝倾角 0°、180°，转角 270° 的焊接位置，如图 4-14 中 PE 所示。

（5）平角焊位置 角接焊缝倾角 0°、180°，转角 45°、135° 的角焊位置，如图 4-14 中 PB 所示。

（6）仰角焊位置 焊缝倾角 0°、180°，转角 250°、315° 的角焊位置，如图 4-14 中 PD 所示。

3. 有关常用焊接位置焊接的概念

（1）平焊 在平焊位置进行的焊接。

（2）横焊 在横焊位置进行的焊接。

（3）立焊 在立焊位置进行的焊接。

（4）仰焊 在仰焊位置进行的焊接。

（5）船形焊 T形、十字形和角接接头处于平焊位置进行的焊接。

（6）平角焊 在平角焊位置进行的焊接。

（7）仰角焊 在仰角焊位置进行的焊接。

（8）向上立焊 立焊时，热源自下向上进行的焊接。

（9）向下立焊 立焊时，热源自上向下进行的焊接。

（10）倾斜焊 焊件接缝置于倾斜位置（除平、横、立、仰焊位置以外）时进行的焊接。

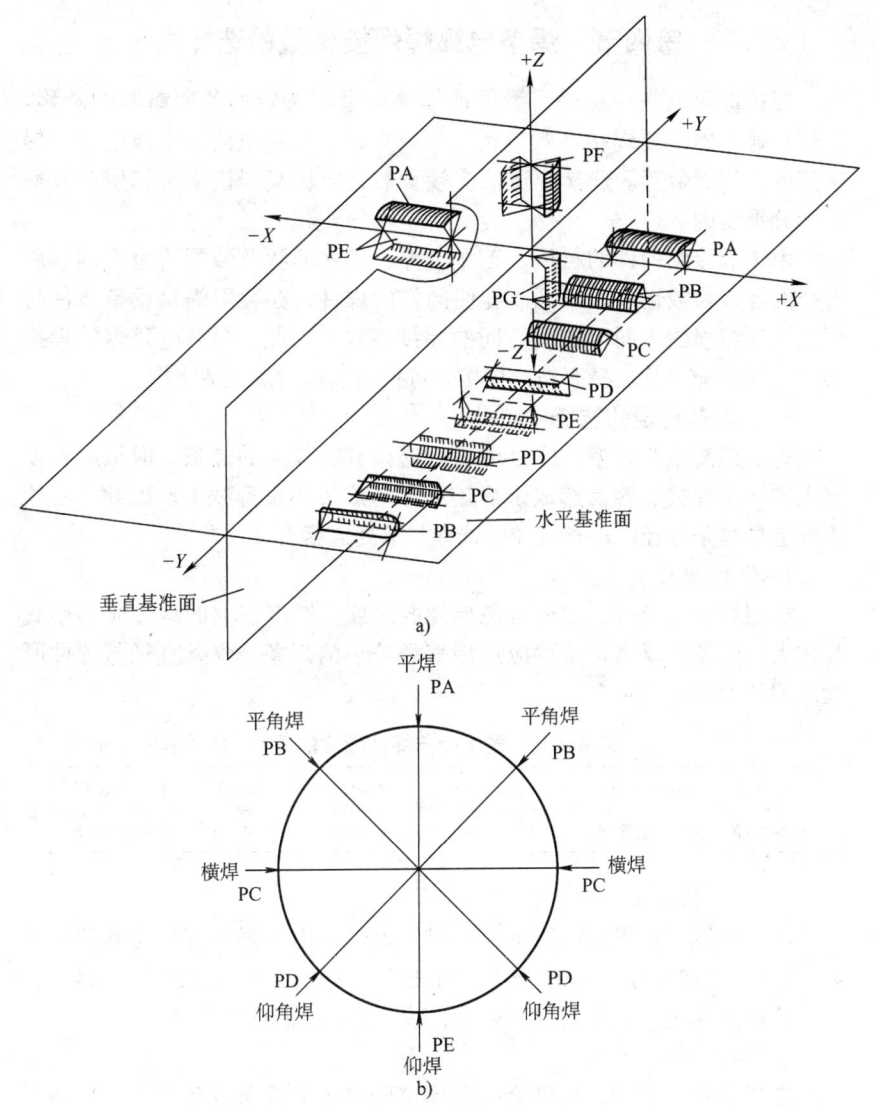

图 4-14 常用焊接位置
PA—平焊位置 PB—平角焊位置 PC—横焊位置 PD—仰角焊位置
PE—仰焊位置 PF—立焊位置 PG—立角焊位置

第四节 焊条电弧焊焊接参数的选择

焊接参数就是焊接时，为保证焊接质量而选定的各项参数的总称。焊条电弧焊的主要焊接参数包括：焊条直径、焊接电流、电弧电压、焊接速度和焊层数等。选择合适的焊接参数，对提高焊接质量和生产效率是十分重要的。

由于焊接结构件的材质、工作条件、尺寸形状及装配质量不同，所选择的焊接参数也有所不同。即使同样的焊件，亦会因焊接设备条件与焊工操作习惯的不同而选用不同的焊接参数。因此，焊条电弧焊的焊接参数，只能介绍其选择原则，焊接时可根据具体情况灵活掌握。

一、焊条直径的选择

为了提高生产效率，应尽可能地选择直径较大的焊条。但是用直径过大的焊条焊接，容易造成未焊透或焊缝成形不良等缺陷。因此，必须正确选择焊条直径。焊条直径的选择与下列因素有关：

1. 焊件厚度

选用焊条直径时，主要考虑焊件的厚度。厚度较大的焊件应选用直径较大的焊条；反之，薄件应选用直径较小的焊条。焊条直径与焊件厚度之间的关系见表4-5。

表4-5 焊条直径与焊件厚度的关系　　　（单位：mm）

焊件厚度	≤1.5	2	4~5	6~12	≥13
焊条直径	1.5	2	3.2~4	4~5	5~6

2. 焊接位置

在焊件厚度相同的情况下，平焊位置焊接用的焊条直径比其他位置要大一些；立焊所用焊条直径最大不超过5mm；仰焊及横焊时，焊条直径不应超过4mm，以获得较小熔池，减少熔化金属的下淌。

3. 焊接层次

在进行多层焊时，如果第一层焊道所采用的焊条直径过大，焊条不能深入坡口根部，就容易产生未焊透缺陷。因此，多层焊的第一层焊道应采用直径3~4mm的焊条。以后各层可根据焊件厚度，选用较大直径的焊条。

二、焊接电流的选择

焊接电流是焊条电弧焊最重要的焊接参数。焊接电流越大，熔深越大，焊条熔化越快，焊接效率也越高。但是，焊接电流太大时，飞溅和烟雾大，焊条药皮易发红和脱落，而且容易产生咬边、焊瘤、烧穿等缺陷；若焊接电流太小，则引弧困难，电弧不稳定，熔池温度低，焊缝窄而高，熔合不好，而且易产生夹渣、未焊透等缺陷。选择焊接电流时，要考虑的因素很多，如焊条直径、药皮类型、焊件厚度、接头形式、焊接位置和焊道、焊层等。但主要是由焊条直径、焊接位置和焊道、焊层决定的。

1. 焊条直径

焊条直径越大，熔化焊条所需要的热量越大，必须增大焊接电流，每种直径的焊条都有一个最合适的焊接电流范围，其参考值见表4-6。

表4-6 各种直径焊条使用的焊接电流参考值

焊条直径/mm	1.6	2.0	2.5	3.2	4.0	5.0	5.8
焊接电流/A	25~40	40~65	50~75	100~130	160~210	200~270	260~300

还可以根据选定的焊条直径用下面的经验公式计算焊接电流：

$$I = 10d^2$$

式中 I——焊接电流（A）；

d——焊条直径（mm）。

根据上式所求的焊接电流，也是一个参考数值，在实际生产中还需要做适当修正。

2. 焊接位置

其他条件（板厚、结构形式、焊条直径等）相同的情况下，在平焊位置焊接时，可选择偏大些的焊接电流。在横焊、立焊、仰焊位置焊接时，焊接电流应比平焊位置小10%~20%。

3. 焊道

通常情况下，焊接打底焊时，使用的焊接电流较小，有利于操作和保证焊接质量；焊填充焊道时，为提高效率，保证熔合良好，通常都使用较大的焊接电流；而焊盖面焊道时，为防止咬边和获得较美观的焊缝成形，使用的焊接电流稍小些。

以上所述只是选择焊接电流的原则和方法。在实际生产过程中，焊工要对用上述原则选定的焊接电流参考值在试板上试焊来确定焊接电流的合适值。

三、电弧电压的选择

焊条电弧焊的电弧电压是由电弧长度来决定的。电弧长,电弧电压高;电弧短,电弧电压低。在焊接过程中,电弧不宜过长,否则会出现电弧燃烧不稳定、飞溅大,容易产生咬边、气孔等缺陷;若电弧太短,容易粘焊条。一般情况下,电弧长度应等于焊条直径的 1/2~1 倍为好,相应的电弧电压为 16~25V。

四、焊接速度

焊接速度就是单位时间内完成的焊缝长度。焊条电弧焊时,在保证焊缝具有所要求的尺寸和外形,保证熔合良好的原则下,焊接速度由焊工根据具体情况灵活掌握。

五、焊层的选择

在厚板焊接时,必须采用多层焊或多层多道焊。多层焊的前一层焊道对后一层焊道起预热作用,而后一层焊道对前一层焊道起热处理作用。有利于提高焊缝金属的塑性和韧性,因此,每层焊道的厚度不应大于 4mm。

第五节 焊条电弧焊的基本操作技术

一、平焊的操作姿势

焊工在平焊时,一般采用蹲式操作,如图 4-15a 所示。蹲式操作的姿势要自然,两脚夹角为 70°~85°,距离约 240~260mm,如图 4-15b 所示。持焊钳的胳膊半伸开,悬空操作。

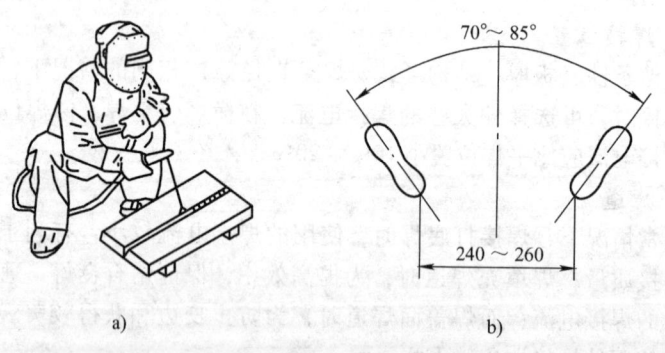

图 4-15 焊工平焊的操作姿势
a)蹲式操作姿势 b)两脚的位置

二、焊条的夹持

夹持焊条时,要将焊条的夹持端夹在焊钳的钳口夹持槽内,不得夹在槽外或夹在焊条的药皮上,防止夹持不牢或接触不良而影响正常焊接。

三、引弧与稳弧

1. 引弧

电弧焊时,引燃焊接电弧的过程叫引弧。焊条电弧焊的引弧方法有两种:直击法和划擦法。

(1) 直击法 先将焊条末端对准引弧处,然后使焊条末端与焊件表面轻轻一碰,便迅速提起焊条,并保持一定的距离,电弧随之引燃,如图 4-16 所示。操作时必须掌握好手腕上下动作的速度和距离。

(2) 划擦法 这种方法与划火柴有些相似,先将焊条末端对准引弧处,然后将手腕扭动一下,使焊条在引弧处轻微划擦一下,划擦长度约为 20mm 左右,电弧引燃后应立即使弧长保持在与所用焊条直径相适应的范围内(约 3~4mm),如图 4-17 所示。

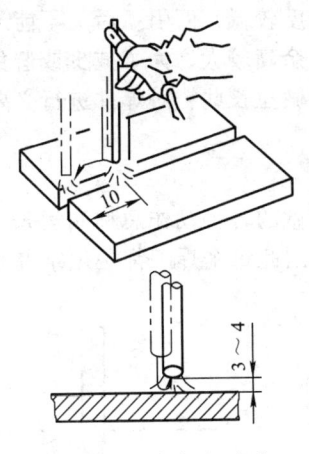

图 4-16 直击法引弧

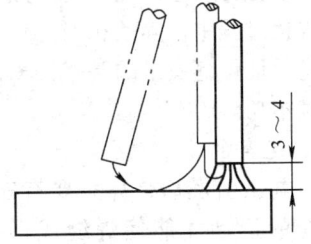

图 4-17 划擦法引弧

以上两种方法相比,划擦法比较容易掌握,可是划擦法如果掌握不当,容易损坏焊件表面,特别是在狭窄的地方焊接或焊件表面不允许损伤时,应采用直击法。初学直击法较难掌握,一般容易发生药皮大块脱落、电弧熄灭或焊条粘住焊件的现象。这是因初学时手腕动作不熟练,没有掌握好焊条离开焊件的时间和距离,如果动作太快,焊条提得太高,就不能引燃电弧或电弧只燃烧一瞬间就熄灭。如果动作太慢,焊条提得太低,就可能使焊条与焊件粘在一起,造成焊接回路的短路现象。

引弧时,如果发生焊条和焊件粘在一起,只要将焊条左右摇动几次,就可能脱离焊件;如果焊条还不能脱离焊件,就应立即将焊钳放松,使焊接回路断开,待焊条冷却后再拆下;如果焊条粘住焊件时间过长,过大的短路电流可能使电焊机烧坏。所以引弧时,手腕动作必须灵活和准确,才能避免粘焊条现象。

2. 稳弧

焊接过程中要保持电弧稳定,否则将产生飞溅、气孔、咬边等缺陷,同时影响到焊缝的表面成形。电弧的稳定性取决于合适的弧长,稳定电弧的方法是:焊接过程中运条要平稳,手不能抖动,焊条要随其不断熔化而均匀地送进,并保证焊条的送进速度与熔化速度基本一致,防止出现电弧突然拉长或缩短而造成电弧不稳定,甚至使电弧熄灭。

四、焊缝的起头

焊缝的起头就是指刚开始焊接的部分。在一般情况下这部分焊缝余高略高些,这是因为焊件在未焊之前温度较低,而引弧后又不能迅速将这部分金属温度升高,因此熔深较浅,余高较大,为了减少或避免这种现象产生,可在引燃电弧后先将电弧稍微拉长些,对焊件进行必要的预热,然后适当压低电弧进行正常焊接。

五、运条的基本动作及方法

焊接过程中,焊条相对焊件接头所做的各种动作总称叫运条。正确运条是保证焊缝质量的基本因素之一,因此每个焊工都必须掌握好运条这项基本功。

1. 运条的基本动作

当电弧引燃后,焊条要有三个基本方向的运动才能使焊缝成形良好。这三个基本运动是:朝着熔池方向逐渐送进;横向摆动;沿焊接方向移动。运条的基本动作如图4-18所示。

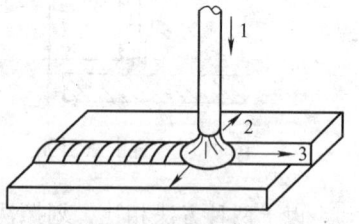

图4-18 运条的基本动作
1—焊条向熔池方向送进 2—焊条横向摆动 3—沿焊接方向移动

(1) 焊条向熔池方向的送进 该动作主要使焊条熔化后,能继续保持电弧长度不变,因此要求焊条向熔池方向送进的速度与焊条熔化的速度相等。如果焊条的送进速度小于焊条的熔化速度,则电弧的长度将逐渐增加,导致断弧;如果焊条送进速度太快,则电弧长度迅速缩短,使焊条末端与熔池接触发生短路,同时会使电弧熄灭。

(2) 焊条沿焊接方向移动 该动作使焊条熔敷金属与熔化的母材金属形成焊缝。焊条移动速度对焊接质量、焊接生产率有很大影响。如果焊条移动速度太快,则电弧热来不及熔化足够的焊条与母材金属,产生未焊透或焊缝窄、成形不良等缺陷;若焊条移动速度太慢,则会造成焊缝过高、过宽、外形不整齐等现象。此外,还会由于金属加热温度过高,在焊接较薄的焊件时造成烧穿等缺陷。焊条移动速度必须适当才能使焊缝均匀。

(3) 焊条的横向摆动 横向摆动的作用是为获得一定宽度的焊缝,并保证焊缝两侧熔合良好,其摆动幅度应根据焊缝宽度要求和焊条直径来决定。横向摆动幅度大小力求均匀一致,才能获得宽度整齐的焊缝。正常焊缝宽度一般不超过焊条直径的2~5倍。

2. 运条方法

在焊接生产中,运条的方法很多,选用时应根据接头的形式、焊接位置、装配间隙、焊条直径、焊接电流及焊工的技术水平等方面而定。下面介绍几种常用的基本运条方法及适用范围。

(1) 直线形运条法 直线形运条法在焊接时,保持一定的弧长,并沿焊接方向做不摆动的前移,如图4-19a所示。由于焊条不做横向摆动,电弧较稳定,所以能获得较大熔深,但焊缝的宽度较窄,一般不超过焊条直径的1.5倍。适用于板厚3~5mm的I形坡口的对接平焊、多层焊的第一层焊道或多层多道焊。

(2) 直线往返形运条法 直线往返形运条法是焊条末端沿焊缝的纵向做来回直线形摆动,如图4-19b所示。这种运条方法的特点是焊接速度快,焊缝窄,散热也快。适用于薄板焊接和接头间隙较大的焊缝。

(3) 锯齿形运条法 锯齿形运条法是将焊条末端做锯齿形连续摆动而向前移动,并在焊缝两侧稍停片刻,以防止咬边,如图4-19c所示。焊条横向摆动的目的主要是为了控制焊接熔化金属的流动和得到必要的宽度,以获得较好的焊缝成形。适用于较厚钢板对接接头的平焊、立焊和仰焊及T形接头的立角焊。

(4) 月牙形运条法 月牙形运条法在生产中应用得也比较广泛。采用这种方法时,使焊条末端沿着焊接方向做月牙形横向摆动,如图4-19d

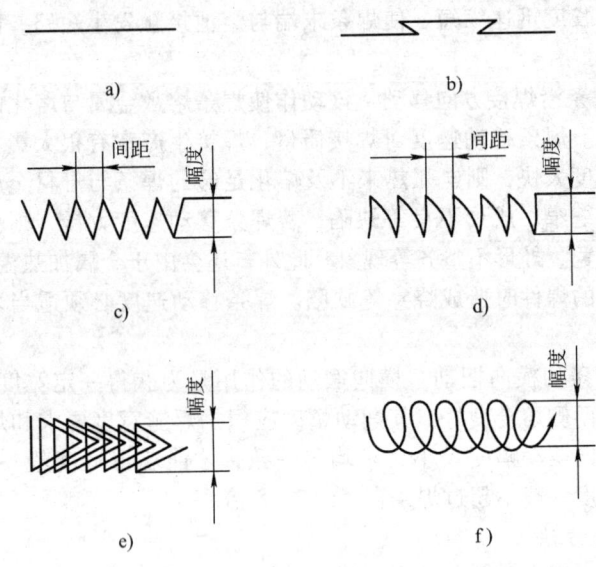

图 4-19 基本运条方法
a) 直线形 b) 直线往返形 c) 锯齿形
d) 月牙形 e) 三角形 f) 圆圈形

所示。摆动的速度要根据焊缝的位置、接头形式、焊缝宽度和焊接电流的大小来决定,同时还要注意在坡口两边稍作停留,这是为了使焊缝边缘有足够的熔深,并防止产生咬边现象。

月牙形运条法的适用范围与锯齿形运条法基本相同。这种运条方法的优点是:使金属熔化良好,高温停留时间长,容易使熔池中的气体逸出和熔渣上浮,防止产生气孔和夹渣,对提高焊接质量有好处。

(5) 三角形运条法 三角形运条法是焊条末端做连续的三角形运动,并不断地向前移动,如图4-19e 所示。三角形运条法适用于开坡口的对接接头和T形接头的立焊。它的特点是一次能焊出较厚的焊缝断面,焊缝不易产生夹渣和气孔等缺陷,有利于提高生产率。

(6) 圆圈形运条法 圆圈形运条法是焊条末端连续作圆圈形运动,并不断前移,如图4-19f 所示。圆圈形运条法适用于较厚焊件的平焊。它的特点是能使熔池金属有足够高的温度,促使熔池中的气体有机会逸出,同时便于熔渣上浮,以防止缺陷的产生。

第四章 焊条电弧焊技术

六、焊缝的连接

焊条电弧焊时,由于受焊条长度的限制,不可能用一根焊条完成一条焊缝,因而出现了焊缝前后两段连接的问题。为了使后焊的焊缝和先焊的焊缝均匀连接,避免产生接头过高、脱节和宽窄不一致的缺陷,就要求焊工在前后衔接时选择恰当的连接方法。因为焊缝连接处的好坏不仅影响焊缝的外观,而且对整个焊缝质量影响也较大。焊缝的连接方法一般有以下四种,如图4-20所示。

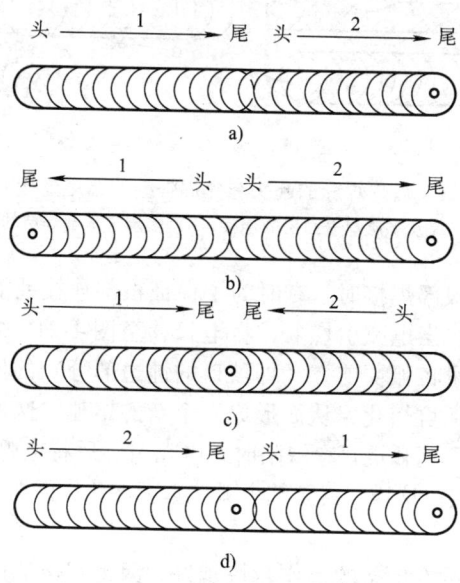

图4-20 焊缝的连接
a) 后焊焊缝的起头与先焊焊缝的结尾连接
b) 后焊焊缝的起头与先焊焊缝的起头连接
c) 后焊焊缝的结尾与先焊焊缝的结尾连接
d) 后焊焊缝的结尾与先焊焊缝的起头连接
1—先焊焊缝　2—后焊焊缝

1. 后焊焊缝的起头与先焊焊缝的结尾连接

这种焊缝连接是使用最多的一种,如图4-20a所示。连接方法是在弧坑稍前(约10mm)处引弧,电弧长度比正常焊接时略长些,然后将电弧后移到弧坑2/3处,稍作摆动,再压低电弧,待填满弧坑后即向前转入正常焊接,如图4-21a所示。采用这种连接法必须注意后移量,如果电弧后移量太多,则可能造成连接处过高,后移量太少,造成脱节,产生弧坑未填满的缺陷。此方法适用于单层焊及多层焊盖面层焊缝的连接。

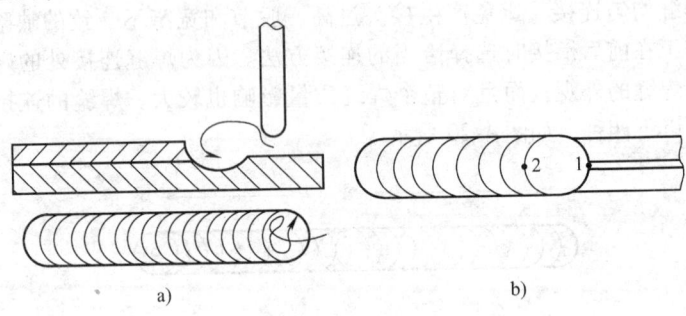

图4-21 后焊焊缝的起头与先焊焊缝的结尾连接方法
a) 单层焊及多层焊盖面层的连接 b) 多层焊根部焊层的连接

在多层焊的根部焊接时,有时为了保证根部连接处能焊透,常采用以下的方法连接。当电弧引燃后,将电弧移至图4-21b中1的位置,这样电弧的一半热量将弧坑前方(即坡口的钝边部分)的坡口熔化,另一半热量将一部分弧坑熔化,从而形成一个新的熔池,这种方法有利于根部连接处的焊透。当弧坑存在缺陷时,电弧引燃后将电弧移至图4-21中2的位置进行连接。这样,由于整个弧坑重新熔化,因而有利于消除弧坑中存在的缺陷。

在连接时,更换焊条的动作越快越好,因为在熔池尚未冷却时进行焊缝连接(俗称热接法),不仅能保证接头质量,而且可使焊缝成形美观。

2. 后焊焊缝的起头与先焊焊缝的起头连接

两焊缝起头的连接如图4-20b所示。要求先焊焊缝的起头略低些,后焊焊缝必须在前道焊缝始端稍前处引弧,然后拉长电弧将电弧逐渐引向前道焊缝的始端,并覆盖前道焊缝的端头处,待焊平后,再向焊接方向移动,如图4-22所示。

3. 后焊焊缝的结尾与先焊焊缝的结尾连接

两焊缝的结尾连接如图4-23所示。当后焊的焊缝焊到先焊的焊缝结尾处时,焊接速度应稍慢些,填满先焊的焊缝弧坑后,以较快的速度再略向前焊一段,然后熄弧。

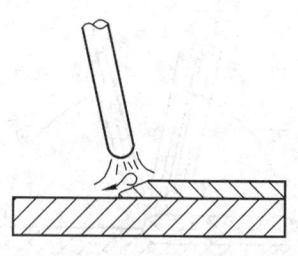 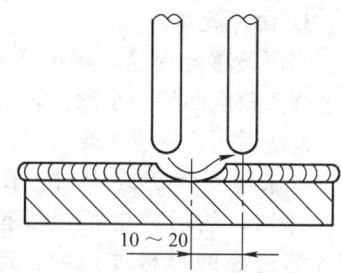

图 4-22 两焊缝的起头连接　　　　图 4-23 两焊缝的结尾连接

4. 后焊焊缝的结尾与先焊焊缝的起头连接

如图 4-20d 所示，要求后焊的焊缝焊至靠近先焊焊缝始端时，改变焊条角度，使焊条指向先焊焊缝的始端，略微拉长电弧，待形成熔池后，再压低电弧，往回移动，最后返回原来熔池处收弧。

七、焊缝的收尾方法

焊缝的收尾是指一条焊缝焊完后如何收弧。焊接结束时，如果将电弧突然熄灭，则焊缝表面留有凹陷较深的弧坑会降低焊缝收尾处的强度，并容易引起弧坑裂纹。过快拉断电弧，液体金属中的气体来不及逸出，还容易产生气孔等缺陷。为克服弧坑缺陷，可采用下述方法收尾。

1. 反复断弧收尾法

焊条移到焊缝终端时，在弧坑处反复熄弧、引弧数次，直到填满弧坑为止，如图 4-24 所示。此方法一般适用于薄板和大电流焊接，但碱性焊条不宜采用此法。

2. 划圈收尾法

焊条移到焊缝终端时做圆圈运动，直到填满弧坑再熄灭电弧，如图 4-25 所示。此法适用于厚板焊接时焊缝的收尾。

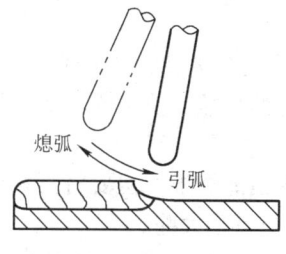 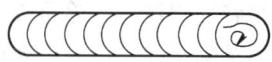

图 4-24 反复断弧收尾法　　　　图 4-25 划圈收尾法

3. 回焊收尾法

当焊条移至焊缝收尾位置时，随即改变焊条角度回焊一小段，如图4-26所示。此法适用于碱性焊条。

焊条移到焊缝终端时，在弧坑处稍作停留，然后将电弧慢慢抬起，引到焊缝边缘的母材坡口内，这时熔池会逐渐缩小，凝固后一般不出现缺陷。此方法适用于换焊条或临时停弧时的收尾。

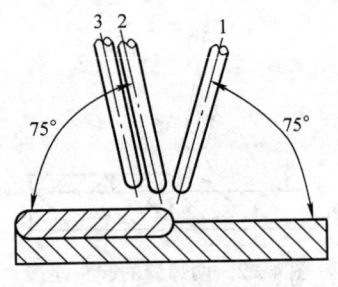

图4-26 回焊收尾法
1、2、3—焊条变化的位置

第六节 不同焊接位置焊条电弧焊的基本操作方法

焊接时，不同焊接位置的焊接接头，虽然具有各自不同的特点，但也具有共同的规律。其共同规律就是接头时保持正确的焊条角度，掌握好运条的三个动作，控制熔池表面形状、大小和温度，使熔池金属的冶金反应较完全，气体、杂质排除彻底，并与母材很好地熔合，得到优良的焊缝质量和美观的焊缝成形。

一、平焊

平焊时，由于焊缝处在水平位置，熔滴主要靠自重过渡，所以操作技术比较容易掌握，可以选用较大直径的焊条和较大的焊接电流，生产效率高。如果焊接参数选择不合适或操作不当，容易在根部形成未焊透或焊瘤。运条及焊条角度不正确时，也容易出现熔渣与熔化金属混杂不清或熔渣超前而引起夹渣的问题。

平焊又分为对接平焊、船形焊和平角焊。

1. 对接平焊

对接平焊的焊接参数见表4-7。

（1）薄板对接平焊　板厚小于6mm的板对接接头，一般采用Ⅰ形坡口双面双道焊。焊接正面焊缝时，采用短弧焊接，使熔深为焊件厚度的2/3，焊缝宽5~8mm，余高应小于1.5mm，如图4-27所示。

焊接背面焊缝时，除重要构件外，不必清焊根，但要将正面焊缝背部的焊渣清除干净，然后再焊接，焊接电流可稍大些。

表 4-7　对接平焊的焊接参数

接头坡口形式	焊件厚度/mm	第一层焊缝		其他各层焊缝		封底焊缝	
		焊条直径/mm	焊接电流/A	焊条直径/mm	焊接电流/A	焊条直径/mm	焊接电流/A
I 形坡口	2	2	50~60	—	—	2	55~60
	2.5~3.5	3.2	80~110	—	—	3.2	85~120
	4~5	3.2	90~130	—	—	3.2	100~130
		4	160~200	—	—	4	160~210
		5	200~260	—	—	5	220~260
V 形坡口	5~6	4	160~200	—	—	3.2	100~130
						4	180~210
	>6	4	160~200	4	160~210	4	180~210
				5	220~280	5	220~260
X 形坡口	≥12	4	160~200	4	160~210	—	—
				5	220~280		

焊接时所用的运条方法均为直线形，焊条角度如图 4-28 所示。在焊接正面焊缝时，焊接速度应慢些，以获得较大熔深。封底焊时，焊接速度稍快些以获得较小的焊缝宽度。

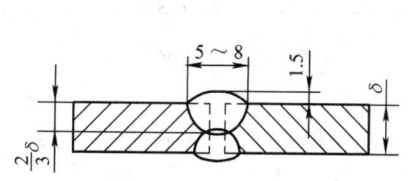

图 4-27　I 形坡口对接焊缝

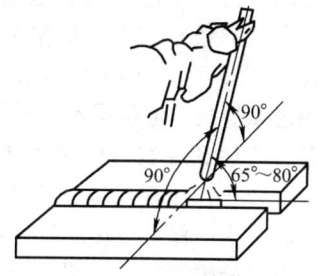

图 4-28　对接平焊的焊条角度

运条时，若发现熔渣和液态金属混合不清，可把电弧稍微拉长些。同时将焊条前倾，并做往熔池后面推送熔渣的动作，即可把熔渣推送到熔池后面，如图 4-29 所示。

（2）厚板对接平焊　当板厚超过 6mm 时，由于电弧的热量较难深入到

I形坡口根部，必须开V形坡口或X形坡口，并采用多层焊或多层多道焊，如图4-30和图4-31所示。

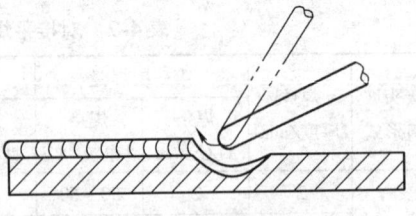

图4-29 推送熔渣的方法

多层焊时，第一层应选用直径较小的焊条，运条方法应根据焊条直径与坡口间隙而定。间隙小时可采用直线形，间隙大时可采用直线往返形运条法，但要注意边缘熔合情况并避免烧穿。

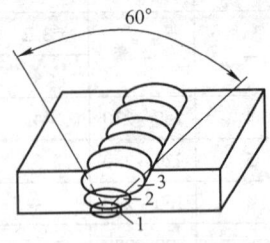

图4-30 多层焊

1~6为焊层顺序

其他各层焊接时，应先将前一层焊渣清除干净，然后选用直径较大的焊条和较大的焊接电流进行施焊。采用锯齿形运条法，应用短弧焊接，但每层不宜过厚，运条时应注意在坡口两边稍作停留，以防止产生熔合不良及夹渣

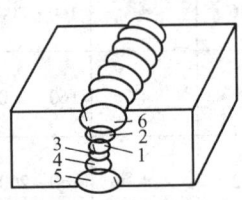

图4-31 多层多道焊

等缺陷，为了保证焊接质量和防止变形，应使层与层之间的焊接方向相反，每层的焊缝接头必须错开。

多层多道焊的焊接方法与多层焊相似，所不同的是每层焊缝都由多道窄焊缝组成，因此宜采用直线形或小幅度锯齿形运条法，焊接时应特别注意清除焊渣，以免产生层间夹渣或熔合不良等缺陷。

2. 船形焊

船形焊如图4-32所示。船形焊焊接参数见表4-8。

船形焊时，采用月牙形或锯齿形运条法，并在焊缝两侧稍作停留，防止产生咬边。焊第一层时宜采用小直径焊条及稍大焊接电流，以防止未焊透。

3. T形接头平角焊

T形接头平角焊的焊接参数见表4-9。

平角焊焊脚尺寸小于6mm的焊缝通常用单层焊；焊脚尺寸为6~8mm时，用二层焊；焊脚尺寸大于8mm时，宜采用多层多道焊。焊接第一道焊缝时宜选用较大的焊接电流，以获得大的熔深，焊接其他焊道时，由于焊件温度升高，宜选用较小的焊接电流和较快的焊接速度，以防止产生咬边、下偏、表面成形不良等缺陷。

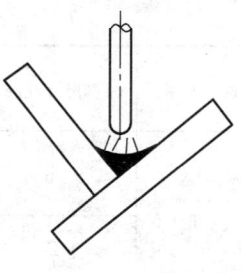

图4-32　船形焊

表4-8　船形焊焊接参数

焊脚尺寸/mm	第一层焊缝		其他各层焊缝	
	焊条直径/mm	焊接电流/A	焊条直径/mm	焊接电流/A
3	3.2	105~120	—	—
4	3.2	105~120	—	—
	4	165~200	—	—
5~6	4	165~200	—	—
	5	230~280	—	—
≥7	4	165~200	5	230~280
	5	230~260		

表4-9　T形接头平角焊的焊接参数

坡口形式	焊脚尺寸/mm	第一层焊缝		其他各层焊缝	
		焊条直径/mm	焊接电流/A	焊条直径/mm	焊接电流/A
V形	2	2	55~65	—	—
	3	3.2	100~120	—	—
	4	3.2	100~120	—	—
		4	160~200	—	—

（续）

坡口形式	焊脚尺寸/mm	第一层焊缝		其他各层焊缝	
		焊条直径/mm	焊接电流/A	焊条直径/mm	焊接电流/A
V形	5~6	4	160~200	—	—
		5	220~280		
	≥7	4	160~200	5	220~280
		5	220~280		
I形	—	4	160~200	4	160~200
				5	220~280

(1) 单层焊　单层焊采用直线形运条法，焊条角度如图4-33所示。焊接时要采用短弧，运条速度要均匀，焊条角度要保持基本不变。如果焊条角度过小会造成根部熔深不够，焊条角度过大，熔渣容易超前而造成夹渣。

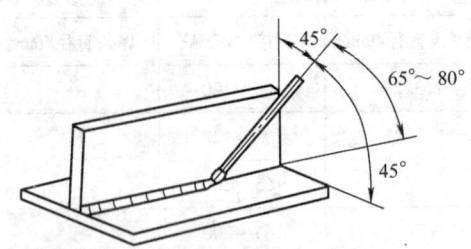

图4-33　T形接头单层焊的焊条角度

焊接时也可将焊条端头的套筒边缘靠在接缝上，并轻轻地压住，随着焊条的熔化会逐渐沿着焊接方向移动。这样便于保持焊条角度一致，运条速度均匀，熔深较大，焊缝外表美观。焊缝的连接与收尾方法与对接平焊相似。

(2) 多层焊（二层二道焊）　焊接第一层焊缝的运条方法和焊条角度等与单层焊相同，但焊缝的连接处不能过高，防止表面层焊缝成形不良。收尾时应把弧坑填满或略高些，这样在第二层焊接收尾时不会因焊件温度过高而产生弧坑过低的现象。

焊接第二层焊缝可采用斜锯齿形或斜圆圈形运条方法，如图4-34所示。焊条角度与单层焊相同。焊接时，运条幅度要一致，a至b点运条速度要稍快，防止熔化金属下淌，在 b 点稍作停留，保证熔化金属与立板熔合良好，防止产生咬边。b 至 c 点运条速度要稍慢些，避免产生夹渣。

（3）多层多道焊　焊脚尺寸为 8~12mm 时宜采用二层三道焊，焊第一层的方法同单层焊，第二层的二、三道焊缝都采用直线形运条法，焊条角度如图 4-35 所示。焊接的第二道焊缝要覆盖第一层焊缝的 2/3 左右，焊接时运条要平稳，使焊缝与底板之间熔合良好，边缘整齐。焊接的第三道焊缝要覆盖第二道焊缝的 1/3~1/2，焊接速度要均匀，不宜太慢，否则易产生焊瘤，使焊缝成形不美观。

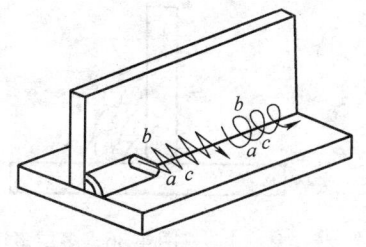

图 4-34　T 形接头多层焊的运条方法

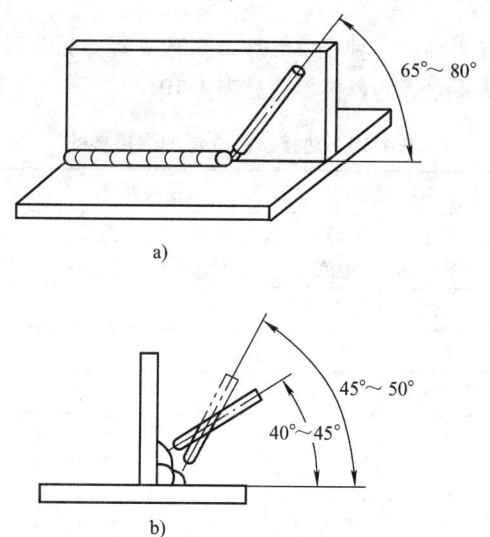

图 4-35　T 形接头多层多道焊的焊条角度
a）焊条与焊缝之间夹角　b）焊条与底板之间夹角

如果焊脚尺寸大于 12mm 时，可采用三层六道、四层十道来完成。焊脚尺寸越大，焊接层数和焊道数就越多，其排列顺序如图 4-36 所示。

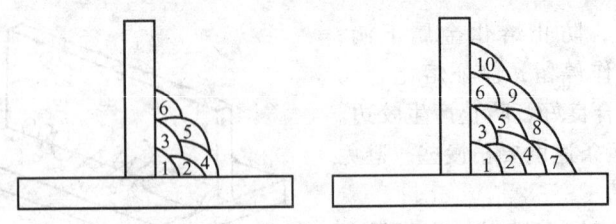

图4-36 多层多道焊的焊道排列顺序
1~10为焊层顺序

二、立焊

立焊是在垂直方向进行焊接的一种操作方法。

立焊有两种操作方法：一种是向上立焊，另一种是向下立焊。向下立焊要有专用的焊条才能保证焊缝成形。目前生产中应用最广泛的仍是向上立焊。下面介绍的就是向上立焊法。

1. 对接立焊

对接立焊有两种：一种是I形坡口对接立焊，另一种是V形坡口对接立焊。对接接头立焊的焊接参数见表4-10。

表4-10 对接接头立焊的焊接参数

坡口形式	焊件厚度/mm	第一层焊缝		其他层焊缝		封底焊缝	
		焊条直径/mm	焊接电流/A	焊条直径/mm	焊接电流/A	焊条直径/mm	焊接电流/A
I形	2	2	45~55	—	—	2	50~55
	2.5~4	3.2	75~100	—	—	3.2	80~110
V形	5~6	3.2	80~120	—	—	3.2	90~120
	7~10	3.2	90~120	4	120~160	3.2	90~120
		4	120~160				
	≥11	3.2	90~120	4	120~160	3.2	90~120
		4	120~160	5	160~200		

(1) I形坡口对接立焊 I形坡口对接立焊常用于薄板焊接。施焊过程中，容易产生焊穿、咬边、熔化金属受重力作用下淌等问题，给焊接带来很大困难。因此焊接时，为防止焊穿和产生焊瘤可采用跳弧法和灭弧法。焊条与焊件的角度左右方向各为90°，向下与焊缝成60°~80°的夹

角,如图 4-37 所示。

1)跳弧法是指焊接时,当熔滴脱离焊条末端过渡到熔池后,应立即将电弧向上提起,使熔池冷却,当熔池冷却缩小到焊条直径的 1~1.5 倍时,再将电弧拉回到熔池上,如此不断地进行熔化—冷却—再熔化的过程,如图 4-38 所示。

2)断弧法是指焊接时,当熔滴脱离焊条末端过渡到熔池后,立即将电弧熄灭,当熔池冷却缩小后,再重新在熔池上引弧焊接,如此引弧熔化—断弧冷却—再引弧熔化交替进行。

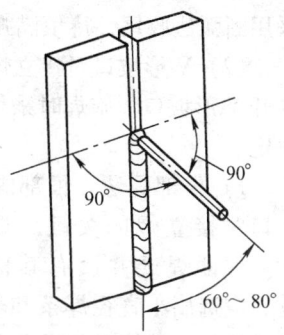

图 4-37 I 形坡口对接立焊的焊条角度

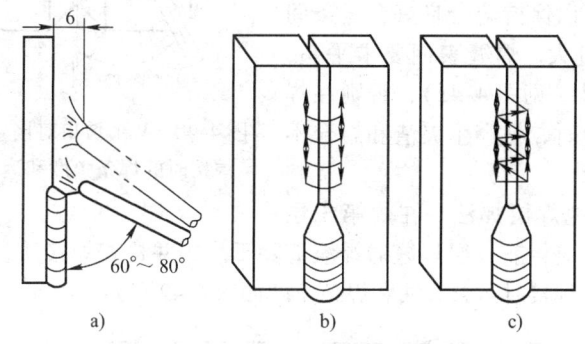

图 4-38 对接立焊跳弧法
a)直线形跳弧法 b)月牙形跳弧法 c)锯齿形跳弧法

施焊过程中运条要稳,要注意观察熔池形状,当发现熔池温度过高时(见图 4-39),要使灭弧或跳弧时间长一些,使熔池温度降低,防止产生焊穿或焊瘤等缺陷。

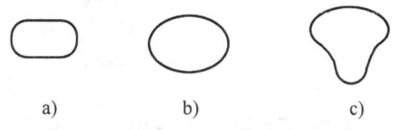

图 4-39 I 形坡口对接立焊时的熔池形状与温度
a)正常 b)温度稍高 c)温度过高

焊缝的连接要尽量采用热接法,如采用冷接法,引弧时要将电弧拉长并延长连接处的停留时间,同时使焊条与焊缝之间的夹角增大到 90°,以便消除混渣现象,防止接头产生夹渣、过高等缺陷。收尾时,要采用断弧法收尾,待填满弧坑后熄弧。

(2) V形坡口对接立焊　板厚大于4mm时,为了保证熔透,一般都要开V形坡口。施焊时采用多层焊,其焊层数多少,可根据焊件厚度来决定。

1) 根部焊法。根部焊接是V形坡口对接立焊的关键,要求熔深均匀,保证焊透并没有其他缺陷。因此,应选用小直径焊条和较小的焊接电流施焊。焊接时,焊条角度和运条方法如图4-40所示。

施焊过程中,要严格保持短弧,运条速度要均匀,焊条在坡口两侧要稍有停顿,以保持熔合良好,运条间距 A 不易过大,焊缝表面要求平整,避免呈凸形(见图4-41),否则在焊第二层焊缝时,易产生夹渣和熔合不良等缺陷。

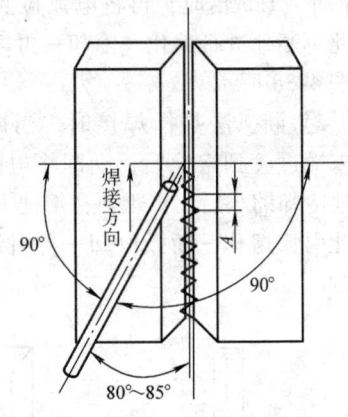

图 4-40　V形坡口对接立焊根部焊接时的焊条角度和运条方法

2) 其他焊层焊法。在焊第二层焊缝之前,应将前一层焊缝的焊渣清除干净,并检查焊接质量,如有焊瘤应铲平。焊接时运条方法和焊条角度如图4-42所示。

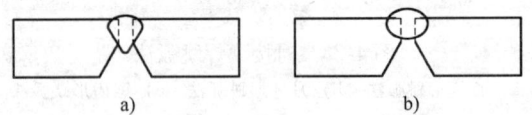

图 4-41　V形坡口对接立焊的根部焊缝
a) 根部焊缝成形不良　b) 根部焊缝成形良好

施焊过程中,运条要稳,在焊道中间运条速度要稍快,而在坡口边缘处要稍作停留,注意观察熔池形状,保持熔池是椭圆形。如果焊道中间运条速度过慢,易造成液态金属下淌,形成凸形不良焊道,会导致焊接下一层焊道时产生未焊透和夹渣等缺陷。焊接盖面焊层时,要注意运条摆动幅度要一致,电弧在坡口边缘要稍有压低和停顿,防止产生咬边等缺陷。

第四章 焊条电弧焊技术

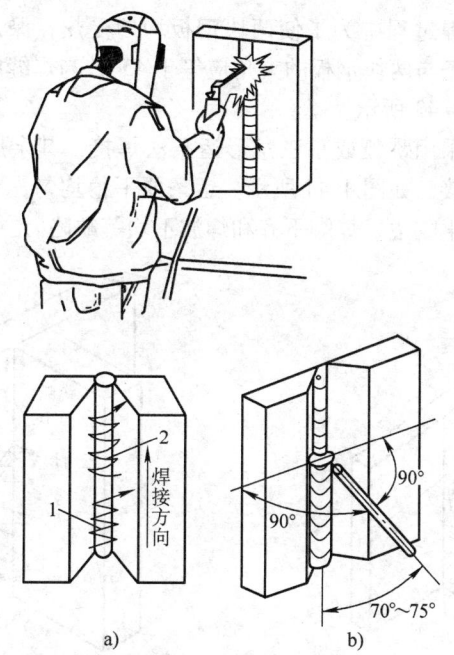

图 4-42 开坡口对接立焊时其他焊层运条方法和焊条角度
a) 运条方法 b) 焊条角度
1—锯齿形 2—月牙形

2. T 形接头立焊

T 形接头立焊的焊接参数见表 4-11。

表 4-11 T 形接头立焊的焊接参数

焊脚尺寸/mm	根 部 焊 缝		其他层焊缝	
	焊条直径/mm	焊接电流/A	焊条直径/mm	焊接电流/A
3～4	3.2	90～120	—	—
5～8	3.2	90～120	—	—
	4	120～160		
9	3.2	90～120	4	120～160
	4	120～160		

T 形接头立焊容易产生的缺陷是根部焊缝未焊透，而且焊缝两边容

易咬边,因此施焊过程中为了使两块钢板均匀受热,保证熔深,防止液态金属下淌,焊条与两块钢板的夹角应等于45°,与焊缝中心线的夹角为60°~80°,如图4-43所示。

根部焊缝可采用跳弧或小三角形运条法焊接,其余层采用月牙形或锯齿形运条法焊接,如图4-44所示。运条要平稳均匀,并在焊缝两侧稍作停留,防止产生咬边、焊脚不齐和焊波不均等缺陷。

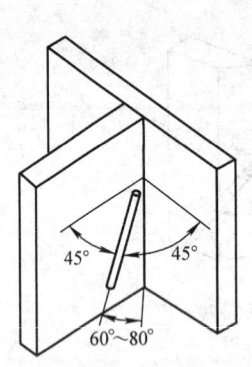

图4-43 T形接头立焊的焊条角度

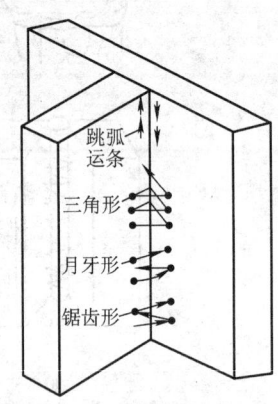

图4-44 T形接头立焊的运条方法

焊接过程中要控制熔池温度和熔池形状,发现熔池温度过高,液态金属要下淌时应立即挑起或熄灭电弧,使熔池温度降低;当看到熔池瞬间冷却成一个暗红点时,应迅速在原熔池2/3处引弧焊接。引弧速度过慢时,会造成熔合不良;引弧位置不正确时,会使焊波脱节,影响焊缝的美观和焊接质量。

三、横焊

横焊的焊接参数见表4-12。

表4-12 横焊的焊接参数

坡口形式	焊件厚度/mm	第一层焊缝		其他层焊缝		封底焊缝	
		焊条直径/mm	焊接电流/A	焊条直径/mm	焊接电流/A	焊条直径/mm	焊接电流/A
I形	2	2	45~55	—	—	2	50~55
	2.5	3.2	75~110	—	—	3.2	80~110

(续)

坡口形式	焊件厚度/mm	第一层焊缝		其他层焊缝		封底焊缝	
		焊条直径/mm	焊接电流/A	焊条直径/mm	焊接电流/A	焊条直径/mm	焊接电流/A
I 形	3~4	3.2	80~120	—	—	3.2	90~120
		4	120~160	—	—	4	120~160
V 形	5~8	3.2	80~120	3.2	90~120	3.2	90~120
				4	120~160	4	120~160
	≥9	3.2	90~120	4	140~160	3.2	90~120
		4	140~160			4	120~160
K 形	14~18	3.2	90~120	4	140~160	—	—
		4	140~160				
	≥19	4	140~160	4	140~160	—	—

横焊时，由于熔化金属受重力作用，容易下淌而产生咬边、焊瘤及未焊透等缺陷，因此应采用短弧焊接，并选用较小直径的焊条和较小的焊接电流以及适当的运条方法。

1. I 形坡口的对接横焊

板厚为 3~4mm 时，可采用 I 形坡口的对接双面焊。正面焊时选用直径 3.2~4mm 焊条，施焊时的焊条角度如图 4-45 所示，运条方法如图 4-46 所示。焊件较薄时，可采用直线往返形运条法焊接，使熔池金属有机会冷却，不至于使熔池温度过高，可以防止烧穿。焊件较厚时，可采用短弧直线形或小斜圆圈形运条

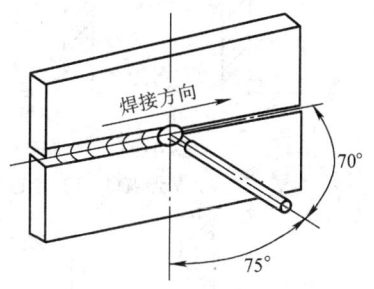

图 4-45 I 形坡口对接横焊的焊条角度

法焊接，便可得到合适的熔深，运条速度应稍快些，且要均匀，避免焊条熔化金属过多地聚集在某一点上形成焊瘤和焊缝上部咬边等缺陷。

封底焊时，一般采用 φ3.2mm 的焊条，焊接电流稍大些，用直线形运条法焊接。

2. V形或K形坡口的对接横焊

当焊件厚度大于4mm时,一般需要开V形或K形坡口。坡口的特点是下板开I形坡口或坡口角度小于上板,如图4-47所示。这样有利于焊缝成形。

板厚不超过8mm的板对接横焊时,可采用多层焊,如图4-48a所示。焊第一层时,焊条直径一般为3.2mm。运条方法可根据根部间隙大小来选择,如间隙较小时,可用直线形短弧焊接;间隙较大时,宜用直线往返形运条法焊接。第二层焊缝用φ3.2mm或φ4mm的焊条,可采用斜圆圈形运条法焊接,如图4-48b所示。

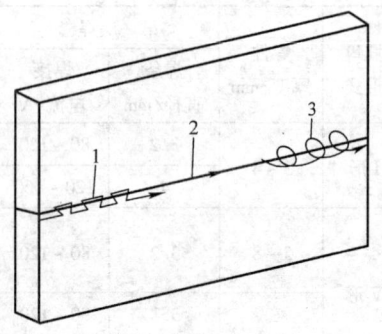

图4-46 I形坡口对接横焊运条方法
1—直线往返形 2—直线形 3—斜圆圈形

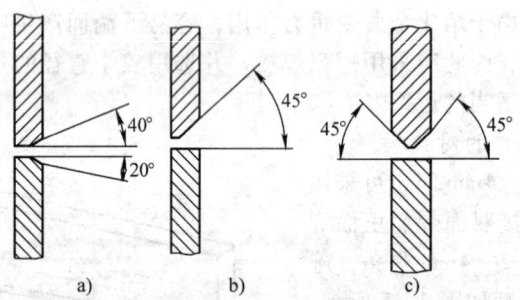

图4-47 横焊时对接接头的坡口形式
a) V形坡口 b) 单边V形坡口 c) K形坡口

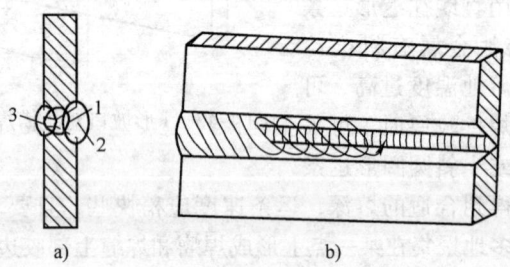

图4-48 V形坡口对接横焊
a) 多层焊顺序 b) 运条方法
1~3为焊层顺序号

在焊接过程中，应保持短弧和均匀的运条速度。为了更有效地防止焊缝上部边缘产生咬边和下部熔化金属产生下淌现象，每个斜圆圈形与焊缝中心线的斜夹角不大于45°。当焊条末端运动到斜圆圈上部时，电弧应更短些，并稍作停留，使焊接熔滴过渡到焊缝上去，然后缓慢地将电弧引到熔池下边，这样往复循环的运条，才能有效地避免各种缺陷的产生，获得成形良好的焊缝。

当板厚超过8mm的板对接横焊时，应采用多层多道焊，焊道顺序如图4-49所示。这样能更好地防止由于熔化金属下淌而造成的焊瘤，保证焊缝成形。

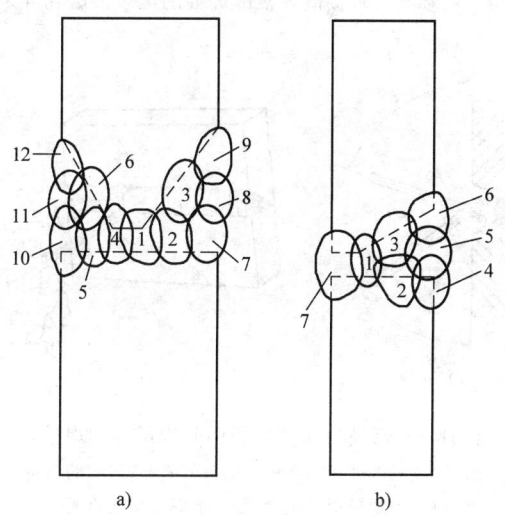

图4-49　多层多道对接横焊的焊道顺序
a）K形坡口　b）单边V形坡口
1～12为焊层顺序号

V形坡口对接横焊根部焊缝时要严格采用短弧，运条方法和焊条角度如图4-50所示。运条速度要均匀，并在坡口上侧停留时间稍长些，注意使坡口两侧熔合良好，防止焊缝产生未焊透、焊缝内凹、焊缝下坠或焊瘤等缺陷。

V形坡口对接横焊中间焊层采用多道焊，施焊过程中的焊条角度如图4-51所示。采用直线形或小斜圆圈形运条法。

焊接下焊道时，要注意使坡口下侧与前层焊道的夹角处熔合良好，

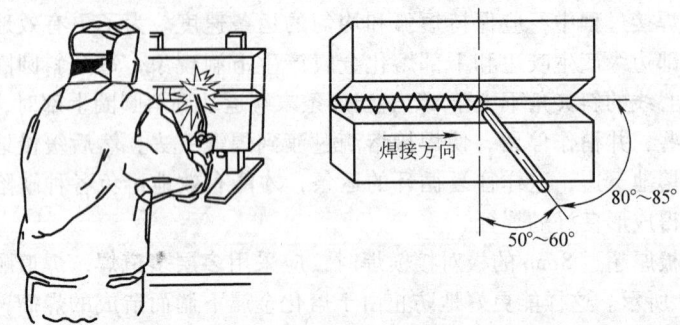

图4-50 V形坡口对接横焊根部焊缝的运条方法和焊条角度

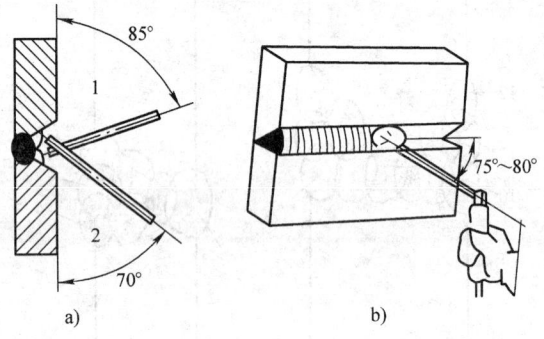

图4-51 V形坡口对接横焊中间焊层时的焊条角度
a) 焊条与焊件间的夹角 b) 焊条与焊缝间的夹角
1—上焊道焊条角度 2—下焊道焊条角度

防止产生未焊透、夹渣等缺陷;焊接上焊道时,除注意使坡口上侧与前层焊道夹角处熔合良好外,同时还要使上焊道覆盖下焊道1/2~2/3为宜,以防止中间焊层出现凹槽或凸起现象,给下一焊层的焊接带来困难。

盖面焊缝宜采用直线形或小斜圆圈形运条法,焊条角度如图4-52所示。

焊接过程中应采用短弧焊,运条速度应均匀,并使坡口边缘熔合良好,防止产生咬边、未熔合和焊瘤等缺陷,上、下焊道重叠2/3以上,以获得较平整美观的焊缝。

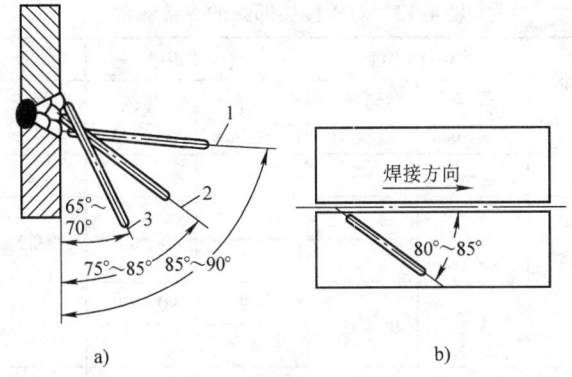

图4-52 V形坡口对接横焊盖面层焊缝时的焊条角度
a）焊条与焊件之间的夹角 b）焊条与焊缝之间的夹角
1—下焊道焊条角度 2—中间焊道焊条角度 3—上焊道焊条角度

四、仰焊

仰焊时焊缝位于燃烧电弧上方。焊工在仰视位置进行焊接是最难焊的一种焊接位置。由于仰焊时熔化金属在重力的作用下，较易下淌，熔池大小和形状不易控制，易产生夹渣、未焊透、凹陷等缺陷，运条困难，焊缝表面不易焊平整，因此焊接时必须正确地选择焊条直径和焊接电流，尽量使用厚药皮焊条和维持最短的电弧，这样有利于熔滴过渡，促使焊缝成形。

1. 对接接头仰焊

对接接头仰焊的焊接参数见表4-13。

（1）I形坡口对接仰焊 当焊件厚度小于4mm时，采用I形坡口对接仰焊。焊接时，选用ϕ3.2mm的焊条，焊条角度如图4-53所示。接头间隙小时可用直线形运条法，接头间隙稍大时可用直线往返形运条法。施焊过程中要保持最短的电弧长度，运条速度要均匀平稳，注意控制熔池形状和熔渣流动情况，避免液态金属的流淌，使熔渣浮出正常，这样才能保证熔合良好，防止产生焊瘤、夹渣等缺陷。收尾动作要快，以免液态金属下淌而产生焊瘤，但要填满弧坑。

（2）V形坡口对接仰焊 当焊件厚度大于4mm时，可采用V形坡口对接仰焊，一般采用多层焊或多层多道焊。

多层焊在焊第一层焊缝时，采用ϕ3.2mm的焊条，用直线形或直线往

表4-13 对接接头仰焊的焊接参数

坡口形式	焊件厚度/mm	第一层焊缝		其他层焊缝		封底焊缝	
		焊条直径/mm	焊接电流/A	焊条直径/mm	焊接电流/A	焊条直径/mm	焊接电流/A
I形	2	—	—	—	—	2	40~60
	2.5	—	—	—	—	3.2	80~110
	3~4	—	—	—	—		85~110
V形	5~8	3.2	90~120	3.2	90~120	—	—
				4			
	≥9	3.2	90~120	4	140~160	—	—
		4	140~160				

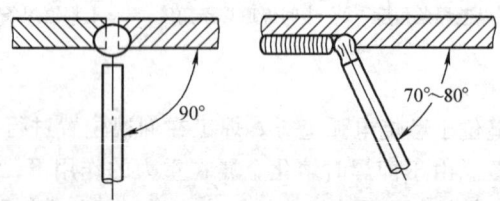

图4-53 I形坡口对接仰焊的焊条角度

返形运条法。始焊时,应用长弧预热起焊处,然后迅速压低电弧于坡口根部,稍停片刻,使根部焊透,再将电弧前移进行正常焊接。在施焊过程中,焊接速度在保证焊透的前提下尽可能快些。以防止熔化金属下淌。第一层焊缝要求平直,避免向下凸出,否则给下一焊层的焊接带来困难。

在焊第二焊层时,应将前焊层的焊渣及飞溅清除干净,如有焊瘤需铲平才能进行施焊。第二焊层以后的运条法如图4-54所示。运条时两侧应稍停顿一下,防止咬边,中间快一些,形成较薄焊道,有利于焊缝成形。

多层多道焊时,其操作比多层焊容易掌握,宜采用直线形运条法。各焊层的焊道排列顺序如图4-55所示。焊条角度应根据角焊缝的具体位置作相应的调整(见图4-55),以利于熔滴的过渡和获得较好的焊缝成形。

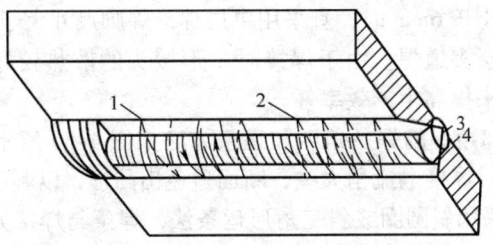

图 4-54 V形坡口对接仰焊的运条方法
1—月牙形运条法 2—锯齿形运条法
3—第一层焊层 4—第二层焊层

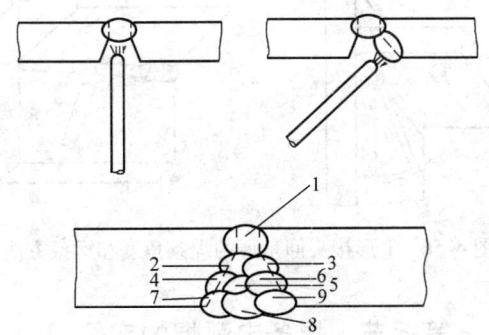

图 4-55 多层多道焊的焊条角度和焊道顺序
1~9 为焊层顺序号

2. T形接头的仰焊

T形接头仰焊的焊接参数见表 4-14。

表 4-14 T形接头仰焊的焊接参数

焊脚尺寸/mm	第一层焊缝		其他层焊缝	
	焊条直径/mm	焊接电流/A	焊条直径/mm	焊接电流/A
2	2	50~60	—	—
3~4	3.2	90~120	—	—
5~6	4	120~160	—	—
≥7	4	140~160	4	140~160

T形接头的仰焊比对接接头的仰焊容易操作。

焊脚尺寸小于6mm时，宜采用单层焊；焊脚尺寸大于6mm时，可采用多层焊或多层多道焊。由于焊接时T形接头的散热较好，故可采用较大的焊接电流来提高生产效率。

T形接头仰角焊的焊条角度和运条方法如图4-56所示。第一层采用直线形运条法，焊接电流稍大些，断面避免出凸形，以利于下层焊缝的焊接。第二层可采用斜圆圈或斜三角形运条法，焊条与焊接方向成70°~80°夹角，采用短弧焊接，以避免液态金属下淌。运条要均匀，电弧在焊缝上侧应稍有停顿，防止产生咬边，同时注意观察熔池形状和熔渣流动情况，防止产生焊瘤和焊缝下侧夹渣等缺陷。

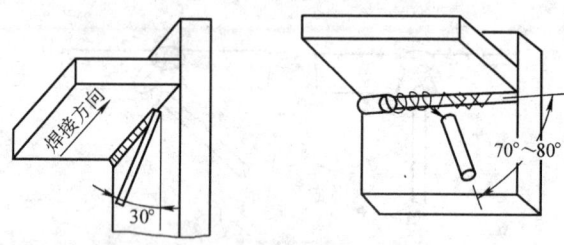

图4-56 T形接头仰角焊的焊条角度和运条方法

第七节 焊条电弧焊的定位焊

焊前为装配和固定焊件接头的位置而进行的焊接操作叫作定位焊，定位焊焊接的短焊缝叫做定位焊缝。

一、对定位焊缝的要求

定位焊缝一般都比较短小，焊接过程不够稳定，易产生各种焊接缺陷，同时定位焊缝一般又作为正式焊缝留在焊接结构中，因此定位焊缝的质量好坏，位置、长度和高度等是否合适，将直接影响正式焊缝的质量和焊件的变形。根据经验，生产中发生的一些重大质量事故，往往是定位焊缝不合格造成的。因此，焊接定位焊缝时必须注意以下几点：

1) 定位焊所使用的焊条应与正式施焊完全一样。

2) 焊件在焊接时如需预热，则定位焊时亦应进行预热。预热温度比正式施焊要高30~50℃，焊件焊后需要缓冷，定位焊后也要缓冷。

3) 定位焊的焊接参数应与正式施焊的焊接参数基本相同，但焊接电流应比正式施焊的焊接电流大10%~15%。

二、定位焊缝的尺寸和其他要求

1）定位焊缝的参考尺寸见表 4-15。

表 4-15 定位焊缝的参考尺寸　　（单位：mm）

焊件厚度	定位焊缝余高	定位焊缝长度	定位焊缝间距
<4	<4	5~10	50~100
4~12	3~6	10~20	100~200
>12	5~6	15~30	100~300

对保证焊件尺寸起重要作用的部位，或经强行组装的结构，可适当增加定位焊缝的长度和数量。

2）在焊缝交叉处和焊缝方向急剧变化处不要进行定位焊。通常至少应离开这些地方 50mm 才能焊定位焊缝。

3）定位焊缝的起头和收尾处应圆滑，不能过陡，否则焊接时容易在该处造成未焊透。

4）定位焊缝有缺陷时，应该铲掉并重新焊接，不允许把缺陷留在焊缝内。

第八节　焊条电弧焊的单面焊双面成形操作技术

锅炉及压力容器等重要结构的焊接，要求接头完全焊透。而有的结构由于尺寸和形状的限制，不适于甚至无法从内部施焊，只能在容器外侧进行焊接。焊条电弧焊时，有的国家采用"封底焊条"，以一般的操作方法即可在坡口正反两面都得到成形良好的焊道。但目前国内还没有这种焊条的生产，大多数情况仍然采用普通焊条，以特殊的操作方法，在坡口背面不采取任何辅助措施，只需将坡口根部留出较大的间隙，在坡口的正面进行焊接，焊后即可在坡口的正、反两面都得到均匀整齐、成形良好、质量符合要求的焊道，这种特殊的焊接操作就叫做单面焊双面成形焊接。

一、V 形坡口平板单面焊双面成形技术

下面以厚度 12mm 的试板的平焊为例进行介绍。当板厚增加时，熔透焊道的焊接操作仍基本相同，但由于工件散热变快，所以要适当提高焊接热输入，另外焊接的总层数也应适当增加。

1. 焊前准备

试板材料为 Q345R，焊条牌号应符合相应标准，采用 ZX5—400 或 ZX7—315 型焊机直流反接。焊条使用前应进行 350~400℃烘干，保温 2h，入炉或出炉温度应当≤100℃。焊工使用时应将焊条装在保温筒内，随用随取。注意焊条不能多次反复烘烤。

平焊试板尺寸、坡口角度及根部间隙大小如图 4-57 所示。在试板的两端头进行定位焊，错边量≤1.2mm，然后再用两手拿住其中一块钢板的两端，轻轻磕打另一块，如图 4-58a 所示。使两板之间呈一夹角，作为焊接反变形量，反变形角度为 2°~3°，如图 4-58b 所示。

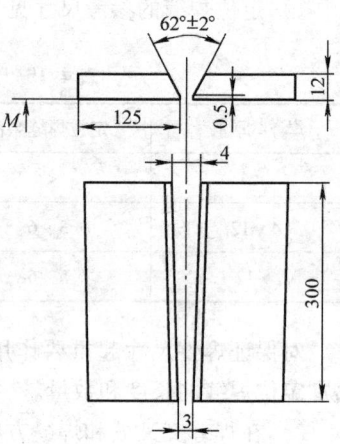

图 4-57 平焊试板尺寸、坡口角度及根部间隙大小

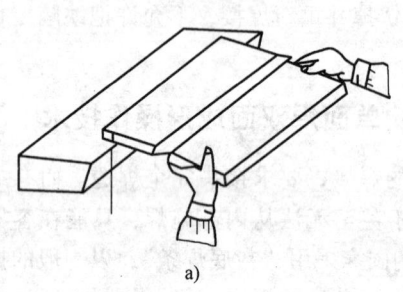
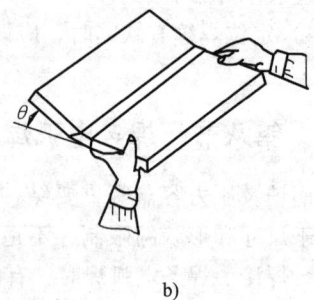

图 4-58 平板定位焊时预留反变形量
a) 反变形获得示例 b) 反变形角度示意图

2. 焊接操作

单面焊双面成形的操作，一般有断弧法和连弧法两种。前者电弧时灭时燃，靠调节电弧燃、灭时间的长短来控制熔池的温度，因此焊接参数的选择范围较宽，易于掌握，是目前普遍采用的一种方法。而连弧焊接法因操作难度较大，目前应用还不太普遍，但它具有生产效率高、质量好的特点，所以是一种值得提倡的操作方法。

下面介绍断弧两点击穿法的焊接操作，即燃弧一次对坡口两侧都加热的方法。

焊接从试板间隙较小的一端开始。在定位焊缝上引燃电弧，再将电弧移到定位焊缝与坡口根部相接处，以稍长的电弧（弧长约 3~5mm）在该处摆动 2~3 个来回进行预热。当看到定位焊缝与坡口根部金属出现"出汗"现象时，预热温度已经合适，立即压低电弧（弧长约 2mm），待 1s 之后可以听到电弧穿透坡口而发出的"噗噗"声，同时还可以看到定位焊缝以及相接的坡口两侧金属开始熔化并形成熔池，这时迅速提起焊条，熄灭电弧。此处所形成的熔池是整条焊道的起点，所以一般称它为熔池座，如图 4-59 中网格区所示。

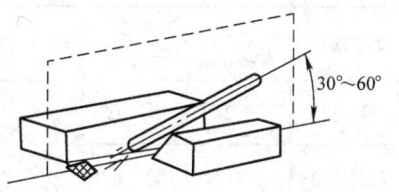

图 4-59　熔池座位置及焊条角度

熔池座建立之后转入正式焊接。焊接参数见表 4-16。采用短弧焊接，焊条与工件之间夹角如图 4-59 所示。正式焊接重新引燃电弧的时间控制在熔池座金属未完全凝固、熔池中心尚处于半熔化状态，在滤光玻璃镜下该部分呈黄亮颜色。重新引燃电弧的位置在坡口的某一侧，并且压住熔池座金属约 2/3 的地方。电弧引燃后立即向坡口的另一侧运条，在另一侧稍作停顿之后，迅速向斜后方提起焊条熄灭电弧，便完成了第一个焊点焊接。电弧移动轨迹如图 4-60 中从①到②实线箭头所示。电弧从开始引燃以及整个加热过程，都以 2/3 部分加热坡口的正面和熔池座边缘的金属，致使在熔池座的前沿形成了一个大于间隙的"熔孔"。另外，1/3 的电弧穿过熔孔加热坡口背面的金属，同时将部分熔滴过渡到坡口的背面。这样贯穿坡口正反两面的熔滴，就与坡口根部及熔池座金属形成了一个穿透坡口的熔池，如图 4-61 所示，灭弧瞬间熔池金属凝固，即形成了一个熔透坡口的焊点。熔孔的轮廓是由熔池边缘和坡口两侧被熔化的缺口构成，如图 4-62 所示。坡口根部被熔化的缺口，只有当电弧移到另一侧的时候，在坡口的这一侧方可看到，因为电弧所在一侧的熔孔被熔渣盖住了。单面焊双面成形焊道的质量，在很大程度上取决于是否能控制熔孔的大小一致、熔孔的间距均匀。这就要求每次引弧的间距均匀、电弧燃灭节奏平稳、弧长均匀，这样才能使坡口根部熔化深度一致，熔透焊道宽窄、高低均匀。平板平焊时熔孔如图 4-62 所示。一个焊点的焊接，从引弧到熄灭只用 1~1.5s，焊接节奏较快，因此坡口根部熔孔不太明显,不仔细观察是看不到的。节奏如果太慢,燃弧时间过长,则熔池温度过高,熔孔太大。这样,坡口背面可能形成焊瘤,甚至出现焊漏现象。若灭弧时间过长,则熔池温度偏低,坡口根部未被熔透,所以灭弧时间应控制在熔池金属尚有 1/3 未凝固时就重新引弧。

表 4-16 断弧焊平焊焊接参数

焊接次序	焊条直径/mm	焊接电流/A	焊接次序示意图	根部间隙/mm	反变形/(°)
第一道	3.2	95~105		起焊端 3	2~3
二至四道	4	160~170			
第五道	4	150~160		终焊端 4	

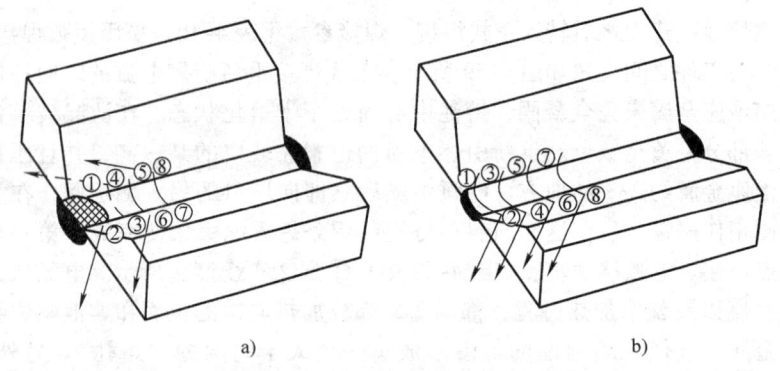

图 4-60 平焊电弧移动轨迹示意图
a) 坡口两侧引弧 b) 坡口一侧引弧

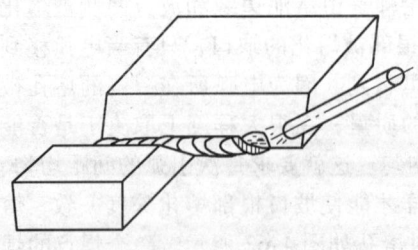

图 4-61 平焊时的熔池

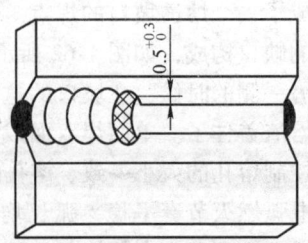

图 4-62 熔孔位置及大小

下一个焊点的焊接操作与上述相同,引弧位置可以在坡口的另一侧,电弧作与上一焊点电弧移动轨迹相对称的动作,如图4-60a中从③到④虚线箭头所示;引弧位置也可以在坡口的同一侧,重复上一个焊点电弧移动的动作,其电弧移动轨迹如图4-60b所示。

断弧法每引燃、熄灭电弧一次,完成一个焊点的焊接,其灭弧节奏控制在45～55次/min。由于每个焊点都与前一焊点重叠2/3以上,所以每个焊点只使焊道前进1～1.5mm。焊道在坡口正反两面的高度分别约为2mm,如图4-63所示。

当焊条长度只剩下约50mm时,需做更换焊条的准备,即迅速压低电弧向熔池边缘连续过渡几个熔滴,以便使背面熔池饱满,防止形成冷缩孔。然后动作迅速地更换焊条,并在图4-64所示的①位置重新引燃电弧。燃弧以后以普通焊速沿焊道将电弧移到末尾焊点约2/3的②位置,在该处以长弧摆动两个来回,待该处金属有了"出汗"现象之后,在⑦位置压低电弧,并停留1～2s,待末尾焊点重熔听到"噗噗"声时,迅速将电弧沿坡口侧后方拉长并熄灭,焊接操作结束。

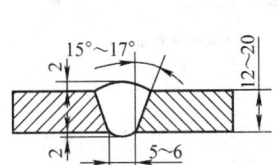

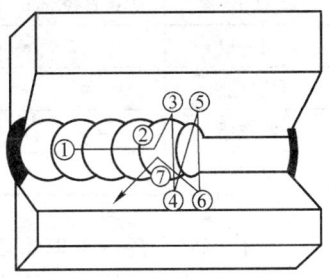

图4-63 平焊位置双面成形焊道的高度　　图4-64 更换焊条时电弧轨迹

当焊完试板长度的2/3时,被焊试板的温度已经升高,有时还会出现坡口间隙过小的现象。这时应根据实际情况,适当调整燃弧和灭弧时间,确保整条焊道质量良好。

材质Q345R的试板、E5015焊条的单面焊双面成形焊接,采用连续法施焊时,其操作方法有两种。一种是焊条作往复运动,这种方法焊接的试板间隙较小,起焊端间隙为1.5mm,终焊端间隙为2.0mm,反变形为2.5°,焊条直径为4mm,焊接电流为110～120A,弧长约2mm。焊条在坡口中间沿焊接方向作往复运动,一根焊条即可焊完一块试板(焊缝长300mm),焊接过程熔孔很不明显。焊道在坡口正面的高度为1.5mm,

在坡口背面的余高仅有 0.5~1mm，其他四层的焊接与普通焊接方法相同。另一种焊条作 U 形运动，这种方法焊接的试板间隙略大一些，起焊端间隙 3mm，终焊端间隙 4mm，反变形 2°~3°。焊条直径为 3.2mm，焊接电流 85~95A。从定位焊缝上引燃电弧之后，在坡口间隙中作侧 U 形运动，如图 4-65 所示。电弧从坡口的一侧移到另一侧作一次侧 U 形运动之后，即完成一个焊点的焊接，每分钟约完成 50 个焊点，每个焊点重叠 2/3，一个焊点可使焊道沿焊接方向增长约 1.5mm。焊接过程熔孔明显可见，坡口根部熔化缺口为 1mm 左右。电弧穿透坡口的"噗噗"声非常清楚，熔透焊道在坡口背面的余高为 2~2.5mm，其他几层的焊接参数见表 4-17。

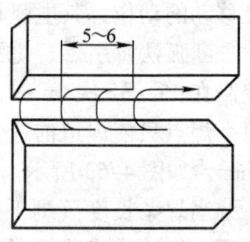

图 4-65　连续法焊接电弧的运行轨迹

表 4-17　连弧焊平焊焊接参数

焊接层次	焊条直径/mm	焊接电流/A	根部间隙/mm	反变形角/(°)
第一层	3.2	85~95	起焊端 3	2~3
第二层	4	160~170		
第三层	5	230~240	终焊端 4	
第四层	5	220~230		

板状试件平焊位置的熔透焊道，无论采用断弧法还是连弧法，完成单面焊双面成形焊接后，其他各层仍采取普通焊接操作法。

二、V 形坡口立板单面焊双面成形技术

1. 焊前准备

试板的材质、尺寸以及焊机、焊条的要求与平板相同，试板根部间隙、反变形量、焊接次序以及焊接参数见表 4-18。

2. 焊接操作

将试板垂直放置，坡口间隙较小的一端在下方，由下端开始焊接。与平焊相同建立熔池座后，转入焊接，同样采用断弧法焊接。每个焊点的焊接从坡口的一侧引燃电弧，移到坡口的另一侧之后，沿焊口间隙的上方熄灭电弧。电弧运行轨迹及焊条角度如图 4-66 所示。每当电弧从坡口的一侧向另一侧运动时，都必须听到电弧穿透坡口发出的"噗噗"声。

表4-18 板件立焊焊接参数

焊接次序	焊条直径/mm	焊接电流/A	焊接次序示意图	根部间隙/mm	反变形/(°)
第一道	3.2	100~110		起焊端3	
二至三道	3.2	105~115			2~3
第四道	3.2	95~105		终焊端4	

灭弧动作要利落，灭弧时间与平焊相同，应控制在当熔池中心的金属尚有1/3未凝固时就重新引燃电弧。电弧在坡口的左右两侧交替引燃和熄灭。

每当电弧移到坡口左（右）侧的瞬间，在右（左）侧则可看到熔孔，熔孔的深度比平焊时稍大一些，约0.8mm，如图4-67所示。与平焊相同，要求保持熔孔大小均匀、孔距一致，这样才可以保证坡口根部熔透均匀，背面焊道饱满，宽窄高低均匀。立焊节奏比平焊稍慢，灭弧频率为30~40次/min。每点焊接时，电弧燃烧时间稍长，所以立焊焊肉比平焊的厚。但是还应注意观察和控制熔池形状及焊肉的厚度，若熔池的下部边缘由平缓变得下凸，即由图4-68a变成图4-68b时，说明熔池温度过高，熔池金属过厚。这时应缩短电弧燃烧时间，延长灭弧时间，降低熔池温度，以防止液态金属下坠出现焊瘤。焊接接头时的操作要求与平焊基本相同，但换焊条后重新引弧位置应在离末尾熔池5~6mm的焊道上。立焊熔透焊道在坡口背面的高度为1~2mm，在正面的高度为2~3mm。其他各层采用连弧法焊接，焊接参数见表4-18。

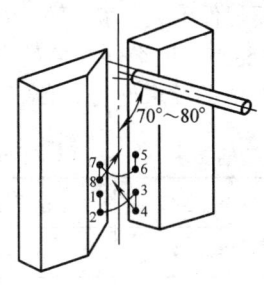

图4-66 立焊电弧运行轨迹及焊条角度

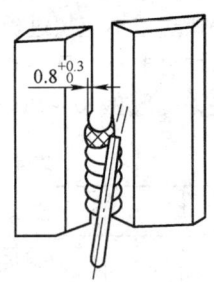

图4-67 立焊熔孔位置及大小

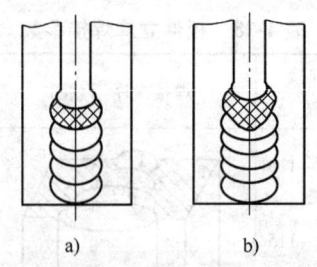

图 4-68 立焊熔池边缘形状
a) 温度合适呈椭圆形 b) 温度过高边缘下凸

第九节 薄板的焊条电弧焊

厚度不大于 2mm 的板一般称为薄板。生产中常见的薄板焊接工艺方法有对接平焊和平角焊,如图 4-69 所示。

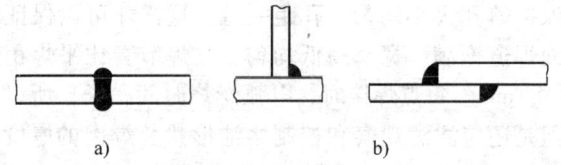

图 4-69 薄板焊缝
a) 对接平焊缝 b) 平角焊缝

一、焊前准备工作

首先将焊件接缝处的油污、锈、水等污物及毛刺清除干净。

两块板装配时,装配间隙越小越好,最大不应超过 0.5mm,焊件的对接接头错边量不应超过板厚的 1/3,重要焊件不大于板厚的 1/6。

定位焊缝要小,且呈点状,焊缝间距要小,但焊件两端的定位焊缝可稍长些,一般在 10~15mm 左右,定位焊缝的要求见表 4-19。

表 4-19 薄板定位焊缝的要求　　　　（单位：mm）

板 厚	接头形式	定位焊缝长度	定位焊缝间距
1.5~2	对接接头	3~4	40~60
	T形接头、搭接接头	5~6	60~80

二、焊接参数

薄板焊接的主要困难是容易烧穿、焊件变形较大及焊缝成形不良等。因此要采用小直径焊条及较小的焊接电流进行焊接。焊接参数见表4-20。

表4-20 薄板焊接参数

焊缝形式	板厚/mm	正面焊缝		背面焊缝	
		焊条直径/mm	焊接电流/A	焊条直径/mm	焊接电流/A
对接平角焊缝	1.5~2	2.5	55~60	2.5	60~65
T形接头平角焊缝		2.5	60~70	3.2	100~120
搭接接头平角焊缝		2.5	55~60	—	—

三、T形接头平角焊

T形接头平角焊的焊条角度如图4-70所示。

焊接时应采用短弧和快速直线形运条法。运条过程中发现混渣现象，可拉长电弧，做向后推送熔渣动作，防止产生夹渣等缺陷。

施焊过程中，发现熔池温度过高将要塌陷时，应立即灭弧或跳弧，使熔池温度降低，然后再进行正常焊接，防止产生烧穿。

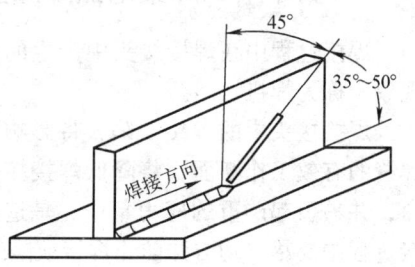

图4-70 T形接头平角焊的焊条角度

为防止产生较大的焊接变形，可采用分段跳焊法或分段退焊法进行焊接。

四、搭接接头平角焊

搭接接头平角焊的方法与T形接头基本相似，但是焊接过程中搭接的钢板边缘容易鼓起，发现后要及时修复，然后再焊接，焊接时要注意将接缝处的钢板边缘整齐的熔化掉，防止产生咬边和焊脚不齐等缺陷。

五、对接平焊

对接平焊的焊条角度如图4-71所示。采用直线形或直线往返形运条法焊接。

焊接过程中发现定位焊缝开裂

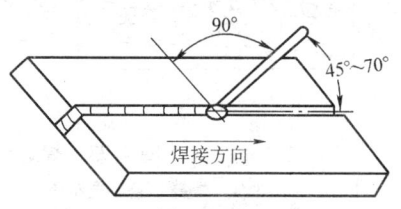

图4-71 对接平焊时的焊条角度

或焊件变形而错边量增大时，应停止焊接，用锤子将其修复，并定位焊牢固后再继续进行焊接。

对可移动的焊件，最好将焊件一头垫起，使其倾斜15°～20°进行倾斜焊，如图4-72所示。这样可以提高焊接速度和减小熔深，对防止烧穿和减少焊接变形有利。

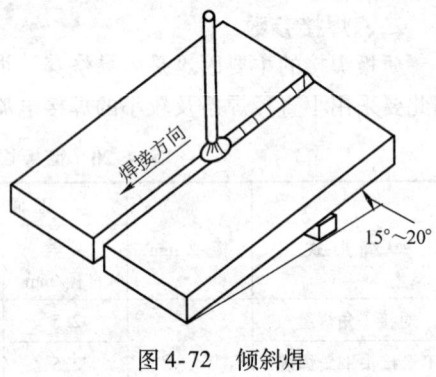

图4-72 倾斜焊

其他操作要领与T形接头相似。

第十节 焊条电弧焊焊接接头常见缺陷的分析

焊接过程中在焊接接头中产生的金属不连接、不致密或连接不良的现象，称为焊接缺陷。

焊接接头中的焊接缺陷，将影响到产品结构的安全使用。如果减小焊缝的有效工作断面，将降低焊接接头的承载能力，缩短构件的使用寿命，并易引起严重的应力集中，是造成构件脆性断裂的根源。因此在焊接过程中要尽一切方法防止焊接缺陷的产生。

下面主要介绍焊接过程中，产生各种焊接缺陷的主要原因和防止措施。

一、焊缝形状缺陷

1. 焊缝尺寸不符合要求

主要是指焊缝高低不平、宽窄不齐、尺寸过大或过小、角焊缝焊脚尺寸不对称等，如图4-73所示。

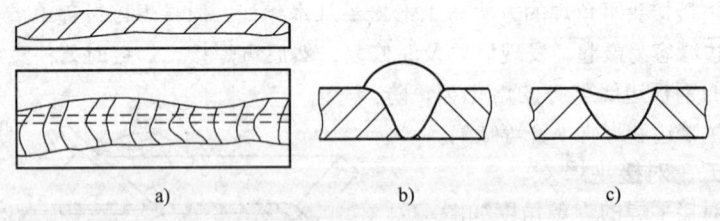

图4-73 焊缝尺寸不符合要求
a) 焊缝不直、宽窄不均 b) 余高过大 c) 未焊满

焊缝尺寸过小,使焊接接头强度降低,焊缝尺寸过大,不仅浪费焊接材料,还会增加焊接应力和变形;焊缝余高过大,使焊缝与基本金属交界突变,造成应力集中,减弱结构的工作性能。

(1) 产生原因　焊缝坡口角度不当;装配间隙不均匀;焊接参数选择不合适;运条速度不稳定;操作手法不当以及焊条角度选择不合适等。

(2) 防止措施　选择适当的坡口角度和装配间隙,正确选择焊接参数,熟练掌握运条方法,运条稳定均匀,保持正确的焊条角度,以获得成形美观的焊缝。

2. 咬边

由于焊接参数选择不当,或操作方法不正确,沿焊趾的母材部位产生的沟槽或凹陷称为咬边,如图 4-74 所示。

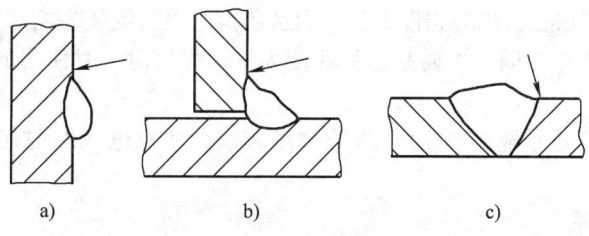

图 4-74　咬边

a) 横焊焊缝的咬边　b) T 形焊缝的咬边　c) 对接平焊缝的咬边

咬边减小焊接接头的有效横断面,减弱了焊接接头的承载能力,并且在咬边处造成应力集中,易引发裂纹。

(1) 产生原因　主要是焊接电流过大,电弧过长,焊条角度和焊接速度不适当等造成的。

(2) 防止措施　焊接电流和焊接速度的选择要合适,焊条角度和运条方法要正确,运条保持均匀,电弧不能拉得太长。

3. 焊瘤

焊接过程中,熔化金属流淌到焊缝之外未熔化的母材上所形成的金属瘤称为焊瘤,如图 4-75 所示。

(1) 产生原因　主要是操作技术不熟练和运条方法不当,电弧拉得太长,焊接速度太慢等造成的。在焊条电弧焊时,焊瘤易在横、立、仰焊位置产生。

(2) 防止措施　提高操作技术能力,尽量采用短弧焊接,适当增加

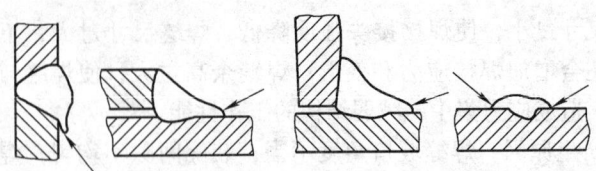

图 4-75 焊瘤

焊接速度,选择合适的焊接电流,保持正确的焊条角度,注意电弧不要在一侧停留过久,严格控制熔池温度,不使其过高。

4. 弧坑

电弧焊时,由于断弧或收弧不当,在焊道末端形成的低洼部分称为弧坑。

弧坑使该处的焊缝强度降低,而且还易产生弧坑裂纹。

(1) 产生原因　主要是熄弧速度太快,焊接薄板时使用的焊接电流过大等。

(2) 防止措施　采用合适的收尾方法,注意电弧在收尾处的停留时间。

5. 烧穿

焊接过程中,熔化金属自坡口背面流出,形成穿孔的缺陷称为烧穿,如图 4-76 所示。

(1) 产生原因　焊接电流过大,焊接速度太慢,装配间隙太大或钝边尺寸太小等。

(2) 防止措施　选择合适的焊接电流和焊接速度,严格控制装配间隙,并保持均匀。

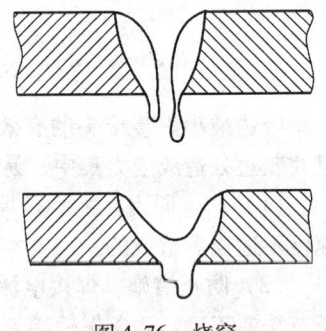

图 4-76 烧穿

二、内部缺陷

内部缺陷位于焊缝的内部,如未熔合、未焊透、内部气孔、裂纹及夹渣等。

1. 未熔合

熔焊时,焊道与母材之间或焊道之间,未完全熔化结合的部分称为未熔合,如图 4-77 所示。

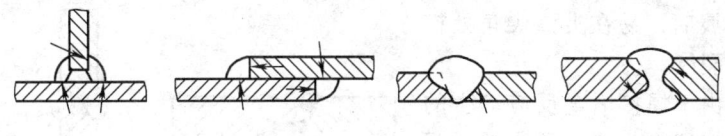

图 4-77 未熔合

未熔合主要产生在焊缝侧面及焊层间,故又可分为边缘未熔合及层间未熔合。

(1) 产生原因 热输入太低,焊条角度不正确,电弧偏吹,坡口侧壁有锈垢及污物,层间清渣不彻底等。

(2) 防止措施 焊前清理干净坡口处的油、锈等污物,正确选择焊接参数,焊接过程中,层间焊渣要彻底清理,并注意防止电弧偏吹。采用适当的焊条角度和运条方法等。

2. 未焊透

焊接时接头根部未完全熔透的现象称为未焊透,如图 4-78 所示。

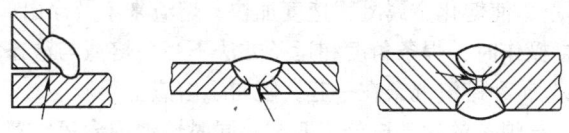

图 4-78 未焊透

未焊透除降低接头的承载能力外,还会造成应力集中,并容易引发裂纹。

(1) 产生原因 坡口角度过小;间隙过窄,钝边过大;焊接电流太小;焊接速度太快;焊条角度不正确;电弧产生偏吹;电弧电压太低;焊条可达到性不好和清根不彻底。

(2) 防止措施 正确选择坡口角度和装配间隙,仔细清理层间坡口边缘的氧化物和焊渣,正确选择焊接电流和焊接速度。运条中随时注意调整焊接角度,使熔化金属之间及熔化金属与基本金属之间充分熔合。

三、夹渣

焊后残留在焊缝中的焊渣称为夹渣,如图 4-79 所示。

夹渣尺寸较大且不规则,减弱焊缝的有效截面积,降低焊接接头的塑性和韧性。在夹渣的尖角处会造成应力集中,因此焊接淬硬倾向较大的金属时,易在夹渣尖角处扩展为裂纹。

由于焊接冶金反应产生的焊后残留在焊缝金属中的微观非金属杂质(如氧化物、硫化物等)称为夹杂物。

夹杂物能降低焊缝的力学性能,有些夹杂物会导致热裂纹产生。但夹杂物尺寸很小且呈弥散分布时(硫化物等低熔点共晶物除外),对焊缝强度影响不大。

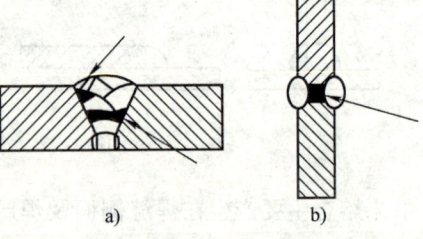

图 4-79 夹渣
a) 层间夹渣 b) 根部夹渣

1. 产生的原因

1) 接头边缘有污物存在,多层焊时,焊后未将层间焊渣清理干净,尤其是碱性焊条根部焊渣不易清理干净,极易产生夹渣。

2) 坡口过小、焊条直径过大、焊接电流太小,熔化金属和熔渣得不到足够的热量,使熔化金属凝固速度加快,熔渣来不及浮出。

3) 焊接操作时,焊条角度和运条方法不当,熔渣与液态金属分离不清,把液态金属和熔渣混杂在一起,阻碍了熔渣上浮。

4) 焊件与焊条的化学成分不匹配,同时熔池内含氧、氮等成分较多时,则形成夹杂物的机会也就增多。

2. 防止措施

1) 仔细清理坡口边缘的污物,多层焊时清理干净层间焊渣。

2) 选用脱渣、脱氧、脱硫性能好的焊条。

3) 选用合适的坡口角度和合理的焊接参数,使熔池存在时间不要太短。

4) 运条要平稳,焊条摆动的方式要有利于熔渣上浮,用酸性焊条操作时要注意赶渣,使熔渣浮在熔池后面,不能混渣。

5) 双面焊时,一定要清除焊根后再焊背面。

6) 加强熔池保护(如短弧焊、电弧不能偏吹等),防止空气侵入。

四、气孔

焊接时,熔池中的气泡在凝固时未能逸出而残留下来所形成的空穴称为气孔,如图 4-80 所示。

气孔的存在对焊缝的力学性能影响较大,它不仅减小了焊缝的有效工作断面,降低了焊接接头的承载能力,而且还使接头金属的塑性,特

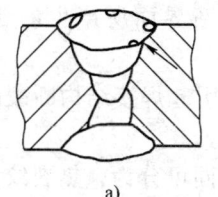 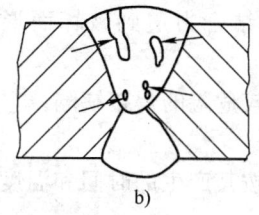

a) b)

图 4-80 气孔
a) 焊缝表面气孔 b) 焊缝内部气孔

别是冷弯和冲击韧度降低得更多。气孔的存在也破坏了焊缝的致密性，严重时还会引起结构的破坏。

1. 气孔的分类

(1) 根据气孔产生的部位　气孔可分为内部气孔和外部气孔两种。

(2) 根据气孔的分布特点　气孔可分为分散气孔和密集气孔两种。

(3) 根据气孔产生的原因　气孔可分为氢气孔、氮气孔和一氧化碳气孔三种。

2. 气孔产生的原因

溶解在熔池中的气体，在熔池冷却结晶过程中，因气体溶解度急剧降低，来不及逸出而残留在焊缝金属内就形成了气孔。

焊条电弧焊造成焊缝中产生气孔的工艺因素是：焊条受潮，使用前烘干的温度和时间不够，焊件坡口边缘上的油、锈、水、氧化皮等污物未清理干净，电弧偏吹对电弧区保护不好等。

3. 防止气孔的措施

(1) 消除产生气孔的气体来源　仔细清理焊件坡口及坡口两侧 20~30mm 范围内的油、锈、水等污物，焊条要按规定烘干后再使用。

(2) 正确选择焊接参数　在允许的条件下，尽可能用大的热输入进行焊接。

(3) 加强熔池保护　焊条药皮不要脱落，短弧焊接时，电弧不要随意拉长，装配间隙不要过大，注意引弧和收尾。

(4) 选择合适的电源种类和极性　用直流弧焊电源反接比交流弧焊电源的气孔倾向性小。

五、焊接裂纹

在焊接应力及其他致脆因素的共同作用下，焊接接头中局部区域的金属原子的结合力遭到破坏而形成新界面所产生的缝隙称为焊接裂纹。

裂纹是比较危险的焊接缺陷，它是引起焊接结构断裂的起源，危害性极大。

焊接裂纹按其产生的时间和温度不同可分为：热裂纹、冷裂纹、再热裂纹三类。

1. 热裂纹

焊接过程中，焊缝和热影响区的金属冷却到固相线附近的高温区时产生的焊接裂纹称为热裂纹。

焊接热裂纹按产生形态、机理以及产生的温度区间可分为：结晶裂纹、液化裂纹和多边化裂纹三种。

结晶裂纹又称凝固裂纹，是焊缝凝固后期形成的焊接裂纹。这种裂纹主要产生在含杂质较多的碳钢焊缝中，尤其是硫、磷、硅较多的钢材中。在单相奥氏体钢、镍基合金和某些铝及铝合金焊缝中，也容易产生结晶裂纹。

液化裂纹是在母材的近缝区或多层焊的前一焊道，因受热液化而在晶界上形成的焊接裂纹。这种裂纹主要发生在含有铬镍的高强度钢、奥氏体不锈钢以及某些镍基合金的近缝区或多层焊的焊道金属中。

多边化裂纹是在焊缝金属多边化晶界上形成的一种热裂纹。裂纹主要产生在某些纯金属或单相合金中，如奥氏体不锈钢、铁-镍基合金及镍基合金。

热裂纹通常都沿晶界开裂，热裂纹表面有氧化色。

(1) 产生原因　聚集在晶粒边界或焊缝中心的液态低熔点共晶物，在焊接应力的作用下使焊缝开裂。

(2) 防止措施　主要是设法减少焊缝中的低熔点共晶物和降低焊接应力。可采取以下措施：

1) 限制钢材及焊接材料中的易偏析元素和有害杂质的含量，尽量减少硫、磷等杂质含量及降低碳含量。

2) 调节焊缝金属的化学成分，改善焊缝组织，细化焊缝晶粒，以提高其塑性，减少偏析程度和使偏析分散分布，来控制低熔点共晶物的有害影响。

3) 选择合适的焊接参数，适当提高焊缝成形系数，采用多层多道焊法，避免中心线偏析，防止焊缝中心裂纹。

4) 采用碱性焊条,提高抗裂性能。

5) 尽可能地采用各种降低焊接应力的工艺措施,如预热、合理的焊接顺序等。

6) 收弧时填满弧坑,可减少弧坑裂纹的产生。

2. 冷裂纹

焊接接头冷却到较低温度(对于钢来说在 M_s 温度以下)时产生的焊接裂纹称为冷裂纹。

冷裂纹一般在焊接低合金高强度钢、碳含量较高的碳素钢等易淬火钢时易发生。而焊接低碳钢时遇到的较少。

冷裂纹可发生在晶界上,也可能贯穿晶粒内部,裂纹表面发亮,没有明显的氧化色。冷裂纹可以在焊接后立即出现,但也有些可以延迟一段时间后出现,这些冷裂纹又称延迟裂纹。冷裂纹大多产生在近缝区的基本金属上或熔合区上,最常见的部位如图4-81所示。

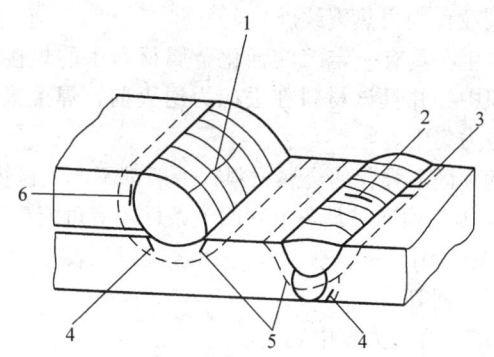

图4-81 焊接接头冷裂纹分布示意图
1—焊缝纵向裂纹 2—焊缝横向裂纹 3—热影响区横向裂纹
4—焊根裂纹 5—焊趾裂纹 6—焊道下裂纹

(1) 产生的原因 钢材的淬硬倾向、焊接接头的氢含量及其分布、焊接接头拘束应力的大小是高强度钢(包括中碳钢、低合金高强度钢和中合金高强度钢)焊接时产生冷裂纹的三大要素。

钢材的淬硬倾向越大、焊件越厚、冷却速度越快、刚性拘束越大、扩散氢含量越高,产生冷裂纹的倾向越大。

(2) 防止措施 防止冷裂纹的原则是尽可能地降低焊缝中扩散氢的含量,降低焊接应力和冷却速度,具体措施如下:

1）严格控制氢的来源。选用低氢型焊条,焊条严格按规定烘干后使用,清理干净焊件上的油、锈、水等污物。

2）降低焊接应力。选择合理的焊接参数和热输入,控制焊接接头在 800~500℃ 的冷却速度。

3）焊前预热、焊接过程中控制层间温度、焊后缓冷,从而降低冷却速度,减小热影响区硬度,降低总的应力水平,改善焊接接头的组织和性能。选择合理的焊接顺序,减小焊接应力。

4）严格操作,注意不能产生弧坑、咬边、未焊透等缺陷,以减少应力集中点。

5）焊后进行热处理,消除焊接残余应力,改善焊接接头的组织和性能。

3. 再热裂纹

焊件焊后在一定温度范围内再次加热（如焊后热处理或其他加热过程）而产生的裂纹称为再热裂纹。

再热裂纹产生在具有一定沉淀强化金属材料中的焊接接头热影响区的过热粗晶组织中,并且该材料在去应力退火前,焊接接头有较大的焊接残余应力和应力集中。

普通碳素钢和固溶强化的金属材料,一般都不产生再热裂纹。

(1) 产生原因 须同时具备下列四个条件才有可能产生再热裂纹。

1）只有用铬、钼、钒、钛、铌等元素进行沉淀强化的珠光体耐热钢、低合金高强度钢等。

2）焊件较厚并有应力集中处。

3）有一定的温度范围,该范围随钢种的变化而异,如一般低合金高强度钢为 500~700℃。

4）一定的高温停留时间。

(2) 防止措施 尽可能降低焊接残余应力,减少应力集中,在设计和工艺上设法改善应力状态,如进行预热和后热,减少焊缝余高,保持平滑过渡,必要时将焊趾处打磨平滑并防止各类焊接缺陷。

选用低强度焊条,适当降低焊缝金属的强度,提高其塑性。

控制热输入,如可能尽量采用大热输入,可减小再热裂纹倾向。

第十一节 焊接检验知识

焊接接头的质量好坏,将影响到产品结构的安全使用,对焊接接头进行必要的检验,是保证焊接质量的一项重要措施。不符合质量要求的焊接接头,可以通过各种不同的检验方法做出客观的评定,从而能及时地清除各种焊接缺陷,保证焊接结构的安全使用。

一、外观检验

外观检验是一种常用的检验方法,以肉眼观察为主,必要时利用放大镜、量具及样板等对焊缝外观尺寸和焊缝表面质量进行全面检验,如图4-82、图4-83所示。其表面质量应符合如下要求。

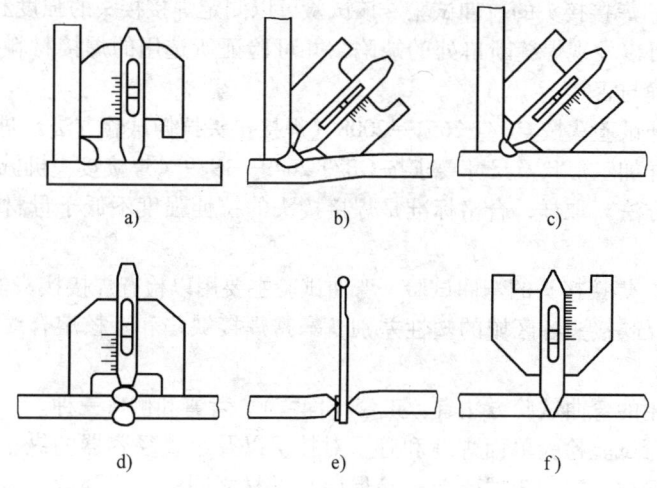

图4-82 焊缝万能量规的用法

a)测量焊脚 b)角焊缝凸度的测量 c)角焊缝凹度的测量
d)测量对接焊缝的余高 e)坡口间隙的测量 f)坡口角度的测量

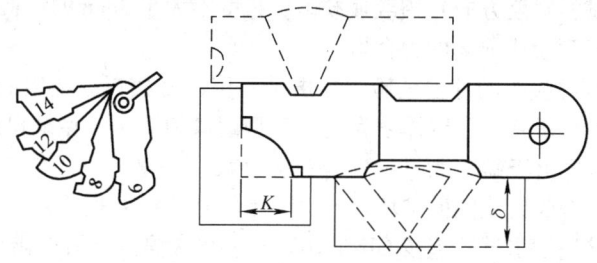

图4-83 样板及其对焊缝的测量

1)焊缝外形尺寸应符合设计图样和工艺文件的规定,焊缝高度不低于母材，焊缝与母材应圆滑过渡。

2) 焊缝及热影响区表面不允许有裂纹、未熔合、夹渣、弧坑、气孔和深度大于 0.5mm 的咬边。

二、破坏性检验

破坏性检验是采用机械的方法对焊缝或焊接接头试样做破坏性检验。主要有焊接接头力学性能试验、金相检验和化学分析试验。

1. 焊接接头力学性能试验

(1) 焊接接头的拉伸试验　该试验可以测定焊接接头的强度和塑性，同时还可以发现焊缝断口处的缺陷，并可验证所选用的焊接材料及焊接工艺正确与否。

拉伸试验法按 GB/T 2651—2008《焊接接头拉伸试验方法》进行。

试样加工形状及尺寸要求按 GB/T 2649—1989《焊接接头机械性能试验取样方法》取样，合格标准是焊接接头的拉伸强度不低于母材规定值的下限。

(2) 焊接接头的弯曲试验　弯曲试验主要用以检查焊接接头的塑性，并可以反映接头各区域的塑性差别，暴露焊接缺陷和考核熔合线的结合质量。

常用的弯曲试验方法有：正弯（面弯）、背弯和侧弯三种。

背弯试验检验单面焊缝和管子对接，以及小直径容器的纵、环缝根部的焊接质量；侧弯试验能检验焊层与母材之间的结合强度、多层焊的层间缺陷（如层间夹渣、裂纹和气孔等）。弯曲试验应按 GB/T 2653—2008《焊接接头弯曲试验方法》的规定进行，试样中心线对准弯轴中心。合格标准：试样弯曲到规定角度后，其拉伸面上有长度不大于 1.5mm 的横向（沿试样宽度方向）裂纹或缺陷，长度不大于 3mm 的纵向（沿试样长度方向）裂纹或缺陷的为合格。

(3) 焊接接头的冲击试验　冲击试验用以考核焊缝金属的焊接接头的冲击和缺口敏感性，试样分为夏比 U 型缺口和夏比 V 型缺口两种形式，U 型缺口试样由于缺口太钝，对缺口韧性反应不敏感，不能充分反映焊件上的裂纹等尖锐缺陷的破坏特征，因此目前已普遍采用 V 型缺口试样。

焊接接头冲击试验应按 GB/T 2650—2008《焊接接头冲击试验方法》的规定进行。

合格标准：三个冲击试样的冲击韧度平均值应不低于母材规定的平均值的下限，且最多允许有一个试样的冲击韧度值低于规定值，但不能低于规定平均值的80%。

（4）焊接接头的硬度试验　硬度试验可以测定焊缝和热影响区的硬度，并可间接估算材料的强度，用以比较出焊接接头各区域的性能差别及热影响区的淬硬倾向。

2. 焊接接头的金相检验

焊接金相检验主要是观察、研究由于焊接热过程和冶金过程所造成的金相组织的变化和微观缺陷，从而对焊接材料、工艺方法和焊接参数做出相应的评价。

金相试验分为宏观金相试验和微观金相试验两大类。其中宏观断口分析是生产中普遍采用的一种方法，尤其适用于管状试件以及锅炉和集箱上管接头的角焊缝。

3. 化学分析试验

化学分析试验包括对各种焊接材料及焊缝化学成分进行分析，测定熔敷金属中的气体含量和对焊缝及焊接接头进行的腐蚀试验等。

三、非破坏性检验

1. 密封性检验和耐压检验

检查有无漏水、漏气和渗油、漏油等现象的试验称为密封性检验。

将水、油、气等充入容器内徐徐加压，以检查其泄露、耐压、破坏等的试验称为耐压试验。对于各种储罐、压力容器、锅炉、管道等受压元件，按标准规则必须进行焊缝密封性检验和受压元件强度试验，密封性试验通常采用水压和气压、煤油试验等方法。受压元件的强度试验则采用水压试验。

（1）水压试验　这种方法用来检验焊缝的致密性和强度。试验时，用水把容器灌满，并堵塞好容器上的所有孔，用水泵把容器内的水压提高，根据有关技术标准，提高到工作压力的1.25~1.5倍进行强度试验，在此压力下保持一段时间，然后把压力降至容器工作压力，进行致密性试验，此时检验人员用质量为0.4~0.5kg左右的圆头小锤，沿焊缝边缘15~20mm的地方轻轻敲击，若发现焊缝上有水滴或细水纹出现，则表明焊缝不致密。

（2）气压试验　气压试验只能用很低的压力来检验焊缝的密封性，决不能用来检验受压元件的强度。这种试验由于升压迅速，有发生爆炸的可能性，是很不安全的，必须遵守相应的安全技术规程，避免发生事故。

气压试验近年来多用于低压管道焊缝的密封检验。常用的气压试验有以下三种方法：

1）充气试验。在受压元件内部充以压缩空气，在受压元件受检部位涂上肥皂水，如果有气泡出现，说明该处受压元件焊缝的密封性不好，有泄露，应予以返修。

2）沉水试验。将受压元件沉入水中，其内部充以压缩空气，观察水中有无气泡产生，如有气泡产生，说明受压元件的焊缝不密封，有泄露。

3）氨气试验。此方法准确、效率高，适于环境温度较低时焊缝密封性的检查以及大型容器的检查。其方法是：在受压元件内部充入混有体积分数为1%氨气的压缩空气，在容器外壁贴一条比焊缝略宽、在质量分数为5%的硝酸汞溶液中浸泡过的纸条或绷带，若纸条或绷带的相应部位出现黑色斑纹，证明此处焊缝有泄露，需进行返修处理。

2. 煤油试验

煤油试验用于检查非受压元件焊缝的密封性，其试验过程如下：

试验时，在焊缝的一面涂上煤油（利用煤油表面张力小，能穿透极小孔的特性）。当焊缝不密封有缝隙时，煤油会渗出来，在涂有石灰水或白垩糊的焊缝上留有油剂。为判断缺陷的大小和位置，在涂上煤油后即观察，最初出现油迹即为缺陷的位置及大小，一般观察时间为15～30min，在规定的时间内不出现油剂即认为焊缝合格。这种方法最适用于对接接头，对于搭接接头，除试验有一定困难外，因工件搭接处的煤油不易清理干净，修补时容易引起火灾，因此一般很少采用。

3. 射线探伤

采用X射线或γ射线照射焊接接头，检查内部缺陷的无损检验法称为射线探伤。用射线探伤检验焊接内部的缺陷准确而可靠，能非破坏性地显示出缺陷在焊缝内部的形状、位置和大小，射线检验有X射线检验和γ射线检验两种。其中，X射线检验应用的范围较广泛。

(1) X射线底片上典型焊接缺陷的识别

1）裂纹。焊缝中裂纹的显露与射线方向有很大关系，当照射方向与裂纹的裂面重合时，在底片上显露得最清楚，否则裂纹很难显露。裂纹在X射线底片上的特征是一条黑线，带有曲折的条纹，影像的轮廓线较分明，两头尖、黑度浅，中部宽，黑度深，如图4-84所示。

2）未焊透。存在于焊缝的未焊透在底片中的显露与坡口形式、接头形式等有关。根据未焊透在焊缝中的位置分为：根部未焊透、层间未焊透和坡口边缘未焊透。根部未焊透在底片中呈现出断续和连续的黑线条，宽度与坡口的间隙一致。层间未焊透在底片上呈不规则形状，有条状、块状分布在焊缝的任意位置。坡口边缘未焊透，在底片上呈黑色线条，黑度不均匀，通常断续分布，如图4-85所示。

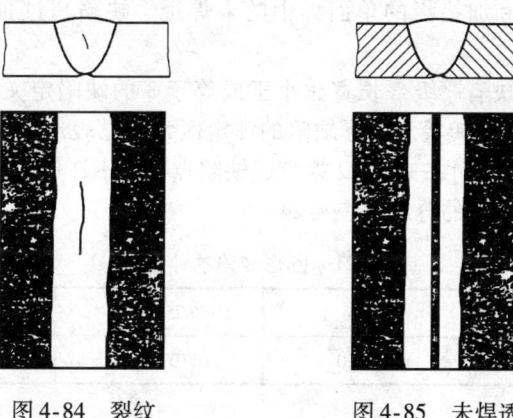

图4-84　裂纹　　　　　　图4-85　未焊透

3）夹渣。夹渣在底片上呈黑色点状或条状影像，轮廓分明，无一定规律，如图4-86所示。

4）气孔。气孔在底片上是圆形或椭圆形黑点，中心较黑，并均匀地向边缘变浅，气孔有单个型或密集型，如图4-87所示。

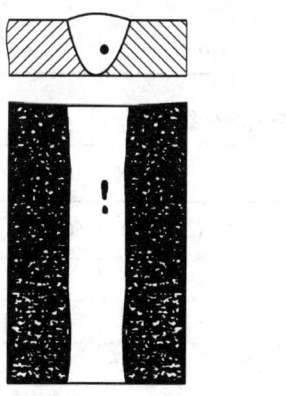 

图4-86　夹渣　　　　　　图4-87　气孔

(2) 射线探伤标准　焊缝质量分级，射线探伤应按 GB/T 3323—2005《金属熔化焊焊接接头射线照相》的规定进行，根据缺陷性质和数量，焊接接头质量分为四级：

Ⅰ级焊接接头内应无裂纹、未熔合、未焊透和条状缺陷。Ⅱ级焊接接头内应无裂纹、未熔合和未焊透。Ⅲ级焊接接头内应无裂纹、未熔合，双面焊和加垫板的单面焊中的未焊透。缺陷超过Ⅲ级者为Ⅳ级焊接接头。

(3) 圆形缺陷评级　长宽比小于或等于 3 的缺陷定义为圆形缺陷，如气孔、夹渣和夹钨等。圆形缺陷的评定区大小见表 4-21。评定圆形缺陷时，应将缺陷尺寸按表 4-22 换算成缺陷点数。不计点数的缺陷尺寸见表 4-23。圆形缺陷的分级见表 4-24。

表 4-21　圆形缺陷的评定区　　（单位：mm）

评定厚度 T	≤25	>25~100	>100
评定区尺寸	10×10	10×20	10×30

表 4-22　缺陷点数换算表

缺陷长径/mm	≤1	>1~2	>2~3	>3~4	>4~6	>6~8	>8
点数	1	2	3	6	10	15	25

表 4-23　不计点数的缺陷尺寸　　（单位：mm）

评定厚度 T	≤25	>25~50	>50
缺陷长径	≤0.5	≤0.7	≤1.4%T

表 4-24　圆形缺陷的分级

评定区/mm		10×10		10×20		10×30	
评定厚度 T/mm		≤10	10~15	15~25	25~50	50~100	>100
质量等级	Ⅰ	1	2	3	4	5	6
	Ⅱ	3	6	9	12	15	18
	Ⅲ	6	12	18	24	30	36
	Ⅳ	缺陷点数大于Ⅲ级者					

注：表中的数字是允许缺陷点数的上限。

(4) 条状夹渣的分级　条状夹渣的分级见表 4-25。

表 4-25　条形缺陷的分级　　　　　（单位：mm）

质量等级	评定厚度 T	单个条形缺陷长度	条形缺陷总长
Ⅱ	$T \leqslant 12$	4	在平行于焊缝轴线的任意直线上，相邻两缺陷间距均不超过 $6L$ 的任何一组缺陷，其累计长度在 $12T$ 焊缝长度内不超过 T
	$12 < T < 60$	$\dfrac{1}{3}T$	
	$T \geqslant 60$	20	
Ⅲ	$T \leqslant 9$	6	在平行于焊缝轴线的任意直线上，相邻两缺陷间距均不超过 $3L$ 的任何一组缺陷，其累计长度在 $6T$ 焊缝长度内不超过 T
	$9 < T < 45$	$\dfrac{2}{3}T$	
	$T \geqslant 45$	30	
Ⅳ			大于Ⅲ级者

注：表中 L 为该组缺陷中最长者的长度。

4. 超声波探伤

超声波探伤是利用超声波在不同介质界面上能发生的反射来检验工件内部质量的一种方法。超声波探伤主要焊接缺陷的波形特征如下：

(1) 气孔　气孔一般为球形，反射面较小，在荧光屏上单纯出现一尖波，波形比较单纯，如图 4-88a 所示。密集气孔则出现数个缺陷波。

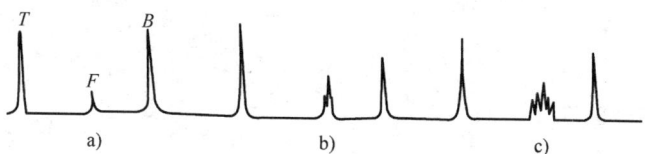

图 4-88　缺陷波的特征
a) 气孔波形　b) 裂纹波形　c) 夹渣波形

(2) 裂纹　在荧光屏上往往出现锯齿较多的光波，如图 4-88b 所示。

(3) 夹渣　在荧光屏上出现一串由高低不同的小波合成的光波，波的根部较宽，如图 4-88c 所示。

5. 磁粉探伤

磁粉探伤是利用强磁场中铁磁性材料在表层缺陷产生的漏磁场吸附磁粉的现象而进行的无损探伤法。

磁粉探伤只能发现磁性材料表面及近表面的缺陷，对于隐藏深处的缺陷不易发现。

磁粉探伤不能用于非磁性材料，例如有色金属及不锈钢不能采用。

6. 渗透探伤

采用带有荧光染料（荧光法）或红色染料（着色法）的渗透剂的渗透作用，显示缺陷痕迹的无损检验法称为渗透探伤。

渗透探伤只能检查材料表面的缺陷。它不受材料磁性的限制，比磁粉探伤的应用更加广泛，但操作工序比较复杂。

渗透探伤包括荧光探伤和着色探伤两种：

（1）荧光探伤　荧光探伤是先将工件涂上渗透性很强的荧光油液，停留 5～10min，除去多余的荧光油液，然后在探伤的表面撒上一层氧化镁粉末吹掉，在暗室中用紫外线照射工件。在紫外线的照射下，留在缺陷处的荧光物质发出荧光，以此来判断缺陷的位置和大小。

（2）着色探伤　利用某些渗透性很强的有色油液，渗入工作表面缺陷中，涂上吸附性很强的显像剂，把渗入到缺陷中的有色油液吸出来，在显像剂上显示出彩色的缺陷图像，根据图像的情况，来判断缺陷的位置和大小。

第五章 焊　　条

在焊条电弧焊中，焊条与基本金属间产生持续稳定的电弧，以提供熔焊所必需的热量；同时，焊条又作为填充金属填加到焊缝中去。因此，焊条对焊接过程的稳定和焊缝力学性能的好坏都有较大的影响。本章主要介绍焊条的组成物及其作用，焊条的分类、型号、规格和选用以及它的质量鉴别和保管等。

第一节　焊条的组成及作用

涂有药皮供焊条电弧焊用的熔化电极称为焊条。它由焊芯和药皮两部分组成，如图 5-1 所示。

通常焊条引弧端有倒角，药皮被除去一部分，露出焊芯端头。有的焊条引弧端涂有黑色引弧剂，引弧更容易。在靠近夹持端的药皮上印有焊条型号。

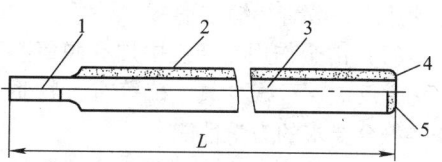

图 5-1　焊条的结构示意图
1—夹持端　2—药皮　3—焊芯
4—引弧端　5—引弧剂

一、焊芯

焊条中被药皮包覆的金属芯称为焊芯。

1. 焊芯的作用

1）作为电极产生电弧。

2）焊芯在电弧的作用下熔化后，作为填充金属与熔化的母材混合形成焊缝。

2. 焊芯分类及牌号

（1）焊芯分类　根据标准 GB/T 14957—1994《熔化焊用钢丝》的规定，专门用于制造焊芯和焊丝的钢材可分为碳素结构钢和合金结构钢两类。

（2）焊芯牌号编制　焊芯牌号一律用汉语拼音字母 H 作字首，其后为钢号，表示方法与优质碳素结构钢、合金结构钢相同。

若钢号末尾注有字母 A，则为高级优质焊丝，硫、磷含量较低，其质量分数分别≤0.030%。若末尾注有字母 E 或 C 为特级焊丝，硫、磷含量更低，E 级焊丝的硫、磷质量分数分别≤0.020%，C 级焊丝硫、磷的质量分数分别≤0.015%。

二、药皮

涂敷在焊芯表面的有效成分称为药皮。

1. 药皮的作用

（1）稳弧作用　焊条药皮中含有稳弧物质，可保证电弧容易引燃和燃烧稳定。

（2）保护作用　焊条药皮熔化后产生大量的气体笼罩着电弧区和熔池，基本上能把熔化金属与空气隔绝开，保护熔融金属，熔渣冷却后，在高温焊缝表面形成熔渣，可防止焊缝表面金属不被氧化并减缓焊缝的冷却速度，改善焊缝成形。

（3）冶金作用　药皮中加有脱氧剂和合金剂，通过熔渣与熔化金属的化学反应，可减少氧、硫等有害物质对焊缝金属的危害，使焊缝金属获得符合要求的力学性能。

（4）渗合金　由于电弧的高温作用，焊缝金属中所含的某些合金元素被烧损（氧化或氮化），这样会使焊缝的力学性能降低。通过在焊条药皮中加入铁合金或纯合金元素，使之随药皮的熔化而过渡到焊缝金属中去，以弥补合金元素烧损和提高焊缝金属的力学性能。

（5）改善焊接工艺性能　通过调整药皮成分，可改变药皮的熔点和凝固温度，使焊条末端形成套筒，产生定向气流，有利于熔滴过渡，可适应各种焊接位置的需要。

2. 焊条药皮组成物分类

焊条药皮组成物按其作用不同可分为稳弧剂、造渣剂、造气剂、脱氧剂、合金剂、稀渣剂、粘结剂和增塑剂八类。

（1）稳弧剂　稳弧剂主要由碱金属或碱土金属的化合物组成，如钾、钠、钙的化合物等。主要作用是改善焊条引弧性能和提高焊接电弧的稳定性。

（2）造渣剂　这类药皮组成物能熔成一定密度的熔渣浮于液态金属表面，使之不受空气侵入，并具有一定的粘度和透气性，以及与熔池金属进行必需的冶金反应的能力，保证焊缝金属的质量和成形美观。常用的造渣剂有钛铁矿、赤铁矿、金红石、长石、大理石、萤石、钛白粉等。

（3）造气剂　造气剂的主要作用是产生保护气体，同时也有利于熔滴过渡。这类组成物有碳酸盐类矿物和有机物，常用的造气剂有大理石、白云石和木粉、纤维素等。

（4）脱氧剂　脱氧剂的主要作用是对熔渣和焊缝金属脱氧。常用的脱氧剂有锰铁、硅铁、钛铁、铝铁和石墨等。

（5）合金剂　合金剂的主要作用是向焊缝金属中渗入必要的合金成分，补偿已经烧损或蒸发的合金元素和补加特殊性能要求的合金元素。常用的合金剂有铬、钼、锰、硅、钛、钒的铁合金等。

（6）稀渣剂　稀渣剂的主要作用是降低焊接熔渣的粘度，增加熔渣的流动性。常用稀渣剂有萤石、长石、钛铁矿、金红石、锰矿等。

（7）粘结剂　粘结剂的主要作用是将药皮牢固地粘结在焊芯上。常用的粘结剂是水玻璃。

（8）增塑剂　增塑剂的主要作用是改善涂料的塑性和滑性，使之易于用机器涂在焊芯上。常用的增塑剂有云母、白泥、钛白粉等。

第二节　焊条的分类、型号及规格

一、焊条的分类

1. 按熔渣的酸碱性分类

在结构钢焊条中可将焊条分为酸性焊条和碱性焊条两大类。当产品设计或焊接工艺规程规定用碱性焊条时，不能用酸性焊条代替。酸性焊条和碱性焊条的特性对比见表5-1。

表5-1　酸性焊条和碱性焊条的特性对比

酸性焊条	碱性焊条
药皮成分氧化性强	药皮成分还原性强
对水、锈产生气孔的敏感性不大，焊条使用前经150~200℃烘焙1h	对水、锈产生气孔的敏感大，要求焊条使用前经300~400℃烘焙1~2h

(续)

酸性焊条	碱性焊条
电弧稳定，可用交流或直流施焊	由于药皮中含有氟化物，使电弧稳定性变差，须用直流施焊，只有当药皮中加稳弧剂后，方可交直流两用
焊接电流较大	焊接电流较小，比同规格酸性焊条小10%左右
可长弧操作	须短弧操作，否则易引起气孔及增加飞溅
合金元素过渡效果差	合金元素过渡效果好
焊缝成形较好，除氧化铁型外，熔深较浅	焊缝成形尚好
熔渣结构呈玻璃状	熔渣结构呈岩石结晶状
脱渣较方便	坡口内第一层脱渣较困难，以后各层脱渣较容易
焊缝的常、低温冲击韧度一般	焊缝的常、低温冲击韧度较高
除氧化铁型外，抗裂性能较差	抗裂性能好
焊缝中氢含量高，易产生白点	焊缝中扩散氢含量低
焊接时烟尘少	焊接时烟尘多，且烟尘中含有害物质较多

2. 按焊接的用途分类

根据焊条的用途进行分类，具有一定的实用性，通常可分为十大类，见表5-2。

表5-2 焊条按用途分类

序 号	焊条类别	牌号代号	
		拼音	汉字
1	结构钢焊条	J	结
2	钼及铬钼耐热钢焊条	R	热
3	铬不锈钢焊条	G	铬
	铬镍不锈钢焊条	A	奥
4	堆焊焊条	D	堆

(续)

序 号	焊条类别	牌号代号	
		拼音	汉字
5	低温钢焊条	W	温
6	铸铁焊条	Z	铸
7	镍及镍合金焊条	Ni	镍
8	铜及铜合金焊条	T	铜
9	铝及铝合金焊条	L	铝
10	特殊用途焊条	TS	特

3. 按焊条的性能特征分类

按焊条的性能特征可将焊条分为低尘低毒焊条、铁粉高效焊条、超低氢焊条、立向下焊条、打底层焊条、耐吸潮焊条、水下焊条、重力焊条等。

二、焊条型号编制

对于一种焊条，通常可以用型号及牌号来反映其主要性能特点及类别。焊条型号是以焊条国家标准为依据，反映焊条主要特性的一种表示方法，如 E5015。

1. 碳钢及低合金钢焊条型号

根据 GB/T 5117—1995《碳钢焊条》和 GB/T 5118—1995《低合金钢焊条》的规定，焊条型号的主体结构由字母"E"和四位数字组成。碳钢焊条型号的结构和含义如下：

$$EX_1X_2X_3X_4$$

X_1X_2——表示焊接熔敷金属抗拉强度最小值（见表5-3）；

X_3——表示焊条的焊接位置（见表5-4）；

X_3X_4 的组合——表示焊条药皮类型及焊接电流种类（见表5-5）；

E——表示焊条。

焊条型号举例如下：E5015（结507）

15——表示焊条药皮为低氢钠型，采用直流反接施焊。

1——表示焊条适用于全位置焊接。

50——表示熔敷金属抗拉强度最小值（500MPa）。

E——表示焊条。

表5-3 焊条熔敷金属抗拉强度（X_1X_2）系列

焊条类别	X_1X_2[①]	熔敷金属抗拉强度/MPa（≥）
碳钢焊条（GB/T 5117—1995）	43	420
	50	490
低合金钢焊条（GB/T 5118—1995）	50	490
	55	540
	60	590
	70	690
	75	740
	80	780
	85	830
	90	880
	100	980

① 焊条熔敷金属抗拉强度大于980MPa时，X_1X_2应标记为E100XX。

表5-4 焊条的焊接位置（X_3）

X_3	焊接位置
0	全位置（平焊、横焊、立焊、仰焊）
1	全位置（平焊、横焊、立焊、仰焊）
2	平焊、平角焊
4[①]	平焊、横焊、仰焊、向下立焊

① X_3为"4"时，仅对碳钢焊条适用。

表5-5 X_3X_4组合代表的药皮类型及焊接电流种类

X_3X_4	药皮类型	电流种类	X_3X_4	药皮类型	电流种类
00	特殊型	交流或直流正、反接	12[①]	高钛钠型	交流或直流正接
01	钛铁矿型	交流或直流正、反接	13	高钛钾型	交流或直流正、反接
03	钛钙型	交流或直流正、反接	14[①]	铁粉钛型	交流或直流正、反接
10	高纤维素钠型	直流反接	15	低氢钠型	直流反接
11	高纤维素钠型	交流或直流反接	16	低氢钾型	交流或直流反接

(续)

X_3X_4	药皮类型	电流种类	X_3X_4	药皮类型	电流种类
18	铁粉低氢型	交流或直流反接	24①	铁粉钛型	交流或直流正、反接
20②	氧化铁型	交流或直流反接	27②	铁粉氧化铁型	交流或直流正接
22①	氧化铁型	直流反接	28①	铁粉低氢型	交流或直流反接
23①	铁粉钛钙型	交流或直流正、反接	48①	铁粉低氢型	交流或直流反接

① 仅在碳钢焊条中有此药皮类型，在低合金钢焊条中没有。
② 焊接位置为平角焊时的电流种类。

焊条型号在第 4 位数字之后若有符号如"R"表示耐吸潮焊条；若附加符号"M"，表示耐吸潮和力学性能有特殊规定的焊条；若附加符号"-1"，表示对冲击性能有特殊规定的焊条。

低合金钢焊条第 4 位数字后缀字母（如 A1、B1、C1、A2、B2……）为熔敷金属化学成分分类代号并以短划"-"与前面数字分开。低合金钢焊条型号结构和含义如下：

$$EX_1X_2X_3X_4X_5 - \square X_6 - \square$$

$X_6 - \square$——表示附加化学成分，以化学元素符号表示；

$X_5 - \square$——表示熔敷金属化学成分分类代号，以字母表示。A1 表示碳钼钢焊条；B1、B2～B5 表示铬钼钢焊条；D1～D3 表示锰钼钢焊条；G、M、M1、W 表示其他合金钢焊条。

焊条型号举例如下：

E5018A1

A1——表示熔敷金属化学成分分类代号；

18——表示焊条药皮为铁粉低氢型，采用交流或直流反接焊接；

1——表示焊条适用于全位置焊接；

50——表示熔敷金属抗拉强度的最小值（500MPa）；

E——表示焊条。

E5515B3VWB

B——表示熔敷金属中含有硼元素；

W——表示熔敷金属中含有钨元素；

V——表示熔敷金属中含有钒元素；

B3——表示熔敷金属化学成分分类代号；

15——表示焊条药皮为低氢钠型，采用直流反接焊接；

1——表示焊条适用于全位置焊接；

55——表示熔敷金属抗拉强度的最小值（550MPa）；

E——表示焊条。

2. 不锈钢焊条型号

根据GB/T 983—1995《不锈钢焊条》的规定，焊条型号的主体是由字母"E"和三位数字及附加字母组成。其中字母"E"表示焊条，三位数字和附加字母表示焊条熔敷金属的化学成分。在焊条型号主体之后用两位数字15、16、17、25或26表示药皮类型、焊接位置及电流种类，并以短线"—"与焊条型号的主体分开。

不锈钢焊条型号举例：E308L—16

E——表示焊条；

308——表示焊条熔敷金属化学成分类型；

L——表示超低碳；

16——表示焊条为碱性或其他类型药皮，适合全位置焊。

不同焊条型号表示的焊接电流种类及焊接位置见表5-6。

表5-6 不同焊条型号表示的焊接电流种类及焊接位置

焊条型号	电流种类	焊接位置
Exxx（x）—15	直流反接	全位置
Exxx（x）—25	直流反接	平焊、横焊
Exxx（x）—16	交流或直流反接	全位置
Exxx（x）—17	交流或直流反接	全位置
Exxx（x）—26	交流或直流反接	平焊、横焊

三、常用焊条型号与牌号的对照

焊条型号和牌号都是焊条的代号，焊条型号是指国家标准规定的各类焊条的代号。牌号则是焊条制造厂对作为产品出厂的焊条规定的代号，虽然焊条型号表示国家标准，但考虑到多年使用已成习惯，因此，为避免混淆现象将常用焊条的型号与牌号加以对照，以便正确使用。常用碳钢焊条的型号与牌号的对照见表5-7，常用低合金钢焊条的型号与牌号对照见表5-8，常用不锈钢焊条的型号与牌号对照表见表5-9。

表5-7　常用碳钢焊条的型号与牌号对照表

序号	型号	牌号
1	E4303	J422
2	E4323	J422Fe
3	E4316	J426
4	E4315	J427
5	E5003	J502
6	E5016	J506
7	E5015	J507

表5-8　常用低合金钢焊条的型号与牌号对照表

序号	型号	牌号
1	E5015-G	J507MoNb　J507NiCu
2	E5515-G	J557　J557Mo　J557MoV
3	E6015-G	J607Ni
4	E6015-D1	J607
5	E7015-D2	J707
6	E8515-G	J857
7	E5015-A1	R107
8	E5503-B1	R202
8	E5515-B1	R207
9	E5503-B2	R302
9	E5515-B2	R307
10	E5515-B3-VWB	R347
11	E6015-B3	R407
12	E1-5MoV-15	R507
13	E5515-C1	W707Ni
14	E5515-C2	W907Ni

表5-9 常用不锈钢焊条的型号与牌号对照表

序号	型号（新）	型号（旧）	牌号
1	E410-16	E1-13-16	G202
2	E410-15	E1-13-15	G207
3	E410-15	E1-13-15	G217
4	E308L-16	E00-19-10-16	A002
5	E308-16	E0-19-10-16	A102
6	E308-15	E0-19-10-15	A107
7	E309-16	E1-23-13-16	A302
8	E309-15	E1-23-13-15	A307
9	E310-16	E2-26-21-16	A402
10	E310-15	E2-26-21-15	A407
11	E347-16	E0-19-10Nb-16	A132
12	E347-15	E0-19-10Nb-15	A137
13	E136-16	E0-18-12Mo2-16	A202
14	E316-15	E0-18-12Mo2-15	A207

四、焊条的规格

焊条以焊芯的直径为公称直径，根据焊芯的材质和直径决定焊条的长度。不同类别焊条的规格见表5-10。

表5-10 不同类别焊条的规格　　（单位：mm）

焊芯直径	焊条长度	
1.6	200	250
2.0	250	300
2.5	250	300
3.2	350	400
4.0	350	400
5.0	400	450
6.0	400	450
8.0	500	650

第三节　焊条的选用原则

焊条的种类很多，应用范围不同，正确选用焊条，对焊接质量、劳动生产率和产品成本都有影响。为了正确地选用焊条，可参考以下几个基本原则。

一、等强度原则

对于承受静载荷或一般载荷的焊件和结构，通常选用抗拉强度与母材相等的焊条，这就是等强度原则。

例如：焊接20、Q235等低碳钢和抗拉强度在400MPa左右的低碳或低合金结构钢可以选用E43系列焊条，而焊接Q345（16Mn）等抗拉强度在500MPa的钢，选用E50系列焊条。

有人认为选用抗拉强度高的焊条来焊接抗拉强度低的材料好，这个观点是错误的，通常抗拉强度高的材料塑性指标都较差，单纯追求焊缝金属的抗拉强度，降低了它的塑性，往往不一定有利。

二、等同性原则

焊接在特殊环境下工作的焊件或结构（如要求耐磨、耐腐蚀，在高温或低温下具有较高的力学性能等），则应选用能保证熔敷金属性能与母材相近的焊条，这就是等同性原则。如焊接不锈钢时，应选用不锈钢焊条；焊接铬钼耐热钢时应选用铬钼耐热钢焊条。

三、等条件原则

根据工件或焊接结构的工作条件和特点来选择焊条叫做等条件原则。如焊接需承受动载荷或冲击载荷的结构，应选用熔敷金属冲击韧度较高的碱性焊条。反之焊接一般结构时，可选择酸性焊条。

选用焊条时，除上述三原则外还应考虑工地供电情况、设备条件、经济性等。

第四节　焊条的检验和保管

一、焊条的检验

1. 外观检验

焊条药皮表面应细腻光滑，无气孔和机械损伤，药皮无偏心，焊芯无锈蚀现象。引弧端有倒角，夹持端牌号标志清晰。

2. 药皮强度检验

将焊条平举1m高，自由落到光滑的厚钢板上，如药皮无脱落现象，则药皮强度合格。

3. 工艺性检验

用受检焊条进行焊接试验，若引弧容易，电弧燃烧稳定，飞溅小，药皮熔化均匀，焊缝成形好，脱渣容易，则焊条工艺性好。

4. 理化检验

焊接重要焊件时，应对焊条熔敷金属进行金相试验、化学分析及力学性能试验，以检验焊条质量，所有项目都合格时，焊条才合格。

5. 鉴别焊条潮湿变质的方法

1）将几根焊条放在手掌上滚动，若焊条互相碰撞时，发出清脆的金属声，则焊条干燥；若发出低沉的"沙沙"声，则焊条已受潮。

2）将焊条在焊接回路中短路数秒，如焊条表面出汗或出现颗粒状斑点，则焊条已受潮。

3）焊芯上有锈痕，则焊条已受潮。

4）对于厚药皮焊条，缓慢弯曲至120°，如有大块药皮脱落或药皮表面无裂纹，都是受潮焊条，干燥的焊条在缓慢弯曲时，有小的脆裂声，继续弯至120°，药皮受拉面有小裂纹出现。

5）焊接时如药皮成块脱落，产生大量水蒸气或有爆裂现象，说明焊条已受潮。已受潮的焊条，若药皮脱落，则应报废，虽受潮但不严重，可以烘干后再用。酸性焊条的焊芯有轻微锈点，焊接时基本也能保证质量，但对重要焊接结构用的碱性焊条，生锈后则不能使用。

二、焊条的储存、保管及使用

1. 焊条的储存、保管要求

1）焊条必须存放在干燥、通风良好的室内仓库里。在储存焊条的仓库内，不允许放置有害气体和腐蚀性介质，室内应保持整洁。

2）焊条应存放在架子上，架子离地面和离墙壁的距离均应不小于300mm，室内应放置去湿剂，严防焊条受潮。

3）焊条堆放时应按种类、牌号、批次、规格、入库时间分类堆放，每类应有明确的标志，避免混乱。发放焊条时应遵守先进先出的原则，避免焊条存放期太长。

4）焊条在供给使用单位以后，至少在六个月之内能保证使用。

5）特种焊条的储存与保管制度，应比一般焊条严格。并将它们堆放在专用库房或指定区域内，受潮或包装损坏的焊条未经处理不准入库。

6）对于已受潮、药皮变色和焊芯有锈迹的焊条，须经烘干后进行质量评定。各项指标都满足要求时，方可入库，否则不准入库。

7）一般焊条一次出库不能超过两天的用量，已出库的焊条，必须保管好。

8）低氢型焊条库内温度不低于5℃，空气相对湿度应低于60%。

9）存放期超过一年的焊条，发放前应重新做各种性能试验，符合要求时方可发放，否则不准发放。

2. 焊条的使用注意事项

1）焊条在使用前要进行烘干处理，烘干条件和要求见表5-11。在烘干温度的焊条应避免突然受冷，以免药皮开裂。

表5-11 焊条的烘干条件

焊条类型	烘干温度/℃	烘干时间/h	烘干后可在大气中放置时间/h	最多重复烘干次数
酸性焊条	75~150	1~2	6~8	3
碱性焊条	250~400	1~2	3~4	3

2）放在大气中的焊条超过表5-11所列的时间，必须再次烘干，但使用焊条保温筒时不受此限制。

3）在焊接过程中，如果出现以下现象时，很可能是焊条受潮，必须进行再烘干。

① 焊接电流不变，电弧增强。

② 飞溅增多，颗粒增大。

③ 熔深增加。

④ 使用钛钙型焊条时，熔渣覆盖不好，焊缝外观差。

⑤ 使用低氢型焊条时，在渣壳里面发现大量增多的气孔。

⑥ 焊条用完全长的1/3左右时，把剩下的焊条放在铁板上，铁板上有水气出现。

4）每班焊接结束后，必须将剩余的焊条返回保温箱内或指定场所，不得留在焊接场地，返回的焊条必须按牌号、规格分别存放，以免使用时用错。

第五节　高效专用焊条简介

随着焊接材料的发展，在普通焊条的基础上又研制出一些具有以下几方面优异性能的焊条，即高效率；引弧性好、药皮具有可燃性，以适应狭小场所的焊接；药皮抗潮性好，一般情况下焊接前可不烘干；焊接烟尘及有毒物质含量少。这些焊条称为高效专用焊条。

目前常用的高效专用焊条有以下几种：

一、低尘低毒焊条

低尘低毒焊条是指焊接发尘量低，对人体有害的可溶性氟化物及锰的化合物含量少的一种焊条。

电弧焊时，由于电弧高温的作用，焊条熔滴金属及药皮中的各成分蒸发、升华，进入空气中后氧化，冷凝成微小颗粒，即为焊条产生的烟尘。焊接烟尘会对焊工健康产生不良影响，如烟尘中的 Fe_2O_3 在人的肺部沉积下来，影响肺功能，而碱性焊条烟尘中含有可溶性氟化物，通过呼吸道黏膜渗入毛细血管，易引起急性金属热症状以及上呼吸道慢性炎症。

各种焊条的发尘量与焊条药皮的各种成分、药皮的含水量、焊接条件有很大关系。

为了减少烟尘，改善劳动条件，国内许多单位研制了低尘低毒碱性焊条。

二、高效铁粉焊条

高效铁粉焊条是在焊条药皮中加入质量分数大于或等于30%的铁粉，并适当加大药皮厚度，以改善焊条的焊接工艺性能，提高熔敷效率，其熔敷效率一般为130%~160%，最高可达250%。同时焊缝成形平滑，无咬边，熔滴呈喷射状过渡，飞溅很小。

高效铁粉焊条主要用于平焊、平角焊及船形焊。高效铁粉焊条由于熔敷效率高，熔化速度快，提高了单位时间内焊缝金属的实际熔敷速度（kg/h），可节省大量工时，减少人力、电力及钢材消耗，因而大大提高了焊接生产效率。

铁粉焊条按药皮类型不同，可分为铁粉钛铁矿型、铁粉钛型、铁粉氧化铁型、铁粉低氢型等。

高效铁粉焊条最大的不足是焊接时产生大量烟尘，危害焊工的身体健康。

三、抗吸潮焊条

由于焊条药皮中一些碱性氧化物的存在,加上药粉颗粒之间的空隙产生的毛细管吸附现象,焊条在包装物内储存期间,以及在施工作业现场,总要接触含有一定水分的大气,因此焊条药皮的吸潮是难免的。

焊条吸潮是造成焊缝气孔及延迟裂纹等焊接缺陷的重要原因之一。为了去除这种吸潮水分,就必须进行焊前烘干,这不但会浪费能源而且给焊接施工带来一定不便。

抗吸潮焊条就是通过在焊条药皮中加入一些低熔点的水玻璃粉或其他物质,经过一定的工艺处理,使焊条药皮的吸潮性大大降低。通常在相同受潮条件下,抗吸潮焊条与相同药皮类型的普通焊条相比,吸潮量小得多。

在焊接结构生产中,使用抗吸潮焊条可以免去焊前烘干这道工序。

四、立向下焊条

焊接结构中的立焊位置很多,例如在船体结构中立角焊缝约占全部焊缝长度的40%左右。通常在立焊或立角焊时,采用普通焊条自下而上进行焊接,操作要求比较高,焊接速度较慢,焊缝剖面呈凸形,应力集中系数比较高。

若采用立向下焊条可自上而下进行焊接,焊接时,焊条不需做摆动,直拖而下,焊接过程顺利,焊接速度比向上立焊提高一倍,并且可节约焊条30%~50%。因此,在船体焊接和大直径长输管道的施工中,经常采用立向下焊条,可大大提高焊接生产率。

立向下焊条主要有两类:一类是碳钢纤维素型药皮立向下焊条,专门用于焊接薄板结构的对接、角接及搭接焊缝;另一类是低合金钢低氢型药皮立向下焊条,这类焊条具有良好的抗裂性能,适用于造船、建筑、车辆、电站等构件T形接头和搭接接头角焊缝的焊接。

第六章 弧焊电源及设备

根据工艺特点不同，电弧焊可分为焊条电弧焊、埋弧焊、气体保护电弧焊和等离子弧焊等。

不同的电弧焊方法需要相应的电弧焊机。例如，焊条电弧焊需要由弧焊电源和焊钳所组成的电弧焊机；气体保护焊需要由弧焊电源、控制箱、焊接小车（自动焊用）或送丝机构、焊枪、气路和水路系统等组成的电弧焊机。

由上可知，弧焊电源是电弧焊机中的主要部分，是对焊接电弧提供电能的装置。它必须具备电弧焊所要求的主要电气特性。

性能良好、工作稳定的弧焊电源是电弧稳定燃烧和焊接过程顺利进行的保证。只有了解和掌握弧焊电源的基本理论、结构特点和电气特性，才能真正掌握和正确使用弧焊电源，并较容易地学习和掌握新型弧焊电源。

第一节 弧焊电源的种类及其基本要求

一、弧焊电源的分类、特点及应用

弧焊电源有多种分类方法。习惯上按其输出焊接电流波形的形状分为交流弧焊电源、直流弧焊电源、脉冲弧焊电源及逆变式弧焊电源。每大类弧焊电源再根据关键器件分小类，如图6-1所示。

这种分类方法的优点是把弧焊电源按输出电流种类作了划分，选用时较方便，同时按焊接功率调节器件来细分，也便于对其工作原理和结构特点的理解。

几种常见弧焊电源的特点及应用简述如下。

1. 弧焊变压器

它把电网的交流电变成适宜于电弧焊的低压交流电，由主变压器及

第六章 弧焊电源及设备

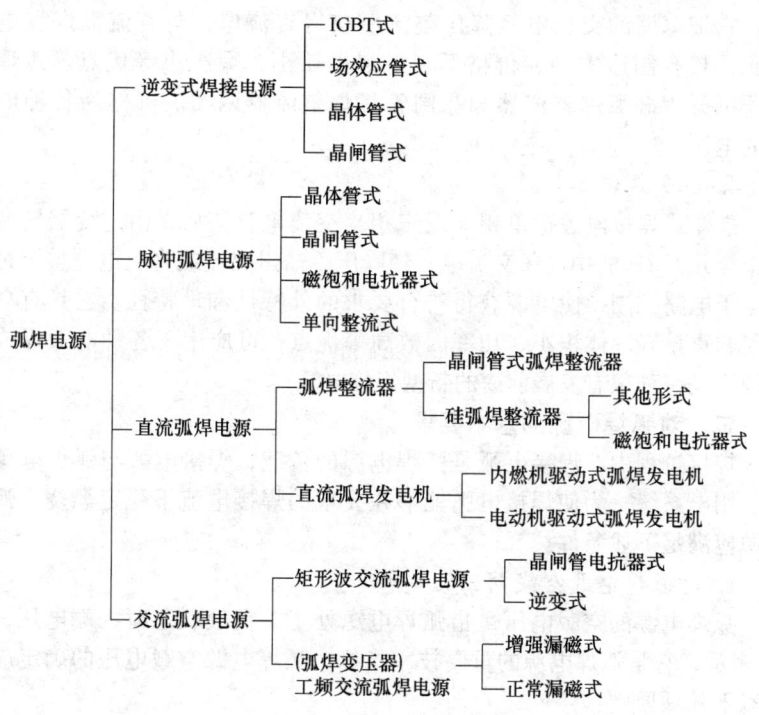

图 6-1 弧焊电源的传统分类方法

所需的调节装置和指示装置等组成。其优点是结构简单、易造易修、成本低、适应性强。但它的电弧稳定性差、功率因数低，一般用于焊条电弧焊、埋弧焊和钨极惰性气体保护电弧焊等方法。它属于交流弧焊电源，外特性调节方式为机械调节式。

2. （直流）弧焊发电机

一般由特种直流发电机、调节装置和指示装置等组成。分为（直流）电动机驱动式弧焊机和（直流）内燃机驱动式弧焊机两种。可用作各种电弧焊的电源。它具有过载能力强、输出脉动小、受电网电压波动影响小的优点，但同时具有制造复杂、噪声及空载损耗大、效率低、价格高等缺点。我国已在 1992 年禁止生产电动机驱动式弧焊发电机，而内燃机驱动式弧焊发电机则在野外无电网作业时仍有少量使用。

3. 弧焊整流器

由变压器、整流器、获得所需外特性的调节装置及指示装置等组成。它把电网的交流电经降压整流后获得直流电，与直流弧焊发电机相比，具有制造方便、价格低、空载损耗小、噪声小等优点。弧焊整流器可分为硅弧焊整流器和晶闸管弧焊整流器两类。可作为各种电弧焊的电源。

4. 逆变式焊接电源

逆变式焊接电源把单相（或三相）交流电整流后，由逆变器转变为几千至几万 Hz 的中高频交流电，经降压后输出交流或直流电。整个过程由电子电路控制，使电源获得符合要求的外特性和动特性。它具有高效节能、重量轻、体积小、功率因数高等优点，可应用于各种电弧焊或电阻焊，是一种很有发展前途的新型焊接电源。

二、对弧焊电源的基本要求

焊接过程中，焊接电弧是弧焊电源的负载，焊接电弧与弧焊电源组成了用电系统。为使焊接电弧能够在要求的焊接电流下稳定燃烧，弧焊电源应满足下述条件。

1. 对弧焊电源空载电压的要求

弧焊电源的空载电压是指弧焊电源处于非负载状态时的端电压，用 U_0 表示，它是弧焊电源的重要技术指标。弧焊电源空载电压的确定应遵循以下几项原则：

（1）保证引弧容易　引弧时焊条（或焊丝）和工件接触，因两者的表面往往有锈蚀及其他杂质，所以需要较高的空载电压才能将高电阻的接触面击穿，形成导电通路。再者，引弧时两极间隙的气体由不导电状态转变为导电状态，气体的电离和电子发射均需要较高的电场能。空载电压越高，引弧越容易。

（2）保证人身安全　弧焊电源的空载电压越高，对操作者的安全越不利。因此，从保证操作安全考虑，U_0 不宜太高。

综合考虑上述因素，一般对弧焊电源空载电压的规定如下：

弧焊变压器：$U_0 \leqslant 80V$；

弧焊整流器：$U_0 \leqslant 85V$。

一般规定 U_0 不得超过 100V，在特殊用途中，若超过 100V 时必须备有防触电装置。

2. 对弧焊电源外特性的要求

弧焊电源和焊接电弧是一个供电与用电系统。在稳定状态下，弧焊电源的输出电压和输出电流之间的关系，称为弧焊电源的外特性，或弧焊电源的伏安特性。

下面结合具体焊接方法对电源外特性曲线的选择进行具体分析。

（1）焊条电弧焊　焊条电弧焊一般工作在电弧静特性的水平段。采用下降外特性的弧焊电源，就可满足系统稳定性的要求。但是怎样下降的外特性曲线才更合适，还得从保证焊接参数的稳定来考虑。

图 6-2 中曲线 1 和曲线 2 是陡降度不同的两条电源外特性曲线。弧长从 l_1 增至 l_2 时，电弧静特性曲线与下降陡度大的电源外特性曲线 1 的交点 A_0 移至 A_1，电弧电流偏移了 ΔI_1，而与下降陡度小的电源外特性曲线 2 的交点由 A_0 至 A_2，电流偏差为 ΔI_2，显然 $\Delta I_2 > \Delta I_1$。当弧长减小时，情况类同。由此可见，当弧长变化时，电源外特性下降的陡度越大，则电流偏差就越小，焊接电弧和焊接参数稳定。但外特性陡降度过大时，稳态短路电流 I_{wd} 过小，影响引弧和熔滴过渡；陡降度过小的电源，其稳态短路电流 I_{wd} 又过大，焊接时产生的飞溅大，电弧不够稳定。因此，陡降度过大和过小的电源均不适合焊条电弧焊，故规定弧焊电源的外特性应满足下式，即 $1.25 < I_{wd}/I_h < 2$。

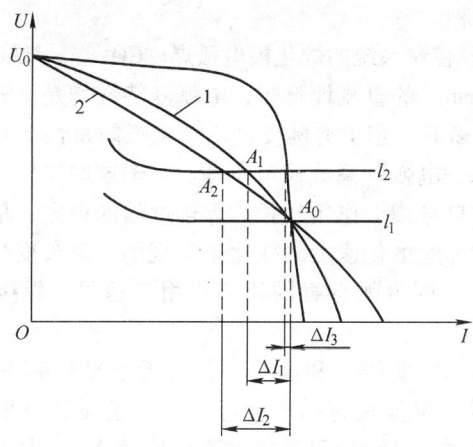

图 6-2　弧长变化时引起的电流偏移

最好是采用恒流带外拖特性的弧焊电源，如图 6-3 所示。它既可体现恒流特性焊接参数稳定的特点，又通过外拖增大短路电流，提高了引弧性能和电弧熔透能力。

（2）熔化极电弧焊　熔化极电弧焊包括埋弧焊、熔化极氩弧焊

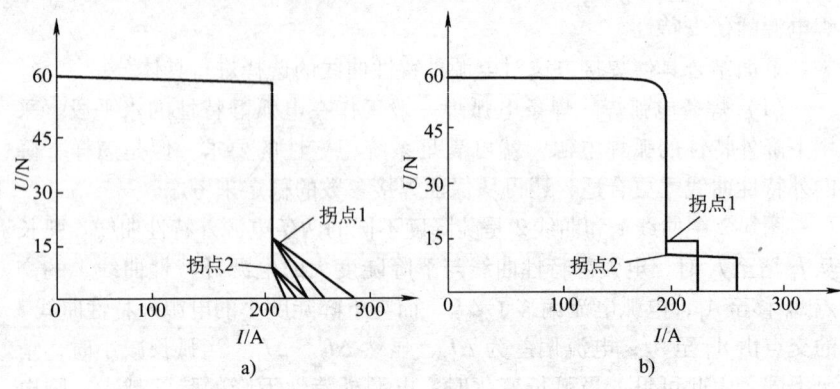

图6-3 电源恒流带外拖特性的曲线示意图
a) 外拖为下倾斜线 b) 外拖为阶梯斜线

(MIG)、CO_2气体保护焊和含有活性气体的混合气体保护焊(MAG)等。这些焊接方法,在选择合适的电源外特性工作部分的形状时,既要根据其电弧静特性的形状,又要考虑送丝方式。根据送丝方式的不同,熔化极电弧焊分为两种。

1) 等速送丝控制系统的熔化极电弧焊。CO_2焊、MAG焊、MIG焊或细丝(直径≤3mm)的直流埋弧焊,电弧静特性均是上升的。电源外特性为下降、平、微升(但上升陡度需小于电弧静特性上升的陡度)时都可以满足"电源—电弧"系统稳定条件。对于这些焊接方法,特别是半自动焊,电弧的自身调节作用较强。焊接过程的稳定,是靠弧长变化时引起焊接电流和焊丝熔化速度的变化来实现的。弧长变化时,如果引起的电流偏移越大,则电弧自身的调节作用就越强,焊接参数恢复得就越快。

如图6-4所示,曲线1和曲线2各为近于平的和下降的电源外特性,曲线3为某一定弧长时的电弧静特性。当弧长发生变化时,具有平特性的电源(曲线1)所引起的电流偏移量ΔI_1,大于下降特性的电源(曲线2)引起的电流偏移量ΔI_2,表明前者的弧长恢复得快,其自身调节作用较强。因此当电流密度较大,电弧静特性为上升阶段时,应尽可能选择平外特性的电源,使其自身的调节作用足够强烈,焊接参数稳定。

2) 变速送丝控制系统的熔化极弧焊。通常的埋弧焊(焊丝直径大于3mm)和一部分MIG焊,它们的电弧静特性是平的。为了满足$K_{wd} > 0$,

只能选择下降外特性的电源。因为这类焊接方法的电流密度较小,自身调节作用不强,不能在弧长变化时维持焊接参数的稳定,应该采用变速送丝控制系统(也称电弧电压反馈自动调节系统),即利用电弧电压作为反馈量来调节送丝速度。当弧长增加时,电弧电压增大,电压反馈迫使送丝速度加快,使弧长得以恢复;当弧长减小时,电弧电压减小,电压反馈迫使送丝速度减慢,使弧长得

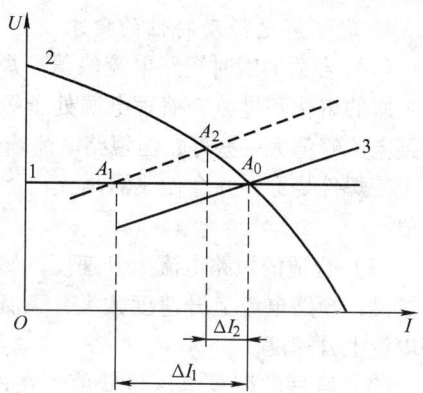

图 6-4　电源外特性对电流偏差的影响

以恢复。显然,陡降度较大的外特性电源,在弧长或电网电压变化时所引起的电弧电压变化较大,电弧均匀调节的作用也较强。因此,在电弧电压反馈自动调节系统中应采用具有陡降外特性曲线的电源,这样电流偏差较小,有利于焊接参数的稳定。

3)非熔化极电弧焊。这种弧焊方法包括钨极氩弧焊(TIG)、等离子弧焊以及非熔化极脉冲弧焊等。它们的电弧静特性工作部分呈平的或略上升的形状,影响电弧稳定燃烧的主要参数是电流,而弧长变化不像熔化极电弧那样大。为了尽量减小由外界因素干扰引起的电流偏移,应采用具有陡降特性的电源。

3. 对弧焊电源调节特性的要求

焊接时,由于工件的材料、厚度及几何形状不同,选用的焊条(或焊丝)直径及采用的熔滴过渡形式也不同,因而需要选择不同的焊接参数,即选择不同的电弧电压 U_h 和焊接电流 I_h 等。为满足上述要求,电源必须具备可以调节的性能。

当弧长一定时,每一条电源外特性曲线与电弧静特性曲线相交,只有一个稳定工作点,也就是只有一组电弧电压和焊接电流值。因此,为了获得一定范围的所需电弧电压和焊接电流,弧焊电源必须具有若干可均匀调节的外特性曲线,以使其与电弧静特性曲线相交,得到一系列稳定的工作点,弧焊电源这种外特性可调的性能,称为弧焊电源的调节特性。

4. 对弧焊电源动特性的要求

（1）合适的瞬时短路电流峰值　焊条电弧焊时，从有利于引弧、加速金属的熔化和过渡、缩短电源处于短路状态的时间等方面考虑，希望短路电流峰值大一些好；但短路电流峰值过大，会导致焊条和焊件过热，甚至使焊件烧穿，并会使飞溅增大。因此必须要有合适的瞬时短路电流峰值。

（2）合适的短路电流上升速度　短路电流上升速度太小，不利于熔滴过渡；短路电流上升速度太大，飞溅严重。所以，必须要有合适的短路电流上升速度。

（3）合适的恢复电压最低值　在进行直流焊条电弧焊开始引弧时，当焊条与工件短路被拉开后，即在由短路到空载的过程中，由于焊接回路内电感的影响，电源电压不能瞬间就恢复到空载电压 U_0，而是先出现一个尖峰值（时间极短），紧接着下降到电压最低值 U_{min}，然后再逐渐升高到空载电压。这个电压最低值 U_{min} 就叫恢复电压最低值。如果 U_{min} 过小，即焊条与工件之间的电场强度过小，则不利于阴极电子发射和气体电离，使熔滴过渡后的电弧复燃困难。

综上所述，为保证电弧引燃容易和焊接过程的稳定，并得到良好的焊缝质量，要求弧焊电源应具备对负载瞬变的良好反应能力，即良好的动特性。

第二节　弧焊电源的型号及技术特性

一、弧焊电源的型号

弧焊电源型号按 GB/T 10249—1988《电焊机型号编制方法》的规定编制，型号采用汉语拼音字母和阿拉伯数字表示。型号的编排次序及含义如图 6-5 所示。

焊条电弧焊焊机型号表示方法示例：

AX—320 型——具有陡降外特性的弧焊发电机，额定焊接电流为 320A。

BX1—300 型——具有陡降外特性的弧焊变压器，额定焊接电流为 300A。

ZX5—400 型——具有陡降外特性的晶闸管式弧焊整流器，额定焊接电流为 400A。

ZX7—400 型——具有陡降外特性的变频式弧焊整流器，额定焊接电

第六章 弧焊电源及设备

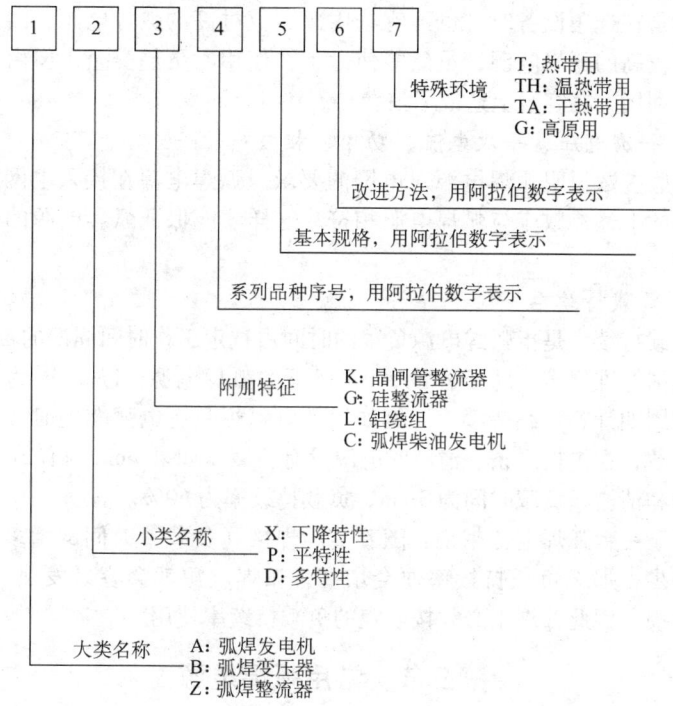

图 6-5 焊机型号表示方法

流为 400A。

二、弧焊电源的技术特性

焊工除了识别弧焊电源的型号外，还要了解其主要技术特性，以便正确使用，不致损坏设备。

弧焊电源的技术特性主要包括：一次电压、一次电流、相数、功率和输出空载电压、工作电压、额定焊接电流、电流调节范围、负载持续率等。

1. 额定值

额定值即是对弧焊电源规定的使用限额，如额定焊接电流、额定负载持续率等。

按额定值使用弧焊电源，应是最经济合理、安全可靠的，既充分利用了电源，又保证了设备的正常使用寿命。超过额定值工作称为过载，严重过载将会使设备损坏。

但是在选用设备时，也不宜选用额定值过高的弧焊电源，因为选用额定值较高的弧焊电源，虽然能使设备在使用时更趋安全，但由于设备未充分利用，在客观上造成了浪费。

2. 一次电压、一次电流、功率、相数

这些参数说明弧焊电源对电网的要求。弧焊电源在接入电网时，电网提供的上述参数应与弧焊电源相符，这样才能保证弧焊电源的安全正常工作。

3. 负载持续率

负载持续率是指弧焊电源负载的时间占选定工作时间周期的百分率。

我国标准规定，对于容量500A以下的弧焊电源，以5min为一个工作时间周期计算负载持续率。例如焊条电弧焊只有电弧燃烧时弧焊电源才有负载，在更换焊条、清渣时电源没有负载。如果5min内有2min用于换焊条和清渣，负载时间为3min，负载持续率为60%。

对于一台弧焊电源来说，随着实际焊接（负载）时间的增多，间歇时间减少，那么负载持续率便会增高，弧焊电源就会容易发热、升温，甚至烧损。因此，焊工必须按规定的负载持续率使用。

第三节　常用弧焊电源

一、弧焊变压器

弧焊变压器的基本原理与一般的电力变压器相同，但为了满足弧焊工艺的要求而应有以下特殊性：为了保证交流电弧的稳定燃烧，要有一定的空载电压和较大的电感；主要用于焊条电弧焊、埋弧焊和钨极氩弧焊，应具有下降的外特性；为了调节焊接参数，弧焊变压器内部感抗数值应可调。

弧焊变压器都是下降特性的电源，是通过增大主回路的电感量来获得下降特性的。

常用的有动铁式弧焊变压器、动圈式弧焊变压器和抽头式弧焊变压器。

1. 动圈式弧焊变压器

（1）结构特点　动圈式弧焊变压器的结构如图6-6所示。它的铁心形状特点是高而窄，在两侧的心柱上套有一次绕组W_1和二次绕组W_2。一次绕组和二次绕组是分开缠绕的。一次绕组在下方是固定不动的；二次绕组在上方是活动的，摇动手柄可令其沿铁心柱上下移动，以改变其与一次绕组之间的距离 δ_{12}。由于铁心窗口较高，δ_{12} 可调范围大。

（2）焊接参数的调节　当动圈式弧焊变压器的结构一定时，调节漏抗 X_L，通过改变变压器二次绕组的匝数 N_2 和一、二次绕组之间的距离 δ_{12} 来实现。

1）调节 δ_{12}。摇动手柄，通过螺杆带动二次绕组 W_2 上下移动，使一、二次绕组之间的距离 δ_{12} 发生变化。由于 δ_{12} 与漏抗 X_L 成正比，因此当二次绕组 W_2 上移使 δ_{12} 增大时，X_L 增加，焊接电流 I_h 减小；反之 δ_{12} 减小时，焊接电流 I_h 增加。δ_{12} 连续

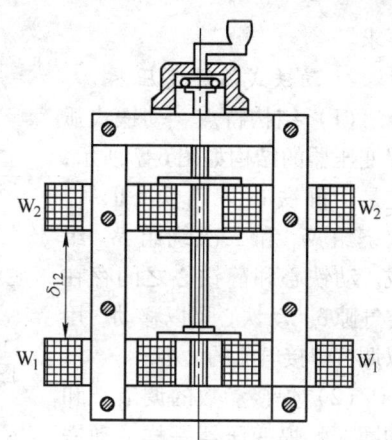

图 6-6　动圈式弧焊变压器结构示意图

变化，则焊接电流 I_h 可获得连续调节。显而易见，调节 δ_{12} 可以实现焊接电流 I_h 的细调节。

2）改变 N_2。由于 X_L 与 N_2 的平方成正比，所以改变 N_2 可以在较大的范围内调节焊接电流 I_h。使用小电流时，同时将一、二次绕组各自接成串联形式；若使用大电流时，同时将一、二次绕组各自接成并联形式。由各自串联换成各自并联时，输出的电流可增大 4 倍。这样就扩大了电流调节范围。因此，用这种串并联的方法改变 N_2，可用作焊接电流的分挡粗调节。

（3）特点及产品介绍

1）特点。动圈式弧焊变压器的优点是没有活动铁心，因此避免了由于铁心振动所引起小电流焊接时的电弧不稳；外特性为陡降，电流调节范围比较宽，空载电压较高，且小电流焊接时空载电压更高。这些对各种焊接参数下的焊条电弧焊来说，都是比较合适的，特别是小电流焊接时引弧容易，电弧稳定，易保证焊接质量。这类弧焊变压器适合制成中等容量的。

2）产品介绍。国产动圈式弧焊变压器有 BX3 系列。产品有 BX3—120、BX3—300、BX3—500、BX3—1—300、BX3—1—500 等型号。前三种适用于焊条电弧焊，后两种适用于交流钨极氩弧焊。其区别在于后两种弧焊变压器的空载电压较高，约在 80V 以上，可以满足交流钨极氩弧焊的

要求。

2. 动铁式弧焊变压器

(1) 结构特点　动铁式弧焊变压器的结构如图6-7所示，它是由静铁心Ⅰ、动铁心Ⅱ、一次绕组W_1和二次绕组W_2组成。动铁心和静铁心之间存在空气隙δ。动铁心可以移动，用以调节焊接电流的大小。

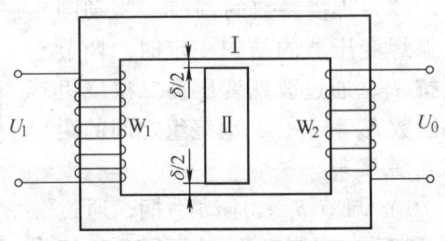

图6-7　动铁式弧焊变压器结构原理图
Ⅰ—静铁心　Ⅱ—动铁心　δ—空气隙长度

(2) 焊接参数的调节　和动圈式弧焊变压器一样，动铁式弧焊变压器焊接参数的调节仍是指焊接电流I_h的调节，也是通过改变弧焊变压器的漏抗X_L来实现。动铁式弧焊变压器焊接参数的调节方式如下：

1) 细调，即摇动手柄使动铁心在静铁心之间的位置发生变化，达到均匀改变焊接电流的目的。

2) 粗调，即通过改变二次绕组的匝数N_2达到粗调焊接电流的目的。

(3) 产品介绍　动铁式弧焊变压器国产型号属于BX1系列。产品有BX1—135、BX1—300、BX1—500、BX1—330等型号。

3. 抽头式弧焊变压器

(1) 结构特点　抽头式弧焊变压器的结构如图6-8所示。在侧柱Ⅰ上绕有一次绕组的一部分W_1'，在侧柱Ⅱ上绕有一次绕组的另一部分W_1''和二次绕组W_2。一次绕组的匝数较多，并留有若干个抽头，二次绕组的匝数较少。一次绕组W_1''和二次绕组W_2是同轴缠绕的，它们之间的漏磁很少，可以忽略不计。而W_1'和W_2则分别绕在不同的侧柱上，彼此间有较大的漏磁。抽头式弧焊变压

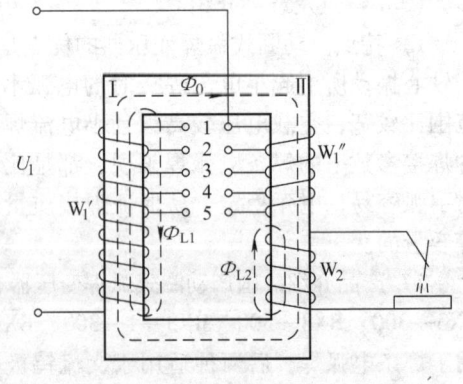

图6-8　抽头式弧焊变压器结构原理图

器没有活动部件,靠改变一次绕组的抽头来调节漏抗,抽头式弧焊变压器也是由此得名。

(2) 特点及产品介绍　抽头式弧焊变压器的结构简单,易于制造,无活动部分,避免了由于电磁力而引起的振动,因此焊接电弧稳定,无噪声,使用可靠,成本低,但调节性能欠佳。由于以上特点,抽头式弧焊变压器一般都做成小容量、轻便型的,适用于维修工作及一些小型企业。国产产品有 BX6—120—1 型,其额定电流为 120A,电流调节范围为 45~160A,额定负载持续率为 20%,质量只有 25kg。

二、硅弧焊整流器

生产中常用的硅弧焊整流器有动圈式弧焊整流器与抽头式弧焊整流器,这两种弧焊电源均属于机械调节式。

1. 动圈式弧焊整流器

动圈式弧焊整流器由三相动圈式变压器、硅整流元件组和浪涌装置组成。

(1) 外特性控制与调节　该弧焊变压器中一、二次线圈耦合不紧密,漏抗很大,故可获得下降外特性,调节一、二次线圈的距离即可改变漏抗的大小,从而调节电流。当距离增加,漏抗也增加,导致电流减小。

(2) 特点　动圈式弧焊整流器的结构及线路简单、节省原材料、重量较轻,其电磁惯性与弧焊变压器相近,动特性很好,飞溅较少,因而一般可不用输出电抗器。输出的电流和电压受电网电压和温升的影响也较小。它的缺点是:由于线圈可动,使用时有轻微的振动和噪声;不易实现远距离调节;不便进行电网电压补偿。

(3) 产品介绍　动圈式弧焊整流器国产系列为 ZXG1,目前生产有 ZXG1—160、ZXG1—250、ZXG1—400 三种。还有 ZXG6—300 型,为三角形铁心,结构与 ZXG1 有所不同,适于作焊条电弧焊、钨极氩弧焊、等离子弧焊的直流电源。

2. 抽头式弧焊整流器

抽头式弧焊整流器主要由主变压器、三相桥式硅整流器和输出电抗器组成。

(1) 参数调节　改变主变压器一、二次绕组匝数 N_1、N_2,都可以调节输出电压。由于一次绕组导线较细,设置抽头比较简单,故常采用一次绕组抽头调节输出电压。有时为了扩大调节范围也配合以二次绕组抽头,作为粗调,这种调节方式为有级调节。为能均匀调节,可采用滑动变压器式,即将主变压器初级绕组线包外层铣出一个平面,让导线金属外露,用电刷与其接触滑动,以便均匀改变初级绕组匝数。

输出电抗器虽然起滤波作用,但主要是用来控制短路电流的上升速度,以减小焊接时金属的飞溅,保证焊缝成形良好。为此,输出电抗器通常应有多个抽头,以调节电感量。

(2) 特点及应用范围

1) 结构简单、节省材料、易于制造、使用可靠。

2) 具有平的外特性,空载电压较低,与电弧电压近于相等,有时难于引弧。

3) 调节电压是有级的,且不宜在有负载的情况下调节,也不能进行远距离调节。

4) 不能补偿电网电压波动对输出电压的影响。

抽头式弧焊整流器具有简易、经济、可靠的优点,当前在国内外广泛用作 CO_2 保护电弧焊的电源。国内型号应用比较广泛的有 CD—200、ZPG—200、NBC3—200、ZPG8—250 型等。

三、晶闸管弧焊整流器

1. 晶闸管式弧焊整流器的组成

如图 6-9 所示,主电路由主变压器 T、晶闸管整流器 UR 和输出电抗器 L 组成,C 为晶闸管的触发电路,此外还有操纵和保护电路 CB。

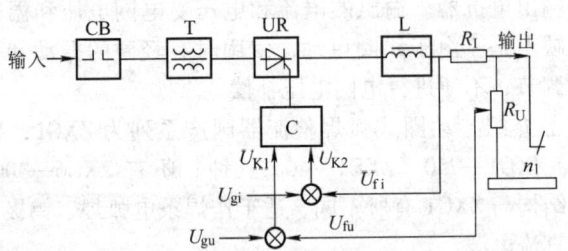

图 6-9　晶闸管式弧焊整流器的组成

2. 晶闸管弧焊整流器的主要特点

(1) 动特性好　与硅弧焊整流器相比,晶闸管弧焊整流器内部电感小,故具有电磁惯性小、反应速度快的特点。在其用于平特性电源时,可以满足所需的短路电流增长速度;当用于下降外特性电源时,不至于有过大的短路电流冲击。且在必要时可以对其动特性指标加以控制和调节。

（2）控制性能好　由于它可以用很小的触发功率来控制整流器的输出，并具有电磁惯性小的特点，因而易于控制。这种整流器可用作弧焊机器人的配套电源。

（3）节能　它的空载电压较低，其效率、功率因数较高，输入功率较小，故节约电能。

（4）省料　没有磁饱和电抗器，故可以节省材料，减轻重量。

（5）电路复杂　除主电路和控制电路外，还有触发电路，使用的电子元件较多，这对电源使用可靠性有很大影响，同时对电源的调试和维修的技术要求也较高。

（6）存在整流波形脉动问题　晶闸管弧焊整流器空载时，晶闸管需要全导通，以输出高电压；负载时，则要求其导通角变得较小，以输出低电压。当导通角很小时整流波形脉动加剧，甚至出现波形不连续，导致焊接电弧不稳定。解决办法是在晶闸管上并联二极管和限流电阻构成稳弧电路。

3. 晶闸管弧焊整流器的应用范围

具有平特性的晶闸管弧焊整流器可用于熔化极气体保护焊、埋弧焊以及对控制性能要求较高的数控焊，并可作为弧焊机器人的弧焊电源。

具有下降外特性的晶闸管弧焊整流器可用于焊条电弧焊、TIG焊和等离子弧焊。

4. 典型晶闸管弧焊整流器

（1）ZX5—400型弧焊整流器的主要技术参数

输入电压：3相，380V；

额定焊接电流：400A；

电流调节范围：80～400A；

空载电压：64V；

额定负载持续率：60%。

（2）ZDK—500型弧焊整流器的主要技术参数

额定焊接电流：500A；

电流调节范围：50～600A；

额定负载持续率：80%；

额定容量：36.4kVA；

质量：350kg；

外形尺寸：940mm×540mm×1000mm。

四、逆变式焊接电源

1. 逆变式焊接电源的基本原理及类型

逆变式焊接电源的基本原理框图如图6-10所示，逆变式焊接电源主电路的基本原理可归纳为：工频交流—直流—逆变为中频交流—降压（低压中频交流）—直流，必要时再把直流变成矩形波交流。体制：

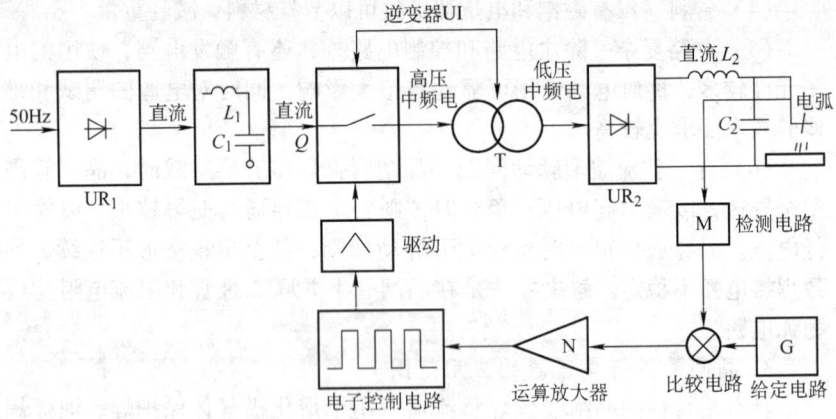

图6-10 逆变式焊接电源的基本原理框图

逆变式焊接电源一般按所用的大功率电子开关来分类，可分为晶闸管弧焊逆变器、晶体管弧焊逆变器、场效应管弧焊逆变器和绝缘栅双极晶体管弧焊逆变器四大类。它们均属于电子控制型焊接电源。其性能比较见表6-1。

表6-1 晶闸管、晶体管、场效应管、绝缘栅双极晶体管
弧焊逆变器性能比较

项 目	晶闸管（SCR）弧焊逆变器	晶体管（GTR）弧焊逆变器	场效应管（MOSFET）弧焊逆变器	绝缘栅双极晶体管（IGBT）弧焊逆变器
驱动类型	电流	电流	电压	电压
逆变频率/kHz	2~5	20	50	20~30
控制极关断特性	不可关断	可关断	可关断	可关断

（续）

项　目	晶闸管（SCR）弧焊逆变器	晶体管（GTR）弧焊逆变器	场效应管（MOSFET）弧焊逆变器	绝缘栅双极晶体管（IGBT）弧焊逆变器
控制极驱动功率	小	大	小	小
有无二次击穿	无	有	无	无
耐压	高	高	低	较高
单管导通电流	大	大	小	较大
高速化	难	难	极容易	容易
开关损耗	小	大	小	小
调制方式	定脉宽调频率	定频率调脉宽	定频率调脉宽	定频率调脉宽
并联工作	单管容量大，不必多管并联	容易	很容易	容易
优点	可靠性高，价格低，触发功率低	频率较高，易控制，无级调参数	频率高，驱动功率小	频率高，驱动功率小，容量大
缺点	频率低，有噪声，关断难	价高，容量较小，存在二次击穿，驱动功率较大	容量很小	

2. 逆变式焊接电源的特点与应用

逆变式焊接电源与弧焊变压器、弧焊发电机、弧焊整流器等传统的弧焊电源相比，具有如下优点：

1）省料、体积小、质量小。逆变式焊接电源大幅度地减小质量和体积，节约大量的铜和硅钢片等材料，其整机质量仅为传统弧焊电源（频率为50Hz）的1/10~1/5，整机体积则为传统弧焊电源的1/3左右。另外，工作频率提高还可减少滤波电感的用料。

2）因为频率高，交变电流过零的时间短，良好的热惯性使换向时重新引弧容易，故提高了交流电弧的稳定性。

3）高效节能。逆变式焊接电源由于体积小，铜损和铁损大大降低，且电子功率器件工作于开关状态，效率大大提高；主电路内有电容，提高了功率因数，节能效果十分显著。

4）易于控制焊接参数及可获得各种形状的外特性，由于采用电子控制电路,可以根据不同的焊接工艺要求设计出合适的外特性,并保证良好的动特性;通过改变给定信号来控制焊接参数,以获得良好的焊接效果。

逆变式焊接电源的缺点是设备较复杂,维修需要较高技术,可靠性不容易保证。据统计,目前逆变式焊接电源的返修率均比整流式弧焊电源高很多。

逆变式焊接电源与传统弧焊电源的技术指标比较见表6-2。

从表6-2可知,逆变式焊接电源在效率、功率因数、质量及体积等方面均比传统弧焊电源有明显优势。

由于它具有上述的优良电气性能,控制性能好,易获得多种外特性曲线形状、不同种类的电弧电压、电流波形(直流、脉冲、矩形波交流等)和良好的动态特性,且输出焊接电流可达1000A以上,因而可以说,它几乎可取代现有的一切弧焊电源,用于焊条电弧焊和TIG焊、MAG/CO_2/MIG/FCAW焊、等离子弧焊与切割、埋弧焊、机器人焊接等各种弧焊方法,可以焊接各种金属材料及其合金。

3. 晶闸管式弧焊逆变器

以快速晶闸管(SCR)为逆变主电路的大功率高压开关管,通过其触发角来控制的弧焊逆变器,称为晶闸管式弧焊逆变器。

晶闸管式弧焊逆变器是采用"定脉宽调频率"的调节方法来调节焊接参数的,即通过改变晶闸管的开关频率(逆变器的工作频率)来进行的。晶闸管的开关频率越高,电弧电流(或电压)越大。

为了在焊接过程中保持供给电弧的能量不变,采用电压和电流反馈,通过自动改变开关频率来达到电弧功率恒定。因而,在弧长变化时,控制电路可保证供给电弧的能量不变。

(1) 晶闸管式弧焊逆变器的特点　晶闸管式弧焊逆变器由于采用大功率晶闸管作为开关器件,这种晶闸管最早应用于逆变器,技术成熟,容量大,但它本身的开关速度慢。晶闸管式弧焊逆变器具有如下特点:

1) 工作可靠性较高。
2) 逆变工作频率较低。
3) 驱动功率低,控制电路比较简单。
4) 控制性能不够理想。
5) 成本低。
6) 技术简单。

表6-2 逆变式焊接电源与传统弧焊电源的主要技术指标比较

焊接电源	电源电压/V	空载电压/V	输出电流/A	负载持续率(%)	效率	功率因数	质量/kg	外形尺寸 $\frac{A}{mm} \times \frac{B}{mm} \times \frac{C}{mm}$
弧焊变压器 BX3—300	380	65~70	300	60	0.83	0.53	190	565×580×900
弧焊发电机 AX—320	380×3	50~80	320	50	0.53	0.87	530	1195×600×992
硅弧焊整流器 ZXG7—300—1	380×3	72	300	60	0.68	0.65	200	410×600×790
晶闸管弧焊逆变器 ZX5—400	380×3	63	400	60	0.75	0.75	200	504×653×1010
晶闸管弧焊整流器 ZX7—400	380×3	80	400	60	0.86	0.95	75	360×460×600
晶体管弧焊逆变器 US220AT	220	负载55	220	60	0.81	0.99	25	350×550×365
场效应管弧焊逆变器 NZC6—315	380×3	63	315	60	0.89	—	29	290×350×560
IGBT 弧焊逆变器 ZX7—315	380×3	—	315	60	0.85	—	32	295×410×475
IGBT 弧焊逆变器 MZ—1250	380×3	84	1250	60	0.89	0.94	130	760×445×910

(2)典型产品介绍 ZX7—315Z、ZX7—400Z系列晶闸管的最后一个字母"Z"表示专用集成电路控制的含义。它主要用于焊条电弧焊及TIG焊,主要技术参数见表6-3。

表6-3 ZX7—315Z、ZX7—400Z系列晶闸管逆变弧焊电源主要技术参数

型 号	ZX7—315Z	ZX7—400Z
电源	3×380V	3×380V
额定输入功率/kW	17.5	21
额定输入电流/A	26.6	32
额定输出电流/A	315	400
额定负载持续率(%)	60	60
最高空载电压/V	80	80
电流调节范围/A	40~140,100~320	40~170,150~400
效率(%)	83	83
质量/kg	50	66
外形尺寸/(mm×mm×mm)	450×350×580	600×360×550

ZX7—400Z逆变弧焊电源前面板示意图如图6-11所示,弧焊电源实施焊条电弧焊时的操作步骤如下:

1)停电检查 不接电源,对焊机进行全面外观检查,对所有开关、旋钮进行检查。

2)通电空载检查 停电检查正常后方可进入此项检查。检查时由用户配电板上的开关合闸供电,焊机内风机转动,面板电源指示灯亮,电压表读数为70~80V,并有轻微的"嗒嗒"声,表明焊机空载运行正常。

3)焊接 空载正常后就可施焊。施焊时正确选择焊条、焊接参数及输出极性。焊接过程中除风机噪声外,焊机会产生轻微的"吱吱"声,这是该焊机的特点,属正常情况。

4. 晶体管式弧焊逆变器

(1)晶体管式弧焊逆变器的特点 与晶闸管式弧焊逆变器相比,晶体管式弧焊逆变器具有以下特点:

1)逆变器的工作频率较高。

2)采用"定频率调脉宽"的方式调节焊接参数和外特性。

3)控制性能较好。

第六章 弧焊电源及设备　167

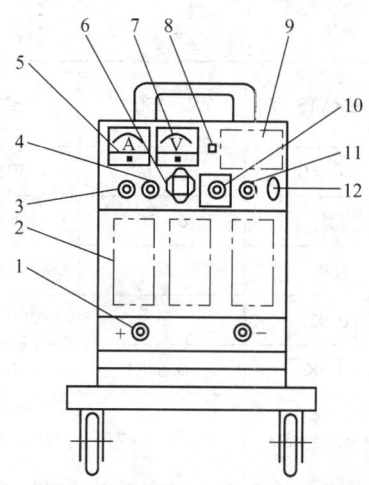

图 6-11　ZX7—400Z 逆变弧焊电源前面板示意图
1—输出接头　2—散热窗　3—焊接电流调节　4—引弧电流调节　5—电流表
6—大小挡开关　7—电压表　8—指示灯　9—机型及厂名　10—远控插座
11—焊条电弧焊/氩弧焊转换开关　12—远/近控转换开关

4）成本较高。

晶体管式弧焊逆变器存在明显的缺点：一是晶体管存在一次击穿问题；二是控制驱动功率较大，需要设驱动电路。

（2）产品介绍　目前，国内外已生产出多种型号的晶体管式弧焊逆变器，它们主要用在 MIG/MAG 焊、TIG 焊、等离子弧焊与切割、焊条电弧焊以及用作弧焊机器人的弧焊电源，有一部分已实现智能控制。几种晶体管弧焊逆变器的主要性能指标见表 6-4。

表 6-4　几种晶体管弧焊逆变器的主要性能指标

指标＼型号	EUROTRANS—500	YM—350HF	US220AT	ZS7—250
额定输入电压/V	交流 3×380	交流 3×380	交流 220	交流 3×380
额定输入功率/kW	19	18	7.9	9.6
焊接电流/A	50～500	直流 60～350	5～220	50～250
焊接电压/U	15～40	直流 16～36	直流 55	直流 65～73

（续）

型号 指标	EUROTRANS—500	YM—350HF	US220AT	ZS7—250
输入频率/Hz	50，60	50，60	50，60	50
逆变频率/kHz	25	6~16	16	—
负载持续率（%）	60	60	60	60
功率因数	0.92	—	0.99	—
效率	0.88	0.888	0.81	0.83
外形尺寸/ （mm×mm×mm）	870×550×820	360×520×730	250×550×365	450×250×440
质量/kg	135	74	25	31.5

ZS7—250 是湖北宜昌生产的，主要适用于焊条电弧焊。

US220AT 是美国生产的一种轻便型晶体管式弧焊逆变器，既可以作为焊条电弧焊电源，也可以作为 TIG 焊电源。

EUROTRANS—500 是德国生产的较低水平的智能控制型晶体管式弧焊逆变器，这种弧焊逆变器可用于机器人焊接。

YM—350HF 是日本生产的晶体管式弧焊逆变器，它用于半自动 CO_2/MAG 焊和 CO_2 定位焊，配以弧焊机器人可进行高速焊。

5. 场效应管式弧焊逆变器

(1) 特点

1) 控制功率极小。

2) 工作频率高。

3) 多管并联工作相对较易实现。

4) 过载能力强，热稳定性能好。

5) 管子的容量较小，成本较高。

(2) 典型产品介绍

以 WSM—100 为例，介绍 MOSFET 式弧焊逆变器的技术性能。

WSM—100 是高频脉冲 TIG 弧焊逆变器，其逆变器工作频率为 66~140kHz。通过"定频率调脉宽"控制方式，调节主变压器输出电压来实现电流的恒定。

WSM—100 高频脉冲 TIG 弧焊逆变器的主要技术参数如下：

网路电压：单相，220V；

空载电压：12V；

电弧电压：≤20V（工作电压最大可达 40V）；

焊接电流：≤100A；

频率调节范围：66~140kHz；

外特性：垂直陡降；

质量：8kg；

外形尺寸：320mm×260mm×130mm。

6. IGBT 式弧焊逆变器

（1）特点

1）IGBT 式弧焊逆变器从较小的功率一直到很大的功率，如 1000A 以上，故其推广面更宽，推广速度更快。

2）ICBT 管代替场效应管或晶体管。

3）逆变频率（20~25kHz），比场效应管（40kHz 以上）小。

4）IGBT 管采用电压控制，单管容量足够，不必多管并联工作。

（2）应用 可用于量大面广的焊条电弧焊、钨极氩弧焊、熔化极气体保护焊、等离子弧焊与切割，还可用于 1250~2000A 的大功率单/双丝埋弧焊、碳弧气刨以及机器人弧焊、双丝 MIG/MAG/脉冲焊、三丝埋弧焊等。

（3）典型产品介绍

1）MZ—1250 型 IGBT 逆变式弧焊电源。该弧焊电源为埋弧焊电源。其主要技术指标为：网路电压 380V、三相、50Hz/60Hz；额定焊接电流 1250A；额定电弧电压 44V；空载电压 83V；额定负载持续率 60%；额定输出功率 55kW；效率 86.5%（最大效率 90%）；功率因数 0.93（最高 0.96）；埋弧焊逆变器（电源）质量 128kg；埋弧焊逆变器外形尺寸 380mm×680mm×880mm。

2）高频脉冲 MIG 焊 IGBT 式弧焊逆变器。其主要技术指标为：网路电压 380V、两相、50/60Hz；额定输入电流 62A；额定输入容量 32kVA；空载电压 80V；额定焊接电流 630A；焊接电流调节范围 30~630A；额定输出功率 277kW；效率 86%；逆变频率 20kHz；质量 47kg。

3）ZX7—315 型 IGBT 弧焊逆变器。可输出直流脉冲和矩形波交流，具有多种外特性，广泛用于焊条电弧焊、CO_2 焊、MAG 焊、MIG 焊、等离子弧焊、等离子弧切割等。

五、脉冲弧焊电源

脉冲弧焊电源所提供的电流是周期性脉冲式的,一般有两种电流,即基本电流(维弧电流)和脉冲电流。这两种幅值交替变化的电流可以分别由两个电源提供,也可以由一个电源提供。

1. 脉冲弧焊电源的特点

1)提供周期性变化的脉冲焊接电流,便于对电弧功率和熔池大小进行控制。

2)可调的焊接参数多,基本电流大小、脉冲电流幅值、脉冲频率、脉冲电流宽度、脉冲电流的上升斜率和下降斜率等参数可调。

3)可以利用普通弧焊电源改造而成。

2. 脉冲电流的波形

脉冲弧焊电源可获得正弦半波(或局部正弦半波)、矩形波和三角形波三种最基本的脉冲电流波形。

3. 脉冲弧焊电源的应用

1)适用于各种气体保护焊、等离子弧焊、焊条电弧焊。

2)借助窄间隙脉冲气体保护焊可对厚度在150mm以上的厚大工件进行焊接,也可对厚度仅几十微米的超薄金属板进行焊接。

3)除用于普通金属及其低合金材料的焊接外,特别适用于普通电弧焊难以胜任的对热输入敏感性大的高合金钢或稀有金属的焊接。

4)用于全位置自动焊、管道自动焊,具有独特的优越性。

5)适用于单面焊双面成形和封底焊等。

6)晶闸管式、晶体管式和逆变式脉冲弧焊电源可用于机器人弧焊工艺。

4. 常用脉冲电源

(1)晶闸管式脉冲弧焊电源 以WSM系列钨极脉冲氩弧焊机为例。由KW控制器与ZX5系列晶闸管弧焊整流器或ZX7系列逆变式弧焊整流器组合而成,是目前国内使用较多的产品之一。KW控制器的作用是控制氩弧焊的工艺程序(提前送气、滞后停气、通断电流、通断高频引弧器等),为整流器提供给定值的脉冲信号,并实现电流递增衰减和实施安全保护。

WSM—250型钨极脉冲氩弧焊机的主要技术参数如下:

空载电压:58V;

额定焊接电流：250A；
脉冲峰值电流调节范围：25~250A；
脉冲基值电流调节范围：25~60A；
脉冲峰值时间调节范围：0.02~3s；
脉冲基值时间调节范围：0.02~5s；
电流递增时间：0~5s；
电流衰减时间：0~15s；
提前送气时间：3s；
滞后停气时间：15s；
引弧方式：高频振荡引弧；
额定负载持续率：60%。

WSM系列焊机的主要特点：

1）既有直流工作方式又有脉冲工作方式，拓宽了使用范围，尤其适用于薄板焊接和全位置焊接。

2）采用无触点控制，提高了工作可靠性。

3）脉冲周期调节采用15挡刷形开关，且脉冲峰值时间和基值时间均可独立调节，调节范围宽。

4）具有电流递增、衰减功能，并可独立调节其速度。

5）配用ZX5或ZX7电源，具有陡降外特性，焊接电流稳定。

6）电路简单、工作可靠、维修方便。

（2）逆变式脉冲弧焊电源　包括晶闸管式、晶体管式、场效应管式和IGBT脉冲弧焊电源。对于晶闸管式逆变脉冲弧焊电源，因其采用PFW调制方式，逆变器的工作频率越高，焊接电流或电压也就越大，当逆变器的工作频率按脉冲的规律变化时，在频率高时输出脉冲电流，频率低时输出维弧电流。

晶体管式、场效应管式和IGBT脉冲弧焊电源采用PWM调制方式，给定信号值越大，脉冲的宽度越大，输出的平均电流或电压也就越大，如果给定信号值按脉冲的规律变化，一段时间内大，一段时间内小，则脉冲的宽度也会按此给定信号值的大小而变化，使输出的平均电流在一段时间内大（成为脉冲电流），一段时间内小（成为维弧电流）。这种通过PWM低频调制获得的脉冲电流和维弧电流，其波形如图6-12所示。

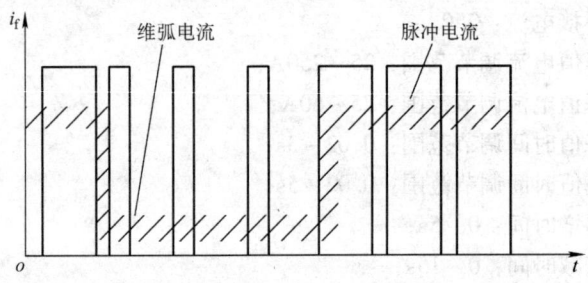

图 6-12 PWM 低频调制获得的脉冲电流和维弧电流

第四节 弧焊电源的选择与维护

一、弧焊电源的选择

弧焊电源是焊接电弧能量的提供装置。其性能和质量直接影响到电弧燃烧的稳定性,进而影响到焊接质量。不同类型的弧焊电源,其使用性能和经济性存在差异,主要区别见表 6-5 和表 6-6。所以,只有根据不同工况正确选择弧焊电源,才能确保焊接过程的顺利进行,并在此基础上获得良好的接头性能和较高的生产效率。

表 6-5 交、直流弧焊电源特点比较

项 目	交 流	直 流
电弧稳定性	低	高
极性可换性	不存在	存在
磁偏吹	很小	较大
空载电压	较高	较低
触电危险	较大	较小
构造和维修	简单	复杂
噪声	不大	整流器小,逆变器更小
成本	低	高
供电	一般单相	一般三相
质量	较轻	较重,逆变器最轻

表 6-6 交、直流弧焊电源经济性比较

主 要 指 标	弧焊变压器	弧焊整流器	弧焊逆变器
每千克熔敷金属消耗电能/(kW·h)	3~4	3.4~4.2	2
效率 η	0.65~0.90	0.60~0.75	0.8~0.9
功率因数 $\cos\phi$	0.3~0.6	0.65~0.70	0.85~0.99
空载时功率因数	0.1~0.2	0.3~0.4	0.68~0.86
空载电能消耗/(kg·h)	0.2	0.38~0.46	0~0.1
制造材料相对消耗(%)	30~35	35~40	8~13
生产弧焊电源的相对工时(%)	20~30	50~70	—
相对价格(%)	30~40	105~115	—
每台占用面积/m²	0.25~0.3	0.45~0.9	0.11~0.13

一般应根据以下几方面选择弧焊电源：
1) 焊接电流的种类。
2) 焊接工艺方法。
3) 工作条件和节能要求。

二、弧焊电源的使用

1) 使用前，必须按产品说明书或有关标准对弧焊电源进行检查，了解其基本原理，为正确使用建立一定的理论知识基础。

2) 焊前要仔细检查各部分的接线是否正确，焊接电缆接头是否拧紧，以防过热或烧损。

3) 弧焊电源接电网后或进行焊接时，不得随意移动或打开机壳的顶盖。如要移动，应在停止焊接、切断电源之后。

4) 空载运转时，首先听其声音是否正常，再检查冷却风扇是否正常鼓风，旋转方向是否正确；另外，空载时焊钳和工件不能接触，以防短路。

5) 机体要保持清洁，定期用压缩空气吹净灰尘，定期检修。机体上不许堆放金属或其他物品，以防短路或损坏机体。

6) 弧焊电源必须在铭牌上规定的电流调节范围内及相应的负载持续率下工作，否则有可能使温升过高而烧坏绝缘，缩短使用寿命。若必须在最大负荷下工作时，应经常检查弧焊电源的受热情况。若温升过高，应立即停机或采用其他降温措施。

7) 使用弧焊整流器时，应注意硅元件的保护和冷却，以及磁饱和电抗器是否受振动撞击而影响性能的稳定性。如硅元件损坏了，要在排除故障和更换硅元件之后才能继续使用。

8）调节焊接电流和换挡时应在空载下进行，或在切断电源时进行。

9）要建立必要的管理使用制度。

三、弧焊电源常见故障的排除

1. 弧焊变压器常见故障及排除（见表6-7）

表6-7 弧焊变压器常见故障及排除

故障	原因	排除方法
接通电源时，熔丝瞬间烧断	1. 一次绕组匝间短路 2. 熔丝选用太小	1. 排除短路或更换绕组 2. 更换熔丝
弧焊变压器无空载电压，不能引弧	1. 地线和工件接触不良 2. 焊接电缆断线 3. 焊钳和电缆接触不良 4. 焊接电缆与弧焊变压器输出端接触不良 5. 弧焊变压器一、二次线圈断路 6. 电源开关损坏 7. 电源熔丝烧断	1. 使地线和工件接触良好 2. 修复断线处 3. 使焊钳和电缆接触良好 4. 修复连接螺栓 5. 修复断路处或重新绕制 6. 修复或更换开关 7. 更换熔丝
变压器外壳带电	1. 一次或二次绕组碰壳；电源线碰壳；焊接电缆碰壳 2. 接地线未接或接地不良	1. 排除碰壳现象 2. 接好接地线
输出电流过小	1. 焊接电缆过细过长，压降太大 2. 焊接电缆盘成盘状，电感大 3. 地线采用临时线搭接而成 4. 地线与工件接触电阻太大 5. 焊接电缆与弧焊变压器输出端接触电阻过大	1. 减小电缆长度或加大线径 2. 将电缆放开，不成盘状 3. 换成正规铜质地线 4. 采用地线夹头，以减小接触电阻 5. 使电缆与弧焊变压器输出端接触良好
变压器过热	1. 变压器过载 2. 变压器绕组短路	1. 减小焊接电流 2. 排除短路

(续)

故障	原因	排除方法
焊接电流不稳定	1. 电网电压波动 2. 调节丝杆磨损	1. 增大电网容量 2. 更换磨损部件
变压器强烈振动,并"嗡嗡"响,空载电压过低	1. 二次绕组匝间短路 2. 输入电压过低或接错	1. 排除短路或更换绕组 2. 纠正输入电压
空载电压过高,焊接电流过大	1. 输入电压接错 2. 弧焊变压器绕组接线错误	1. 纠正输入电压 2. 纠正接线
电网电压正常,但焊接电流忽大忽小	1. 调节丝杆磨损 2. 调节丝杆松动 3. 输入输出的连接处接触不良	1. 更换磨损部件 2. 拧紧相关螺钉 3. 修好接头和清理干净
弧焊变压器噪声过大	1. 铁心叠片紧固螺栓未旋紧 2. 动、静铁心间隙过大	1. 旋紧紧固螺栓 2. 铁心重新叠片
接头处过热	1. 接头未拧紧 2. 接头处氧化 3. 接线螺钉材料不对	1. 拧紧接线螺钉 2. 清除氧化层 3. 接线螺钉应为铜件,不可用铁制品
电压与电流调节正常,电流表指示刻度不准确	指针或连杆变形;指针移位;丝杆磨损、机壳变形	纠正变形,将指针调整到相应的刻度处予以固定

2. 硅弧焊整流器常见故障及排除(见表6-8)

表6-8 硅弧焊整流器常见故障及排除方法

故障	原因	排除方法
焊机外壳带电	1. 电源线误碰机壳 2. 变压器、电抗器、风扇及控制线路元件等碰机壳 3. 未接地线或接触不良	1. 检查并消除碰机壳处 2. 消除碰机壳处 3. 接妥接地线

（续）

故障	原因	排除方法
空载电压过低	1. 电网电压过低 2. 变压器绕组短路 3. 磁力起动器接触不良 4. 焊接回路有短路现象	1. 调整电压至额定值 2. 消除短路现象 3. 使之接触良好 4. 检查焊机地线和焊把线，消除短路处
起动时电源熔丝烧断	1. 硅整流元件被击穿造成短路 2. 电源变压器初级线圈与铁心短路 3. 焊机面板因灰尘堆积，受潮后面板击穿而短路	1. 更换损坏的硅整流元件 2. 修复变压器，消除短路 3. 更换面板或将面板表面碳化层刮干净
焊接电流调节失灵	1. 控制绕组短路 2. 控制回路接触不良 3. 控制整流回路元件击穿	1. 消除短路处 2. 使接触良好 3. 更换元件
机壳发热	1. 主变压器初级绕组或次级绕组匝间短路 2. 相邻的磁放大器交流绕组间相互短接，可能是卡进了金属杂物 3. 一个或几个整流二极管被击穿 4. 某一组（3只）整流二极管散热器相互导通，散热器之间不相连，如中间加的绝缘材料不好，或是散热器上留有螺母等金属物，造成短路	1. 排除短路情况，次级绕组绕在线圈外层，导线上不带绝缘层，出现短路的可能性更大 2. 消除磁放大器交流绕组间隙中卡进的螺栓、螺钉等金属物 3. 更换损坏的整流二极管 4. 更换二极管散热器间的绝缘材料，清除散热器上留有的螺栓、螺母等金属物
焊接电流不稳定	1. 主回路交流接触器抖动 2. 风压开关抖动 3. 控制回路接触不良，工作失常	1. 消除交流接触器抖动 2. 消除风压开关抖动 3. 检修控制回路

（续）

故障	原因	排除方法
按下起动开关，焊机不起动	1. 电源接线不牢或接线脱落 2. 主接触器损坏 3. 主接触器触点接触不良	1. 检查电源输入处的接线是否牢固 2. 更换主接触器 3. 修复接触处，使之良好接触或更换主接触器
工作中焊接电压突然降低	1. 主回路全部或部分短路 2. 整流元件击穿短路 3. 控制回路断路或电位器未整定好	1. 修复线路 2. 更换元件，检查保护线路 3. 检修调整控制回路
风扇电动机不转	1. 熔断器熔断 2. 电动机引线或绕组断线 3. 开关接触不良	1. 更换熔断器 2. 接妥或修复 3. 使接触良好或更换开关
电表无指示	1. 电表或相应接线短路或断线 2. 主回路故障 3. 饱和电抗器和交流绕组断线	1. 修复电表及线路 2. 排除主回路故障 3. 排除故障
动圈式弧焊整流器电流冲击不稳定	1. 推力电流调整不合适 2. 整流元件出现短路，交流成分过大	1. 重新调整推力电流值 2. 更换被击穿的整流元件
动圈式弧焊整流器引弧困难	1. 空载电压不正常，故障在主电路中，整流二极管断路 2. 交流接触器的3个主触点有一个接触不良	1. 更换已损坏的整流二极管 2. 修复交流接触器，使接触良好或更换新的交流接触器
动圈式弧焊整流器输出电流不稳定	1. 焊接回路中的机外导线接触不良 2. 调节电流的传动螺杆、螺母磨损后配合不紧，在电磁力的作用下，动线圈由一个部件移到另一个部件	1. 通过外观检查或根据引弧情况来判断焊接回路的导通情况，紧固连接部位 2. 查找并更换磨损的螺杆、螺母

3. 晶闸管弧焊整流器常见故障及排除（见表6-9）

表6-9　晶闸管弧焊整流器常见故障及排除

故　障	原　　因	排　除　方　法
接通电源，指示灯不亮	1. 电源无电压或缺相 2. 指示灯损坏 3. 保险管烧断 4. 连接线脱落	1. 检查并接通电源 2. 更换指示灯 3. 更换保险管 4. 查找脱落处并接牢
开启焊机开关，风扇不转	1. 开关接触不良或损坏 2. 控制保险管烧坏 3. 风扇电容损坏 4. 风扇损坏 5. 与风扇的连接线未接牢或脱落	1. 检修开关或更换 2. 更换控制保险管 3. 更换电容 4. 检修或更换风扇 5. 接牢连接线
焊机内出现焦糊味	1. 主回路部分或全部短路 2. 风扇不转或风力过小 3. 主回路中有晶闸管被击穿短路	1. 修复线路 2. 修复风扇 3. 更换晶闸管
焊接、引弧推力不可调	1. 电位器的活动触头松动或损坏 2. 控制电路板零部件损坏 3. 连接线脱落、虚焊	1. 检查电位器或更换电位器 2. 更换已坏零件 3. 接牢脱落处或焊牢
焊接引弧困难，电压表显示空载电压大于50V	1. 整流二极管损坏 2. 整流变压器绕组有两相烧断 3. 输出电路有断线 4. 整流电路的降压电阻损坏	1. 更换整流二极管 2. 检修整流变压器绕组 3. 接好断线 4. 更换降压电阻
开启焊机开关，瞬时烧坏保险管	1. 控制变压器绕组匝间或绕组与框架短路 2. 风扇搭壳短路 3. 控制电路板零件损坏引起短路 4. 控制接线脱落引起短路	1. 排除短路 2. 检修风扇 3. 更换损坏零件 4. 将脱线处接牢
噪声变大、振动变大	1. 风扇叶片碰风圈 2. 风扇轴承松动或损坏 3. 主回路中有晶闸管不导通或被击穿	1. 整理风扇支架使其不碰 2. 修理或更换 3. 修复或更换

（续）

故障	原因	排除方法
噪声变大、振动变大	4. 固定箱壳或内部的某紧固件松动 5. 三相输入电源中一相开路	4. 拧紧紧固件 5. 调整触发脉冲，使其平衡
焊机外壳带电	1. 电源线误碰机壳 2. 变压器、电抗器、电源开关及其他电气元件或接线碰箱壳 3. 未接接地线或接触不良	1. 检查并消除碰壳处 2. 消除碰壳处 3. 接妥接地线
不能起弧，即无焊接电流	1. 焊机的输出端与工件连接不可靠 2. 变压器次级线圈匝间短路 3. 主回路晶闸管（6只）其中几个不触发 4. 无输出电压	1. 使输出端与工件连接好 2. 消除短路处 3. 检查控制线路触发部分及其引线，修复 4. 检查并修复
焊接电流调节失灵	1. 三相输入电源其中一相开路 2. 近、远程选择与电位器不对应 3. 主回路晶闸管不触发或击穿 4. 焊接电流调节电位器无输出电压 5. 控制线路有故障	1. 检查并修复 2. 使其对应 3. 检查并修复 4. 检查控制线路给定电压部分及引出线 5. 检查修复
无输出电流	1. 熔断丝熔断 2. 风扇不转或长期超载使整流器内温升过高，从而使温度继电器动作 3. 温度继电器损坏	1. 更换熔断丝 2. 修复风扇，使整流器不过载运行 3. 更换
焊接时焊接电弧不稳定，性能明显变差	1. 线路中某处接触不良 2. 滤波电抗器匝间短路 3. 分流器到控制箱的两根引线断开 4. 主回路晶闸管其中一个或几个不导通 5. 三相输入电源中一相开路	1. 使接触良好 2. 消除短路处 3. 应重新接线 4. 检查控制线路及主回路晶闸管，修复 5. 检查修复

4. 弧焊逆变器常见故障及排除

IGBT 弧焊逆变器常见故障及排除见表 6-10。

表 6-10　IGBT 弧焊逆变器常见故障与维修

故障现象	故障原因	排除方法
主电路空气开关合上，风机工作异常	1. 电源线未接好 2. 风机电源线脱落	1. 接好电源线 2. 接好风机电源线
控制电路开关合上，前面板无输出显示	1. 保险管烧坏 2. 接线脱落 3. 前面板电源指示灯烧坏	1. 更换保险管 2. 检查接线并接好 3. 更换指示灯
欠压指示灯亮，电压表读数为0，电流表显示预设值	电网电压过低	待电网电压恢复正常后开机
过热指示灯亮，电压表读数为0，电流表显示预设值	焊机通风条件不好；环境温度过高，超负载持续率使用	温度降低后自动恢复
过流指示灯亮，电压表读数为0，电流表显示预设值	1. 逆变电路瞬间过流，无损坏 2. IGBT 模块过流，损坏 3. 输出整流二极管损坏 4. 高频变压器损坏 5. 电流传感器损坏 6. 吸收电路板损坏	1. 关机再开机 2. 更换 IGBT 模块 3. 更换输出整流二极管 4. 更换高频变压器 5. 更换电流传感器 6. 更换吸收电路板
前面板旋转调节失效	1. 接线脱落 2. 电位器损坏 3. 电源处于遥控状态	1. 检查接线并接好 2. 更换电位器 3. 解除遥控状态
前面板50℃指示灯亮，焊机仍正常工作	焊机负荷过重，有过热保护趋势	适当降低负载持续率
焊钳及电缆发烫，"+"、"-"插座发烫	1. 焊钳容量太小 2. 电缆太细 3. 插座松动；焊钳与电缆接触电阻大	1. 更换大焊钳 2. 更换粗电缆 3. 去除氧化皮，并重新拧紧

第五节　常用弧焊设备

一、焊条电弧焊设备

1. 基本焊接电路

焊条电弧焊的基本焊接电路由交流或直流弧焊电源、焊钳、电缆、焊条、电弧、工件等组成，如图 6-13 所示。

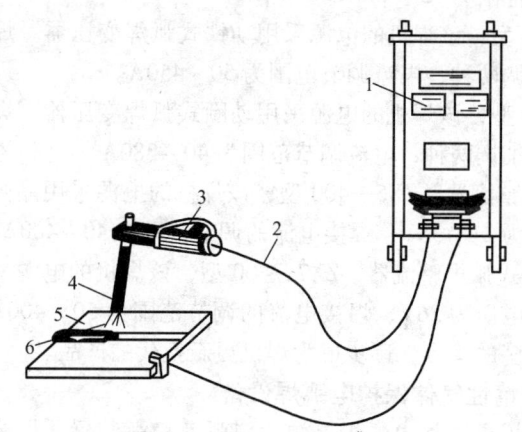

图 6-13　焊条电弧焊基本焊接电路
1—弧焊电源　2—电缆　3—焊钳　4—焊条　5—工件　6—电弧

用直流电源焊接时，工件和焊条与电源输出端正、负极的接法有两种：工件接直流电源的正极，焊条接负极时，称为正接或正极性；工件接电源的负极，焊条接正极时，称为反接或负极性。无论采用正接还是反接，都主要从电弧稳定燃烧的条件来考虑，不同的焊条要求不同的接法。用交流弧焊电源时，极性在不断变化，所以不用考虑极性的接法。

2. 弧焊电源

焊条电弧焊电源主要是根据所使用的焊条类型和所要焊接的焊缝形式进行选择。碱性焊条必须选用直流弧焊电源，以保证电弧稳定燃烧。酸性焊条虽然可选用交流或直流弧焊电源，但一般选用结构简单、价格较低的交流弧焊电源。

另外，还要根据焊接产品所需的焊接电流范围和实际负载持续率来选择弧焊电源的容量,即弧焊电源的额定电流。额定电流是在额定负载持续率条件下允许使用的最大焊接电流,焊接过程中使用的焊接电流值如果超过额定电流值,就要考虑更换额定电流值大一些的弧焊电源或者降低弧焊电源的负载持续率。

3. 常用焊条电弧焊焊机

(1) 弧焊变压器 BX1—300 型,该焊机的电源采用动铁式弧焊变压器。电流调节范围为 75~400A。

BX1—330 型,该焊机的电源采用动铁式弧焊变压器。焊接电流的调节分粗调和细调两种,电流调节范围为 50~450A。

BX3—300 型,该焊机的电源采用动圈式弧焊变压器。焊接电流的调节也分粗调和细调两种,电流调节范围为 40~380A。

(2) 弧焊整流器 ZX5—400 型,该焊机的电源采用晶闸管弧焊整流器。工作电压为 21~36V,焊接电流的调节范围为 40~400A。

(3) 逆变式弧焊整流器 ZX7—400 型,该焊机的电源采用逆变式焊接电源。工作电压为 36V,焊接电流的调节范围为 50~400A。逆变式焊接电源具有众多的优点,逐步成为焊机更新换代的产品。

二、钨极惰性气体保护电弧焊设备

钨极氩弧焊机通常由弧焊电源、引弧及稳弧装置、焊枪、供气及水冷系统、焊接控制系统等部分组成,如图 6-14 所示。焊接电流小于 150A 的焊机,也可以不用水冷系统。

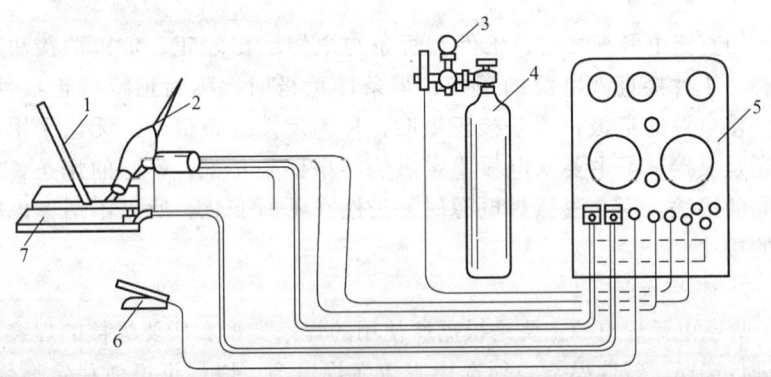

图 6-14 钨极氩弧焊设备系统图
1—填充金属 2—焊枪 3—流量计 4—气瓶 5—焊接电流 6—开关 7—焊件

1. 弧焊电源

TIG 焊工艺要求电源具有陡降外特性或垂直陡降外特性，以减小因弧长变化而引起的电流波动。

TIG 焊设备可以采用直流、交流或脉冲弧焊电源。TIG 焊常用的传统电源有动圈式弧焊变压器（交流）、晶闸管弧焊整流器（直流）、逆变式焊接电源以及矩形波交流弧焊电源。逆变式焊接电源由于工作频率高，不仅提高了电弧稳定性，而且实现了小型化、轻量化和节能等，逆变式焊接电源在模拟的基础上又推出了数字化 TIG 焊机，这种焊机将有更广阔的前景。近年来，矩形波交流弧焊电源逐渐应用到 TIG 焊中，主要用于焊接铝、镁及其合金。

2. 引弧及稳弧装置

TIG 焊常用的引弧方法有接触引弧和非接触引弧。为了保持钨极端部形状和防止在焊缝中产生夹钨，通常采用非接触引弧，但由于氩气的电离电位较高，难以电离，引燃电弧困难，但又不宜使用提高空载电压的方式，所以 TIG 焊常用高频引弧和高压脉冲引弧两种非接触引弧方式。一般采用高频振荡器施加高压脉冲来引弧和稳弧。

3. 焊枪

分手工焊枪和自动焊枪两种。其作用是夹持钨极、传导焊接电流和输送保护气体。根据冷却方式的不同，又分为水冷和空冷两种。水冷式焊枪如图 6-15 所示。焊枪须有良好的电绝缘性、气密性和水密性。

4. 供气系统和水冷系统

（1）供气系统　由高压气瓶、减压阀、流量计和电磁气阀组成。减压阀将高压气瓶中的气体压力降至焊接所需的压力；流量计用来调节和测量气体的流量；电磁气阀以电信号控制气体的通断。

（2）水冷系统　主要用在焊接电流大于 150A 时的冷却焊接电缆、焊枪和钨极。水路有循环式和开放式两种。水路中设有水压开关，当断水或水压太低时，断开控制系统电源，使其不能工作，保护焊枪不会因过热而损坏。

5. 焊接控制系统

焊接控制系统由引弧器、稳弧器、行车（或转动）速度控制器、程序控制器、电磁气阀和水压开关等组成。

焊接控制系统的主要功能是：控制电源的通断；焊接前提前 1.5~4s 输送保护气体，以驱赶管内的空气；焊后延迟 5~15s 停气，保护尚未冷却的钨极和熔池；自动接通和切断引弧和稳弧电路；结束前电流自动衰

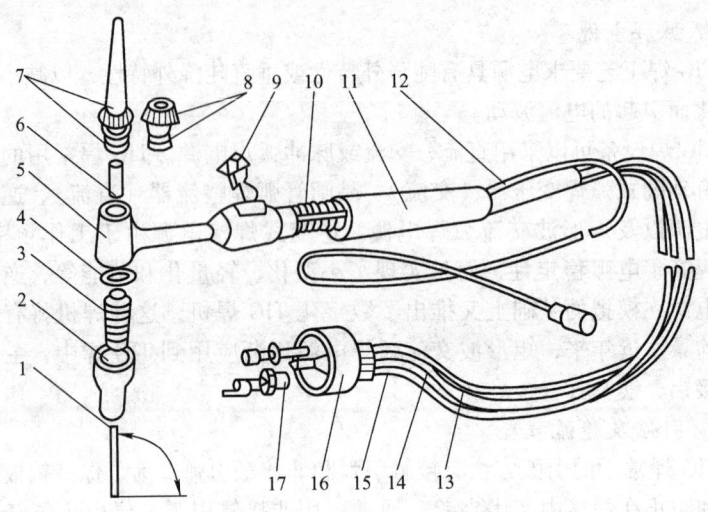

图 6-15 水冷式氩弧焊枪分解图
1—钨极 2—陶瓷喷嘴 3—导流件 4、8—密封圈 5—枪体 6—钨极夹头
7—盖帽 9—船形开关 10—扎线 11—手把 12—插头 13—进气管
14—出水管 15—水冷缆管 16—活动接头 17—水电接头

减等。

6. 常用钨极氩弧焊机技术数据

常用钨极氩弧焊机技术数据见表6-11。

7. 常见故障及排除

钨极氩弧焊机的常见故障、产生原因及排除方法见表6-12。

三、熔化极气体保护电弧焊设备

1. 焊接电源

熔化极气体保护电弧焊通常采用直流弧焊电源,如硅弧焊整流器、晶闸管弧焊整流器和弧焊逆变器等。

2. 送丝系统

送丝系统通常由送丝机构(包括电动机、减速器、矫直滚轮、送丝滚轮)、送丝软管及焊丝盘等组成。其作用是将焊丝矫直后送到焊枪中。焊丝起电极作用及填充金属作用。熔化极气体保护电弧焊机的送丝系统根据送丝方式的不同,可分为推丝式、拉丝式和推拉式三种,如图6-16所示,一般采用推丝式。

第六章 弧焊电源及设备

表6-11 常用钨极氩弧焊机技术数据

技术参数	自动钨极氩弧焊机					手工钨极氩弧焊机		
	NZA6—30	NZA2—300	NZA3—300	NZA—500	WSM—63	NSA—120—1	WSE—160	NSA
电源电压/V	380	380	380	380	220	380	380	220/380
空载电压/V	—	—	—	—	—	80	—	—
工作电压/V	—	—	—	—	—	—	16	20
额定焊接电流/A	30	300	300	500	63	120	160	300
电流调节范围/A	—	35~300	—	50~500	3~63	10~120	5~160	50~300
钨极直径/mm	—	2~6	2~6	1.5~4	—	—	0.8~3	2~6
焊丝直径/mm	0.5~1	1~2	0.8~2	1.5~3	—	—	—	—
送丝速度/m·min⁻¹	—	0.4~3.6	0.11~2	—	—	—	—	—
焊接速度/m·min⁻¹	0.17~1.7	0.2~1.8	0.22~4	0.17~1.7	—	—	—	—
氩气流量/m·min⁻¹	—	3~16	—	—	—	—	—	20
冷却水流量/m·min⁻¹	—	—	—	—	—	—	—	1
负载持续率（%）	60	60	60	60	—	60	—	60
电流种类	脉冲	交、直流两用	交、直流两用	交、直流两用	直流脉冲	交流	交、直流两用	交流
适用范围	不锈钢、合金钢薄板（0.1~0.5mm）	铝及其合金、不锈钢、耐热钢、钛、铜及其合金	不锈钢、镁、钛及其合金等	不锈钢、耐热钢、铝、钛、镁及其合金	不锈钢、合金钢薄板	厚度为0.3~3mm的铝、镁及其合金板	铝、镁、钛及其合金、不锈钢等	铝及其合金

表 6-12　钨极氩弧焊机的常见故障、产生原因及排除方法

故障现象	产生原因	排除方法
电源开关接通但指示灯不亮	1. 开关损坏 2. 熔断器烧坏 3. 控制变压器损坏 4. 指示灯损坏	1. 更换开关 2. 更换熔断器 3. 检修 4. 更换指示灯
控制线路有电，但焊机不能起动	焊枪开关接触不良；继电器故障；控制变压器损坏	检修
无振荡或振荡火花微弱	1. 高频引弧部分或脉冲引弧部分故障 2. 火花放电器间隙不对 3. 绝缘击穿或接地不良 4. 放电器电极烧坏或打毛 5. 高压变压器烧坏	1. 检修 2. 调整放电间隙 3. 检修，接好接地线 4. 清理、调整电极 5. 检修焊接电源
电弧引燃后焊接过程电弧不稳定	1. 稳弧器故障 2. 消除直流分量的元件故障 3. 焊接电源故障	1. 检修 2. 检修或更换 3. 检修焊接电源
焊机起动后无氩气输送	气路阻塞；电磁气阀故障；控制线路故障；气体延时线路故障	检修
焊接结束时衰减不正常	继电器故障；衰减控制线路故障；焊接电源故障	检修

3. 焊枪

熔化极气体保护电弧焊的焊枪分为半自动焊焊枪和自动焊焊枪。主要作用是导电、送丝与送气。

（1）半自动焊焊枪　半自动焊焊枪按冷却方式可分为气冷和水冷两类；按结构形式分为鹅颈式和手持式。鹅颈式焊枪适合于小直径的焊丝，其操作灵活方便，使用较广。手持式焊枪适用于较大直径的焊丝，它对冷却要求较高。图 6-17 为这两种焊枪的典型结构。

（2）自动焊焊枪　自动焊焊枪的结构与半自动焊焊枪基本相同，它固定在机头或行走机构上，经常在大电流情况下使用，除要求其导电部分、导气部分及导丝部分性能良好外，为适应大电流、长时间连续焊接，要求有水冷装置。

第六章 弧焊电源及设备

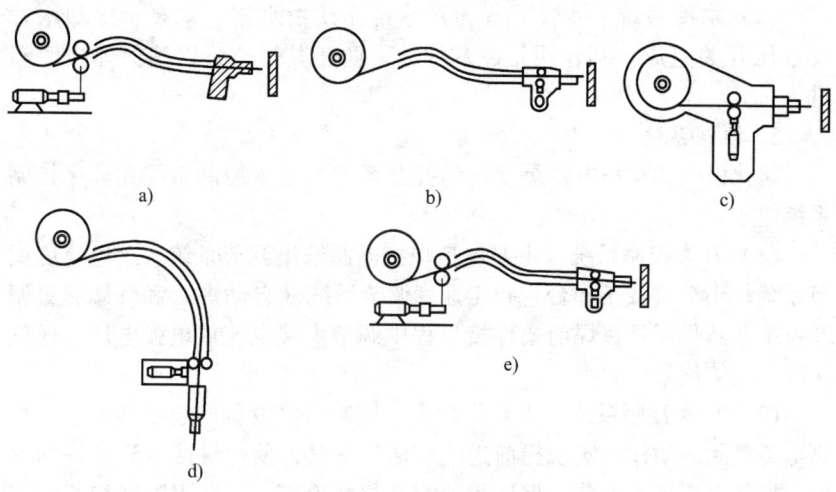

图 6-16 送丝方式示意图
a) 推丝式 b)~d) 拉丝式 e) 推拉式

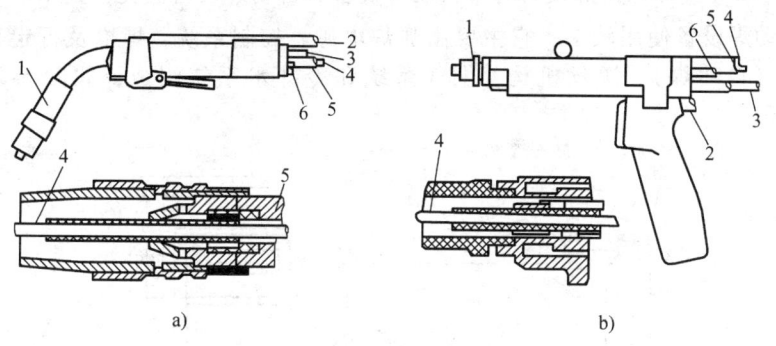

图 6-17 典型半自动焊焊枪结构
a) 鹅颈式（气冷） b) 手持式（水冷）
1—喷嘴 2—控制电缆 3—导气管 4—焊丝 5—送丝软管 6—电源输入

4. 供气和水冷系统

（1）供气系统 供气系统与钨极氩弧焊相似，由气源（高压气瓶）、减压阀、流量计和电磁气阀组成，其作用是连续向焊缝供给气体，对焊缝进行保护。对于 CO_2 气体，通常还需要安装预热器。

(2) 水冷系统　水冷式焊枪的水冷系统由水箱、水泵、冷却水管及水压开关组成。其作用是冷却焊枪,防止其过热,以确保焊接顺利进行。

5. 控制系统

熔化极气体保护电弧焊设备的控制系统由基本控制系统和程序控制系统组成。

(1) 基本控制系统　主要包括焊接电源输出调节系统、送丝速度调节系统、小车(或工作台)行走速度调节系统(自动焊)和气体流量调节系统。其作用是在焊前或焊接过程中调节焊接电流或电弧电压、送丝速度和气体流量的大小。

(2) 程序控制系统　主要作用是:控制焊接设备的起动和停止;控制电磁气阀的动作,实现提前送气和滞后停气,使焊缝区得到良好的保护;控制水压开关动作,保证焊枪有良好的冷却;控制引弧和熄弧;控制送丝和小车移动(自动焊时)。

6. CO_2 气体保护焊设备

CO_2 气体保护焊设备有半自动焊设备和自动焊设备两类,其中以半自动焊设备使用较多,它主要由弧焊电源、控制系统、焊枪及行走系统(自动焊)、送丝机构、供气系统和冷却水系统组成,如图6-18所示。

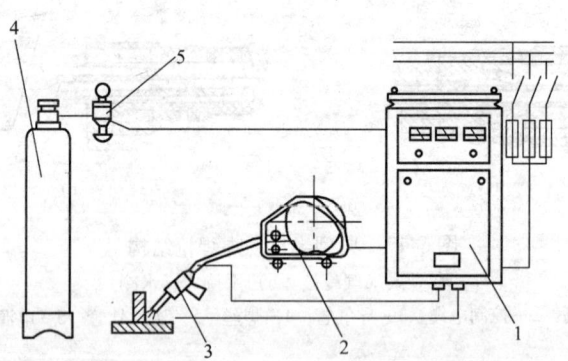

图6-18　半自动 CO_2 气体保护焊设备
1—电源　2—送丝机　3—焊枪　4—气瓶　5—减压调节阀

(1) 弧焊电源　CO_2 焊使用交流电源焊接时电弧不稳定,飞溅严重,因此必须采用直流焊接电源。

但在实际生产中均采用细丝 CO_2 焊，故一般采用等速送丝配平外特性电源。采用平外特性电源有以下优点：

1）电弧燃烧稳定。在等速送丝条件下，平外特性电源电弧自身调节作用灵敏度高，使电弧能稳定燃烧。另外，平外特性电源短路电流大，引弧容易。

2）焊接参数调节方便。通过改变送丝速度可调节焊接电流，改变电源外特性来调节电弧电压，两者间的影响较小。

3）平外特性电源对防止焊丝回烧和粘丝有利。当电弧回烧时，随着电弧的拉长，焊接电流迅速减小，使电弧在未回烧到导电嘴时已熄灭。当焊丝粘在工件上时，平特性电源有足够大的短路电流使粘接处爆开，从而可避免粘丝。

（2）典型的 CO_2 焊机

现以 NBC—250 型 CO_2 焊机为例，对 CO_2 气体保护焊设备进行介绍。该焊机为半自动焊机，主要由弧焊电源、控制系统、焊枪、送丝机构和供气系统组成。引弧、熄弧均由手工操作，只有简单的提前送气、滞后停气和送丝电动机的调速控制等电路，但由于其运行可靠、维修方便，所以在生产上仍被广泛应用。NBC—250 型 CO_2 焊机的主要技术数据如下：

额定电流：250A；

额定输入电压：380V；

相数：三相；

额定频率：50/60Hz；

额定输入容量：9kW；

焊接电流：60~250A；

电弧电压：17~27V；

电压调节级数：20；

焊丝直径：0.8~1.2mm；

额定负载持续率：60%；

质量：150kg。

7. 常见故障及排除方法

CO_2 气体保护焊机常见故障、产生原因及排除方法见表 6-13。

表6-13　CO_2气体保护焊机常见故障、产生原因及排除方法

故障现象	产生原因	排除方法
焊丝送给不均匀	1. 送丝电动机电路故障 2. 减速箱故障 3. 送丝滚轮压力不当或磨损 4. 送丝软管接头处堵塞或内层弹簧管松动 5. 焊枪导电部分接触不好或导电嘴孔径大小不合适 6. 焊丝绕制不好,时松时紧或有弯折	1. 检修送丝电动机电路 2. 检修减速箱 3. 调整送丝滚轮压力或更换 4. 清洗或修理 5. 检修或更换导电嘴 6. 调直焊丝
焊接过程中熄弧和焊接参数不稳定	1. 导电嘴烧坏 2. 焊丝送给不均匀,导电嘴磨损过大 3. 焊接参数不合适 4. 工件和焊丝不清洁,接触不良 5. 焊接回路各部件接触不良 6. 送丝滚轮磨损	1. 更换导电嘴 2. 检查送丝系统,更换导电嘴 3. 调整焊接参数 4. 清理工件和焊丝 5. 检查各部件 6. 更换送丝滚轮
焊丝停止送进和送丝电动机不转	1. 送丝滚轮打滑 2. 焊丝与导电嘴熔合 3. 焊丝卷曲卡在焊丝进口管处 4. 保险丝烧断 5. 电动机电源变压器损坏 6. 电动机炭刷磨损 7. 焊枪开关接触不良或控制线路断路 8. 控制继电器烧坏或触点烧损 9. 调速电路故障	1. 调整送丝滚轮压力 2. 更换导电嘴 3. 将焊丝退出,剪下卷曲焊丝 4. 更换 5. 检修或更换 6. 换炭刷 7. 检修并接通线路 8. 换控制继电器或修理触点 9. 检修
焊丝在送丝滚轮和送丝软管进口间发生卷曲和打结	1. 弹簧管内径太小或阻塞 2. 送丝滚轮离送丝软管接头进口太远 3. 送丝滚轮压力太大,焊丝变形 4. 焊丝与导电嘴配合太紧 5. 送丝软管接头内径太大或磨损严重 6. 导电嘴与焊丝粘住或熔合	1. 清洗或更换弹簧管 2. 移近滚轮 3. 适当调整压力 4. 更换导电嘴 5. 更换接头 6. 更换导电嘴

（续）

故障现象	产生原因	排除方法
气体保护不良	1. 电磁气阀故障 2. 电磁气阀电源故障 3. 气路阻塞 4. 气路接头漏气 5. 喷嘴因飞溅而阻塞 6. 减压表冻结	1. 修理电磁气阀 2. 检修电源 3. 检查气路导管 4. 紧固接头 5. 清除飞溅物 6. 查清冻结原因

第七章

常用金属材料的焊接

焊接产品是多种多样的,这些产品按使用要求不同,可采用各种金属材料制成,如碳素钢、低合金结构钢、耐热钢、不锈钢等。本章主要介绍常用金属材料的焊接特点和焊接工艺。

第一节 常用钢材

一、钢的分类

钢材可按其化学成分、品质、冶炼方法、组织和用途进行分类。

1. 按化学成分分类

根据钢中化学成分的不同,可分为非合金钢、低合金钢和合金钢三大类。各类钢的合金元素规定含量界限值见表7-1。

表7-1 非合金钢、低合金钢和合金钢合金元素规定含量界限值（GB/T 13304.1—2008）

合金元素	合金元素规定质量分数界限值（%）		
	非合金钢<	低合金钢	合金钢≥
Al	0.10	—	0.10
B	0.0005	—	0.0005
Bi	0.10	—	0.10
Cr	0.30	0.30~<0.50	0.50
Co	0.10	—	0.10
Cu	0.10	0.10~<0.50	0.50
Mn	1.00	1.00~<1.40	1.40
Mo	0.05	0.05~<0.10	0.10

(续)

合金元素	合金元素规定质量分数界限值（%）		
	非合金钢<	低合金钢	合金钢≥
Ni	0.30	0.03 ~ <0.05	0.50
Nb	0.02	0.02 ~ <0.06	0.06
Pb	0.40	—	0.40
Se	0.10	—	0.10
Si	0.50	0.50 ~ <0.90	0.90
Te	0.10	—	0.10
Ti	0.05	0.05 ~ <0.13	0.13
W	0.10	—	0.10
V	0.04	0.04 ~ <0.12	0.12
Zr	0.05	0.05 ~ <0.12	0.12
RE	0.02	0.02 ~ <0.05	0.05
其他规定元素（S、P、C、N 除外）	0.05	—	0.05

根据表 7-1 的分类，采用"非合金钢"一词代替传统的"碳素钢"。但在 1992 年施行新的钢分类以前所制订的有关技术标准，均采用"碳素钢"。这类标准中，有的仍属现行标准，所以"碳素钢"名称一直沿用。

2. 按品质分类

(1) 普通钢　钢中 $w(Si)$ 为 $0.05\% \sim 0.065\%$，$w(P)$ 为 $0.045\% \sim 0.055\%$。

(2) 优质钢　钢中 $w(Si)$ 为 $0.030\% \sim 0.045\%$，$w(P)$ 为 $0.035\% \sim 0.040\%$。

(3) 高级优质钢　钢中 $w(Si)$ 为 $0.020\% \sim 0.030\%$，$w(P)$ 为 $0.027\% \sim 0.035\%$。

3. 按冶炼方法分类

(1) 按炉别分　有平炉钢、转炉钢及电炉钢。

(2) 按脱氧程度分　有沸腾钢、镇静钢和半镇静钢。

4. 按用途和组织分类

(1) 低碳钢和低合金高强度钢　分为铁素体-珠光体型钢、低碳奥氏体型钢和马氏体型调质高强度钢。

(2) 耐热钢 分为低合金珠光体型钢、高铬马氏体型钢和奥氏体型钢。

(3) 低温钢 分为铁素体型钢、低碳马氏体型钢和奥氏体型钢。

(4) 不锈钢 分为铁素体型钢、奥氏体型钢、奥氏体-铁素体型钢和马氏体型钢。

5. 按碳含量分类

(1) 低碳钢 指 w（C）低于 0.25% 的钢。

(2) 中碳钢 指 w（C）等于 0.25%~0.60% 的钢。

(3) 高碳钢 指 w（C）大于 0.60% 的钢。

二、钢号表示方法

1. 钢号表示法

我国钢号表示方法是采用合金元素符号和汉语拼音字母并用的原则，即钢号中的化学元素采用国际化学符号或汉字表示（仅稀土元素不用化学符号而以"RE"表示）。产品名称、用途、冶炼方法以汉语拼音的缩写字母表示，见表 7-2 和表 7-3。

表 7-2 钢号中合金元素的符号

元素名称	铬	镍	硅	锰	铝	磷	硫	钨	钼	钒
国际化学符号	Cr	Ni	Si	Mn	Al	P	S	W	Mo	V
元素名称	钛	铜	铁	硼	钴	铌	氮	钙	碳	稀土
国际化学符号	Ti	Cu	Fe	B	Co	Nb	N	Ca	C	RE

表 7-3 常见钢中表示用途、冶炼方法的符号

名称	汉字	符号	在钢号中的位置
氧气转炉钢	氧	Y	头
碱性空气转炉钢	碱	J	头
沸腾钢	沸	F	尾
半镇静钢	半	b	尾
焊条用钢	焊	H	头
高级优质钢	高	A	尾
特级钢	特	E	尾
船用钢	船	C	尾
桥梁钢	桥	q	尾
容器钢	容	R	尾
铸钢	铸	ZG	头

2. 钢牌号表示方法举例

（1）普通碳素钢 以 Q235-AF 为例说明如下：

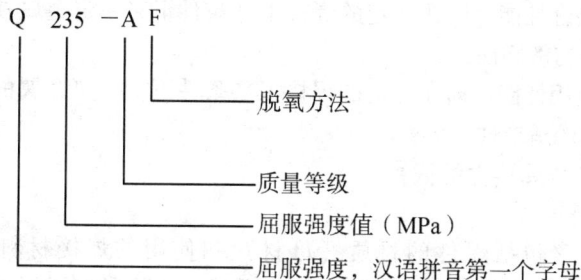

（2）优质碳素钢 以 08F 及 20 钢为例，分别说明如下：

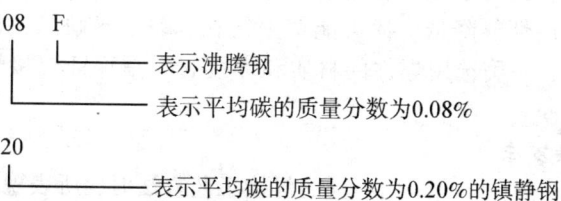

（3）普通低合金钢 以 Q345R 为例说明如下：

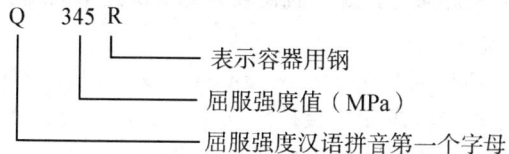

（4）不锈耐酸钢和耐热钢牌号 表示法同普通低合金钢，但元素符号前的数字表示平均碳质量分数为千分之几。如标一个零，表示 $w(C) \leqslant 0.08\%$ 或 $w(C) \leqslant 0.09\%$；标两个零，表示 $w(C) \leqslant 0.03\%$。元素符号后数字的合金元素含量（质量分数）为 1.50% ~ 2.49%，2.50% ~ 3.49%，…，22.50% ~ 23.49%，相应地写成 2，3，…，23。

第二节 金属材料的焊接性

金属材料的焊接性是材料在限定的施工条件下焊接成按设计要求规定的构件，并满足预定服役要求的能力。焊接性受材料、焊接方法、构件类型及使用要求四个因素的影响。

一、金属材料焊接性的含义

金属材料的焊接性主要包括两方面的内容：

（1）接合性能　即在一定的焊接工艺条件下，一定金属在焊接时形成焊接缺陷的敏感性。

（2）使用性能　即在一定的焊接工艺条件下，一定金属的焊接接头对使用要求的适应性。

二、影响焊接性的因素

1. 材料因素

材料因素包括焊件的材质（母材）和使用的焊接材料（如焊条等）。它们在焊接时都参与熔池的冶金过程，直接影响了焊接质量，母材或焊接材料选用不当时，会造成焊缝金属化学成分不合格，力学性能和其他使用性能降低，还可能产生气孔、裂纹等缺陷，使结合性能变差。因此，正确选用焊件的材质和焊接材料是保证焊接性良好的重要基础。

2. 焊接方法

对于同一焊件，当采用不同的焊接工艺方法时，所表现的焊接性也不同。如奥氏体不锈钢用气焊焊接时，高温停留时间长，产生晶间腐蚀的倾向性大，如用焊条电弧焊，就比较容易解决这个问题。

3. 结构因素

焊接接头的结构设计会影响应力状态，从而对焊接性也产生影响。设计或焊接时应尽量考虑使焊接接头处于刚度较小的状态，能够自由收缩，有利于防止焊接裂纹。截面突变、焊缝余高过大、交叉焊缝等都容易引起应力集中，要尽量避免。不必要地增加焊件厚度或焊缝体积，就会产生多向应力，使焊接性变差，因此要注意防止。

4. 使用条件

焊接结构的使用条件是多种多样的，在高温工作时，可能产生蠕变；低温下工作或受冲击载荷时，容易产生脆性破坏；在腐蚀介质中工作时，接头要求具有耐蚀性。总之，使用条件越苛刻，焊接性就越不容易保证。

三、金属材料焊接性的评定方法

1. 碳当量法

根据钢材的化学成分与焊接热影响区淬硬性的关系，把钢中合金元素（包括碳）的含量，按其作用折算成碳的相当含量（以碳的作用系数为1）作为粗略评定钢材焊接性的一种参考指标。计算碳当量的经验公式很多，常用的是国际焊接学会（IIW）推荐的碳当量（%）公式：

$$w(\mathrm{CE}) = w(\mathrm{C}) + \frac{1}{6}w(\mathrm{Mn}) + \frac{1}{15}[\,w(\mathrm{Cr}) + w(\mathrm{Mn}) + w(\mathrm{V})\,] +$$

$$\frac{1}{5}[\,w(\mathrm{Ni}) + w(\mathrm{Cu})\,]$$

碳当量 w（CE）值越大，钢材的淬硬倾向越大，冷裂纹敏感性也越大。经验指出：当 w（CE）<0.4% 时，钢材的焊接性优良，淬硬倾向不明显，焊接时不必预热；当 w（CE）=0.4%~0.6% 时，钢材的淬硬倾向逐渐明显，需要采取适当的预热和控制热输入等措施；当 w（CE）>0.6% 时，钢材的淬硬倾向大，属于较难焊接的金属材料，需要采取较高的预热温度和严格的工艺措施。

由于计算碳当量时，没有考虑焊接残余应力、扩散氢含量、焊缝受到的拘束等，故只能粗略地估价金属材料的焊接性。

2. 直接试验法

直接试验法是按规定要求来焊接工艺试板，以检测焊接接头对裂纹、气孔、夹渣等缺陷的敏感性，作为评定材料的焊接性、选择焊接方法和焊接参数的依据。

常用的直接试验法有：斜 Y 形坡口焊接裂纹试验法（简称小铁研试验法）、搭接接头焊接裂纹试验法（简称 CTS 法）等。

第三节 碳素钢的焊接

一、低碳钢的焊接

1. 低碳钢的焊接性分析

由于低碳钢的碳含量较小，故其焊接性较好。

焊接低碳钢时，一般不需要采用特殊的工艺措施，对焊接电源没有特殊要求。低碳钢焊缝的综合力学性能较好，产生裂纹的倾向性较小。沸腾钢由于其脱氧不完全，硫、磷等杂质分布不均匀，焊接时热裂纹倾向比较大，厚板焊接时还可能产生层状撕裂现象。

2. 低碳钢的焊接工艺

（1）焊条电弧焊

1）焊条的选择。焊接低碳钢时，主要是根据母材的强度等级和焊接结构的工作条件来选择焊条，一般的结构选用酸性焊条，重要结构或低温下工作的结构选用碱性低氢型焊条。常用低碳钢焊接时焊条的选择见

表7-4。

表7-4 常用低碳钢焊接时焊条选择

钢号 \ 焊条型号 \ 用途	一般结构（包括厚度不大的低压容器）	受动载荷，厚板结构，中、高压及低温容器
Q235 Q255A	E4313、E4303、E4301、 E4320、E4310	E4316、E4315 （或 E5016、E5015）
10、15、 20、Q245R	E4303、E4301、 E4320、E4310	E4316、E4315 （或 E5016、E5015）
Q245R、25、30	E4316、E4315	E5016、E5015

2）预热。低碳钢一般不需要焊前预热。但在低温情况下，焊接结构刚度大的构件时，裂纹倾向性增加，焊前需要进行预热，低碳钢的预热温度见表7-5。

表7-5 低碳钢的预热温度

板厚/mm	在各种气温下的预热温度
16以下	不低于-30℃时，不预热 低于-30℃时，预热到100~150℃
17~30	不低于-20℃时，不预热 低于-20℃时，预热到100~150℃
31~40	不低于-10℃时，不预热 低于-10℃时，预热到100~150℃
41~50	不低于0℃时，不预热 低于0℃时，预热到100~150℃

3）焊后热处理。低碳钢焊后一般不需要进行热处理，但当结构刚度较大或壁厚大于36mm时，焊后可采用600~650℃的退火处理。

(2) CO_2 气体保护焊 CO_2 气体保护焊应用的实心焊丝主要有 H08Mn2Si 和 H08Mn2SiA（ER49—1）；药芯焊丝则有 EF01—5020（YJ502—1）、EF01—5052（YJ502R—1）、EF03—5040（YJ507—1）、

EF03—5004（YJ507 Ni—1）以及 EF01—5052（YJ502R—2）、EF04—5020（YJ507—2）等，而后两种则为自保护类型。表 7-6 为几种低碳钢气体保护焊时焊接材料的选用。

表 7-6　几种低碳钢气体保护焊时焊接材料的选用

钢号	焊接材料的选用		简要说明
	保护气体	焊丝	
Q235 Q255 Q275 1520 Q245R	CO_2	ER49—1 （H08Mn2SiA） YJ502—1 YJ502R—1 YJ507—1 PK—YJ502 PK—YJ507	低碳钢焊接性优良，是最易焊接的钢种，可采用多种焊接方法，并能获得良好的焊接接头。在气体保护焊中，CO_2 焊应用最广，一般采用实心焊丝 ER49—1（H08Mn2SiA），以选用镀铜焊丝为好。采用 R49—1 焊丝（熔敷金属抗拉强度 ≥490MPa），强度略偏高。目前我国正在开发新的牌号，以更好地适用各种低碳钢焊接的需要。药芯焊丝正在发展，应用范围不断扩大，YJ502 R—2、PK—YZJ502等自保护焊丝，一般烟雾较大，适于室外工作，有较大的抗风能力。对某些结构也采用钨极氩弧焊（如锅炉的集管箱、换热器等，一般采用 H05MnSiAlTiZr 焊丝）或自动混合气体保护焊（如锅炉的水冷系统采用 ER49—1 焊丝，CO_2 + Ar 保护）
	自保护	YJ502R—2 YJ507—2 PK—YZ502 PK—YZ506	

二、中碳钢的焊接

1. 中碳钢的焊接性分析

由于中碳钢碳含量较高，焊接时有较大的热裂纹、冷裂纹和气孔倾向，焊接性较差。

（1）热裂纹　焊接过程中如果熔合比控制不当，会使焊缝中碳含量增高，加上硫等有害杂质的影响，容易在焊缝中产生热裂纹，特别是在收尾部位易产生弧坑裂纹，因此收弧时必须填满弧坑。

（2）冷裂纹　由于碳含量高，热影响区淬硬倾向性大，在焊接残余应力的作用下易产生冷裂纹。

（3）气孔　焊接过程中，如果局部脱氧不完全，易产生一氧化碳气孔。

2. 中碳钢的焊接工艺

1）尽量选用低氢型焊接材料以提高焊接接头的抗裂性能。如果焊缝与母材不要求等强度时，亦可采用强度级别低一档次的低氢型焊条或铬镍奥氏体不锈钢焊条以减少焊接应力，提高抗裂性能。中碳钢焊接时的焊条选择见表7-7。

表 7-7 中碳钢焊接时焊条的选择

钢 号	焊 接 性	选用的焊条型号	
		不要求等强度	要求等强度
35、ZG270—500	较好	E4303、E4301、E4316、E4315	E5016、E5015
45、ZG310—570	较差	E4303、E4301、E4316、E4315、E5016、E5015	E5516、E5515
55、ZG340—640	较差	E4303、E4301、E4316、E4315、E5016、E5015	E6016—D1 E6015—D1

2）需要焊前预热或控制多层焊时的层间温度，一般35、45钢预热温度可在150~250℃。

3）对于大厚度、大刚度或在动（或冲击）载荷条件下工作的焊件，除提高预热温度外，还应增加焊后600~650℃的去应力热处理（高温回火）、后热处理。

4）为防止在焊沸腾钢时焊缝出现气孔，应选择有足够脱氧剂（Mn、Si、Al等）的焊接材料。常用中碳钢气体保护焊时焊接材料的选用见表7-8。

表 7-8 常用中碳钢气体保护焊时焊接材料的选用

钢 号	焊接材料的选用		简要说明
	保护气体	焊丝	
35 45	CO_2 或 Ar80%+$CO_2$20%（体积分数）	ER49—1 ER50—2 ER50—3、 ER50—6、 ER50—7 PK—YJ507 YJ507—1 YJ507Ni—1	中碳钢的 w（C）=0.4%时基本仍按低碳钢选用焊丝；当强度要求高时，可选用ER50—2、ER50—3、ER50—4、ER50—5、ER50—7等或相当强度级别的药芯焊丝，并采取适宜的焊接工艺，严格控制焊接过程，避免热影响区产生马氏体组织和裂纹

第四节 低合金结构钢的焊接

一、低合金结构钢焊接性的分析

各种低合金结构钢的化学成分不同、性能差异很大，焊接性的差异也较大。但总的来讲，低合金结构钢与低碳钢相比，热影响区淬硬倾向性较大，对氢的敏感性强，当焊接接头有较大的焊接内应力时，容易产生各种裂纹。此外，在焊接热循环的作用下，热影响区的组织性能发生变化，增加了脆性破坏的倾向。因此，焊接这类钢裂纹和脆性是主要问题。

1. 焊接裂纹

（1）冷裂纹倾向　由于这类钢是在碳钢的基础上加有少量合金元素，如铬、钼、钒、锰、硅、钛、铌、硼等，这些合金元素对焊接性有一定影响。最明显的影响是增加了焊接接头的淬硬倾向，在其他不利条件（如焊缝中扩散氢含量过高、接头中焊接内应力较大）的作用下，易产生冷裂纹，且往往是延迟裂纹。

强度较高的低合金结构钢冷裂纹倾向性大，强度较低的低合金结构钢冷裂纹倾向性很小。

（2）热裂纹倾向　低合金结构钢产生热裂纹的倾向比产生冷裂纹的倾向小得多，但当钢中含碳、硫偏高，或镍、磷、铜、铌同时存在和结构板厚较大，焊接参数、焊缝成形系数控制不当时，热裂纹倾向性较大。

（3）再热裂纹倾向　部分靠铬、钼、钒、钛、铌、硼等沉淀强化的低合金结构钢，焊接接头有明显的再热裂纹倾向。

2. 热影响区过热组织的脆性

低合金结构钢在焊接过程中，如果热输入过大，热影响区易产生魏氏组织或淬硬组织，是整个焊接接头中冲击韧度最低的脆性区。

二、低合金结构钢的焊接工艺

1. 焊前准备和组装要求

（1）焊前准备　焊前清理干净坡口边缘油污；严格按规定烘干焊条，注意控制焊接材料和母材中的硫、磷含量。

（2）组装要求　装配时，装配间隙不能过大，不能强制装配。焊前需要预热的材料，定位焊时也应预热，用与正式焊缝相同的焊条焊接定位焊缝，且定位焊缝的长度不小于50mm。

2. 焊条的选择

低合金结构钢焊接时，主要根据钢材的力学性能选择相应强度等级的焊条。同时还要考虑坡口形式、焊后冷却速度以及结构件的使用条件等。对强度高或要求低温性能好的重要结构件，要选用碱性低氢型焊条；对于强度等级低而非重要的结构件可以选择相同强度等级的酸性焊条。

常用低合金结构钢的焊条选择见表7-9。

表7-9 常用低合金结构钢的焊条选择

钢 号	型 号	牌 号
Q295（09Mn2、09MnV）	E4303 E4315 E4316	J422 J427 J426
Q345（16Mn、14MnNb）	E5015 E5016	J507 J506
Q390（15MnV、15MnTi）	E5015 E5515—G	J507 J557 J556
18MnMoNbg、14MnMoVg	E6015—D1 E7015—D2	J607 J707

3. 埋弧焊、CO_2 气体保护焊用焊材选择

常用低合金结构钢埋弧焊、CO_2 气体保护焊用焊接材料见表7-10。

表7-10 常用低合金结构钢埋弧焊、CO_2 气体保护焊用焊接材料

钢 号	埋 弧 焊		CO_2 气体保护焊
	焊剂	焊丝	焊丝
Q295（09Mn2、09MnV）	HJ430 HJ431 SJ301	H08A H08MnA	ER49—1 ER50—2
Q345（16Mn、14MnNb）	SJ501	薄板：H08A H08MnA	ER49—1 ER50—2 YJ502—1 YJ502R—1 YJ507—1

(续)

钢 号	埋弧焊		CO_2 气体保护焊
	焊剂	焊丝	焊丝
Q345（16Mn、14MnNb）	HJ430 HJ431 SJ301	不开坡口对接 H08A 中厚板开坡口对接 H08MnA H10Mn2	ER49—1 ER50—2 YJ502—1 YJ502R—1 YJ507—1
	HJ350	厚板深坡口 H10Mn2 H08MnMoA	
Q390（15MnV、15MnTi）	HJ430 HJ431	不开坡口对接 H08MnA 中厚板开坡口对接 H10Mn2 H10MnSi	ER49—1 ER50—2 YJ502—1 YJ502R—1 YJ507—1
	HJ250 HJ350 SJ101	厚板深坡口 H08MnMoA	
18MnMoNbg、14MnMoVg	HJ350 HJ250 SJ101	H08MnMoA H08Mn2MoA	ER49—1 ER50—2 ER55—D2 YJ707—1

4. 焊接参数选择

低合金结构钢焊接时，要严格控制热输入，热输入对热影响区淬硬组织和过热组织的脆化有直接影响，所以焊接施工前应通过焊接工艺评定来确定焊接参数。

5. 焊前预热、后热和焊后热处理

低合金结构钢焊接时，根据结构的刚度、接头形式、环境温度等因素合理地选择预热和热处理工艺来保证这类钢的焊接质量。

对于强度等级大的钢应采用焊后保温缓冷措施，强度等级大于500MPa，且有延迟裂纹倾向的低合金结构钢，焊后应立即进行后热处理，温度为 300~400℃，保温 3~6h。

常用低合金结构钢的焊前预热和焊后热处理温度见表 7-11。

表 7-11 常用低合金结构钢的焊前预热和焊后热处理温度

钢　　号	预热温度/℃	焊后热处理温度/℃
Q295（09Mn2、09MnV）	不预热	不热处理
Q345（16Mn、14MnNb）	100~150（$\delta \geqslant 30mm$）	600~650 回火
Q390（15MnV）	100~150（$\delta \geqslant 28mm$）	600~650 回火
18MnMoNbg 14MnMoVg	150~200	600~650 回火

第五节　珠光体耐热钢的焊接

珠光体耐热钢是以铬、钼为主要合金元素的低合金钢。这类钢主要用来制造发电设备中的锅炉、汽轮机、管道部件以及石油化工设备等。

一、珠光体耐热钢的焊接性分析

1. 焊缝金属的合金化问题

珠光体耐热钢的高温强度和高温抗氧化性较好。

高温强度指标主要有两个：一是蠕变极限（表明金属在高温时，单位面积上受一定力的作用便开始产生缓慢的塑性变形称为高温蠕变，此应力即为该金属的蠕变极限）；二是持久强度（表明金属在高温时，单位面积上长期受一定的力便会断裂，此应力即为该金属的持久强度）。

满足珠光体耐热钢高温强度的途径，主要靠加入钼（因钼熔点高，能显著提高金属的高温强度）。但如果同时加入少量钒，能形成碳化钒，呈弥散分布，可阻碍高温时金属的塑性变形，另外可保证钼全部进入固溶体，钒的这两个作用都有利于提高金属的高温强度。

珠光体耐热钢的高温抗氧化性，主要是靠加入一定数量的铬。因为铬和氧的亲合力比铁大，在高温时，金属表面首先形成一层氧化铬保护膜，从而防止内部金属的氧化。

鉴于上述原因，焊接珠光体耐热钢时要保证焊缝金属的化学成分，最大限度地接近被焊钢材的化学成分，否则将使焊接接头的持久强度和蠕变极限降低或高温时焊缝被氧化。

2. 冷裂纹倾向

由于这类钢含有铬和钼，有明显的淬硬倾向，焊接时在焊接接头处容易产生硬而脆的马氏体组织，并且还会产生很大的焊接内应力，因此易产生冷裂纹。

3. 再热裂纹倾向

由于这类钢含有对再热裂纹敏感的元素，如钼、钒、铌、硼等，焊后重复加热（热处理及其他热加工）时，会产生再热裂纹。

二、珠光体耐热钢的焊接工艺

1. 焊接热输入的选择

珠光体耐热钢由于淬硬倾向大，焊后又进行热处理，单纯选用较小热输入焊接，会使接头增加淬硬程度，而选用较大的热输入焊接，又会使热影响区晶粒大而脆化。因此，用合适的预热加上适当较小的热输入焊接，对改善热影响区的韧性很有好处，焊接时一定要严格控制热输入。

2. 预热和层间温度

珠光体耐热钢除很薄的板和管外，都要进行焊前预热和层间保温。

3. 焊后缓冷

珠光体耐热钢焊后必须缓冷，即使在环境温度较高（炎热的夏天）的情况下焊接也必须做到这一点，一般是焊后立即用石棉布覆盖焊缝及近缝区。小的焊件可以直接放在石棉灰中，以确保缓冷。

4. 焊接过程中的注意事项

1）焊缝要尽量一次焊完，最好不要中断。如果需中间暂停时，也应使已焊部分缓慢冷却，必要时进行中间热处理。再进行焊接前，必须仔细清理、检查并预热焊件。

2）厚板宜采用多层焊，以增加自回火作用。

3）控制层间温度，使其不低于预热温度。

4）不允许进行强制装配，定位焊时也应预热。

5. 焊后热处理

这类钢焊后都要立即进行高温回火，以消除内应力，改善组织，并有去氢作用。如果焊后不能立即进行热处理时，则立即进行后热处理（消氢处理）。表 7-12 为珠光体耐热钢焊接材料的选用，表 7-13 为低合金耐热钢最低预热温度及焊后热处理温度。

表 7-12 珠光体耐热钢焊接材料的选用

钢 号		焊条电弧焊		埋 弧 焊		气体保护焊	
国标	ASTM（DIN）	牌号	型号	牌号	型号	牌号	型号
15Mo	A204—A.B.C A209—T1 A335—P1 （15Mo3）	R102 R107	E5003—A1 E5015—A1 E7015—A1 （AWS）	H08 MnMoA + HJ350	F5114— H08 MnMoA F7P0— EA1—A1 （AWS）	H08MnSiMo TGR50M （TIG）	ER55—D2
12CrMo	A387—2 A213—T2 A335—P2	R202 R207	E5503—B1 E5515—B1 E8015—B1 （AWS）	H10MoCrA + HJ350	F5114— H10MoCrA F9P2—EG—G （AWS）	H08CrMnSiMo TGR55M （TIG）	ER55—B2
15CrMo	A213—T12 A199—T11 A335—P11，12 A387—11，12 （13CrMo44）	R302 R307 R306Fe R307H	E5503—B2 E5515—B2 E5518—B2 E8018—B2 （AWS） E8015—B2	H08CrMoV + HJ350	F5114— H08CrMoA F9P2—EG—B2 （AWS）	H08CrMnSiMo TGR55CM （TIG）	ER55—B2
12Cr1MoV	（13CrMoV42）	R312 R316Fe R317	E5503—B2—V E5518—B2—V E5515—B2—V	H08CrMoA + HJ350	F6114— H08CrMoV	H08CrMnSiMoV TGR55V （TIG）	ER55B2MnV

表7-13 低合金耐热钢最低预热温度及焊后热处理温度

钢 种	预 热		焊后热处理/℃
	厚度/mm	最低温度/℃	
15Mo	≥20	80	600~620
12CrMo 15CrMo	≥20	120	640~680
12Cr1MoV	≥10	150	720~740

第六节 奥氏体不锈钢的焊接

奥氏体不锈钢如 06Cr19Ni10、12Cr18Ni9、1Cr18N19Ti、1Cr18Ni12Mo2Ti 等,在不锈钢中应用最广泛。

一、奥氏体不锈钢的焊接性分析

奥氏体不锈钢具有较好的焊接性,但是如果焊接材料和焊接工艺选择不当,容易产生晶间腐蚀和焊接热裂纹。

1. 晶间腐蚀(包括刀状腐蚀)

焊缝在450~850℃温度区间停留,或在焊接热循环作用下,加热至450~850℃时,奥氏体不锈钢中的碳和铬形成碳化铬,使晶粒边界处奥氏体局部贫铬,丧失耐腐蚀能力的现象(即沿晶粒边界发生腐蚀)称为晶间腐蚀。晶间腐蚀的特点是外观仍有金属光泽,但因晶粒已失去联系,敲击时失去金属声音,钢质变脆。

一般认为650℃为晶间腐蚀敏感温度,奥氏体钢焊缝或热影响区只要在这个温度停留十几秒到几分钟,就会产生晶间腐蚀。

2. 热裂纹

焊接奥氏体不锈钢时,焊缝和近缝区会产生裂纹,而且主要是热裂纹,其原因如下:

1)奥氏体不锈钢的热导率小,线膨胀系数大,焊接过程中,在不均匀加热的条件下,焊接接头可产生较大的焊接应力。

2)奥氏体钢焊缝易形成方向性强的柱状晶组织,促进了有害杂质偏析,易形成晶间液态夹层,增大热裂倾向。

3)因为奥氏体不锈钢中,含有较多镍合金元素,再加上硫、磷等杂质的作用,易形成低熔点共晶体,增大了热裂倾向。

3. 脆性 σ 相析出

奥氏体不锈钢焊缝，在 650~850℃ 停留时间过长时，可能析出硬脆、无磁性的金属化合物。由于这种硬脆性相的析出，割断了晶间的联系，使该处的塑性和韧性严重降低，而且抗晶间腐蚀性能也有所下降。

二、奥氏体不锈钢的焊接工艺

1. 焊前准备

坡口加工一般采用机械加工的方法，如采用等离子弧切割坡口时，要用砂轮机将被切割面打磨掉 2mm 以上。施焊前将坡口两侧 20mm 内的水分、油污、杂质清除干净，焊件表面不允许有机械损伤。

2. 焊接注意事项

（1）采用小的热输入　在相同条件下，焊接电流应比普通碳钢、低合金结构钢小 10%~20%。

（2）采取冷却措施　要采取强制冷却（例如水冷、吹压缩空气等）措施，控制层间温度，尽量减少焊缝在 450~850℃ 的停留时间。

（3）采取拖焊法　焊条不准做横向摆动。

（4）其他

1）避免飞溅。

2）不可随便到处乱打弧。

3）焊缝表面应光洁，无凸凹不平现象，彻底除净焊缝表面残渣。

4）在接触腐蚀介质的焊缝根部，禁止预留垫板或锁边，要保证焊透。

5）焊接电缆卡头在焊件上要卡紧，以免发生打弧或过烧现象。

6）接触腐蚀介质的焊缝应最后焊接。

7）焊缝交接处要错开。

3. 焊后处理

（1）固溶（或奥氏体化）处理　将焊接接头加热到 1050~1100℃，然后急冷便得到稳定的奥氏体组织。经过这种处理后，如果焊接接头仍在危险温度区间工作，碳仍会析出形成贫铬层而产生晶间腐蚀。

（2）均匀化处理（或称稳定化退火、免疫处理）　将焊接接头加热至 850~900℃，保温一定时间，使奥氏体晶粒内部的铬有充分的时间扩散到晶界，使晶界处铬的质量分数又恢复到大于临界值（12%），从而避免产生晶间腐蚀。

4. 焊条电弧焊

奥氏体不锈钢焊条药皮分为钛钙型和低氢型两种。为了获得良好的抗裂性和耐蚀性,通常在焊条制造过程中加入一定量的铁素体形成元素。

按等同性原则,根据不锈钢的化学成分、工作温度、介质和焊件结构合理地选择焊条。常用奥氏体不锈钢焊条的选用见表7-14。施焊前,焊条要严格地按焊条说明书上的烘干温度烘干。且放在焊条保温筒内,随用随取,其烘干次数不准超过两次。

表7-14 常用奥氏体不锈钢焊条的选用

钢材牌号	工作条件及要求	选用焊条	
		型号	牌号
06Cr19Ni10	工作温度低于300℃,同时要求良好的耐蚀性	E308—16 E308—15	A102、A101、A102A A107 A112、A117
1Cr18Ni9Ti	要求优良的耐蚀性及要求采用含钛元素的Cr18Ni9型不锈钢	E347—16、 E347—15、 E308—16、 E308—15	A132 A137 A002、A002A
06Cr17Ni12Mo2Ti 1Cr18Ni12Mo2Ti	抗无机酸、有机酸、碱及盐腐蚀,要求良好的抗晶间腐蚀性能	E316—16、 E316—15、 E318—16	A201、A202 A212
06Cr18Ni12Mo2Cu2	在硫酸介质中,要求更好的耐蚀性	—	A802
08Cr25Ni20	高温工作(工作温度低于100℃),不锈钢与碳钢焊接	E2—26—21—16 E2—26—21—15	

5. 氩弧焊

表7-15为焊接奥氏体不锈钢时氩弧焊焊接材料的选用、表7-16为奥氏体不锈钢手工钨极氩弧焊的焊接参数、表7-17为奥氏体不锈钢熔化极混合气体脉冲氩弧焊的焊接参数。

表7-15 焊接奥氏体不锈钢时氩弧焊焊接材料的选用

钢 号	氩 弧 焊	
	保护气体	焊 丝
06Cr19Ni10 12Cr18Ni9	Ar 或 Ar + He（TIG 焊） Ar + 2%O_2 或 Ar + 5%CO_2（体积分数）	H0Cr21Ni10
0Cr18Ni10Ti 1Cr18Ni9Ti		H0Cr20Ni10Ti
06Cr17Ni12Mo2Ti		H00Cr19Ni12Mo2
1Cr18Ni12Mo2Ti		H0Cr19Ni12Mo2
06Cr18Ni12Mo2Cu2		H00Cr19Ni12Mo2Cu2

表7-16 奥氏体不锈钢手工钨极氩弧焊的焊接参数

焊接母材厚度/mm	接头形式	钨极直径/mm	焊丝直径/mm	焊接电流/A	焊接速度/(mm/min)	氩气流量/(L/min)	电源类型
1.0 + 1.0	对接	2	1.6	35 ~ 75	150 ~ 550	3 ~ 4	交流
1.0 + 1.0	对接	2	1.6	30 ~ 60	110 ~ 450	3 ~ 4	直流正接
1.2 + 1.2	对接	2	1.6	50	250	3 ~ 4	直流正接
1.5 + 1.5	对接	2	1.6	45 ~ 85	120 ~ 500	3 ~ 4	交流
1.5 + 1.5	对接	2	1.6	40 ~ 75	80 ~ 300	3 ~ 4	直流正接
1.0 + 1.0	对接	2	—	45	230	3 ~ 4	交流
1.0 + 1.5	丁字接头	2	1.6	40 ~ 60	60 ~ 80	3 ~ 4	交流

表 7-17 奥氏体不锈钢熔化极混合气体脉冲氩弧焊的焊接参数

板厚/mm	接头形式	电弧电压/V	脉冲电流平均值/A	基值电流/A	焊接电流平均值/A	脉冲频率/Hz	通断比（%）	送丝速度/(mm/min)	焊接速度/(mm/min)
3	对接	24	140~170	50	190~210	50	40~50	5500	630~700
4	对接	24	160~180	60	210~240	50	50	700	630~700
5	对接	25	210~220	50~60	250~270	50~55	60	8600	580~650
8	对接	26	190~220	60	240~250	55	60	7000~8000	580（两面焊参数相同）
8	对接（开V形坡口）	24	190~200	60	240~250	55	60	7000~8000	630（一）580（二）（两面焊）

第七节　铸铁补焊

碳的质量分数大于2%的铁碳合金称为铸铁。按照碳在铸铁组织中存在形式的不同，铸铁可分为白口铸铁、灰铸铁、可锻铸铁和球墨铸铁等。灰铸铁的应用较为广泛。

铸铁目前常以铸件的形式应用于生产，由于铸造工艺特点，铸件往往存在着各种不同程度的缺陷，在生产中也有许多因各种原因而损坏的铸铁件。所以铸铁的焊接实际上就是对存有缺陷或者损坏的铸铁件进行补焊。

一、灰铸铁的焊接性

灰铸铁的焊接性很差，特别是焊条电弧焊时，如果焊条选择不当，或没有采取一些特殊的工艺措施，则在焊接过程中会产生白口组织和裂纹。

二、补焊工艺

1. 焊条的选择

铸铁补焊时，应根据对焊缝的要求来选择焊条。例如焊缝不需要机械加工时，则可以选用铜铁铸铁焊条、高钒铸铁焊条等；如果焊后需对焊缝进行机械加工时，则可选用纯镍焊条、镍铜焊条或镍铁焊条，但这类焊条价格较贵。

常用铸铁焊条的型号、成分和用途见表7-18。

表7-18　常用铸铁焊条的型号、成分和用途

焊条型号	焊条牌号	药皮类型	焊接电源	焊芯主要成分	焊缝金属主要成分	主要用途
EZV	Z116	低氢钾型	交直流	碳钢（高钒药皮）	高钒铜	高强度灰铸铁件及球墨铸铁的补焊
EZV	Z117	低氢钠型	直流	碳钢（高钒药皮）	高钒铜	高强度灰铸铁件及球墨铸铁的补焊
EZC	Z208	石墨型	交直流	碳钢	铸铁	一般灰铸铁件补焊

(续)

焊条型号	焊条牌号	药皮类型	焊接电源	焊芯主要成分	焊缝金属主要成分	主要用途
EZNi	Z308	石墨型	交直流	纯镍	纯镍	重要灰铸铁薄壁件和加工面的补焊
EZNiFe	Z408	石墨型	交直流	镍铁合金	镍铁合金	重要高强度灰铸铁件及球墨铸铁的补焊
EZNiCu	Z508	石墨型	交直流	镍铜合金	镍铜合金	强度要求不高的灰铸铁件的补焊

2. 补焊方法和补焊要点

焊条电弧焊补焊铸铁的方法主要有以下几种。

(1) 焊条电弧焊冷焊法 冷焊法由于焊前不预热,所以劳动条件好,生产效率高,焊接成本低,但焊缝及热影响区的冷却速度较快,极易形成白口和产生裂纹。为了保证铸铁的补焊质量,补焊前应清除干净焊接部位的油污、砂、水、锈等污物,并视缺陷的类型采取必要的措施。如裂纹两端需钻止裂孔,去除裂纹,并开成坡口。

对深坡口的焊件,当母材材质差,而要求焊缝强度较高时,可在坡口两侧拧入钢质螺栓,如图7-1所示。焊接时,先环绕螺栓焊接,再填满螺栓之间的空隙。

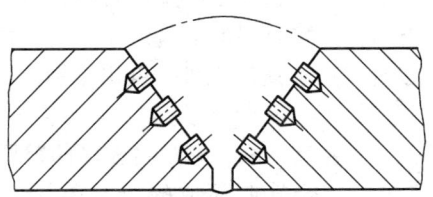

图 7-1 用螺栓增强焊缝强度

焊接时,为避免母材熔化过多,减少白口层,应尽量采用小电流、短弧、短焊道(每段焊道长度一般不超过50mm)、直线运条法焊接,焊后应锤击焊缝,以消除应力,防止开裂,待温度降至60℃以下时再焊下一道。

(2) 不预热焊条电弧焊法 不预热焊条电弧焊法与焊条电弧冷焊法的主要区别在于焊条使用含石墨化元素较多的铸铁作焊芯和石墨化型药皮。

焊接时,采用直流反接,用大电流、连续焊。因此被焊部分的温度较高,降低了焊缝熔合区金属的冷却速度,使石墨能充分析出,以减轻熔合区的白口化。

(3) 焊条电弧焊半热焊法 焊前将焊件加热至400℃左右,采用钢芯石墨化型铸铁焊条。焊接时采用大电流、连续焊,使焊缝在缓慢冷却的情况下得到灰铸铁组织。

(4) 焊条电弧热焊法 焊前将焊件整体或局部预热至550~650℃,并在400℃以上焊接。焊接时,采用铸铁芯铸铁焊条,用大电流焊接。除待焊部位外,其余均用石棉布遮盖,整个焊接过程一次完成。焊后可将焊件放在草木灰内缓冷,也可在预热炉内加热到一定温度后,随炉冷却。

因预热温度高,焊缝冷却缓慢,能有效地防止裂纹和白口产生,并能得到母体铸铁组织的焊缝,焊接质量高于其他焊接方法,但劳动条件较差。

第八节 不锈复合钢板的焊接

不锈钢具有良好的耐蚀性,所以用不锈钢制作的各种容器、管道在工作期限内腐蚀量往往并不大,其结果使大部分材料没有得到充分利用而造成浪费。不锈钢是一种比较贵重的金属材料,为此人们研制了一种新型的不锈复合钢材料。这种材料既能节约昂贵的不锈钢,又能保证产品的性能,是一种很有发展前途的钢种,可用来制造化工、石油等工业的容器和管道等。

不锈复合钢板是一种新型材料,它是由较薄的覆层(不锈钢)和较厚的基层(珠光体钢)复合轧制而成的双金属板。覆层不锈钢多由1Cr18Ni9Ti、08Cr13、0Cr17Ni12Mo2Ti等制造;基层珠光体钢多用低碳钢或低合金钢制造,如Q235、Q345(16Mn)、12CrMo钢等。不锈复合钢板的形式如图7-2所示。覆层通常只有1.5~3.5mm厚,它和工作介质相接触,保证耐蚀性,强度靠基层获得。采用不锈复合钢板制造的结构,比单独采用不锈钢节省 60%~70% 的钢材，因此目前已得到大量推广应用。

不锈复合钢板热导率比单体不锈钢高 1.5~2 倍，因此特别适用于既要求耐腐蚀又要求传热效率高的设备。

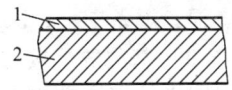

图 7-2　不锈复合钢板
1—覆层（不锈钢）
2—基层（珠光体钢）

一、不锈复合钢板的焊接性

不锈复合钢板是由化学成分不同、物理性能相异的两种钢板组合而成的。覆层钢与基层钢相比较，覆层钢具有较高的铬、镍含量，而碳含量较低。

如果选用结构钢焊条（或焊丝）焊接基层钢时，焊缝金属有可能熔化了部分覆层不锈钢板，使焊缝金属中的合金元素增加，结果与覆层接触的焊缝处会产生贝氏体或马氏体组织，使此处焊缝金属的硬度、脆性提高，塑性大大降低，冲击韧度值显著下降，并会促使裂纹的产生。

如果选用与覆层不锈钢相似的焊接材料施焊覆层时，也可能熔化了部分基层金属，使覆层焊缝中的合金元素稀释，碳含量增高，结果大大降低了覆层焊缝的耐蚀性。同时，覆层与基层界面的焊缝中增加了基层的合金元素，也会形成硬脆的马氏体组织，成为产生裂纹的原因。

为解决上述矛盾，应避免基层与覆层直接焊接在一起，要求过渡层的焊缝不使覆层不锈钢的合金元素稀释，尽量减少马氏体组织的形成。

覆层与基层的物理性能也有很大差异：1Cr18Ni9Ti 不锈钢的热导率约为碳钢的 1/3；电阻为碳钢的 4 倍之多；线膨胀系数比碳钢大 40%，随着温度的升高，线膨胀系数的差异会产生很大的应力。加之，焊接过程中，由于加热和冷却不均匀，在基层的厚度方向上就会产生很大的残余应力，这种残余应力在覆层不锈钢表面上形成拉伸应力。这两种应力的叠加，是不锈复合钢板焊接时产生裂纹的主要原因。

二、不锈复合钢板的焊接工艺

制造不锈复合钢板焊接结构时，其焊缝是由基层、覆层和过渡层三部分组成的。基层和覆层是分开焊接的，基层钢的焊接工艺与珠光体钢相同，覆层钢的焊接工艺与不锈钢相同。不锈复合钢板焊接的关键在于过渡层的焊接，其在本质上属于异种钢的焊接。

1. 焊接材料的选择

（1）过渡层的焊接材料　过渡层大都采用焊条电弧焊进行焊接。为减少基层金属对覆层焊缝金属的稀释作用，并补充焊接过程中合金元素的烧损，焊条中铬、镍合金元素的含量应高于覆层不锈钢中的含量。

（2）基层的焊接材料　选用与基层金属单独焊接时相同的焊接材料，并以同样的焊接工艺进行施焊。焊接时，都不进行预热和焊后去应力的回火热处理。但是焊接大厚度和刚性大的结构时，在焊接基层以前预热，基层焊接完毕后可以进行整体或局部的回火，以消除焊接残余应力。回火温度不能超过400℃，否则会影响覆层不锈钢的耐蚀性。基层金属焊接常用的焊接方法有埋弧焊和焊条电弧焊。

（3）覆层的焊接材料　原则上使用与单独焊接不锈钢时相同的焊接材料，焊接方法可采用埋弧焊、焊条电弧焊和气体保护焊。

不锈复合钢板焊条电弧焊时，所选用的焊条牌号及型号见表7-19。

表7-19　部分不锈复合钢板焊条电弧焊时所选用的焊条牌号及型号

钢板牌号	基层（焊条型号）	过渡层（焊条牌号）	覆层（焊条牌号）
06Cr13＋Q235	E4303，E4315	A302，A307	A132，A137
06Cr13＋Q345 （16Mn、15MnV）	E5003，E5015	A302，A307	A132，A137
06Cr13＋72CrMo	TRCrMo2 TRCrMo7	A302，A307	A132，A137
0Cr18Ni10Ti＋Q235 1Cr18Ni9Ti＋Q235	E4303，E4315	A302，A307	A132，A137
0Cr18Ni10Ti＋Q345（16Mn） 1Cr18Ni9Ti＋Q345 （16Mn、15MnV）	E5003，E5015	A302，A307	A132，A137
Cr18Ni12Mo2Ti＋Q235	E4303，E4315	A312，A317	A212，A217
Cr18Ni12Mo2Ti＋Q345 （16Mn、15MnV）	E5003 E5015（E5515）	A312，A317	A212，A217
0Cr17Ni12Mo2Ti＋Q235	E4303，E4315	A312，A317	A212，A217
0Cr17Ni12Mo2Ti＋Q345 （16Mn、15MnV）	E5003 E5015（E5515）	A312，A317	A212，A217

2. 坡口形式和尺寸

不锈复合钢板对接焊缝的坡口形式和尺寸见表7-20。坡口分外坡口和内坡口两种，其中以外坡口的应用最为普遍。

表7-20 不锈复合钢板对接焊缝的坡口形式和尺寸

板厚δ/mm	外 坡 口	内 坡 口
6~20	70°~90°，1.0~1.5	1.0~1.5，70°~90°
20~32	10°，R5，2.0~2.5	60°~90°，2/3δ，2.0~2.5，60°~90°
>32	10°，2.0~2.5，R3	60°~90°，2.0~2.5，2/3δ，R5，2°

注：δ为板厚。

3. 装配定位焊

不锈复合钢板装配时，一定要以覆层钢板为基准对齐，尤其在不同厚度组对时，更应注意，如图7-3所示。如果覆层之间错边量过大，减薄了对接处的不锈钢厚度，会降低使用寿命，同时基层根部焊缝有可能熔化，焊缝变得硬而脆。表7-21介绍了不锈复合钢板装配时允许的错边量的参考数值。

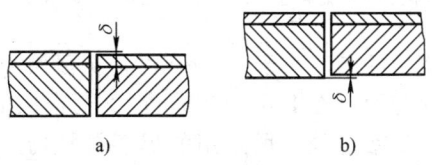

图7-3 不锈复合钢板的组对
a）不正确 b）正确

定位焊一定要焊在基层面上，所选用的焊条应与焊接基层的焊条相一致，决不允许基层的焊条在覆层面上进行定位焊，以保证覆层的焊缝质量。同样，也不允许覆层的焊条在基层上定位焊。一般定位焊的长度控制在10~30mm范围内。

表7-21 不锈复合钢板装配时允许的错边量　　　（单位：mm）

覆层厚度	纵缝错边量	环缝错边量
2~2.5	<0.5	<1.0
3~5.0	<1.0	<1.5

4. 焊接顺序

不锈复合钢板对接焊缝的焊接次序如图7-4所示。先将开好坡口的不锈复合钢板装配好（见图7-4a），首先焊接基层碳钢（见图7-4b）。基层焊接完毕，要对基层焊缝进行全面检查，确认焊缝内部质量达到要求后，再开始做焊接过渡层的准备工作。先将覆层不锈钢板一侧铲削成圆弧，为了防止未焊透，要一直铲到暴露出基层的第一层焊缝为止（见图7-4c），并打磨干净，然后焊接过渡层（见图7-4d）。基层焊缝要熔化覆层不锈钢钢板的一定厚度，才能起到隔离作用，最后在过渡层上焊接不锈钢覆层（见图7-4e）。

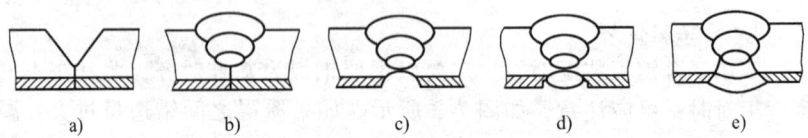

图7-4 不锈复合钢板对接焊缝的焊接次序
a）装配定位焊　b）焊接基层碳钢　c）将覆层一侧加工
d）在覆层一侧施焊过渡层　e）在过渡层上焊接覆层焊缝

当不锈复合钢板的厚度小于1.6mm时，从覆层一侧用过渡层的焊接材料进行施焊；当厚度在1.6~3.0mm时，通常从覆层和基层面各焊一层，先焊基层，后焊覆层，所采用的焊接材料仍是焊接过渡层的焊接材料；当厚度在3.0~6.0mm时，在基层一侧开成80°V形坡口，选用焊接过渡层的焊接材料先焊基层一侧，然后再焊覆层一侧。在焊接这些薄件的不锈复合钢板时，一定要在不影响焊缝质量的前提下，加快覆层焊接的冷却速度，避免覆层在400~800℃停留时间过长，而影响其耐蚀性。

不锈复合钢板搭接接头的形式如图7-5所示。在焊接区出现珠光体钢和不锈钢时，要选用过渡层的焊接材料。待焊接区只出现珠光体钢时，要选用过渡层所用焊接材料进行施焊。待焊接区都是不锈钢时，应选用覆层的焊接材料，但考虑到焊接熔池的深度可能将基层熔化，此时第一层仍要选用过渡层的焊接材料，才能保证焊缝质量。

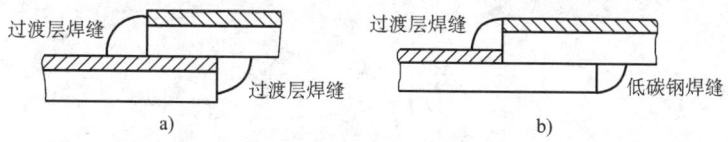

图7-5 不锈复合钢板的搭接接头形式
a）搭接焊缝为过渡层焊缝 b）一面是过渡层焊缝，一面是低碳钢焊缝

5. 注意事项

1）绝对禁止用焊接基层的焊接材料焊接过渡层或焊接覆层不锈钢，同时也要防止覆层的焊接材料错用在焊接过渡层和基层的焊缝上。

2）在覆层一侧用基层焊接材料焊接基层时，应对覆层表面（包括覆层坡口在内的两侧，各150mm范围内）涂上白垩粉加以保护，防止基层焊接材料在焊接过程中飞溅粘在覆层上，已经粘上的飞溅颗粒，必须仔细清除干净。

3）基层的根部焊缝通常用焊条电弧焊进行施焊，第一、二层焊缝在可能的情况下，用埋弧焊进行焊接。过渡层大多情况采用焊条电弧焊进行焊接。在保证焊透的情况下，为了减少合金元素的稀释，应尽量减少熔合比，此时可以采用小的焊接电流、快速焊，焊条不允许横向摆动。覆层可以采用焊条电弧焊、埋弧焊和气体保护焊进行焊接，焊接材料应选用低碳或超低碳的不锈钢材料，以提高焊缝金属的耐蚀性。焊接时，要选用小的热输入，使其在危险温度（400~800℃）区停留时间越短越好，焊后也可以用水冷却，以提高焊接接头的耐腐蚀能力。

4）焊前若发现不锈复合钢板有分层情况，不允许进行焊接。如果在焊接坡口边缘发现有分层时，一定要将不锈复合钢板全部进行无损探伤，直到判断其分层的范围很小时，可以铲除分层，进行补焊（即堆焊），修复好后再焊接。

5）基层一侧和覆层一侧都应分别使用专用的钢丝刷等工具，基层必须使用碳钢钢丝刷，而覆层则必须使用不锈钢钢丝刷。

6）覆层不锈钢焊接后，仍要进行酸洗和化学处理，或对覆层焊缝区进行局部酸洗和去掉褐色氧化膜的化学处理。

第八章

CO_2 气体保护焊

第一节 概 述

一、CO_2 焊焊接过程

如图8-1所示,保护气体 CO_2 从供气系统出来,经管路进入枪体,

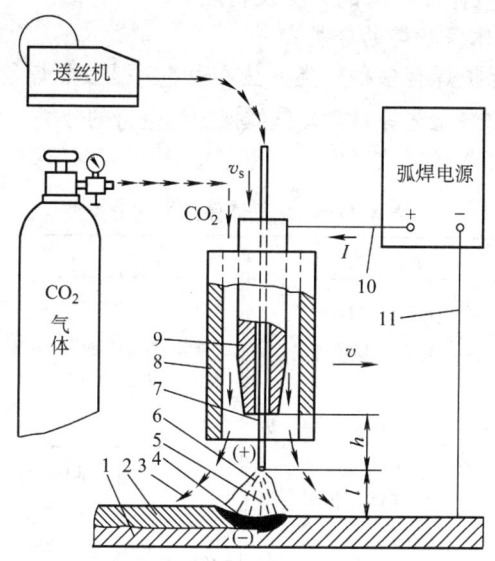

图 8-1 CO_2 焊接原理示意图

1—母材 2—焊缝 3—CO_2 气流 4—熔池 5—熔滴 6—电弧 7—焊丝
8—喷嘴 9—导电嘴 10—焊接电缆 11—地线电缆

注:l—弧长 h—焊丝干伸长 v—焊接速度 v_s—焊丝送丝速度

从喷嘴 8 喷出，形成一个连续而稳定的 CO_2 保护气罩，笼罩着从喷嘴到焊件这一段空间，将此处的空气排走，从而保护着气罩内的焊丝、熔滴、电弧、熔池和刚刚凝固而成的焊缝。CO_2 焊接的直流弧焊电源的正极输出端焊接电缆 10 接在焊枪的导电嘴上，使焊丝末端成为电弧的正极。电源的负极输出端由地线电缆 11 接在焊件（母材）上，熔池就成为电弧的负极。这样，从电源的'＋'→电缆 10→导电嘴 9→焊丝 7→电弧正极（＋）→电弧 6→熔池 4（即电弧的负极）→母材→地线电缆 11→电源的'－'，构成一个从电源到负载（电弧）的完整的闭合电路——焊接电路。

CO_2 焊时，焊丝末端受电弧热的作用而熔化，形成熔滴 5，落入熔池 4，凝固而成焊缝 2。

CO_2 焊时，焊丝从送丝机中被送丝滚轮挤压着送入导电嘴 9，带电之后向电弧输送，焊丝不断地被电弧熔化，又不断得到补充，从而使电弧长度保持相对稳定。焊丝不断地熔化成熔滴溶入熔池，凝固形成焊缝。

二、CO_2 气体保护焊的分类及特点

1. CO_2 气体保护焊的分类

CO_2 气体保护焊有多种分类方法。表 8-1 是按照焊丝直径、操作方法、特殊应用和新工艺等对 CO_2 气体保护焊进行的分类。目前在应用中，最常用的是根据焊丝形状（实心、药芯）对 CO_2 气体保护焊的分类。

表 8-1 CO_2 气体保护焊的分类

依 据	分 类	依 据	分 类
按焊丝形状	实心 CO_2 气体保护焊 药芯 CO_2 气体保护焊	按特殊应用和新工艺	CO_2 保护电弧点焊 CO_2 保护气电立焊 CO_2 气体保护窄间隙焊 CO_2 保护振动堆焊
按焊丝直径	细丝 CO_2 气体保护焊：焊丝直径≤1.2mm 粗丝 CO_2 气体保护焊：焊丝直径≥1.6mm	按保护形式	CO_2 与焊剂联合保护焊 CO_2 药芯焊丝＋实心焊丝带磁性焊剂 CO_2＋O_2 或 CO_2＋Ar 混合气体保护双层气流保护焊接法
按操作方法	CO_2 自动焊 CO_2 半自动焊		

2. CO_2 气体保护焊的工艺特点

（1）CO_2 气体保护焊的优点

1）焊接成本低。CO_2 气体及 CO_2 焊丝价格便宜，焊接能耗低，因此 CO_2 气体保护焊的使用成本很低，只有埋弧焊及焊条电弧焊的 30%~50%。

2）焊缝质量好。CO_2 气体保护焊抗锈能力强，对油污不敏感，焊缝氢含量低，抗裂性能好。

3）生产效率高。CO_2 气体保护焊采用细丝焊接时，焊接电流密度较大，电弧热量集中，熔透能力强，熔敷速度快，且焊后无需进行清渣处理，因此生产效率高；半自动 CO_2 气体保护的效率比焊条电弧焊高 1~2 倍，自动 CO_2 气体保护焊比焊条电弧焊高 2~5 倍。

4）适用范围广。适用于各种位置的焊接，而且既可用于薄板的焊接，又可用于厚板的焊接；CO_2 气流还能对焊件起一定的冷却作用，在一定程度上防止了焊接薄壁构件的烧穿问题，还能减小焊件变形。

5）便于实现自动化。CO_2 气体保护焊是明弧操作，便于监视及控制，焊前对焊件的清理工作可从简，有利于实现焊接过程的机械化及自动化。

（2）CO_2 气体保护焊的缺点

1）焊缝成形较粗糙，飞溅较大，特别是焊接参数匹配不当时，飞溅就更严重。

2）不能焊接易氧化的金属材料，且不适于在有风的地方施焊。

3）劳动条件较差。CO_2 气体保护焊弧光强度及紫外线强度分别为焊条电弧焊的 2~3 倍和 20~40 倍，电弧辐射较强；而且操作环境中 CO_2 的含量较大，对工人的健康不利，故应特别重视对操作人员的劳动保护。

三、CO_2 气体保护焊的应用范围

由于 CO_2 气体保护焊具有很多优点，已广泛地用于多种材料的焊接，它不仅可以焊接低碳钢，而且可以焊接低合金钢、低合金高强度钢，在某些情况下也可以焊接耐热钢及不锈钢。

适宜采用 CO_2 气体保护焊的材料厚度范围较大，最薄的目前为 0.8mm，最厚的达到 150mm 左右。视具体的 CO_2 气体保护焊方法的不同，合理的应用范围也不同。如细丝 CO_2 焊适宜焊接 0.8~4mm 的薄板，粗丝和药芯焊丝适宜焊接中厚板，而窄间隙焊接法在焊接大于 50mm 的厚板时则显示出优越性。

CO_2 气体保护焊还可用于耐磨零件的堆焊，如曲轴和锻模的堆焊、铸钢件及其他焊件缺陷的补焊以及异种材料的焊接，如球墨铸铁与钢的焊接等。

第二节　CO_2 气体保护焊的焊丝及气体

一、CO_2 焊丝的作用与要求

1. 作用

CO_2 焊的焊丝，在焊接过程中有以下五个方面的作用。

（1）作电极　CO_2 焊焊接电弧的两个电极，一个是焊件，另一个就是焊丝。

（2）传导电流　焊接电缆将焊接电流从弧焊电源的正极输出端传导到焊枪的导电嘴上，焊丝穿过导电嘴，又将电流从导电嘴传导到焊丝，使焊丝成为电弧的一个电极。

（3）作填充金属　焊丝作为可熔化的电极，被电弧熔化成为熔滴，熔滴经过电弧溶入熔池，被熔滴填满的熔池结晶后便成为焊缝。所以，作填充金属是焊丝的职责。

（4）向焊接熔池添加脱氧剂　CO_2 电弧的强烈氧化性，使熔池金属氧化，焊缝质量下降。为此，CO_2 焊丝成分中含有金属脱氧剂，随焊丝熔化而施加到熔池中去，参与化学反应，起到脱氧的作用。

（5）向焊缝金属补充合金　CO_2 焊电弧的强烈氧化作用，使熔池金属的合金元素氧化、烧损，因此焊缝的力学性能下降。CO_2 焊的焊丝中含有被电弧烧损的合金元素，当焊丝溶入熔池后，便补偿了被电弧烧损的合金元素，使焊后焊缝的力学性能达到要求。

2. 要求

1）焊丝的化学成分要有严格的控制。

2）保证焊缝具有较高的力学性能。

3）焊丝应有良好的导电性能。

4）焊丝应有优良的焊接操作工艺性能，如电弧稳定、焊接飞溅小、焊接成形好、焊缝不易出现气孔等缺陷。

5）焊丝应当有一定的硬度和刚性，这样可以保证焊丝自导电嘴送出后有一定的挺直度，保证电弧的稳定。

3. 种类

CO_2 常用焊丝可以分成两大类别：实心焊丝和药芯焊丝。

（1）实心焊丝　CO_2 焊的实心焊丝就是普通 CO_2 焊丝。

（2）药芯焊丝　药芯焊丝实质上是将焊丝制成细的管子，在管内装入具有稳弧剂、脱氧剂、造渣剂和渗合金剂的药粉，在焊接过程中起着和焊条药皮同样的作用，从而解决了实心 CO_2 焊丝焊接时飞溅大、合金元素烧损等诸多问题。药芯焊丝的截面形状有多种，如图 8-2 所示。

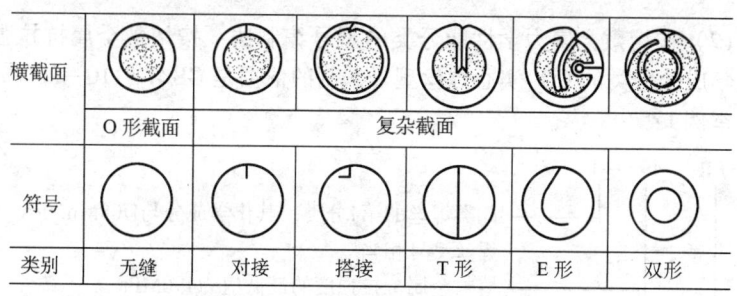

图 8-2　药芯焊丝的截面形状示意图

药芯焊丝可分成 O 形截面和复杂截面。O 形截面是无缝的，故也称为管状焊丝。复杂截面焊丝，其内部有多处折叠，故也称为折叠焊丝。一般来讲，细丝多制成 O 形，而粗丝多采用折叠形式，以增大填充金属量。

二、CO_2 焊丝的型号与牌号

焊丝的型号和牌号标志着焊丝的化学成分和熔敷金属力学性能的具体指标，有的还附加一些诸如保护气体的种类、电弧极性的接法、熔滴过渡的形式和焊接空间位置、使用和适用的要求等内容，都是对焊丝性能、特征、用途和用法的一种表示，但是焊丝的型号和牌号却有本质的差别。

焊丝的型号是焊丝标准制定机关或权威组织，以焊丝国家标准为依据，确定的该类焊丝的名称代号，是标准型号。

焊丝的牌号是焊丝生产制造厂，对其生产的焊丝产品命名的商品品牌号。当然，焊丝的牌号也可以由焊接材料生产行业组织共同命名。

1. 实心焊丝的标准型号

我国现行的 CO_2 实心焊丝的型号有两种分类编制命名方法。

（1）按焊丝化学成分分类的型号编制法　实心焊丝型号编制的依据

是 GB/T 14957—1994 和 GB/T 8110—2008。

常用 CO_2 实心焊丝 H08 Mn2SiA 的型号含义如下：

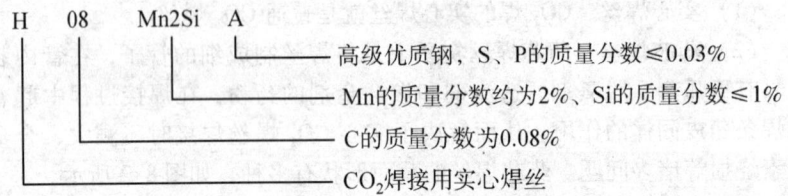

（2）按熔敷金属力学性能分类的型号编制法　按熔敷金属抗拉强度及化学成分分类的 CO_2 实心焊丝型号编制的依据是 GB/T 8110—2008。

举例1：

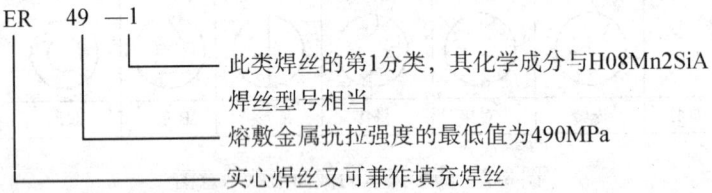

举例2：

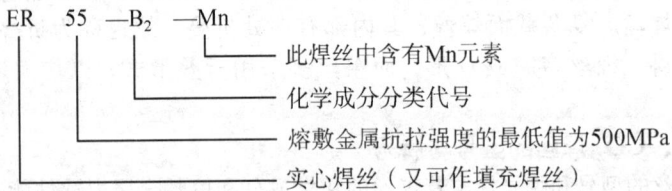

2. 药芯焊丝的标准型号

GB/T 10045—2001《碳钢药芯焊丝》是我国 CO_2 焊接药芯焊丝的标准。该标准是等效采用了美国 AWS A5.20—1995 标准制订的。

CO_2 药芯焊丝型号编制如下：

碳钢药芯焊丝型号的形式为：E xx xT -x口△。

药芯焊丝的型号结构分7个段位，每个段的表示符号及含义如下：

第1段位以字母"E"开头，表示焊丝；

第2段位是两位数字，表示熔敷金属最低的抗拉强度；

第3段位是一位数字，表示推荐的焊接位置，平焊、横焊记作"0"，全位置焊记作"1"；

第八章 CO₂ 气体保护焊

第4段位以字母"T"表示药芯焊丝；

第5段位是短横线"-"及其后面的数字，表示焊丝的类别特点。药芯焊丝按焊接位置、保护气种类、电弧极性和焊丝的适用范围，划分了15个类别（为1～14及G）。

第6段位通过字母"M"的标志与否，表示使用焊丝时应配用的保护气种类。标有"M"时，表示保护气体应为混合气体（75%～80% Ar+CO₂，体积分数）；无"M"时，表示保护气为纯 CO₂ 或自保护。

第7段位表示对焊丝熔敷金属冲击性能的特殊要求。型号中不标"L"，表示该焊丝熔敷金属冲击性能为一般要求。型号中有"L"，表示焊丝熔敷金属的冲击性能应为：-40℃时 V 型缺口冲击功不小于27J。

例如，药芯焊丝 E 501T—1ML 各代号含义如下：

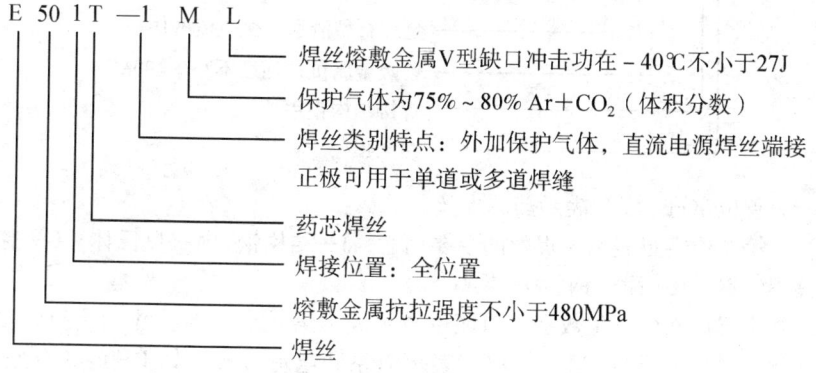

3. CO₂ 实心焊丝的牌号

当前，我国 CO₂ 焊丝牌号的使用和管理情况可归为两类。

（1）以焊丝国标型号作产品牌号　这类牌号不少。以化学成分分类的国标焊丝型号，如 H08Mn2SiA；以熔敷金属力学性能分类的国标焊丝型号，如 ER49—1，都被不少企业当做焊丝牌号使用。

（2）自创焊丝牌号　许多大型焊丝生产企业生产的 CO₂ 焊丝，都有自创的牌号，以树立其焊丝品牌。焊丝牌号与国标型号对应见表8-2。

表8-2　焊丝牌号与国标型号对应

企业焊丝牌号	对应焊丝国标型号	企业焊丝牌号	对应焊丝国标型号
CW—49	ER49—1	CW—50	ER50—6
CW—53	ER50—3	CW—57	ER50—7

4. 碳钢 CO_2 药芯焊丝的牌号

作为碳钢 CO_2 焊接的药芯焊丝的牌号也很多。为了方便用户使用，行业曾组织制订了统一牌号，如 YJ501—1 系列药芯焊丝。随着市场经济的发展，各焊丝制造厂开始编制自己企业的产品牌号，有的在原统一牌号前冠以本企业的名称代号，如 AT—YJ501—1、PK—YJ507—1，这样的牌号较多。

鉴于这种状况，将原统一牌号的编制方法予以简介。

碳钢药芯焊丝牌号举例：

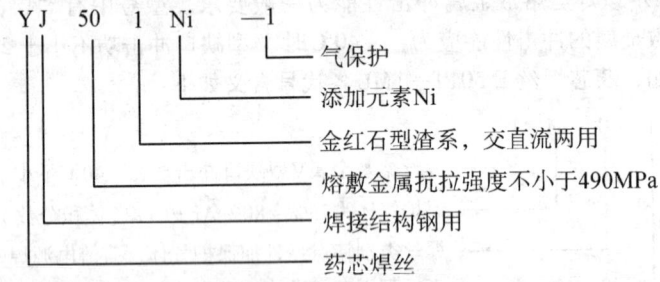

首位字母"Y"表示药芯焊丝。

第二位字母表示该焊丝的主要用途，J—结构钢、A—奥氏体、G—铬镍不锈钢、R—耐热钢、D—堆焊。

字母后面的三位数字，前两位数字表示熔敷金属的特性（抗拉强度或化学成分分类），第三位数字表示渣系和电流种类，如 1—金红石型、2—钛钙型、7—碱性。

当焊丝有特殊性能和用途时，则在数字后面加注起主要作用的元素符号或起主要用途的字母（一般不超过两个）。

在最后的短横线后面的数字表示保护类型。保护类型的数字代号见表 8-3。

表 8-3 保护类型的数字代号

数 字	保护类型	数 字	保护类型
1	气保护	3	自保护、气保护两用
2	自保护	4	其他保护形式

三、焊丝的选用

CO_2 气体保护焊焊丝的选用，应根据被焊金属材料的性质、焊接接头设计强度、焊缝质量要求、焊接施工条件（板厚、坡口形状、焊接位置、焊接条件、焊后热处理及焊接操作等）及成本等综合考虑。

1. 根据被焊结构的钢种选择焊丝

对于碳钢及低合金高强钢，主要是按"等强度匹配"的原则，选择满足力学性能要求的焊丝。对于耐热钢和不锈钢，主要是侧重考虑焊缝金属与母材化学成分的一致或相似，以满足对耐热性和耐蚀性等方面的要求。

2. 根据被焊部件的质量要求（特别是冲击韧度）选择焊丝

焊丝的选择与焊接条件、坡口形状、保护气体混合比等工艺条件有关，要在确保焊接接头性能的前提下，选择达到最大焊接效率及降低焊接成本的焊接材料。

CO_2 气体保护焊最常用的焊丝为 H08Mn2SiA，它具有良好的工艺性能和较高的力学性能，适于焊接低碳钢、低合金钢和低合金高强度钢。对焊缝致密性要求较高时，还可以采用 H04Mn2SiTiA 和 H04MnSiAlTiA 焊丝。这两种焊丝与 H08Mn2SiA 相比，碳含量降低，增加了强脱氧元素 Ti 和 Al，可以进一步改善工艺性能，不但飞溅减小，而且一氧化碳和氮引起的气孔也大为减少，从而提高了焊缝的致密性。

四、二氧化碳气体（CO_2）

焊接用的 CO_2 气体为装入钢瓶的液态 CO_2，既经济又方便。CO_2 钢瓶规定漆成黑色，上写黄色"液化二氧化碳"字样。通常容量为 40kg 的标准钢瓶可灌装 25kg 的液态 CO_2。满瓶时，CO_2 气瓶中有 20% 的容积中为 CO_2 气体。气瓶压力表上所指示的压力值是这部分气体的饱和压力。此压力的大小和环境温度有关，温度升高，饱和气压增大；温度降低，饱和气压减小。

1. 提纯处理

如果生产现场使用的市售 CO_2 气体水分含量较高、纯度偏低时，应该做提纯处理。经常用的方法是：

1）将新灌 CO_2 气体的钢瓶倒立静置 1~2h，使水分沉积在底部，然后打开倒置气瓶的气阀，根据瓶中含水量的不同一般放水 2~3 次，每次放水间隔约 30min，放水结束后将气瓶放正。

2）经放水处理后的气瓶在使用前先放气 2~3min，因为上部的气体一般含有较多的空气和水分，而这些空气和水分主要是灌瓶时混入瓶内的。

3）在 CO_2 供气管路中串接高压干燥器和低压干燥器，干燥剂可采用硅胶、无水氯化钙或无水硫酸铜，以进一步减少 CO_2 气体中的水分。用过的干燥剂经烘干后可重复使用。

2. CO_2 气体的选用

在 CO_2 气体保护焊中，应根据被焊母材性质、接头质量要求及焊接工艺等因素选用保护气体。对于低碳钢、低合金高强钢、不锈钢和耐热钢等，焊接时可选用活性气体（如 CO_2、$Ar + CO_2$ 或 $Ar + O_2$）保护，以细化过渡熔滴，克服电弧阴极斑点飘移及焊道边缘咬边等缺陷。有时也可采用惰性气体保护。但对于氧化性强的保护气体，需匹配高锰高硅焊丝，而对于富 Ar 混合气体，则应匹配低硅焊丝。

第三节 CO_2 气体保护焊的焊接参数

构成 CO_2 焊的基本要素为：保护气体、弧焊电源、焊丝输送和焊丝移动。CO_2 焊焊接参数的种类及作用见表8-4。

表8-4 CO_2 焊焊接参数的种类及作用

序号	工艺参数名称	单位	参数的作用	参数的调节	归属归类
1	保护气体种类	—	主要参数	预先选定	保护气体
2	气体流量	L/min	主要参数	随时调整	保护气体
3	喷嘴类型、直径	mm	辅助参数	预先选定	保护气体
4	喷口高度	mm	辅助参数	随时调整	保护气体
5	焊接电流	A	主要参数	粗调：改变电源外特性；细调：改变送丝速度	弧焊电源
6	电弧电压	V	主要参数	改变弧长调节	弧焊电源
7	电弧极性	正或反	主要参数	预先选定	弧焊电源
8	回路电感	mH	辅助参数	预先选定	弧焊电源
9	焊丝直径	mm	主要参数	预先选定	送丝机构
10	干伸长度	mm	辅助参数	预先选定	送丝机构
11	送丝速度	m/min	主要参数	随时可调（与电流同步）	送丝机构

(续)

序号	工艺参数名称	单位	参数的作用	参数的调节	归属归类
12	焊接速度	m/min	主要参数	随时调整	半自动焊由焊工掌握，自动焊归于行走机构，由焊工掌握
13	焊枪角度	度	辅助参数	随时调整	
14	焊件坡口形式	—	主要参数	预先选定	

最佳的焊接参数应满足以下几个条件：焊接过程稳定，飞溅最小；焊缝外形美观，没有烧穿、咬边、气孔和裂纹等缺陷；对两面焊接的焊缝，应保证一定的熔深，使之焊透；在保证上述要求的条件下，应具有最高的生产率。

1. 焊丝直径

焊丝直径的选择以焊件厚度、焊接位置及生产率要求为依据。短路过渡 CO_2 焊一般采用细丝，以提高过渡频率，稳定焊接电弧，通常采用的焊丝直径有 0.8mm、1.2mm 及 1.6mm 三种。细颗粒过渡 CO_2 气体保护焊采用的焊丝直径一般大于 1.2mm，通常采用的焊丝直径有 1.6mm、2.0mm、3.0mm 和 4.0mm 等。

对于厚度为 1~4mm 的钢板，进行全位置焊接时需采用的焊丝直径为 0.5~1.2mm（即细丝 CO_2 焊）；当板厚大于 4mm 时，需要采用直径≥1.6mm 的焊丝，此时如果需要进行短路过渡焊接时，一般采用直径 1.6mm 的焊丝，可以进行全位置焊接，直径大于 2mm 的焊丝只能采用长弧进行焊接。

2. 焊接电流

在保证母材焊透又不致烧穿的原则下，焊接电流应根据工件的厚度、坡口形式、焊丝直径以及所需要的熔滴过渡形式来选择。立焊、仰焊，以及对接接头横焊焊缝表面焊道的施焊，当所用焊丝直径≥1.0mm 时，应选用较小的焊接电流。

焊接电流小于 250A 时，主要适用于直径 0.5~1.6mm 的焊丝进行短路过渡的全位置焊接。由于熔深小，特别适合焊接薄板结构。如果焊接参数选择适当，则飞溅不大，焊缝成形美观。

当焊接电流大于 250A 时，一般都把焊接参数调节为颗粒状过渡范围，用来焊接中厚度板。在焊接参数合理和稳定的情况下，飞溅不大，焊缝成形好,但表面质量不如埋弧焊。

3. 电弧电压

电弧电压是导电嘴到工件之间两点的电压。电弧电压对焊缝的成形、飞溅、焊接缺陷、短路频率及焊缝的内在质量有很大的影响。

对于短路过渡CO_2焊来说,电弧电压是最重要的焊接参数,因为它直接决定了熔滴过渡的稳定性及飞溅的大小,进而影响焊缝成形及焊接接头的质量。对于一定的焊丝直径,有一最佳电弧电压范围,电弧电压小于该范围的下限时,短路小桥不易断开,易导致固体短路(未熔化的焊丝直接穿过熔池金属与未熔化的工件短路),导致很大的飞溅;如果电弧电压大于该范围的上限时,易产生大滴过渡,飞溅很大,电弧不稳定。

电弧电压必须与焊接电流合理的匹配,短路过渡焊接时不同直径的焊丝适用的电流与相应电弧电压的匹配关系见表8-5。

表8-5 焊接电流与焊丝直径、电弧电压的配合

焊丝直径/mm	0.5	0.6	0.8	1.0	1.2	1.2	1.6	1.6	2.0	2.5	3.0
焊接电流/A	30~60	35~70	50~100	70~120	90~150	160~350	140~200	200~500	200~600	300~700	500~800
电弧电压/V	16~18	17~19	18~21	19~22	20~23	25~35	21~24	26~40	26~40	28~42	32~44
电弧长度	短弧	短弧	短弧	短弧	短弧	长弧	短弧	长弧	长弧	长弧	长弧

CO_2焊接的电弧电压(U)可根据焊接电流(I),按下述经验公式确定:

短弧焊 $I \leqslant 200A$ 时,电弧电压为
$$U = 0.04I + 16 \pm 2$$

长弧焊 $I > 200A$,电弧电压为
$$U = 0.04I + 20 \pm 2$$

4. 焊接速度

焊接速度过快,会使填充金属来不及填满边缘被熔化处,产生焊缝两侧边缘处的咬边。

焊接速度过低,熔池中的液态金属会溢出,流到电弧移动的前面,当电弧运动到此处时,电弧便在液态金属的表面上燃烧,使焊缝熔合不

良,形成未焊透的缺陷。

为有效地提高焊接生产率,需将焊接速度与焊接电流、电弧电压、焊丝直径等诸参数协调配合。半自动 CO_2 焊,焊接速度应在 30~60cm/min 范围内选择。

5. 气体流量

气体流量过低,保护气罩的挺度不够,会有空气侵入,影响保护效果,甚至可能会使焊缝产生气孔。

当气体流量过大时,可能会产生紊流,破坏保护作用,反而易产生气孔,增加氧化性,焊接飞溅加大,焊缝表面无光泽。如果工艺确需使用大流量的气流,可以更换大口径的喷嘴,以便在大流量时,仍可获得稳定层流保护。

CO_2 气体流量要根据焊接电流的大小来确定。

焊接电流 $I \leqslant 200A$ 时,CO_2 气体流量可在 10~15L/min 之间选择。

焊接电流 $I \geqslant 200A$ 时,CO_2 气体流量可在 15~25L/min 范围内选择。

CO_2 焊接对焊接环境是否有风(自然风和强排通风)很敏感。风的流动会使保护气罩变形(保护范围缩小),产生紊流(保护气罩破坏),从而影响保护效果。因此,CO_2 焊接对环境内的风速有要求,一般不应大于 1.5m/s。

6. 焊丝伸出长度

焊丝伸出长度是指焊丝从导电嘴伸出到工件的距离。通常 CO_2 焊机是等速送丝式的,焊接电流取决于焊丝的送进速度。在一定的送丝速度下,随着电弧电压的变化,焊接电流基本保持不变或仅有少许变化。

焊丝伸出长度与焊丝直径、焊接电流及焊接电压有关,焊接过程中,导电嘴到工件的距离一般为焊丝直径的 10~15 倍。

短路过渡 CO_2 气体保护焊时,焊丝伸出长度一般应控制在 5~15mm。

细颗粒过渡 CO_2 焊所用的焊丝较粗,焊丝伸出长度一般应控制在 10~20mm。

7. 电弧极性

CO_2 气体保护焊由于熔滴具有非轴向过渡的特点,为了减少飞溅,一般都采用直流反极性焊接,即工件接负极,焊枪接正极。

CO_2 气体保护焊采用正极性时,因为焊丝是负极,负极的热量大,所以在相同的电流值时,焊丝熔化快,其熔化速度约为反极性时的 1.6

倍。而这时工件为正极，热量较小，因此熔深浅、堆高较大。根据这一特点，在堆焊和焊补铸铁时，正极性比较适用。此外，在进行大电流和高速 CO_2 气体保护焊时多采用正极性焊接。

8. 焊接回路电感

焊接回路电感是 CO_2 焊接的辅助参数。

焊接回路电感（L）主要抑制焊接短路电流的上升速度和短路电流的峰值。回路电感 L 对细丝 CO_2 焊接的短路过渡很重要，表 8-6 给出了不同直径焊丝焊接时，焊接回路所需的直流电感值的范围。对于滴状过渡的 CO_2 焊接来说，回路电感对抑制飞溅的作用不大，一般可不要求在焊接回路中串接电感元件。

表 8-6 不同的焊丝直径和电流所需要的直流回路电感

焊丝直径/mm	送丝速度/(cm/min)	焊接电流/A	电弧电压/V	短路电流增长速度/(kA/s)	回路电感/mH
0.8	50	100	18	50~150	0.01~0.08
1.2	25	130	19	40~130	0.01~0.16
1.6	17.5	160	20	20~75	0.30~0.70

确定焊接参数的步骤为：首先根据板厚、接头形式和焊缝的空间位置等，选定焊丝直径和焊接电流，同时考虑熔滴过渡形式。这些参数确定之后，再确定其他参数，如电弧电压、焊接速度、焊丝伸出长度、气体流量等。

第四节　CO_2 气体保护焊的基本操作技术

一、手持焊枪的基本要领

进行半自动 CO_2 焊接时，焊工焊接操作的姿势如图 8-3 所示。

半自动 CO_2 焊焊枪连同软管重量较大，使焊工容易疲劳，手臂持枪不稳。焊工可以利用自己的肩、腰、膝等部位，分担一部分焊枪软管的重量，尽量减少手臂的负担，以确保焊接质量。

半自动 CO_2 焊焊工右手握焊枪，同时右手要兼管焊枪上控制焊接"开始"与"停止"的微动开关。焊工的左手握着保护面罩。若使用头戴式保护面罩，焊工的左手可以扶工作台或稳定的物体，使自己的焊姿

第八章　CO_2 气体保护焊

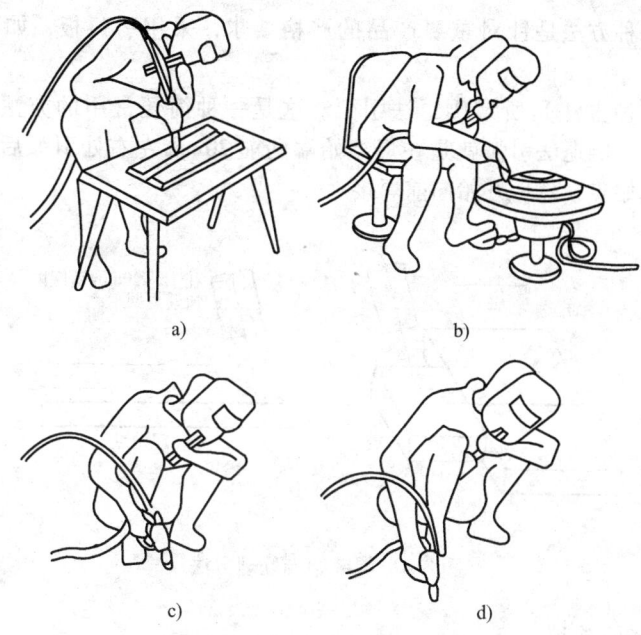

图 8-3　半自动 CO_2 焊焊工焊接操作姿势
a) 胳膊靠近身体　b) 胳膊放在膝上
c) 小臂靠近身体　d) 小臂离开身体

更稳定。

二、引弧与收弧技术

这里所说的引弧与收弧技术，系指引弧与收弧瞬间的操作要领及焊缝始端与收弧的处理方法。

1. 引弧与始端处理

引弧时，要保证焊枪姿态与正式焊接时一样，同时焊丝端头距工件表面距离不超过 5mm。然后按下焊枪开关，随后即送气、送电、送丝，直至焊丝与工件表面相碰而短路引弧。要注意的是，焊丝与工件相碰要产生一反弹力，焊工应紧握焊枪，克服此反弹力，不使焊枪远离工件，而是一直保持喷嘴到工件表面的恒定距离，这是防止引弧端产生缺陷的关键。

始端的处理可以采用两种方法：

第一种方法是针对重要产品的严格要求,采用引弧板,如图8-4a所示。

第二种方法是所谓倒退法引弧。这是一种简便常用的方法,如图8-4b所示。倒退法引弧就是在焊缝始端向前20mm左右处引弧后立即快速返回起始点,然后开始向前焊接。

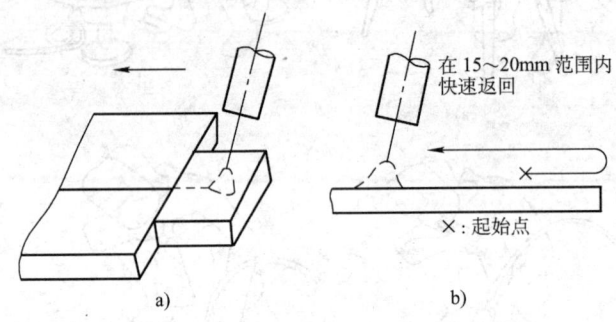

图8-4 焊缝始端处理方法

2. 收弧处理

收弧时仍要保持焊枪喷嘴到工件表面的距离不变,只是释放焊枪开关,即可停送丝、停电、停送气,然后将焊枪移开工件。收弧时要注意克服焊条电弧焊的习惯作法,就是将焊把向上抬起。CO_2气体保护焊收弧时如将焊枪抬起,将破坏收弧处的保护效果。如果收弧方法不当,即会形成所谓弧坑,容易产生裂纹、缩孔等缺陷。

对于要求较高的重要产品,可以采用引出板,将收弧引至工件以外,也就省去了收弧处理操作。

如果焊接电源本身带有收弧处理装置,则在焊接前将面板上的处理开关扳到"有收弧处理"挡,在焊接结束收弧时,焊接电流和电弧电压都会自动减小到适宜的数值,容易将弧坑填平。

如果焊接电源本身无收弧处理装置,通常是采用多次断续引弧填充弧坑的方法,直至填平为止,如图8-5所示。在此要注意的是,断续引弧也靠焊枪开关的释放与按下来实现,切不可像焊条电弧焊那样将手把时起时落。

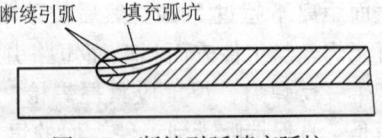

图8-5 断续引弧填充弧坑

3. 环焊缝的始端及收弧的处理

环焊缝的始端及收弧的处理比较特殊，因为环焊缝有焊缝首尾相接的问题。这样在操作上要注意始端约 20mm 以内的区间内采取快速焊接的方法，以得到薄而窄的焊道，如图 8-6 所示。在焊缝收弧与始端搭接时，通常不用采取断续引弧法也能获得饱满的收弧，即不

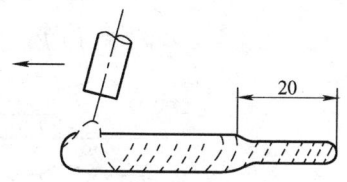

图 8-6 环焊缝的始端处理

易形成弧坑。同时由于始端焊道薄而窄，也不会使首尾搭接处过高和过宽。

三、焊缝接头技术

CO_2 气体保护焊尽管焊丝是连续送进，并不像焊条电弧焊那样需要更换焊条，但半自动焊时的较长焊缝也是由短焊缝所组成的，故此焊缝接头是不可避免的，而焊缝接头处的质量又是由操作手法决定的。

焊缝接头处的处理方法如图 8-7 所示。电弧引向弧坑，待熔化金属充满弧坑时立即将电弧引向前方，进行正常焊接（见图 8-7a）。摆动焊时，也是在弧坑前方约 20mm 处引弧，然后立即快速将电弧引向弧坑，到达弧坑中心后即开始摆动并向前移动，同时加大摆幅转入正常焊接过程（见图 8-7b）。

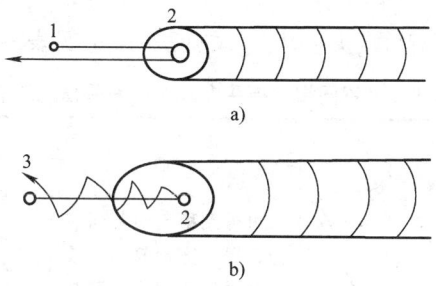

图 8-7 焊缝接头处的处理方法

四、左焊法和右焊法

左焊法是焊接电弧从接头的右端向左端移动，并指向待焊部位的操作方法（见图 8-8a）；右焊法即焊接电弧从接头的左端向右端移动，并指向已焊部分的操作方法（见图 8-8b）。

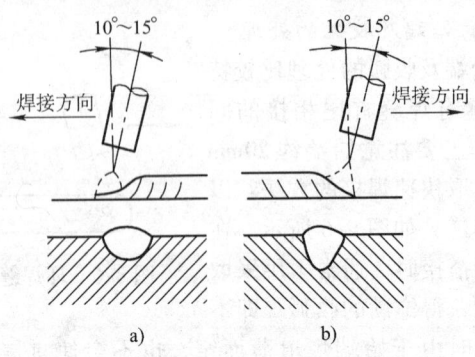

图 8-8 焊枪角度及焊道断面形状
a) 左焊法　b) 右焊法

通常的半自动气体保护焊多用左焊法:其特点是容易观察焊接方向,即容易看清接缝。由于熔化金属被吹向前方,使电弧不能直接作用在母材上因而熔深较浅,焊道平且宽,飞溅较大。由于焊枪前倾 10°～15°,喷嘴指向前进方向,抗风能力较强,保护效果较好,在焊接速度较快时,左焊法更为适宜。右焊法正好相反,不易观察焊接方向,特别是在采用小电流焊接无坡口的接头时,不易看清接缝。由于熔化金属被吹向后方,故电弧可直接作用在母材上,熔深较大,焊缝窄而高,飞溅较小。因为焊枪后倾 10°～15°,喷嘴指向与前进方向相反,抗风能力较弱,保护效果稍差,尤其不宜快速焊。不同焊接接头左焊法和右焊法的比较见表 8-7。

表 8-7　不同焊接接头左焊法和右焊法的比较

接头形式	左 焊 法	右 焊 法
薄板焊接（0.8~4.5，$G \geqslant 0$）	可得到稳定的背面成形,焊道宽而矮;G 较大时采用摆动法易于观察焊接线	易烧穿;不易得到稳定的背面焊道;焊道高而窄;G 大时不易焊接
中厚板的背面成形焊接（R、$G \geqslant 0$）	可得到稳定的背面成形,G 大时摆动,根部能焊好	易烧穿;不易得到稳定的背面焊道;G 大时最易烧穿

(续)

接头形式	左焊法	右焊法
水平角焊缝焊接 焊脚尺寸 8mm 以下	易于看到焊接线，便于正确地瞄准，焊缝周围易附着细小的飞溅	不易看到焊接线，但可看到余高； 余高易呈圆弧状； 基本上无飞溅； 根部熔深大
船形焊，焊脚尺寸在 10mm 以下	余高呈凹形，因此熔化金属向焊枪前流动，焊脚处易形成咬边；根部熔深浅（易造成未焊透）；摆动易造成咬边，焊脚过大时难焊	余高平滑； 不易发生咬边； 根部熔深大； 易看到余高，因熔化金属不超前，焊缝宽度、余高均容易控制
水平横焊 I 形坡口 V 形坡口 $G \geqslant 0$	容易看清焊接线；G 较大时也能防止烧穿，焊道齐整	熔深大，易烧穿； 焊道成形不良、窄而高、飞溅少； 焊道宽度和余高不易控制，易生成焊瘤
高速焊接 （平、立、横焊等）	可通过调整焊枪角度防止飞溅	易产生咬边，且易呈沟状连续咬边；焊道窄而高

五、前倾焊法和后倾焊法

1. 前倾焊法

焊接时，焊枪倾斜后，喷口指向焊接方向的焊法称前倾焊法。

在电弧吹力的作用下，熔化的金属被吹向熔池的前方，使电弧不能直接作用到焊件金属表面，所以前倾焊法焊缝的熔深较浅，焊道平且宽，飞溅稍大。

前倾角 α 的大小由焊工自己掌握，以焊缝质量为准。

2. 后倾焊法

焊枪倾斜后，喷口指向焊接方向的反向（即焊缝后方）的焊法叫后倾焊法。

后倾焊法，电弧能够直接作用到焊件金属的表面，熔深较大，焊缝窄而高，飞溅略小。

后倾角 α 的大小由焊工自己掌握，以焊接质量为准。

前倾焊法和后倾焊法的特点比较见表 8-8。

表 8-8 前倾焊法和后倾焊法的特点比较

焊接方法	熔深	焊道形状	工艺性	熔池保护效果	视野	适用范围
前倾焊法	浅	平整	不大好	好	焊接时易见熔池和坡口	（1）焊薄板 （2）中板无坡口两面焊第一道 （3）角焊缝船形位置焊第一道
后倾焊法	深	凸起	良好	良好	焊接时易见熔池和焊缝	中板和厚板带坡口

第五节 不同焊接位置 CO_2 气体保护焊的基本操作方法

一、平焊

1. 无垫板熔透焊

无垫板熔透焊即单面焊双面成形的悬空焊。此种焊法对焊工的技术水平要求较高，对坡口精度和焊接参数的要求也较严格。无垫板熔透焊时熔池呈椭圆形，其前端较母材表面有少许下沉，这是正常现象。在焊接过程中，如果出现椭圆形熔池被拉长，即为烧穿的前兆。这时应根据情况，改变焊枪操作方式防止烧穿。如果可以加大焊枪摆幅或采取前后摆动的方式来调整电弧对熔池的加热，降低其温度。

为了既能熔透使背面成形，又避免烧穿，对于不同的坡口间隙应采取不同的焊枪指向来焊接。间隙小时，为保证熔透，焊丝应指向熔池前部；间隙大时，为防止烧穿，焊丝可指向熔池中心，并作摆动。在整条焊缝坡口不均匀时，尤其要注意根据间隙的大小随时调整操作手法。

第八章 CO_2 气体保护焊

不同坡口间隙时的摆动方式如图 8-9 所示。在间隙较小时，采用直线式焊接即可；当间隙稍大时，可采用月牙形的小幅摆动（见图 8-9a）；间隙大时，可采取倒退式月牙摆动（见图 8-9b）。无论哪种摆动方式，都是在焊缝中心处稍快，而在两侧稍作停留，停留时间一般为 0.5~1s。

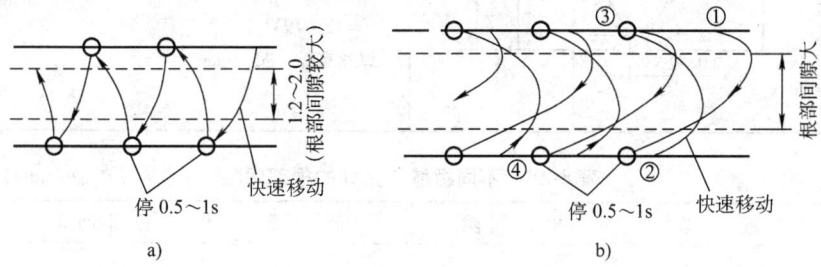

图 8-9　摆动方式
a) 月牙式摆动　b) 倒退式月牙摆动

单面焊双面成形焊接法，一般是采用细丝短路过渡，而且根据板厚的不同，采取不同的根部间隙。同时组装定位焊的焊道应尽量小，防止熔透不良。当定位焊焊道过大时，应采用角向砂轮修磨。

典型单面焊焊缝的焊接条件见表 8-9，不同板厚所允许的根部间隙见表 8-10。当然焊接条件和根部间隙的选择还受工件大小的影响，但主要的影响因素是板厚。在生产中要根据具体情况，按表中所列数值范围灵活地掌握。

表 8-9　典型单面焊焊缝的焊接条件

坡口形状	焊接条件
0~0.5，<1.6	$I = 60 \sim 120A$ $U = 16 \sim 19V$ 焊丝直径：$\phi 0.8 \sim \phi 1.0mm$
0~1.5，1.6~3.2	$I = 80 \sim 150A$ $U = 17 \sim 20V$ 焊丝直径：$\phi 0.9 \sim \phi 1.2mm$

(续)

坡口形状	焊接条件
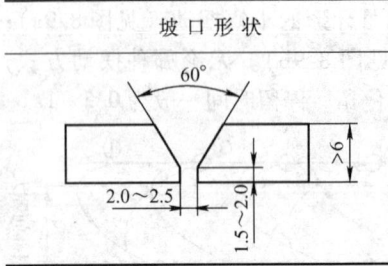	$I = 120 \sim 130\text{A}$ $U = 18 \sim 19\text{V}$ 焊丝直径：$\phi 1.2\text{mm}$

表8-10 不同板厚所允许的根部间隙 （单位：mm）

板厚	根部间隙	板厚	根部间隙
0.8	<0.2	4.5	<1.6
1.6	<0.5	6.0	<1.8
2.3	<1.0	10.0	<2.0
3.2	<1.6		

2. 有垫板熔透焊

有垫板时自然焊比悬空焊容易掌握，通常不必担心烧穿的问题。可根据间隙的大小选择焊接电流，而且焊接参数的要求也不必十分严格。推荐按表8-11来选择焊接条件，在薄板时可采用短路过渡，厚板时可采用射滴过渡。

表8-11 有垫板熔透焊典型焊接条件

板厚/mm	根部间隙/mm	焊丝直径/mm	焊接电流/A	电弧电压/V
0.8~1.6	0~0.5	0.8~1.2	80~140	18~22
2.0~3.2	0~1.0	1.2	100~180	18~23
4.0~6.0	0~1.2	1.2~1.6	200~300	23~38
8.0	0.5~1.6	1.6	300~400	34~42

焊缝的背面成形由垫板来决定。通常垫板为纯铜，因其导热快，不易与工件焊合在一起。在大电流焊接时，最好采用水冷垫板，可确保垫板不与工件焊合。当背面成形要求有余高时，垫板要有弧形沟槽，沟槽的尺寸即为所要求的背面焊缝的外形尺寸。沟槽的加工应尽量光洁，粗糙的沟槽表面将成为与工件相粘合的原因。另外，为确保焊缝的背面成

形,工件要用卡具紧固在垫板上,保证工件接缝处与垫板贴合严密。贴合不紧的地方,便不能获得良好的背面成形。

3. 中厚板对接焊

CO_2 焊的熔滴过渡形式与板厚相关。短路过渡适用于薄板,板厚增加时,为保证熔深采用射滴过渡。薄板可不开坡口单面焊接,板厚增加,则要根据情况选择相应的坡口形式,或者进行双面焊。例如 12mm 的板厚,可用 I 形坡口进行双面单层焊;亦可选用 V 形、半 V 形、U 形和 X 形等坡口形式,相应地进行单面焊或双面焊。

根据 CO_2 气体保护焊的特点,在小角度坡口及小间隙的根部焊道施焊时,易出现液态金属导前现象而造成未焊透,故应采用右焊法,并直线移动焊枪(不摆动),如图 8-10a 所示。反之,当坡口角度及间隙大时,宜采用左焊法,并小幅摆动焊枪来进行根部焊道的焊接(见图 8-10b)。

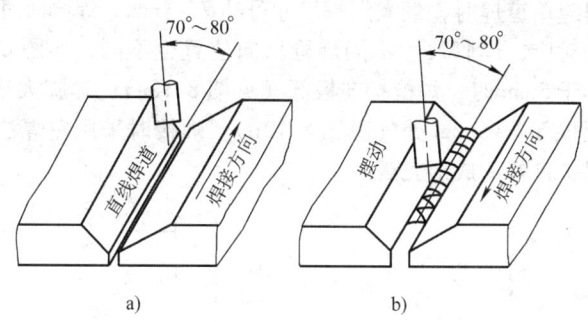

图 8-10 根部焊道的焊接方法
a)坡口角度小,间隙小,右焊法 b)坡口角度大,间隙大,左焊法

坡口填充焊时,应采用多层多道焊。焊层、焊道数视坡口角度和深度而定。主要是注意焊道排列方式和每焊完一道后的焊缝表面形状,避免出现图 8-11a、b 的情况。图 8-11a 是因为第二层只焊一道,且焊道中央向上凸起,使之与两坡口面形成尖角。图 8-11b 是因为第二层中箭头侧的焊道施焊时,由于焊枪指向不对,造成向中心凸起的焊道,也与坡口面间形成尖角。上述两种情况均易使后续焊道形成未熔合缺陷。为防止上述情况的发生,一是要注意坡口两侧的熔合良好,可以采用两侧稍停、中间略快的摆动手法;二是要注意焊道排列顺序,并掌握好焊丝指向。总之每一层焊完后,焊缝表面应平滑,焊缝中间部分稍呈下凹状

最佳。

坡口盖面焊时,要求前一层的焊缝表面略低于工件表面 1.5～2.5mm,如图 8-11c 所示。这样盖面焊缝可以做到趾端平滑、成形美观。

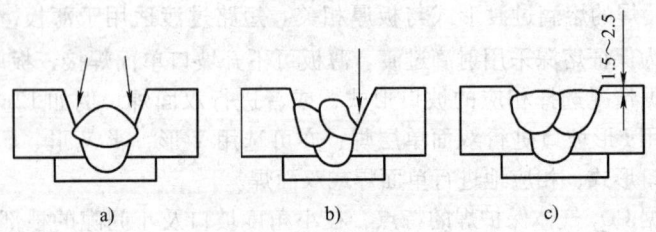

图 8-11　多层焊

a)、b) 焊缝表面形状不同　c) 盖面前的焊缝形状

二、水平角缝单道焊

水平角缝单道焊时,最大焊脚尺寸可达 7～8mm。焊脚尺寸的要求通常与板厚相对应,焊脚尺寸不同焊枪指向位置也不同,如图 8-12 所示。焊脚尺寸小于 5mm 时,焊枪指向根部(见图 8-12a);焊脚大于 5mm 时,焊枪指向距根部 1～2mm 处(见图 8-12b)。焊接时采用左焊法,这样操作方便,保护良好,成形美观。

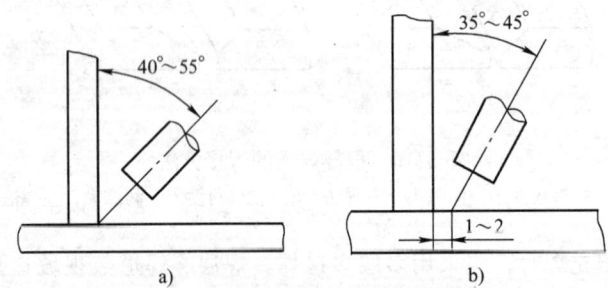

图 8-12　水平角缝单道焊焊枪状态

a) 250A 以下,焊脚小于 5mm　b) 250A 以上,焊脚大于 5mm

值得注意的是,采用大电流焊接水平角缝时,焊接速度要稍低,同时要适当地作横向摆动,焊接电流和电弧电压均稍高些。切不可过分地追求一道焊缝就获得太大的焊脚,否则将使液态金属下淌,立板出现咬边,底板产生焊瘤,焊脚大小不均匀,造成焊缝成形恶化,如

图 8-13 所示。因此，如果所要求的焊脚尺寸较大，就应考虑采用多层焊。

三、水平角缝多层焊

水平角焊时，当焊脚超过 8mm 时应采用多层焊。此时应注意焊道排列方式和各层之间的良好熔合，最终焊缝应尽量保持等焊脚，且焊缝表面平滑。

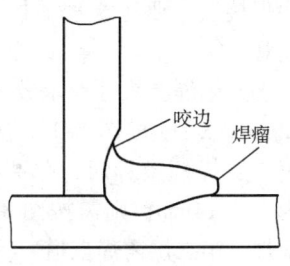

图 8-13 水平角缝的咬边与焊瘤

如果共需焊两层，则可采用图 8-14 所示的焊枪状态。第一层时，焊枪与立板夹角较小，并指向距根部 2~3mm 处，电流稍大些，可采用左焊法或右焊法，亦可略有小幅度摆动，此时获得的是带有下淌倾向的焊道，焊脚尺寸不等。然后焊第二层，焊枪指向第一层焊道的凹坑处，采用左焊法，可根据情况采用直线法或小幅度摆动法。此时电流可稍小，焊接速度稍快。例如，第一层时电流为 300~320A，则第二层时可为 250~260A。电弧电压也可由第一层的 32~34V 降到第二层的 28~30V。这样，最终可得到表面平滑的焊缝，焊脚尺寸相等。这种焊法适合于要求焊脚尺寸为 8~12mm 的焊缝。

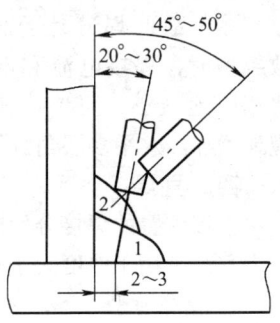

图 8-14 两层焊时的焊枪状态

当要求的焊脚更大时，需采用三层或三层以上的焊接法，焊接次序如图 8-15 所示。其中第一层可按单道焊要领

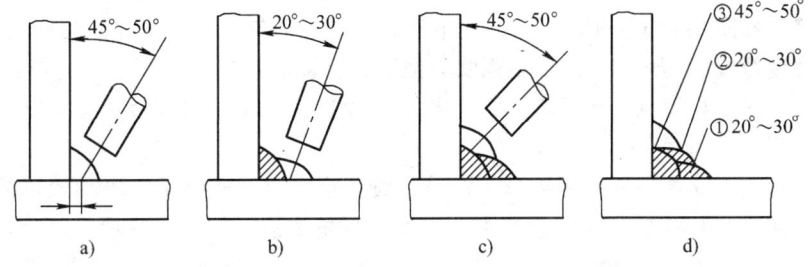

图 8-15 厚板水平角缝多层焊焊道排列顺序

施焊，得到 6~7mm 的焊脚尺寸（见图 8-15a）。第二层如图 8-15b 所示，焊枪指向第一层焊道与底板的焊趾处，可采用直线焊接或小幅摆动焊接法。要注意水平板一侧达到所要求的焊脚尺寸，同时焊趾整齐美观。

如果焊脚尺寸要求较小，为 8~12mm 时，可按图 8-15c 所示施焊，第二层焊两道即可；如果焊脚尺寸为 12~14mm，则需按图 8-15d 所示施焊，第二层需焊三道。

针对更大的焊脚尺寸要求，可以按上述要领进行三层以上的焊接。但要注意，焊接层数越多，热量积累越多，故此焊道易下淌。所以层数越多时，焊接电流和电弧电压都要相应地减小，而焊接速度却要相应地增加。水平多层角焊缝的焊接次序如图 8-16 所示。

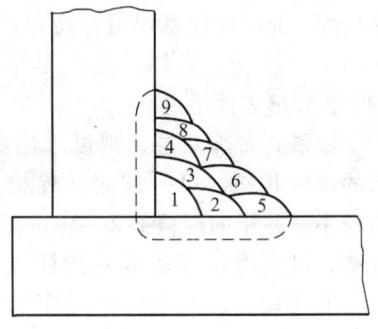

图 8-16　水平多层角焊缝的焊接次序

四、立焊

立焊位置的焊接分为向下立焊和向上立焊，向下立焊主要用于薄板，向上立焊则用于厚度大于 6mm 的工件。

1. 向下立焊

向下立焊的焊缝熔深较浅，成形美观。但要注意防止产生未焊透和焊瘤。

向下立焊时的焊枪状态如图 8-17 和图 8-18a 所示。为保持住熔池，不使液态金属流淌，要将电弧始终对准熔池的前方，对熔池起着上托的作用。掌握不好，液态金属会流到电弧前方，容易产生焊瘤和未焊透缺陷，如图 8-18b 所示。一旦发生液态金属导前现象，应加速焊枪的移动，并使焊枪后倾角减小，靠电弧吹力把液态金属推上去。

向下立焊也适于薄板的 T 形接头和角接头。不论何种接头，均以直线焊法最为常用。

向下立焊主要采用细丝、短路过渡、小电流、低电弧电压和较快的焊接速度，并要在施焊过程中及时调整焊枪姿态，保证正常焊接。其典型的焊接参数见表 8-12。

第八章 CO_2 气体保护焊

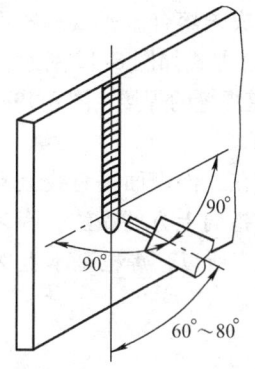 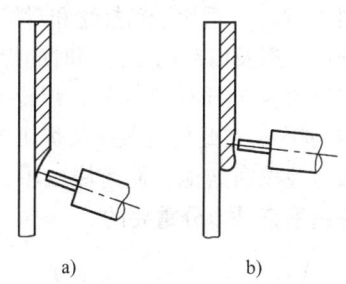

图 8-17　向下立焊的焊枪状态　　图 8-18　向下立焊时的焊枪操作状态
　　　　　　　　　　　　　　　　a) 正常状态　b) 液态金属导前的情况

表 8-12　向下立焊对接焊缝的焊接参数

板厚 /mm	根部间隙 /mm	焊丝直径 /mm	焊接电流 /A	电弧电压 /V	焊接速度 /(mm/min)
0.8	0	0.8	60~65	16~17	60~65
1.0	0	0.8	60~65	16~17	
1.2	0	0.8	70~75	16.5~17	
1.6	0	0.8	75~80	17~18	55~65
	0	1.2	100~110	16~16.5	80~83
2.0	1.0	0.8	85~90	18~19	45~50
	0.8	1.2	110~120	17~18	70~80
2.3	1.3	0.8	90~100	18~19	40~45
	1.5	1.2	120~130	18~19	55~60
3.2	1.8	1.2	140~160	19~19.5	38~42
4.0	2.0	1.2	140~160	19~19.5	35~38

2. 向上立焊

向上立焊熔深大，适于厚度大于 6mm 的工件。

向上立焊时如果熔池较大，液态金属易流失，故通常采用较小的焊接参数。如果平板对接时，采用 $\phi1.2mm$ 焊丝，焊接电流为 110~130A，电弧电压为 18~20V。如果采用直线式焊接法，焊道易呈凸起状，成形不良且易咬边，多层焊时后续的填充焊道易造成未熔合。所以一般不采用直线式焊接法，而是采用摆动式焊接法。摆动方式如图8-19所示。其中，图8-19a、b适用于角接缝和对接缝的第一道焊缝的焊接，图8-19c、d适合于第二层及以后的多层焊时的焊接。

焊枪角度如图8-20所示，焊枪倾角应保持在工件表面垂直线上下约10°的范围内。在此要克服一般焊工习惯于焊枪指向上方的做法，因为这样电弧易被拉回熔池，使熔深减小，影响焊透。所以，焊枪基本上保持与工件相垂直是十分重要的。

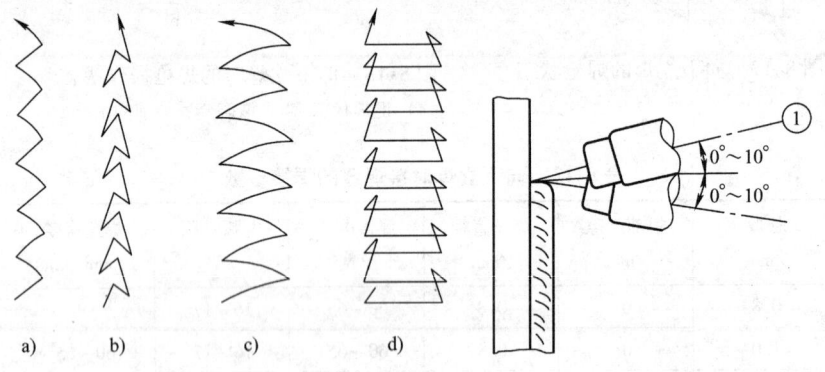

图8-19　向上立焊摆动方式　　　　图8-20　向上立焊时的焊枪角度

另外，摆动焊时要注意摆幅与摆动波纹间距的匹配，并要注意摆动波纹的取向（见图8-21）。图8-21a所示为小摆幅，热量集中，要注意防止焊道过分凸起。图8-21b所示摆幅较大，焊道平滑。为防止下淌，摆

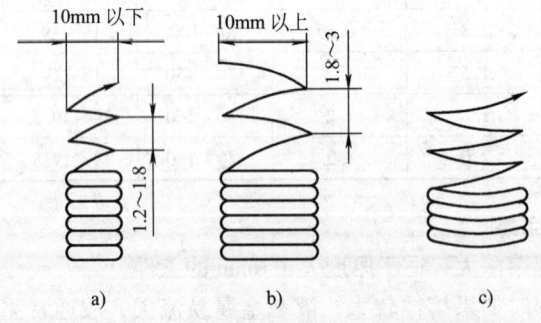

图8-21　向上立焊摆动方式对比
a）小摆幅　b）月牙形大摆幅　c）不推荐

动时中间稍快,为防止咬边,在两侧趾端要稍作停留。图 8-21c 所示的摆动方式不宜采用,因为这种向下弯曲的月牙形摆动方式易造成液态金属下淌,焊道中心凸起,并易在两侧产生咬边。

五、横焊

横焊位置焊接的特点是液态金属受重力作用容易下淌,因此在焊道上边易产生咬边,在焊道下边易造成焊瘤。为防止上述缺陷,要限制每道焊缝的熔敷金属量。当坡口较大、焊缝较宽时,应采用多层焊。

1. 单道横焊

单道横焊用于薄板,可采用直线式或小幅摆动法。为便于观察焊件接缝,通常采用左焊法,如图 8-22 所示,焊枪仰角 0°~5°,前倾角 10°~20°。如需采用摆动法焊出较宽的焊道,要注意摆幅一定要小,过大的摆幅会造成液态金属下淌。有时进行较大宽度范围内的表面堆焊时,亦可采用右焊法。因为右焊法焊道较为凸起,便于后续焊道熔敷。横焊时的焊枪摆动图形如图 8-23 所示。横焊时通常是采用低电压小电流的短路过渡方式,其对接焊的典型焊接参数见表 8-13。

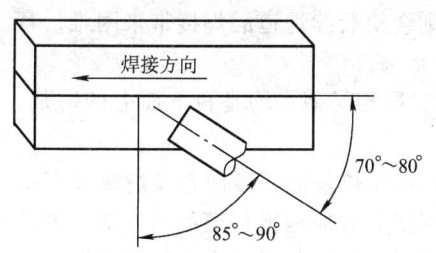

图 8-22 横焊时的焊枪状态

图 8-23 横焊时的焊枪摆动图形

表 8-13 横焊时对接焊的典型焊接参数

板厚/mm	根部间隙/mm	焊丝直径/mm	焊接电流/A	电弧电压/V
3.2 以下	0	0.8~1.2	100~150	18~22
3.2~6.0	1~2	0.8~1.2	100~150	18~22
6.0 以上	1~2	1.2	100~200	18~24

2. 多层横焊

厚板的对接焊和角接焊应采用多层焊法,其焊枪状态和焊道排列方式如图 8-24 所示。第一层焊一道，焊枪仰角 0°~10°，指向根部尖角处（见图 8-24a），可采用左焊法以直线式或小幅摆动法操作。

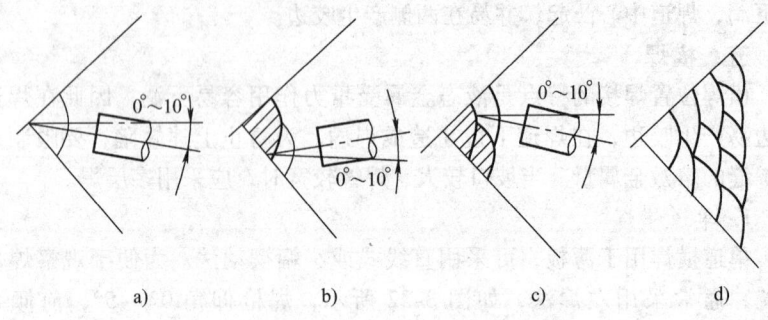

图 8-24 多层横焊时的焊枪状态和焊道排列

第二层的第一道焊道焊接时，焊枪指向第一层焊道的下趾端部，采用直线式焊接法，如图 8-24b 所示。

第二层的第二道，以同样的焊枪仰角指向第一层焊道的上趾端部，如图 8-24c 所示。可采用小幅摆动法，要注意防止咬边，熔敷出尽量平滑的焊道。如果焊成了凸形焊道，则会给后续焊道的焊接带来困难，容易形成未熔合缺陷。

第三层及以后各层的熔接与第二层相类似，均是自下而上的熔敷，焊道排列方式如图 8-24d 所示。

多层横焊要注意：层道数越多，由于热量的积累便越易造成液态金属下淌，故要渐次采取减少熔敷金属量和相应地增加道数的办法。另外要注意每一层焊缝的表面都应尽量平滑。中间各层可采用稍大的焊接电流，盖面时焊接电流可略小些。如图 8-24d 所示的焊缝，可采用 ϕ1.2mm 焊丝，盖面层焊接电流为 150~200A，电弧电压为 22~24V；其余各层焊接电流为 200~280A，电弧电压为 23~25V。

六、仰焊

仰焊时，由于操作不方便，同时由于重力作用，液态金属下淌，焊道易呈凸形，甚至产生焊接熔池液态金属下滴等现象，所以焊接难度较大，更需要掌握正确的操作方法和严格控制焊接参数。

1. 单道仰焊

单道焊适于薄板的焊接，而且常为单面焊。通常可留 1.5mm 左右的间隙。使用细焊丝、小电流、低电压进行焊接。例如，可采用 ϕ1.2mm

焊丝，焊接电流为 120~130A，电弧电压为 19~20V。

焊枪状态及角度如图 8-25 所示，可采用直线式或小幅摆动法。熔池的保持要靠电弧吹力和液态金属表面张力的作用，所以焊枪角度和焊接速度的调整很重要。可采用右焊法，但不能将焊枪后倾过大，否则会造成凸形焊道及咬边。焊速也不宜过慢，否则会导致焊道表面凹凸不平。在焊接时要根据熔池的具体状态，及时调整焊接速度和摆动方式。摆动要领与立焊类似，即中间稍快，而在趾端处稍停，这样可有效地防止咬边、熔合不良、焊道下垂等缺陷的产生。

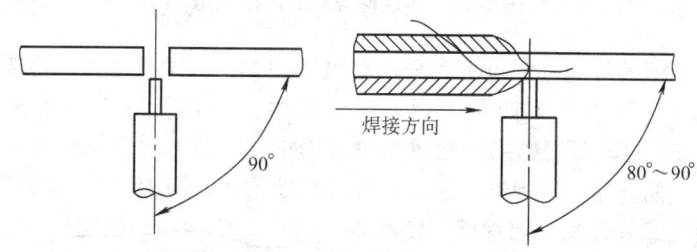

图 8-25 单道仰焊的焊枪状态及角度

仰焊时还可采取一种特殊的焊接方式。如果焊接位置允许，可以采用前后方向移动焊枪的方式，即焊缝轴线位于焊工前方且与焊工视线相平行（左焊法和右焊法与焊工视线相垂直），由远而近地进行焊接。这种方法的优点是便于观察熔池和焊接方向，调整焊枪状态和摆动手法均较方便。

2. 多层仰焊

多层焊适于厚板。无垫板时第一层焊道类似于单面焊。有垫板时工件间隙可略大些，可以采用较大的焊接电流及短路过渡方式。例如，可采用 ϕ1.2mm 焊丝，焊接电流为 130~140A，电弧电压为 19~20V。

焊枪状态与单道焊时相同（见图 8-26），操作要领也与单道焊相同。有垫板时则要注意垫板与坡口根部的充分熔透，并要力求获得表面平坦的焊道。

多层仰焊可以采用右焊法或由远及近的前后方向的特殊焊法。

第二层和第三层均以横向摆动的方式进行焊接，也是中间稍快两侧稍停的要领。这时焊接电流可为 120~130A，电弧电压为 18~19V。

以后各层的焊接，由于焊缝宽度增加，热量不很集中，液态金属不

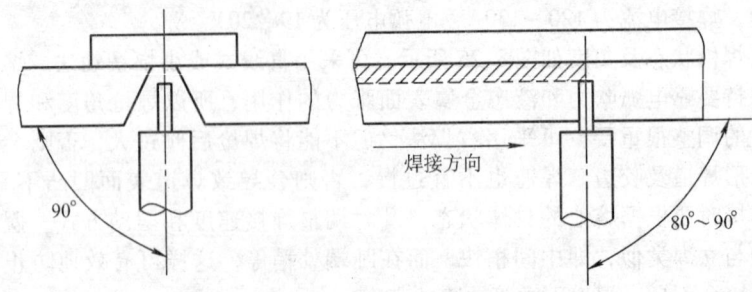

图 8-26　多层仰焊时的焊枪状态

易下垂。但若焊缝过宽也不宜采用单道摆动焊,因摆幅过大易造成未熔合和气孔。所以自第四层以后,也可采用每层两道的焊接方法(见图 8-27)。这时每层的第一道可略过焊缝中线,第二道与第一道要有良好搭接,防止第一道焊道凸起,给第二道留下深而窄的坡口,难于施焊。

要注意焊好每一层焊缝,使其表面平坦,便于后续焊道的熔敷。在盖面之前,焊道表面距工件表面应为 1~2mm,然后熔敷盖面焊道。盖面焊道也要摆到趾端稍作停留,保证趾端平滑,并要注意焊缝中间平整。焊接参数可与中间焊道相当。

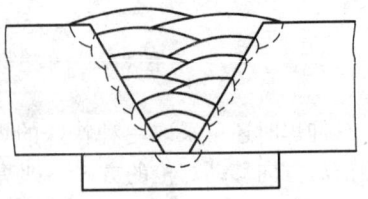

图 8-27　厚板仰焊的熔敷方式

七、环焊缝的焊接

环焊缝主要是针对管子的焊接而言。根据管子的位置可分为垂直管和水平管的焊接;根据管子可否转动,通常分为水平回转管和水平固定管的焊接。其中垂直管的焊接相当于横焊,不再介绍。下边仅叙述水平回转管和水平固定管的焊接要领。

1. 水平回转管的焊接

水平回转管焊接时是管子回转,焊枪固定不动。管子的回转速度即是焊接速度,这是一种自动焊方法。根据管子壁厚的不同,可选定合适的焊枪指向位置,如图 8-28 所示。如果是薄壁管,焊枪指向 3 点处,这时相当于向下立焊,壁薄而要求熔深浅,采用快速焊接可获得良好的焊缝成形。如果是厚壁管,则焊枪指向位置偏离 12 点处一定的距离 L,这个 L 值的大小直接影响焊道成形。由图 8-28b 可见,当 L 过小时,熔深较大或余高凸起,成为梨形焊道;L过大时,熔深较小而表面下凹,趾端熔合不良,甚至形成焊瘤;只有当L适宜时,焊缝熔透,形状呈盆底状,余高适中,趾端平滑,成形理想。因此,对于厚壁管,可通过L值的合理调整,获得良好的焊缝形状。管子的直径越大,则L值越趋减小。

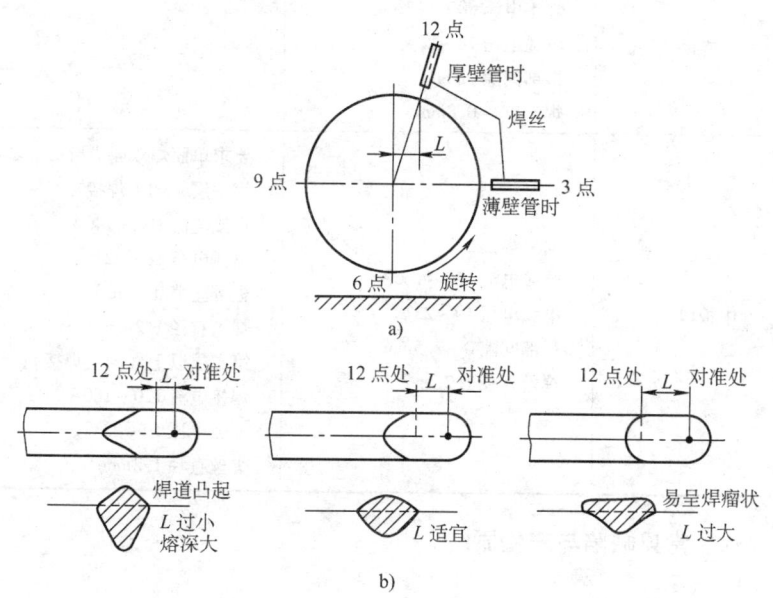

图 8-28 水平回转管的焊枪指向与焊道成形
a) 焊丝对准位置 b) 厚壁管焊丝对准位置及焊道成形

2. 水平固定管的焊接

水平固定管的焊接通常又称为全位置焊接。因为它是管子固定不动,而焊枪绕管子圆周移动,整个焊接过程包括平焊、向下立焊、仰焊和向上立焊。为保证在不同的空间位置时,都能使液态金属不流失,焊道厚度均匀,熔合良好,不烧穿,成形美观,要求采用细焊丝、小电流的短路过渡形式。一般管壁较薄时,焊丝直径不超过 1.0mm,管壁较厚时多采用 ϕ1.2mm 焊丝。

管壁较薄的可以不开坡口,不留根部间隙。管壁较厚,如中厚板以上,则要开坡口,并要留 1~2mm 的根部间隙。采取向上多层焊方法,一般是从 6 点处向 12 点焊接,需要摆动时,其要领可参照立焊。

水平固定管的典型焊接参数可参见表 8-14。

表 8-14　水平固定管的典型焊接参数

板厚 \ 坡口形式	I 形	V 形
薄板	向下焊接： 焊接电流 80～140A 电弧电压 18～22V 根部间隙 0mm 焊丝直径 0.8mm	—
中板以上	向上焊接： 焊接电流 120～160A 电弧电压 19～23V 根部间隙 0～2.5mm 焊丝直径 1.2mm	要求单面焊双面成形： 第一层（向上焊接） 焊接电流 100～140A 电弧电压 18～22V 根部间隙 0～2mm 焊丝直径 1.2mm 第二层以上（向上焊接）： 焊接电流 120～160A 电弧电压 19～23V 焊丝直径 1.2mm

八、常见缺陷与产生原因

1. 气孔

当焊丝与焊件表面有油、锈等脏物，焊丝内硅、锰含量不足，CO_2 气体保护不良（由于气体流量低、阀门冻结、喷嘴堵塞、有较大的风时），气体纯度较低时，容易产生气孔。

2. 裂纹

当焊丝、焊件表面有油、锈、水分；焊接电流与电弧电压匹配不合理，使熔深过大；母材与焊缝金属的碳含量高；多层焊第一道焊缝过小；焊接顺序不当，使焊件产生很大的拘束应力时，容易引起裂纹。

3. 咬边

弧长太长、焊接电流太大、焊速过快或焊枪位置不合适时，容易引起咬边。

4. 夹渣

前层焊缝的熔渣去除不干净；小电流、低速度时熔敷金属量过多；在坡口内进行左焊法，焊接熔渣流到熔池前面去；焊丝摆动过大时，容易引起夹渣。

5. 飞溅严重

由于短路过渡时，电感量过大或过小；焊接电流和电弧电压配合不当；焊丝和焊件表面清理不良。

6. 焊缝形状不规则

由于焊丝未经校直或校直不好；导电嘴磨损严重而引起电弧摆动；焊丝伸出长度大；焊接速度过低。

7. 烧穿

焊接电流大、焊接速度太慢、坡口间隙过大等容易引起烧穿。

第六节　CO_2气体保护焊中厚板单面焊双面成形操作技术

一、V形坡口平焊

V形坡口平焊试件及坡口尺寸如图8-29所示。

1. 试件装配

1）钝边为0~0.5mm。

2）清除坡口面及其正反两侧20mm范围内油、锈、水分及其他污物，直至露出金属光泽。

3）装配间隙为2~3mm。

4）采用与焊试件相同的焊丝进行定位焊，并点焊于试件坡口内两端。定位焊缝长度约10~15mm。

5）预置反变形角3°。

6）错边量≤1.2mm。

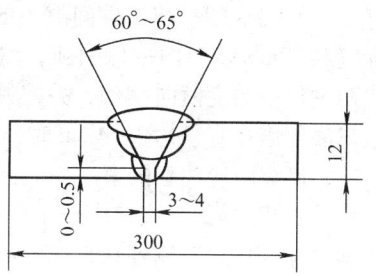

图8-29　V形坡口平焊试件及坡口尺寸

2. 焊接参数

平焊焊接参数见表8-15。

表8-15　平焊焊接参数

焊接层次	焊丝直径/mm	焊丝伸出长度/mm	焊接电流/A	电弧电压/V	气体流量/(L/min)
打底焊	1.2	8~15	90~110	18~20	10~15
填充焊			220~240	24~26	20
盖面焊			230~250	25	20

3. 操作步骤及操作要点

采用左焊法,焊接层次为二层三道,焊枪角度如图 8-30 所示。

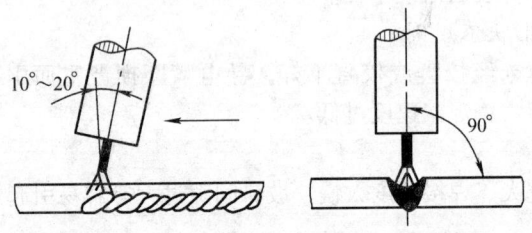

图 8-30　焊枪角度

焊接前及焊接过程中,应定期检查、清理焊枪的导电嘴和喷嘴,如有飞溅物应去除,并在喷嘴上涂一层硅油。按动焊枪开关,检查送丝情况,送丝正常再开始施焊。

(1) 打底焊　将试件间隙小的一端放于右侧。在离试件右端定位焊焊缝约 20mm 坡口的一侧引弧,然后开始向左焊接打底焊道。焊枪沿坡口两侧作小幅度横向摆动,并控制电弧在离底边约 2～3mm 处燃烧。当坡口底部熔孔直径达 3～4mm 时,转入正常焊接。

打底焊时应注意的事项如下:

1) 电弧始终在坡口内作小幅度横向摆动,并在坡口两侧稍作停顿,使熔孔深入坡口两侧各 0.5～1mm。焊接时应根据间隙和熔孔直径的变化调整横向摆动幅度和焊接速度,尽可能维持熔孔直径不变,以获得宽窄和高低均匀的反面焊缝。

2) 依靠电弧在坡口两侧的停留时间,保证坡口两侧熔合良好,使打底焊道两侧与坡口结合处稍下凹,焊道表面平整,如图 8-31 所示。

3) 打底焊时,要严格控制喷嘴的高度,电弧必须在离坡口底部 2～3mm 处燃烧,保证打底层厚度不超过 4mm。

4) 停弧与接头。当焊丝用完,或者由于送丝机构、焊枪出现故障,需要中断施焊时,焊枪不能马上离开熔池,应稍作停留。如果可能应将电弧移向坡口侧再停弧,以防止产生缩孔和气孔,然后用砂轮机把弧坑焊道打磨成缓坡形。

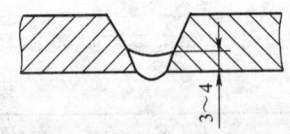

图 8-31　打底焊

接头时，焊丝的顶端应对准缓坡的最高点，然后引弧，以锯齿形摆动焊丝，将焊道缓坡覆盖。当电弧到达缓坡最低处时即可转入正常施焊。CO_2 焊的接头方法与焊条电弧焊有所不同，当电弧燃烧到原熔孔处时，不需要压低电弧形成新的熔孔，而只要有足够的熔深就可以把接头接好。接头方法正确、熟练时，接头平滑、美观，与焊缝成为一体。

（2）填充焊　施焊前应将打底层焊道及坡口表面的飞溅、熔渣清理干净，并将焊道局部凸出处打磨平整。调试好填充层焊接参数，在试板右端开始焊接，焊枪角度与打底焊相同，焊枪的横向摆动幅度稍大于打底层，注意熔池两侧熔合情况，保证焊道表面平整并稍下凹，使填充层的高度低于母材表面 1.5~2mm。

（3）盖面焊　调试好盖面层焊接参数后，从右端开始焊接，焊枪角度与打底焊相同。焊接过程中需注意下列事项。

1) 保持喷嘴高度，焊接熔池边缘应超过坡口棱边 0.5~1.0mm，并防止咬边。

2) 焊枪横向摆动幅度应比填充焊稍大，尽量保持焊接速度均匀，使焊缝外形美观。

3) 收弧时一定要填满弧坑，并且收弧弧长要短，以免产生弧坑裂纹。

二、V 形坡口立焊

V 形坡口立焊试件及坡口尺寸如图 8-32 所示。

CO_2 气体保护焊在立焊位置施焊，且要求单面焊双面成形，比对接平焊的难度要大。立焊时熔池的形状如图 8-33 所示。虽然熔池的下部有焊道依托，但熔池底部是个斜面，熔池金属在重力作用下容易下淌，因

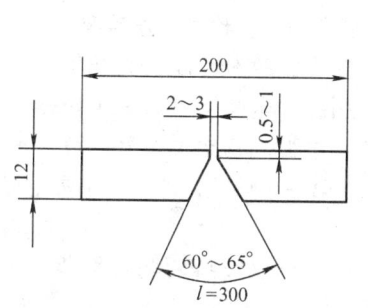

图 8-32　V 形坡口立焊试件及坡口尺寸

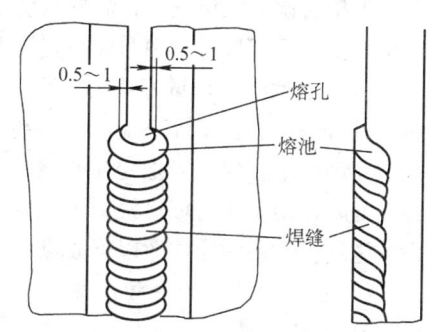

图 8-33　立焊时的熔孔与熔池

此很难保证焊道表面平整。为防止熔池金属下淌,必须采用比平焊稍小的电流,焊枪的摆动频率应稍快,采用锯齿形节距较小的摆动方式进行焊接,使熔池小而薄。

1. 试件装配

1) 钝边为 0.5~1mm。

2) 清除坡口面及其正反两侧 20mm 范围内的油、锈、水分及其他污物,直至露出金属光泽。

3) 装配间隙为 2~3mm。

4) 采用与正式焊接时相同的焊丝于试件坡口内两端进行定位焊,定位焊缝长度约 10~15mm。

5) 预置反变形量 3°。

6) 错边量≤1.2mm。

2. 焊接参数

对接立焊的焊接参数见表 8-16。

表 8-16 对接立焊的焊接参数

焊接层次	焊丝直径 /mm	焊丝伸出长度 /mm	焊接电流 /A	电弧电压 /V	气体流量 /(L/min)
打底焊 填充焊 盖面焊	1.2	12~20	90~110 130~150 130~150	18~20 20~22 20~22	12~15

3. 操作步骤及操作要点

焊接层次为三层三道,焊枪角度如图 8-34 所示。

焊接前及焊接过程中,应检查导电嘴和喷嘴,检查送丝情况。

(1) 打底焊 调试好焊接参数后,按图 8-34 所示的焊枪角度,从下向上进行焊接。在试件下端定位焊缝处引弧,电弧引燃后焊枪作锯齿形横向摆动向上施焊。当把定位焊缝覆盖、电弧到达定位焊缝与坡口根部连接处时,用电弧将坡口根部击穿,产生第一个熔孔,即转入正常施焊。

施焊打底层时应注意以下几点:

1) 注意保持均匀一致的熔孔,熔孔大小以坡口两侧各熔化 0.5~1.0mm 为宜。

2) 焊丝摆动时,以操作手腕为中心作横向摆动,并要注意保持焊丝

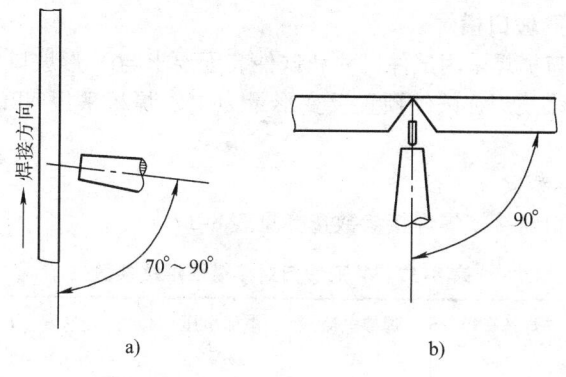

图 8-34 焊枪角度示意图
a) 焊枪倾角　b) 焊枪夹角

始终处在熔池的上边缘,其摆动方法可以是小锯齿形或上凸半月牙形,如图 8-35 所示,以防止液态金属下淌。

3) 焊丝摆动间距要小,且均匀一致,要注意防止焊丝穿出焊缝背面。

4) 焊到试件上方收弧时,应待电弧熄灭、熔池完全凝固以后,才能移开焊枪,以防收弧区因保护不良产生气孔。

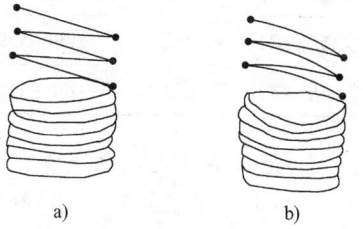

图 8-35 焊枪(焊丝)的摆动方法
a) 小锯齿形　b) 上凸半月牙形

(2) 填充焊　施焊前应先清除打底层焊道和坡口表面的飞溅、熔渣,并将焊道局部凸出处打磨平整。焊丝横向摆动幅度应比打底焊稍大,电弧在坡口两侧稍作停留,以保证焊道两侧熔合良好。填充焊道表面应比坡口边缘低 1.5～2mm,并使坡口边缘保持原始状态,为施焊盖面层打好基础。

(3) 盖面焊　施焊前,应清理填充层焊道和飞溅,将焊道局部凸出处打磨平整。施焊盖面层时的焊枪角度与打底层相同。施焊时,焊丝横向摆动幅度比焊填充层稍大,使熔池超过坡口边缘两侧各 0.5～1.5mm。焊丝横向摆动时,应在坡口两侧边缘稍作停顿,停顿时间以焊缝与母材圆滑过渡、焊缝余高不超过标准为宜。焊丝横向摆动时,应注意控制摆动间距。间距应均匀、合适,不宜过大,否则易产生咬边,焊缝表面也不美观。

三、V形坡口横焊

V形坡口横焊采用试件尺寸和试件装配要求与V形坡口对接平焊相同,用多层多道焊,试件预置反变形量为4°。焊机采用NBC1—300型,直流反接。

1. 焊接参数

V形坡口对接横焊焊接参数选择见表8-17。

表8-17 V形坡口对接横焊焊接参数

焊接层次	焊丝直径/mm	焊接电流/A	电弧电压/V	焊接速度/(m/h)	气体流量/(L/min)
打底层(1)	1.0	90~100	18~20	20~22	10~15
填充层(2)		110~120	20~22		
盖面层(3)		110~120	20~22		
打底层(1)	1.2	100~110	20~22	20~22	15~20
填充层(2)		130~150	20~22		
盖面层(3)		130~150	20~24		

2. 操作要点及注意事项

横焊时,熔池虽有下面母材支承而较易操作,但焊道表面不易对称,所以焊接时必须使熔池尽量小。同时采用多道焊的方法来调整焊道表面形状,最后获得较对称的焊缝外形。横焊时采用左向焊法,三层六道,焊道分布如图8-36所示。将试板垂直固定在焊接夹具上,焊缝处于水平位置,间隙小的一端放于右侧。

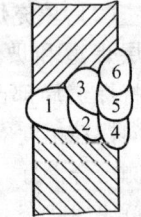

图8-36 对接横焊焊道分布

(1)打底焊 调试好焊接参数后,按图8-37a所示的焊枪角度,从右向左进行焊接。

在试件定位焊缝上引弧,以小幅度锯齿形或斜圆圈形运丝摆动,自右向左焊接,并保持熔孔边缘超过坡口上下棱边0.5~1mm,如图8-38所示。

焊接过程中要仔细观察熔池和熔孔,根据间隙调整焊接速度及焊枪摆幅,尽可能维持熔孔直径不变,焊至左端收弧。若打底焊过程中电弧中断,则应按下述步骤接头:

第八章 CO₂ 气体保护焊

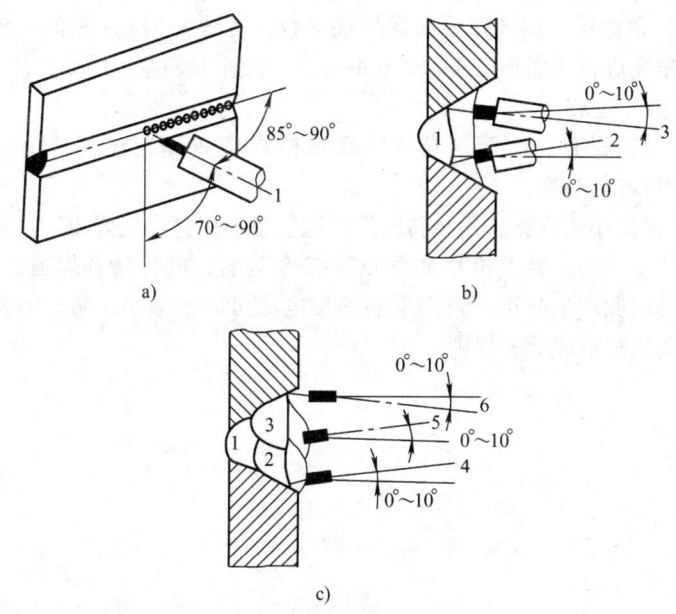

图 8-37 对接横焊时焊枪角度
a) 打底焊　b) 填充焊　c) 盖面焊

1) 将接头处焊道打磨成斜坡。
2) 在斜坡的高处引弧,并以小幅度锯齿形运丝摆动。当接头区前端形成熔孔后,继续焊完打底焊道。

(2) 填充焊　调试好焊接参数,按图 8-37b 所示的焊枪对中位置及角度进行填充焊道 2 与 3 的焊接。整个填充焊层厚度应低于母材 1.5~2mm,且不得熔化坡口棱边。

1) 填充焊道 2 时,焊枪成 0°~10° 俯角,电弧以打底焊道的下缘为中心作横向斜圆圈形摆动,保证下坡口熔合良好。

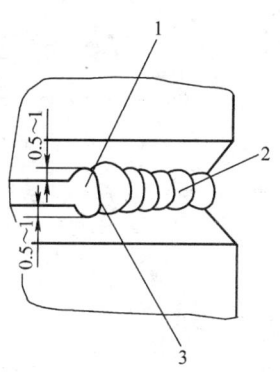

图 8-38 横焊时熔孔的控制
1—熔孔　2—焊道　3—熔池

2) 填充焊道 3 时,焊枪成 0°~10° 仰角,电弧以打底焊道的上缘为中心,在焊道 2 和上坡口面间摆动,保证熔合良好,重叠前一焊道的 1/2~2/3。

3) 清除填充焊道的表面飞溅物,并用角向磨光机打磨局部凸起处。

(3) 盖面焊 调试好盖面焊焊接参数，按图 8-37c 所示的焊枪对中位置及角度进行盖面焊道 4、5、6 的焊接。操作要领基本同填充焊。

3. 操作过程

1) 清理试件，装配定位，然后按横焊位置固定试件，距离地面 800~900mm 的高度。

2) 采用小幅度锯齿形和斜圆圈形运丝法焊接打底层焊道。填充层焊道从下往上排列，要求相互重叠 1/2~2/3 为宜，并保持各焊道的平整，防止焊缝两侧产生咬边。盖面层的焊接电流可略微减小，防止熔敷金属下淌，造成焊道成形不规则。

第九章

钨极氩弧焊

第一节 概 述

一、钨极氩弧焊的分类

钨极氩弧焊（简称 TIG 焊）是利用高熔点的钨极作为电极材料，在氩气流的保护下，钨极与焊件之间引燃电弧，利用电弧热量熔化加入的填充焊丝和基本金属，冷却凝固之后形成焊缝，钨极本身不熔化，只起到发射电子及产生电弧的作用。钨极氩弧焊示意图如图 9-1 所示。

焊接时氩气从焊枪的喷嘴中连续喷出，在电弧周围形成气体保护层隔绝空气，以防止对钨极、熔池及邻近热影响区的有害影响，从而获得优质的焊缝。根据工件的具体要求，焊接过程可以加或者不加填充焊丝。钨极氩弧焊根据不同的分类方式可以分为如下几种：

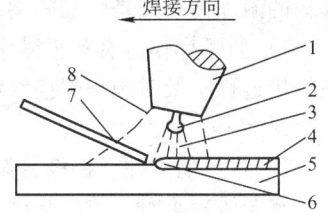

图 9-1 钨极氩弧焊示意图
1—喷嘴 2—钨极 3—电极
4—焊缝 5—焊件 6—熔池
7—填充焊丝 8—惰性气体

（1）按保护气体成分 分为氩弧焊、氦弧焊及 $Ar+H_2$、$Ar+He$ 混合气体保护焊。

（2）按填充焊丝的状态 分为冷丝焊、热丝焊、双丝或多丝焊。

（3）按电流波形 分为直流氩弧焊、交流氩弧焊（正弦波、矩形波）和脉冲氩弧焊（低频 0.1~10Hz、中频 10~1000Hz、高频>15kHz）。

（4）按操作方式 分为手工氩弧焊和自动氩弧焊。

二、钨极氩弧焊的特点

1. 优点

1）焊缝质量高。因为氩气的高温稳定性好，在高温下，不与电极或熔化金属起化学反应，被焊金属材料中合金元素不会烧损，氩气没有腐蚀性且不溶于金属，不易引起气孔。

2）电弧热量集中。热影响区小，焊件变形小。由于氩气是单原子气体，高温时不分解，没有吸热作用。与其他气体相比，热容量和热传导系数都很小，所以在氩气中燃烧的电弧，热量损失最小，产生的温度高，电弧稳定。一般弧柱中心温度可达10000℃以上，而焊条电弧焊的弧柱中心温度为6000～8000℃。

3）容易实现机械化、自动化控制，除带型面的不规则焊缝采用手工焊外，纵向焊缝和圆周焊缝均可采用自动焊。

4）由于热源和填充焊丝分别控制，热量调节方便，使输入焊缝的热输入更容易控制，因此适于各种位置的焊接，也容易实现单面焊双面成形。

5）氩气流对电弧有自压缩作用，故热量较集中，由于氩气对近缝区的冷却，可使热影响区变窄，焊件变形量减小。

6）焊接接头组织致密，综合力学性能较好，尤其在焊接不锈钢时，焊缝的耐蚀性特别是耐晶间腐蚀性能好。

7）明弧操作，有利于操作者对电弧、熔池、熔滴过渡的观察，以便在焊接过程中及时调整焊接参数从而保证焊接质量。

2. 缺点

1）抗风能力差。钨极氩弧焊利用气体进行保护，抗侧向风的能力较差。侧向风较小时，可降低喷嘴至工件的距离，同时增大保护气体的流量；侧向风较大时，必须采取防风措施。

2）对工件清理要求较高。由于采用惰性气体进行保护，无冶金脱氧或去氢作用，为了避免气孔、裂纹等缺陷，焊前必须严格去除工件上的油污、铁锈等。

3）生产率低。由于钨极的载流能力有限，尤其是交流焊时钨极的许用电流更低，致使钨极氩弧焊的熔透能力较低，焊接速度小，焊接生产率低。由于钨极所能允许的焊接电流受到钨极烧损的限制，熔深较浅，所以一般用于厚度小于6mm的焊件。

4）氩弧焊产生的紫外线强度是焊条电弧焊的5～30倍；在紫外线照射下，空气中的氧分子、氧原子互相撞击生成臭氧（O_3），对焊工危害较大；另外，钨极氩弧焊若使用有放射性的钨极时，对焊工也有一定的危害，目前推广使用铈钨极，其放射性危害极小。

三、氩弧焊的使用范围

钨极氩弧焊特别适用于对焊接接头质量要求较高的场合。对于某些重要构件,如压力容器、管道、汽轮机转子等,在对接焊缝的根部熔透焊道、全位置焊道或其他结构窄间隙焊缝的打底焊道,为了保证底层焊接质量,往往采用氩弧焊打底。

由于氩弧焊具有很多优点,随着有色金属、高合金钢及稀有金属的产品结构的日益增多,用一般的气焊、焊条电弧焊方法已不易达到所要求的焊接质量,所以氩弧焊的焊接技术得到越来越广泛的应用。目前,氩弧焊广泛用于航空、原子能、石油化工、电站锅炉、机械等工业部门。

第二节 钨极氩弧焊的焊接材料

氩弧焊焊接材料包括钨极、保护气体及焊丝,正确地选用焊接材料是保证焊缝质量和接头性能的重要条件。

一、钨极

1. 对钨极材料的要求

对钨极材料要求为:电子发射能力强,电弧稳定性好,耐高温,焊接过程中本身不熔化,有较大的许用电流,强度高以及耐蚀性好,不易损耗等。

2. 钨极牌号和规格

按化学成分分类有纯钨极,其牌号是 W1、W2;钍钨极,其牌号是 WTh—7、WTh—10、WTh—15、WTh—30;铈钨极,其牌号是 WCe—5、WCe—13、WCe—20;锆钨极,其牌号是 WZr—150;镧钨极,共五种。长度为 76~610mm,钨极的规格以直径表示,通常有 0.5mm、1.0mm、1.6mm、2.0mm、2.5mm、3.2mm、4.0mm、5.0mm 和 6.3mm 等几种。

(1) 纯钨极 密度为 $19.3g/cm^3$,熔点为 3387℃,沸点为 5900℃,是使用最早的一种电极材料。但纯钨极发射电子的电压较高,要求焊机具有较高的空载电压。另外,钨极易损坏,电流越大,烧损越严重,同时具有放射性,一般很少使用。

(2) 钍钨极 在钨中加入质量分数 3% 以下的氧化钍,构成钍钨极。这种钨极具有较高的热电子发射能力和熔点,用于交流电时允许电流值比同直径的纯钨极提高 1/3,空载电压可大大降低。钍钨极的粉尘具有微量的放射性，修磨钨极时，要注意防护。

（3）铈钨极　在钨中加入质量分数 2% 以下的氧化铈，制成铈钨极。它比钍钨极具有更大的优点，弧束细长，热量集中，可提高电流密度 5%～8%；损耗率低，寿命长；易引弧，电弧稳定；几乎没有放射性。因此，目前得到了广泛应用。

二、保护气体

保护气体不仅是焊接区域的保护介质，也是产生电弧的气体介质。保护气体的特性直接影响电弧的引燃、焊接过程的稳定性、焊缝成形与质量。钨极氩弧焊（TIG）一般采用氩气（Ar）、氦气（He）、氩氦混合气体（Ar+He）或氩氢混合气体（Ar+H_2）作为保护气体。

1. 氩气

氩气是一种无色无味的单原子惰性气体，密度为空气的 1.4 倍。焊接过程中通常使用瓶装氩气。氩气瓶的容积为 40L，外面涂成灰色，用绿色漆标以"氩气"二字，满瓶时压力为 15.2MPa。

氩气几乎不与任何金属产生化学反应，也不溶于金属。同时，氩气电离后产生的正离子质量大，动能也大，对阴极斑点的冲击力大，具有很强的阴极破碎作用，特别适合于焊接活泼金属。由于氩气的导热系数小，不消耗分解热，故没有吸热作用，因此在氩气中燃烧的电弧热损失小，热量集中，稳定性好且效率高。氩气比空气及氮气重，故氩气从喷嘴喷出后，将熔池与周围空气隔绝，能对金属进行有效的保护，在惰性气体保护焊中得到广泛应用。

焊接不同金属材料时，对氩气的纯度有不同的要求，见表 9-1。氩气不纯则易使焊缝氧化、氮化，使焊缝硬脆，破坏其气密性，降低焊缝质量。测定氩气纯度的方法是将金属板材表面的锈、污磨去，露出金属光泽。调节好氩气流量，在板上引弧后，焊枪固定不动，让电弧燃烧一段时间，如果发现电弧燃烧稳定，熔池无异常现象，说明氩气较纯。如果在燃烧过程中，电弧不稳，熔池起泡，证明氩气不纯。

表 9-1　不同材料的焊接对氩气纯度（体积分数）的要求

被焊材料	铬镍不锈钢、铜及铜合金	铝、镁及其合金	高温合金	钛、钼、铌锆及其合金
氩气纯度（%）	≥99.7	≥99.9	≥99.95	≥99.98

2. 氦气（He）

氦也是一种无色无味的单原子惰性气体，其密度较低，大约只有空气的 1/7，因此焊接时所用的流量通常比氩气高 1～2 倍。焊接中通常使用瓶装氦气。氦气瓶的容积为 40L，外面涂成灰色，并用绿色漆标以"氦气"二字，满瓶时压力为 14.7MPa。

氦气的热导率较高，对电弧的冷却作用大，因此电弧的产热功率大且集中，适合于焊接厚板、高热导率或高熔点金属、热敏感材料及高速焊。在同样的条件下，钨极氦弧焊的焊接速度比钨极氩弧焊的焊接速度高 30%～40%。氦气的缺点是阴极破碎作用小，价格比氩气高得多。

钨极氦弧焊一般用直流正接，对铝、镁及其合金的焊接也不采用交流电源，原因是电弧不稳定，阴极破碎作用也不明显。由于氦弧发热量大且集中，电弧穿透力强，在电弧很短时，正接也有一定的去除氧化膜效果。直流正接氦弧焊焊接铝合金，单道焊接厚度可达 12mm，双面焊可达 20mm。与交流氩弧焊相比，熔深大、焊道窄、变形小、软化区小、金属不易过烧。对于热处理强化铝合金，其接头的常温及低温力学性能优于交流氩弧焊。

3. 氩氦混合气体（Ar + He）

氩弧具有电弧稳定、柔和、阴极破碎作用强、价格低等优点，而氦弧具有电弧温度高、熔透能力强等优点。采用氩、氦混合气体时，电弧兼具氩弧及氦弧的优点，特别适合于焊缝质量要求很高的场合。尤其焊接大厚度的高热导率材料及不锈钢，采用的混合比一般为（体积分数）：(75%～80%)He +(25%～20%)Ar。

4. 氩氢混合气体（Ar + H_2）

氢气是双原子分子，且具有较高的热导率。采用氩、氢混合气体时，可提高电弧的温度，增大熔透能力，提高焊接速度，防止咬边。此外，氢气具有还原作用，可防止焊缝中 CO 气孔的形成。但氢气含量比例过高，则会导致氢气孔的产生。氩、氢混合气体主要用于镍基合金、镍铜合金、不锈钢等材料的焊接。一般应将混合气体中氢的含量（体积分数）控制在 15% 以下。

不同材料钨极氩弧焊保护气体的选用见表 9-2。

表 9-2　不同材料钨极氩弧焊保护气体的选用

材料	厚度/mm	采用的保护气体	
		手工钨极氩弧焊	自动钨极氩弧焊
铝及其合金	>3 <3	Ar（交流电、高频）	Ar（交流电、高频）、He Ar + He、He
碳钢	>3 <3	Ar	Ar Ar、Ar + He
不锈钢	>3 <3	Ar Ar、Ar + He	Ar、Ar + H$_2$、Ar + He Ar + He
镍合金	>3 <3	Ar Ar、Ar + He	Ar、He、Ar + He Ar、He
铜	>3 <3	Ar、Ar + He He、Ar	Ar、Ar + He He + Ar
钛及其合金	>3 <3	Ar Ar、Ar + He	Ar、Ar + He Ar、He

注：Ar + He 含有 75% He，Ar + H$_2$ 含有 15% H$_2$（体积分数）。

不同材料氩弧焊时保护气体的保护特点见表 9-3。

表 9-3　不同材料氩弧焊时保护气体的保护特点

材料	焊接类型	保护气体	特点
铝和镁	手工钨极氩弧焊	Ar Ar + He	引弧性、净化作用、焊缝质量都较好，气体消耗量低，可提高焊接速度
	自动钨极氩弧焊	Ar + He He（直流正接）	1）焊缝质量较好，流量比纯氩时低 2）与氩-氦相比，熔深大，焊速高
碳钢	手工钨极氩弧焊	Ar	容易控制熔池，特别在全位置焊接时
	自动钨极氩弧焊	He	比氩的焊速高
	钨极点焊	Ar	一般可延长电极寿命，点焊轮廓较好，引弧容易，比氦的流量低

（续）

材　料	焊接类型	保护气体	特　　点
不锈钢	手工钨极氩弧焊	Ar	焊薄件（不大于2mm）时可控制熔深
	自动钨极氩弧焊	Ar Ar + He Ar + H_2（$H_2 < 35\%$，体积分数） Ar + H_2 + He	1）焊薄件时可很好地控制熔深 2）热输入较高，对较厚件焊速可能高些 3）防止咬边，在低电流下能获得需要的焊缝成形，要求气体流量低 4）高速焊管作业中的最佳选择 5）可提供最高的热输入与最深的熔深
铜镍与铜镍合金	钨极氩弧焊	Ar Ar + He He	1）容易控制薄件熔池、熔深与焊道成形 2）高的热输入，以补偿大厚度的导热性 3）焊大厚度金属时热输入大
钛	钨极氩弧焊	Ar He	1）低气体流量能降低空气对焊缝的污染，改善热影响区性能 2）大厚度手工焊时熔深较大（背面需加保护气体，以保护背面焊缝不受污染）
硅青铜	钨极氩弧焊	Ar	减少这种"热脆"金属的裂纹倾向
铝青铜	钨极氩弧焊	Ar	母材的熔深较浅

三、焊丝

钨极氩弧焊时，焊缝是由熔化的基本金属和填充焊丝组成的。焊缝的质量在很大程度上取决于焊件和焊丝的质量，故为了保证焊接接头的性能，选用焊丝要遵循如下原则。

1）焊接碳钢、低合金钢用 Mn、Si 合金化的焊丝，并应符合 GB/T14957—1994《熔化焊用钢丝》的规定。

2）焊接不锈钢及高镍合金的焊丝应用 Ti 来控制气孔，用 Mn、Nb、Mo 或其组合来控制裂纹。

3）焊接铜及铜合金的填充焊丝应符合 GB/T 9460—2008《铜及铜合金焊丝》的规定。

4）焊接铝及铝合金的填充焊丝应符合 GB/T 10858—2008《铝及铝合金焊丝》的规定。

5）在没有相应标准时，可由供需双方商定。

一般情况下，焊丝的化学成分应与母材成分相匹配或焊丝的合金含量比母材稍高。焊接铜、铝、镁、钛及其合金时，如果没有相应成品焊丝，可选用与母材相当或用与母材成分相同的薄板剪成小条作氩弧焊丝用。对异种钢焊接选用的合金含量应介于两者之间，或选用碳含量高的母材用作焊丝焊接。

第三节　钨极氩弧焊焊接参数的选择

一、钨极氩弧焊的焊接参数

1. 焊接电流种类

钨极氩弧焊所用电流种类可分为直流钨极氩弧焊和交流钨极氩弧焊。电流的种类不同，所具有的特性也不同。

(1) 直流钨极氩弧焊　有正接法和反接法两种。

反接法时，钨极为阳极，温度高，因此钨过热烧损，许用电流密度小；焊件为阴极，温度低，所以熔深浅而宽。焊接铝、镁及其合金时，其表面存在一层致密的高熔点氧化膜，如不及时去除将会造成未熔合、夹渣、焊缝表面形成皱皮及内部气孔等缺陷。采用直流反接时，氩气电离后大量的正离子向熔池表面高速运动，可将金属氧化膜撞碎，避免产生焊接缺陷，这种现象称为"阴极破碎"作用，也称"阴极雾化"。

正接法时，钨极为阴极，温度低，不易过热烧损，而且钨极高温发射电子能力强，许用电流密度也就大，电弧的稳定性好；焊件为阳极，熔深窄而深，焊件变形小，生产率高，但无阴极破碎作用。因此，适合于焊接表面无致密氧化膜的金属材料，如不锈钢、耐热钢及低合金结构钢。

(2) 交流钨极氩弧焊　交流电源的极性做周期性的变化。在焊件为负、钨极为正的半周期里，阴极有去除氧化膜的破碎作用；在焊件为正、钨极为负的半周期内，钨极可以得到冷却，同时发射足够多的电子来稳定电弧。因此，交流钨极氩弧焊兼有直流钨极氩弧焊正、反接的优点，是焊接铝、镁及其合金的最佳方法。但交流钨极氩弧焊存在电弧不稳定和有直流分量等缺点。

交流钨极氩弧焊电弧的不稳定是由于电弧不易再引燃造成的，如图9-2所示。当焊接电压从正半波转向负半波时，发射电子由钨极转为焊件。由于焊件熔点比钨极低得多，高温发射电子的能力很弱，所需再引燃电压高，所以造成电弧再引燃困难。这时只要加一高压稳弧脉冲，就可使电弧顺利再次引燃。交流钨极氩弧焊机都装有高压脉冲稳弧器，周期性地向电弧输送稳弧脉冲，使电弧稳定燃烧。

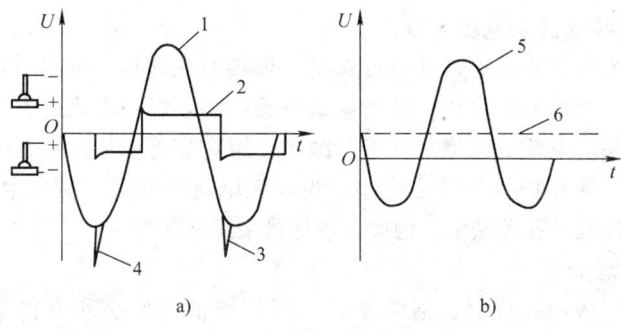

图 9-2 交流钨极氩弧焊电压和电流波形
a) 电压波形 b) 电流波形
1—电源电压 2—电弧电压 3—稳弧脉冲
4—引弧脉冲 5—焊接电流 6—直流分量

直流分量如图 9-2b 所示，由于焊件与钨极发射电子的能力不同，造成正负半波的电流不等。这种电流的不等现象由两部分组成，一部分是真正的交流电，另一部分是叠加在交流部分上的直流电，这部分直流电被称为直流分量。直流分量的存在会减弱阴极破碎作用，使电弧不稳、焊缝成形差，易产生未焊透等缺陷，并使焊接变压器的铁心产生磁饱和而发热。因此，必须消除直流分量，最常用的方法是在焊接回路中串联电容器。串联电容器后，交流电仍可以通过，而直流电却被阻止住，从而达到消除直流分量的目的。

钨极氩弧焊时焊接电流的种类及极性的选择应根据焊件材料来决定。表 9-4 是不同金属材料焊接时应选用的电流种类及极性。

表 9-4 钨极氩弧焊的焊接电流种类及极性的选择

焊接材料	直流正接	直流反接	交 流
铝、镁及其合金	—	板厚3mm以下可用	最佳
钛及钛合金	最佳	—	可用
铜及铜合金	最佳	—	可用
铝青铜	—	—	最佳
不锈钢	最佳	—	可用
合金钢	最佳	—	可用
低碳钢	最佳	—	可用

2. 焊接电流和电弧电压

焊接电流主要根据焊件厚度选择。焊接电流增加，熔深增加，可焊板厚增加。焊接电流过小，易产生未焊透缺陷。焊接电流过大，则易产生烧穿缺陷。电弧电压增加，熔深减小，熔宽显著增加，随着电弧电压的增加，气体保护效果随之变差。当电弧电压过高时，易产生未焊透、焊缝被氧化和气孔等缺陷。因此，应尽量采用短弧焊。

3. 焊接速度

手工钨极氩弧焊时，通常是焊工根据熔池的大小和形状及两侧熔合情况来调整焊接速度，焊接速度增加时，熔深和熔宽减小，速度太快，容易产生未焊透，两侧熔合不好，且焊缝高而窄。焊接速度太慢时，焊缝很宽，易产生烧穿等缺陷。一般在选择焊接速度时，应考虑以下因素。

1）在焊接铝及铝合金等高导热性金属时，为减少变形采取较快的焊接速度。

2）焊接有裂纹倾向的合金时，不能采用高速焊接。

3）在非平焊焊接时，要保证很小的熔池，避免液态金属下淌，尽量选择较快的焊接速度。

4. 钨极直径与形状

钨极直径应根据焊接电流的大小选择。不同直径的钨极适用的焊接电流范围不同，当超出范围时，将会造成电弧的不稳定和钨极的严重烧损。表 9-5 为不同钨极直径的许用焊接电流。

表 9-5 不同钨极直径的许用焊接电流

电极直径 /mm	许用焊接电流/A			电极直径 /mm	许用焊接电流/A		
	直流正接	直流反接	交流		直流正接	直流反接	交流
0.5	5~20	—	5~20	3.2	250~400	25~40	160~250
1.0	15~80	—	20~60	4.0	400~500	40~55	200~300
1.6	70~150	10~20	60~120	5.0	500~750	55~88	290~390
2.4	150~250	15~30	100~180	6.4	750~1000	80~125	340~525

钨极的形状常用的有平底锥形、圆球形和尖锥形三种，如图 9-3 所示。钨极的形状对电弧的稳定性及钨极的寿命有直接影响。直流钨极氩弧焊时，为了使电弧集中而稳定，常采用平底锥形；交流钨极氩弧焊时，

为了稳定电弧，减小钨极烧损，可采用平底锥形或圆球形的钨极；在用小电流焊接时，为了增加电弧压力可采用尖锥形。

5. 喷嘴直径与保护气体流量

喷嘴直径决定着保护区的大小。喷嘴直径与保护气体流量同时增加，保护区扩大，使保护效果更好。但喷嘴直径过大时，会妨碍焊接时的视线，影响操作。因此，手工钨极氩弧焊的喷嘴直径应在5～14mm之间。喷嘴直径确定后，决定保护效果的是氩气流量。保护气体流量太小，保护气体的挺度不够，空气易进入熔池，保护效果差。保护气体流量太大，容易产生紊流，保护效果也不好。一般保护气体流量在3～25L/min 范围内。喷嘴的形状对气流的运动状态有很大影响，常见的喷嘴形状有圆柱形和圆锥形两种，如图9-4所示。

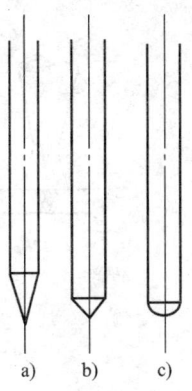

图9-3 常用钨极端部形状
a）尖锥形 b）平底锥形 c）圆球形

（1）圆柱形喷嘴 保护性能最佳，原因是气流通过圆柱部分时，由于气流通道截面不变，速度均匀，容易保持层流，生产中常用此形式。

（2）圆锥形喷嘴 由于出口处截面减小，气流速度加快，这时气流挺度虽好，但容易造成紊流，保护性能差。这种喷嘴操作方便，便于观察熔池，生产中也经常使用。

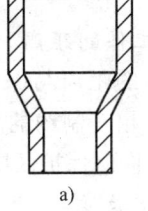 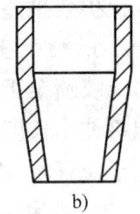

图9-4 喷嘴形状
a）圆柱形 b）圆锥形

选择氩气流量时应考虑焊件形状与接头形式，一般平焊、船形焊、角焊气体保护效果较好，如图9-5所示。

端头平焊，端头角焊保护较差，在焊这类工件时，除增加保护气体流量外，还应加挡板，如图9-6所示。

实际生产中，常用以下几种方法来检验保护气体的保护效果。

1）观察钨极末端表面颜色。若发蓝或呈灰褐色，证明保护效果不好，若呈银白色则保护效果好。

2）检查焊点颜色。用交流电在铝板上熔化一点，若银亮的圆圈直径较大，说明保护效果较好；若无光亮圈，则保护效果差。用直流正接在

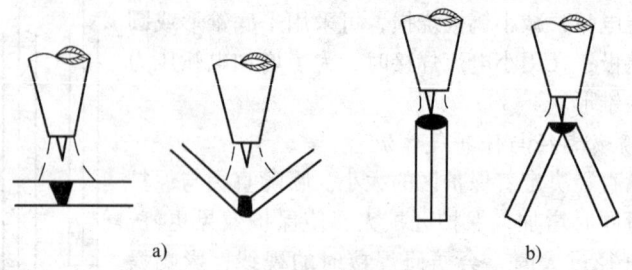

图 9-5 接头形式
a) 保护良好的接头形式 b) 保护不良的接头形式

高温合金板上熔化一点,若焊点很圆,呈银白色,则保护效果好;若焊点不圆且发黑有皱纹,则保护效果差。

3) 检查焊缝颜色。若焊缝呈银白色或金黄色,则保护效果较好。若发黑或发灰,则保护效果差。

6. 喷嘴至工件的距离

喷嘴至工件的距离与保护气体流量和

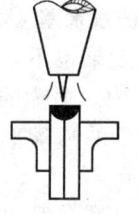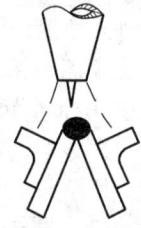

图 9-6 加挡板提高保护效果

钨极伸出长度是相互制约的。距离太远,则保护效果差;距离太近,不利于观察熔池,同时保护区域小。一般喷嘴至工件的距离为 5~15mm。

7. 钨极伸出长度

钨极伸出长度增加,喷嘴距焊件的距离增加,保护气体易受空气气流的影响而发生摆动。伸出长度减小,喷嘴至工件的距离较近,保护效果好,但过近会妨碍观察熔池。焊接对接焊缝时,一般钨极伸出长度为 4~6mm;焊接角焊缝时,钨极伸出长度为 6~8mm 较好。

8. 焊丝直径的选择

焊丝直径应根据焊接电流的大小来选择,表 9-6 给出了它们之间的关系。

焊丝直径的选择除考虑焊接电流外,还应考虑焊件厚度、焊缝间隙大小和接头形式及工作效率等因素。若焊件板厚为 1~4mm,焊接位置是全位置,则可选用的焊丝直径为 0.6~1.2mm。如果焊件厚度大于 4mm,且在水平位置焊接,一般选用粗焊丝直径为 1.6mm 或更大些 (1.6~3.0mm)。

表9-6 焊接电流和焊丝直径的关系

焊接电流/A	焊丝直径/mm	焊接电流/A	焊丝直径/mm
10~20	≤1.0	200~300	2.4~4.5
20~50	1.0~1.6	300~400	3.0~6.0
50~100	1.0~2.4	400~500	4.5~8.0
100~200	1.6~3.0		

二、焊接参数的选择

焊接电流、喷嘴直径和气体流量之间的关系见表9-7。

表9-7 焊接电流、喷嘴直径和气体流量之间的关系

焊接电流	直流焊接		交流焊接	
	喷嘴直径/mm	气体流量/(L/min)	喷嘴直径/mm	气体流量/(L/min)
10~100	4~9.5	4~5	8~9.5	6~8
100~150	4~9.5	4~7	9.5~11	7~10
150~200	6~13	6~8	11~13	7~10
200~300	8~13	8~9	13~16	8~15
300~500	13~16	9~12	16~19	8~15

第四节 钨极氩弧焊的操作技术

一、钨极氩弧焊在焊接过程中要注意的问题

1) 根据焊接接头空间位置的不同, 应正确选用焊枪和握把姿势, 以便操作、观察和调整熔池。

2) 焊接前, 应采取正确的检验方法, 检验氩气的纯度及有效保护区和氩气流量。注意焊后钨极形状及颜色的变化, 在焊接过程中如果钨极没有变形, 焊后钨极端部为银白色, 说明保护效果好; 如果焊后钨极发蓝, 说明保护效果较差; 如果钨极端部发黑或有瘤状物, 说明钨极已经被污染, 必须将这段钨极磨掉, 否则容易夹钨。施焊时穿戴好劳保用品。

3) 在焊接过程中, 双手的配合要协调, 送丝要均匀, 焊丝不能在保

护区内搅动,防止破坏保护层,卷入空气。

二、钨极氩弧焊的基本操作

1. 焊枪、焊丝与焊件之间的角度及握枪方法

正确选择和掌握持枪方法是焊接操作顺利进行与获得高质量焊缝的保证,持枪方法如图9-7所示。

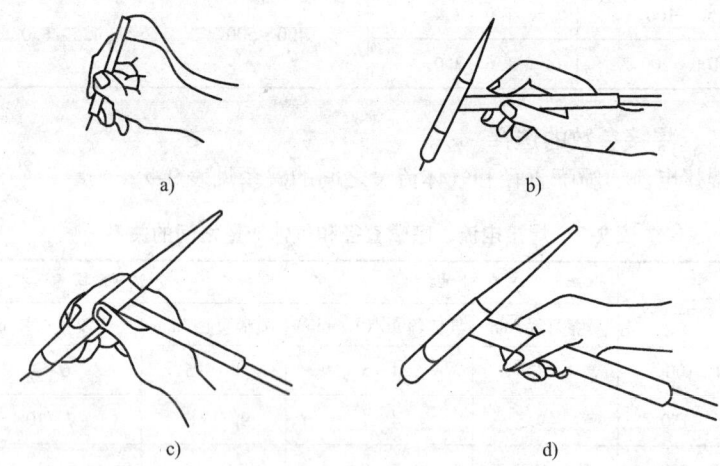

图9-7 持枪方法

图9-7a 为小型焊枪握法:一般多用于100~150A的小电流焊枪,适用于焊薄板。

图9-7b 为"T"形焊枪握法之一:用于150A、200A、300A的"T"形焊枪,应用较广。

图9-7c 为"T"形焊枪握法之二:用于150A、200A"T"形焊枪。此种握法最稳,适用于要求严格处。

图9-7d 为"T"形焊枪握法之三:用于500A"T"形焊枪。焊接厚板及立焊、仰焊时多采用此种握法,150A、200A、300A"T"形焊枪也可采用此握法。对于操作不熟练者,在采用图9-7d所示的持枪方法时,可将其余二指触及焊缝旁作为支点,也可用其中两指或一指作支点。要稍用力握住,这样能有效地保证电弧长度稳定一致,方便地运用短弧焊。左手持焊丝,严防焊丝与钨极接触,以免产生飞溅、夹钨,破坏气体保护层,影响焊缝质量。

平焊时,焊枪、焊丝与工件的角度如图9-8a所示。焊枪角度过小,

降低了氩气保护效果。角度过大,操作及加丝比较困难。对某些易被空气污染的材料(如钛合金)等,应尽可能使焊枪与工件夹角为90°,以确保氩气保护良好。

环焊时,焊枪、焊丝与工件的角度和平焊区别不大,但焊件的转动是逆焊接方向的,如图9-8b所示。

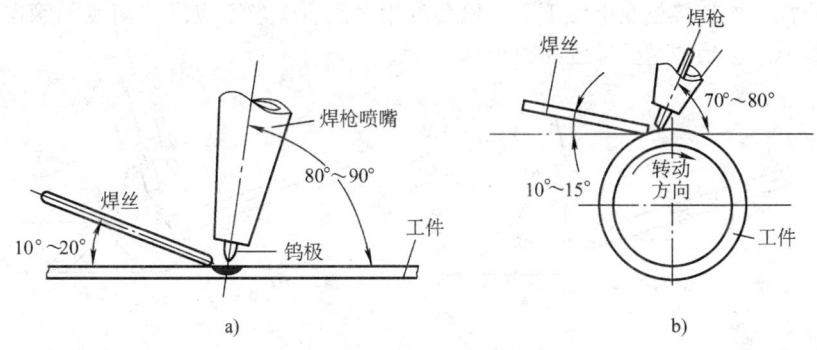

图 9-8 焊枪、焊丝与工件角度
a) 平焊 b) 环形焊

2. 送丝的基本操作方法

手工钨极氩弧焊时,送丝的方法有如下两种。

(1) 连续送丝法 将焊丝夹持在左手大拇指的虎口处,前端夹持在中指和无名指之间,靠大拇指来回反复均匀地用力,推动焊丝向前送向熔池中。中指和无名指夹稳焊丝控制及调节方向,手背可依靠在工件上增加其稳定性,大拇指的往返推动频率可由填充量及焊接速度而定,如图9-9所示。采用连续送丝法,对于要求双面成形的焊件,速度快且质量好,可以有效地避免内部凹陷缺陷。

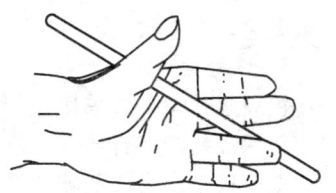

图 9-9 连续送丝操作方法

(2) 断续送丝法 以左手拇指、食指、中指捏紧焊丝,手指不动,只起夹持作用,靠手或小臂沿焊缝前后移动和手腕的上下反复动作,将焊丝加入熔池。此法适用于对接间隙较小、有垫板的薄板或角焊缝的焊接。但此方法使用电流小,焊接速度较慢,当组对间隙过大或电流不恰当时,熔池温度难以控制,易产生塌陷。

(3) 送丝的注意事项

1) 夹持焊丝不能太紧，以免焊丝不动。送丝时，注意焊丝与工件的夹角为 10°~20°，从熔池前沿点进，焊丝端头应始终处在氩气保护区内，以免高温氧化，造成缺陷。

2) 送丝时，应等焊件金属两侧熔化后再送，以免造成熔合不良，不应把焊丝直接放在电弧下面，以免发生短路，焊丝不应以"滴渡"滴向熔池。正确的送丝部位如图 9-10 所示。

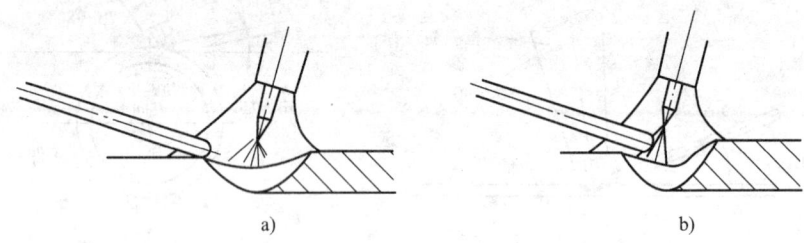

图 9-10　正确的送丝部位
a) 正确　b) 不正确

3) 焊丝加入动作要熟练、均匀。过快，焊缝余高大；过慢，焊缝易出现凹下和咬边现象。

4) 坡口间隙大于焊丝直径时，焊丝应跟随电弧作同步横向摆动，送丝速度均应与焊接速度相适应。

5) 撤回焊丝时，切记不要让焊丝端头撤出氩气保护区，以免焊丝端头被氧化，在下次点进时，进入熔池，造成氧化物夹渣或产生气孔。

3. 焊枪运走形式

钨极氩弧焊一般采用左焊法，焊枪作直线移动。为了获得比较宽的焊道，保证两侧熔合质量，氩弧焊枪也可作横向摆动，同时焊丝随焊枪的摆动而摆动。为了不破坏氩气对熔池的保护，应切记摆动频率不能太高，幅度不能太大，保持喷嘴高度不变。常用的焊枪运走形式如下：

(1) 直线移动　根据所焊材料和厚度不同，通常有两种方法。

1) 直线匀速移动。焊枪沿焊缝作平稳的直线匀速移动，适合于不锈钢、耐热钢等薄件的焊接。其优点是电弧稳定，避免焊缝重复加热，氩气保护效果好，焊接质量稳定。

2) 直线断续移动。主要用于中等厚度材料（3~6mm）的焊接。在焊接过程中，焊枪按一定的时间间隔停留和移动。一般在焊枪停留时，当熔池熔透后，加入焊丝，接着沿焊缝纵向作间断的直线移动。

（2）横向摆动　根据焊缝的尺寸和接头形式的不同，要求焊枪作小幅度的横向摆动。按摆动方法不同，可分为两种形式，如图9-11所示。

1）月牙形摆动。焊枪的横向摆动是划弧线，两侧略停顿并平稳向前移动。这种运动适用于大的T形接头角焊、厚板的搭接接头焊接、开V形及X形坡口的对接焊或特殊要求加宽的焊接。

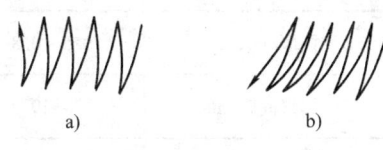

图9-11　焊枪横向摆动示意图
a) 月牙形摆动　b) 斜月牙形摆动

2）斜月牙形摆动。焊枪在沿焊接方向移动的过程中划倾斜的圆弧。这种运动适用于不等厚的角接焊和对接焊的横向焊缝。焊接时，焊枪略向厚板一侧倾斜，并在厚板一侧停留时间略长。

4．左焊法与右焊法

（1）左焊法　在焊接过程中，焊枪从右向左移动，焊接电弧指向待焊部分，焊丝位于电弧前面。

（2）右焊法　在焊接过程中，焊枪从左向右移动，焊接电弧指向已焊部分，焊丝位于电弧后面。

左焊法便于观察和控制熔池温度，操作者易于掌握。适宜于焊接薄板和对质量要求较高的不锈钢等材料。由于电弧指向未焊部分，有预热作用，故焊速快，焊道窄，焊缝在高温停留时间短，对细化焊缝金属晶粒有利。

右焊法不便于观察和控制熔池，但由于右焊法焊接电弧指向已凝固的焊缝金属，使熔池冷却缓慢，有利于改善焊缝金属组织，减少产生气孔、夹渣的可能性。在相同的热输入下，右焊法比左焊法熔深大，适合于焊接厚度较大、熔点较高的焊件。

三、钨极氩弧焊的焊接操作技术

1．定位焊

在实际生产中为了保证焊件尺寸，防止焊接时由于工件受热膨胀导致焊件错移，影响焊接的正常进行和焊缝成形，需进行定位焊。定位焊缝的间距根据被焊材料的牌号、厚度及接头形式确定。由于不锈钢比低碳钢的线胀系数大，焊缝收缩大，故间距应小。对于较薄的和易变形的焊件，间距也应减小。对于刚性较大和裂纹倾向大的焊件，由于定位焊缝易开裂，此时应采取长焊缝并增加定位焊缝数。定位焊缝的间距可按表9-8选择。

表9-8 定位焊缝的间距

板厚/mm	0.5~0.8	1~2	>2
定位焊缝间距/mm	≈20	50~100	≈200

对于环形焊缝，定位焊缝的数量应根据管子直径的大小而定，定位焊缝太多，不利于接头；太少易引起焊缝收缩，不利于焊接操作。一般来说，管径小于57mm用一点定位；管径为89~133mm用两点定位；管径为150~219mm采用三点定位。管子直径越大，定位焊缝数目相对要增加。

定位焊缝是正式焊缝的一部分，必须保证其焊接质量符合工艺要求，且不允许有缺陷。在施焊前，应将定位焊缝两端磨成斜坡形，以便于接头。

2. 引弧

手工钨极氩弧焊一般有下列三种引弧方法。

(1) 高频引弧 利用高频振荡器产生的高频高压击穿钨极与焊件之间的气体间隙而引燃电弧。

(2) 高压脉冲引弧 在钨极与焊件之间加一个高压脉冲，使两极间气体介质电离而引燃电弧。

高频引弧与高压脉冲引弧的操作是钨极不与工件接触，保持3~4mm的距离，通过焊枪上的起动按钮直接引燃电弧。但引弧处不能在焊件坡口外面的母材上，以免造成弧斑，损伤工件表面，引起腐蚀或裂纹。引弧处应在起焊处前10mm左右，电弧稳定后，移回焊接处进行正常焊接。高频引弧与高压脉冲引弧效果好，钨极端头损耗小，引弧处焊接质量高，不会产生夹钨缺陷。

(3) 短路引弧 短路引弧是钨极与引弧板或焊件接触引燃电弧的方法。按操作方式，又可分为两种。

1) 直接接触引弧法。钨极末端在引弧板表面瞬间擦过，像划弧似地逐渐离开引弧板，引燃后将电弧带到被焊处焊接，引弧板可采用纯铜或石墨板。引弧板可安放在焊缝上，也可错开放置，如图9-12所示。

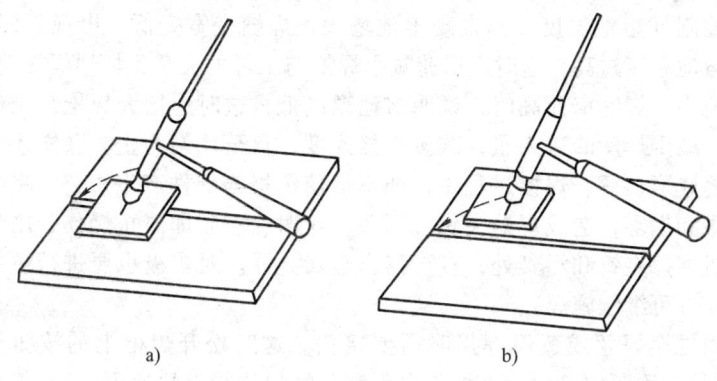

图 9-12 直接接触引弧法
a) 压缝式 b) 错开式

2) 间接接触引弧法。钨极不直接与工件接触，而是将末端离开工件 4～5mm，利用填充焊丝在钨极与工件之间，从内向外迅速划擦过去，使钨极通过焊丝与工件间接短路，引燃后将电弧移至施焊处焊接。划擦过程中，如焊丝与钨极接触不到，可加大 α 角度，或减小钨极至工件的距离，如图 9-13 所示。此法操作简便，应用广泛，不易产生粘结。

3. 焊接和接头

引弧后，将电弧移至始焊处或定位焊缝，对焊件加热，当母材出现"出汗"即熔化状态时，填加焊丝。填充焊丝应在焊件上形成熔池后再缓慢送至熔池前沿，不应直接送至熔池中心。细丝可连续送进，粗丝应间歇送进。间歇送进必然有焊丝后退动作，但不能离开氩气保护区，否则高温焊丝端头被空气氧化。焊丝不能与钨极相碰触，也不能扰乱氩气流。使用过粗的焊丝或送丝速度过快，会形成大熔滴进入熔池，使熔池温度骤降，液态金属粘度增加，对焊透和焊缝成形不利。

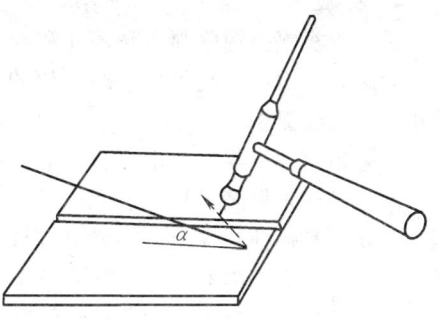

图 9-13 间接引弧法

初始焊接时，为了避免引起裂纹，焊接速度应慢些，多填加焊丝，使焊缝增厚。焊接时要掌握好焊枪角度及送丝位置，力求送丝均匀，同时要控制好熔池温度。当发现熔池增大，焊缝变宽变低，出现下凹时，证明熔池温度过高，这时应迅速减小焊枪与工件的夹角，加快焊接速度。当熔池小，焊缝窄而高时，说明熔池温度低，这时应增大焊枪与工件的夹角，减少焊丝的送入量，减慢焊接速度，直至均匀为止，这样才能保证焊缝成形良好。焊接过程中，如不慎使钨极与焊件产生短路，将会产生飞溅和烟雾，造成焊缝夹钨和污染。这时，应立即停止操作，用角向磨光机磨掉夹钨和污染处，直至露出金属光泽。对钨极也要进行更换或修磨，方可继续施焊。

当更换焊丝或暂停焊接时需要接头。这时松开焊枪上的按钮开关（使用接触引弧焊枪时，立即将电弧移至坡口边缘上快速灭弧），停止送丝，借焊机电流衰减熄弧。但焊枪仍需对准熔池进行保护，待其完全冷却后方能移开焊枪。若焊机无电流衰减功能，应在松开按钮开关后稍抬高焊枪，待电弧熄灭、熔池完全冷却后移开焊枪。进行接头前，应先检查接头熄弧处弧坑质量。如果无氧化物等缺陷，则可直接进行接头焊接。如果有缺陷，则必须将缺陷修磨掉，并将其前端打磨成斜面，然后在弧坑右侧15～20mm处引弧，缓慢向左移动，待弧坑处开始熔化形成熔池和熔孔后，继续填丝焊接。

4. 收弧

手工钨极氩弧焊收弧方法不正确时，容易产生弧坑、裂纹、气孔和烧穿等缺陷。因此，应采取衰减电流的方法，即电流自动由大到小逐渐减小，以填满弧坑。

一般氩弧焊机都配有电流自动衰减装置，收弧时通过焊枪手把上的按钮断续送电来填满弧坑。若无电流衰减装置，可采用手工方法操作收弧，其要领是逐渐减少焊件热量（如改变焊枪角度、稍拉长电弧、断续送电等），收弧时填满弧坑后慢慢提起电弧直至灭弧，不要突然拉断电弧。当熄弧后，会自动延时几秒钟停气（因焊机具有提前送气和滞后停气的控制装置），以防止金属在高温下发生氧化。

收弧很重要，应妥善处理。一般采用以下几种收弧方法：

(1) 提高焊接速度法　提高焊接速度法是焊接结束时，焊枪的移动速度加快，同时焊丝的送给量逐渐减少，最终达到基本金属不熔化为止，断电熄弧。提高焊接速度法适用于环焊缝，无弧坑和缩孔。

(2) 焊缝增高法　焊缝增高法是熄弧的焊接速度减慢，焊枪的后倾斜角度增大。焊丝送丝量增加，电弧断续状焊接以便熔池不出现弧坑。

这种收弧在收弧处焊缝增高量较大，焊后需修平。

(3) 应用引出板法　引出板法是加一块引出板，最终在引出板上熄弧，焊后去掉引出板。

实践证明，采用提高焊接速度收弧法最理想，可避免弧坑和缩孔的发生，在熄弧或中途停弧时，宜采用此种方法。

第五节　手工钨极氩弧焊（TIG）的基本操作方法

1. TIG 焊薄板对接平焊

对接焊要注意焊缝正、背面的成形特点。对厚 3mm 的板，根部间隙可为 0mm，焊接电流 90～120A。焊前坡口两侧各 50mm 宽的区域内要清理干净。

1）焊枪及填丝角度如图 9-14 所示。焊枪与焊缝成 70°～80°，与母材保持 90°夹角。焊丝与板面成 15°～20°夹角。

2）填丝方法如图 9-15 所示。焊丝对准熔池的前端，有节奏地适量熔入，保持焊缝波形的均一性。

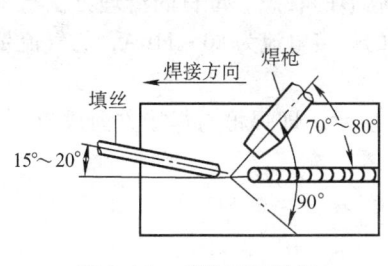

图 9-14　对接 TIG 平焊
焊枪及填丝角度

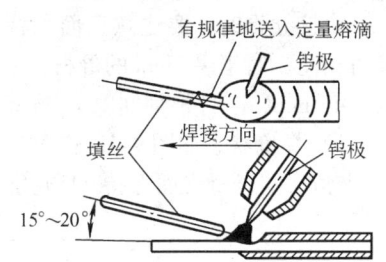

图 9-15　对接 TIG 平焊
填丝方法示意图

3）弧坑的填充方法有两种。一种是连续填充法（见图 9-16），即在距焊缝终端约 5mm 之前的位置，钨极瞬间停止移动，使焊丝较多地送入，填满弧坑，使弧坑处的焊缝宽度与高度同其他地方基本相当。

第二种方法是断续填充法（见图 9-17）。断续填充弧坑要注意防止熔合不良，要确认前一层熔化后，方可使熔滴滴入。方法是在焊接停止区域熔化后，将焊丝送入并立即断弧。此时焊枪仍在原位置，以便保护弧坑表面。经过 0.5～2s 左右，待弧坑熔化金属凝固后，再于该处引弧并送入焊丝再断弧。这样反复操作 1～3 次，使弧坑逐渐减小，并得到满意的余高。

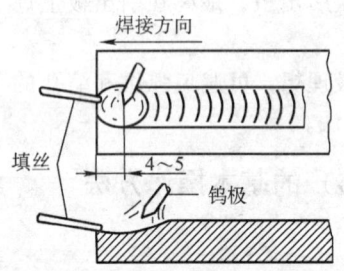

图 9-16　对接 TIG 平焊收弧的连续填充法

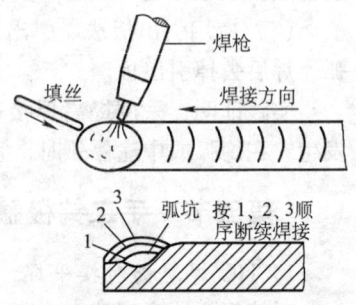

图 9-17　对接 TIG 平焊收弧的断续填充法

4）TIG 焊的引弧操作方法与熔化极焊接时基本相同，即按上述焊枪角度，在距焊缝始端处 10~15mm 前方引弧（通过高频电或高压脉冲），然后迅速返回始端，母材熔化后即开始正常焊接。

2. TIG 焊薄板对接立焊技术

对接立焊时，要注意正面和背面成形的状态。母材的清理方法与平焊时相同。对于厚 3mm 的母材，采用的焊接电流为 80~110A，氩气流量为 10L/min，工件根部间隙为 0mm。

1）焊枪状态如图 9-18 和图 9-19 所示，即焊枪与焊接方向成 70°~80°夹角，与母材表面保持 90°夹角。

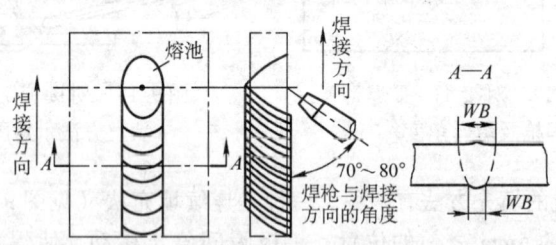

图 9-18　对接 TIG 立焊焊枪状态
WB—焊缝熔宽

2）填丝角度如图 9-20 所示，与焊缝成 20°~30°为宜。

3）填丝要对准熔池的前沿（见图 9-21），采用如图所示的运丝方式，不至保护气流紊乱。

第九章 钨极氩弧焊

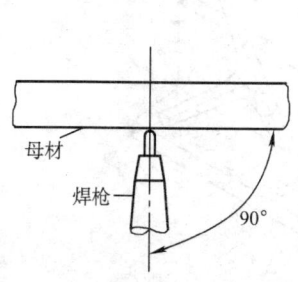

图 9-19 对接 TIG 立焊焊枪与母材表面的夹角

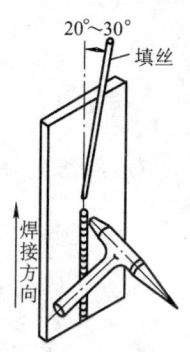

图 9-20 对接 TIG 立焊填丝角度

4）收弧处理如图 9-22 所示，分三次断续焊，填满弧坑。这样做有利于防止终端处的金属下垂，但在断续焊时要特别注意防止产生熔合不良的现象。

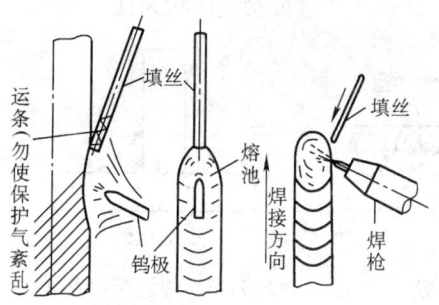

图 9-21 对接 TIG 立焊填丝对准位置及运丝方式

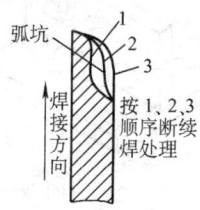

图 9-22 对接 TIG 立焊收弧处理方法

3. TIG 平角焊技术

T 形接头水平角焊时，板厚 3mm，取焊接电流 100～130A，钨极伸出长度 6～9mm（自喷嘴端部算起），氩气流量 5～8L/min。

1）焊枪状态、填丝角度如图 9-23 所示。
2）电弧长度保持 2～3mm。
3）钨极对准接头根部。
4）确认母材的接头处充分熔化后送进填丝。
5）填丝前端位置如图 9-24 所示，使熔滴自熔池的上方流入。T 形

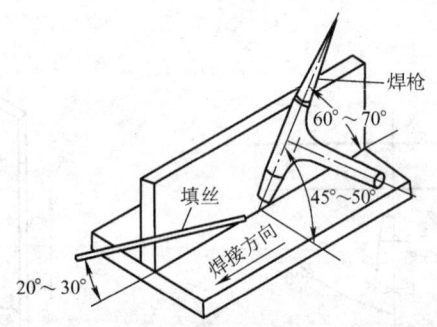

图 9-23　TIG 平角焊焊枪状态及填丝角度

接头平角焊时，立板侧易产生咬边，底板侧易产生焊瘤。为防止这些缺陷，焊枪角度和钨极对准位置非常重要，同时也要考虑金属重力的作用。

6）弧坑处理的要领与平焊和立焊相同。

7）获得的焊缝断面形状如图 9-25 所示，表面稍呈凹状为佳。

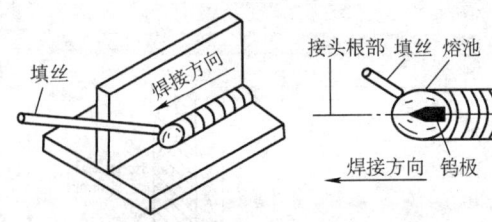

图 9-24　TIG 平角焊填丝端部位置

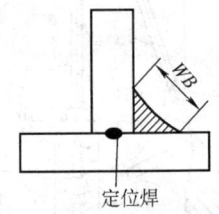

图 9-25　焊缝断面形状

4. 薄板角接接头焊接技术

板厚 3mm，氩气流量 10L/min，焊接电流 70～100A，钨极伸出长度 1～2mm。角焊缝焊接时，如在坡口两侧母材熔化过多，则会产生咬边和焊瘤缺陷。故在操作中要注意掌握好焊枪角度和填丝角度等。

1）焊枪状态和填丝角度如图 9-26 所示，其中填丝与焊接方向成 20°～30°夹角，与母材面所成的角度与焊接方向一致。

2）钨极前端对准水平板与垂直板的交点（见图 9-27）。

3）填丝的对准位置如图 9-28 所示。如果填丝对准位置在图中位置的下方，则易产生图 9-29 所示的咬边、焊瘤。

4）应在确认母材充分熔化后，填丝进行焊接。

第九章 钨极氩弧焊

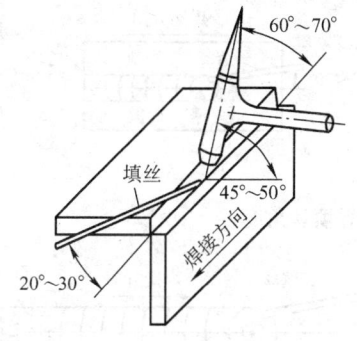

图 9-26 TIG 角焊焊枪状态与填丝角度

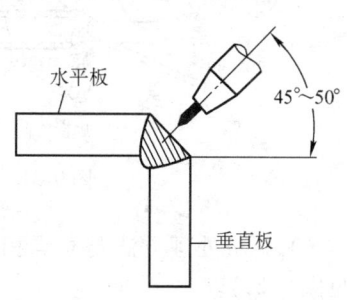

图 9-27 TIG 角焊钨极尖端位置

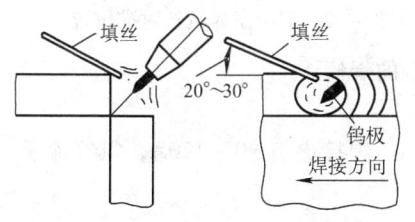

图 9-28 TIG 角焊填丝的对准位置

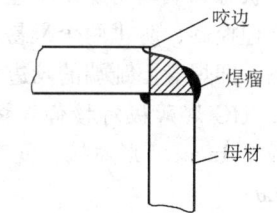

图 9-29 TIG 角焊产生的咬边与焊瘤

5. TIG 焊薄板横焊技术

要注意焊接顺序和要领,以获得适当的正面焊缝和背面焊缝。板厚 3mm 的薄板对接 TIG 横焊时,焊接电流 90~120A,氩气流量 10L/min。I 形对接,间隙为 0mm。

1) 钨极伸出长度 3mm。

2) 电弧长度 3~4mm。

3) 焊枪状态如图 9-30 所示,焊枪与焊接方向成 70°~80°夹角,与母材表面成 100°夹角。

4) 填丝角度如图 9-31 所示。

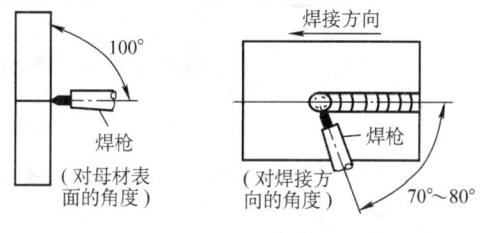

图 9-30 TIG 横焊焊枪状态

5) 填丝对准位置如图 9-32 所示,即对准熔池中的上方。如果操作不当,填丝熔化金属流入熔池过量,则会在焊缝下趾端产生焊瘤。

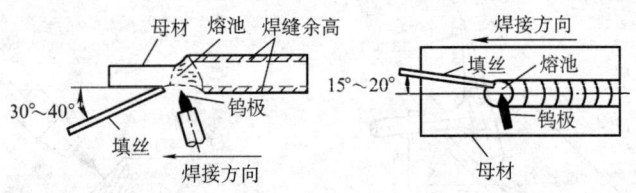

图 9-31 TIG 横焊填丝角度

6) 弧坑处理方法与立焊相同 (见图 9-22)。

总之, TIG 对接横焊时, 要通过焊枪状态和填丝角度及填丝位置等的合理控制, 防止两个最易出现的缺陷, 即焊缝上趾端的咬边和下趾端的焊瘤。

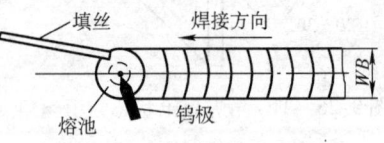

图 9-32 TIG 横焊填丝对准位置

6. TIG 焊薄板对接仰焊技术

板厚 3mm, I 形对接, 间隙为 0mm。焊接电流 90~120A, 氩气流量 12L/min。

1) 钨极伸出长度 3mm。

2) 焊枪状态如图 9-33 所示, 焊枪与焊接方向成 80°~90°夹角, 与母材表面保持 90°夹角。

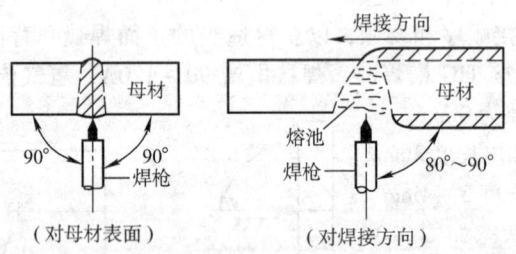

图 9-33 对接 TIG 仰焊焊枪状态

3) 填丝角度如图 9-34 所示。

4) 填丝对准位置如图 9-35 所示。

5) 弧坑处理方法与立焊时相同 (见图 9-22)。

仰焊的姿势最为不便, 目视判断熔池的感觉控制亦不稳定, 焊枪及填丝操作也容易失控, 因此最易产生缺陷, 故要特别注意其操作要领。

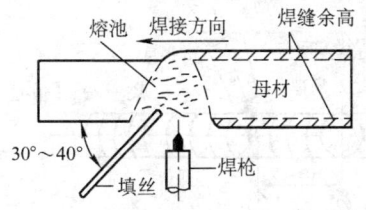
图 9-34 对接 TIG 仰焊填丝角度

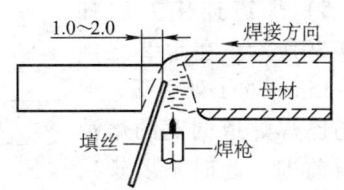
图 9-35 对接 TIG 仰焊填丝对准位置

7. TIG 船形焊技术

T 形接头船形位置 TIG 焊,板厚 3mm,钨极伸出长度 6~9mm,氩气流量 5~8L/min,焊接电流 90~120A。

1) 焊枪状态和填丝角度如图 9-36 所示,焊枪与两板面均成 45°角,与焊接方向成 70°~80°角;填丝与焊接方向成 20°~30°角。

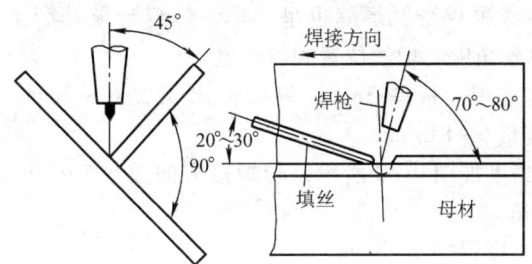

图 9-36 船形 TIG 焊焊枪状态与填丝角度

2) 确认母材的接头根部充分熔化后供给填丝。
3) 填丝的前端位于熔池的前沿(见图 9-37)。
4) 焊缝形状如图 9-38 所示,表面平滑且略呈凹形为佳,焊缝宽度(WB)以 4~5mm 为宜。根据熔池面积,适当控制填充金属的流入量,可以防止船形焊时焊缝趾端处咬边,亦可使接头根部熔透良好。

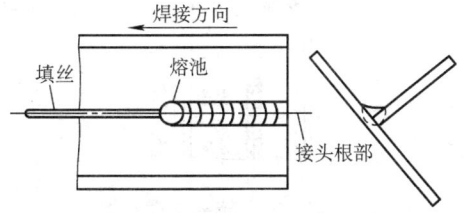

图 9-37 船形 TIG 焊填丝前端位置

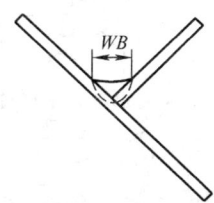

图 9-38 船形 TIG 焊焊缝形状

5）焊道连接方法如图9-39所示。在距②之前10～15mm的①处引弧，形成与已焊焊道同宽的熔池②再前进（此时不填丝），弧坑区充分熔化后填入焊丝开始焊接。要注意防止产生引弧缺陷。

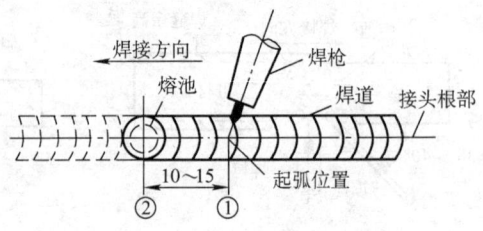

图9-39　船形TIG焊焊道连接方法

6）弧坑处理方法与平焊相同。

8. T形接头立焊技术

T形接头立焊时，焊丝熔化金属注入熔池比船形焊困难，填丝前端球化，特殊情况下熔滴附着在钨极上，有时造成熄弧。另外，如果填丝不规范，会造成未焊透，焊缝也呈凸形，焊缝趾端处产生咬边。所以，要特别注意填丝角度、填丝位置和填丝量。

T形接头立焊，板厚3mm，钨极伸出长度6～9mm，焊接电流约110A，氩气流量5～8L/min。

1）焊枪角度如图9-40所示，与焊接方向成60°～70°夹角，与母材表面成45°夹角。

2）电弧长度保持2～3mm。

3）钨极前端对准接头根部，母材充分熔化后，将焊枪沿焊接方向移动。

4）填丝角度如图9-41所示，与焊缝轴线成30°～40°夹角，这样的角度便于熔化的焊丝流入熔池。

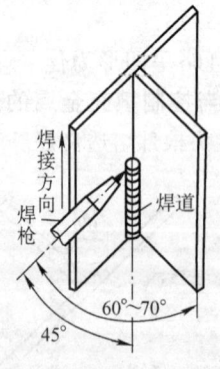

图9-40　T形接头TIG立焊焊枪的角度

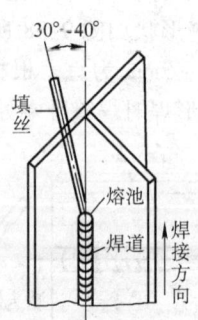

图9-41　T形接头TIG立焊填丝角度及前端位置

5)填丝的前端如图9-41所示,要处于熔池的前沿。根据目视判断熔池,填丝时要进给适量。

6)焊缝形状如船形者(见图9-38)为佳。

9. TIG焊T形接头横焊技术

板厚3mm,钨极伸出长度6~9mm,焊接电流90~120A,氩气流量7~10L/min。

1)焊枪角度如图9-42所示。

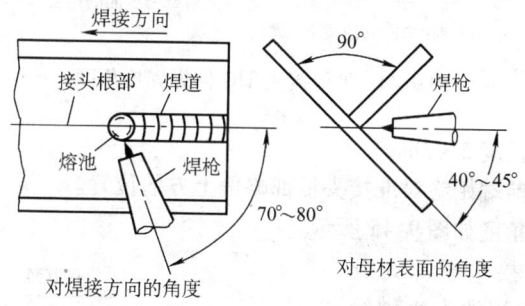

图9-42 T形接头TIG横焊焊枪角度

2)填丝角度如图9-43所示,填丝的前端位于熔池前沿偏上处。

3)接头根部充分熔化并出现适当的熔池形状后,填充适量的焊丝。

4)焊缝宽度为4~5mm(见图9-38),焊缝表面要平滑,以略呈凹状为佳。

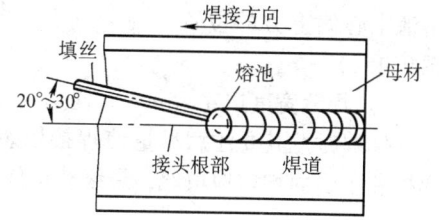

图9-43 T形接头TIG横焊填丝角度及前端位置

横焊时,填丝操作较为困难,即使电弧长度、焊枪角度、焊接电流、焊接速度等适当,如果填丝不均匀,也易造成焊缝成形不良、咬边、焊瘤等缺陷,因此要特别注意填丝的均匀操作。

10. TIG焊T形接头仰焊技术

板厚3mm,钨极伸出长度6~9mm,焊接电流90~120A,氩气流量10~12L/min。

1)焊枪角度如图9-44所示,与焊接方向成80°~90°夹角,与母材表面成 40°~50°夹角。

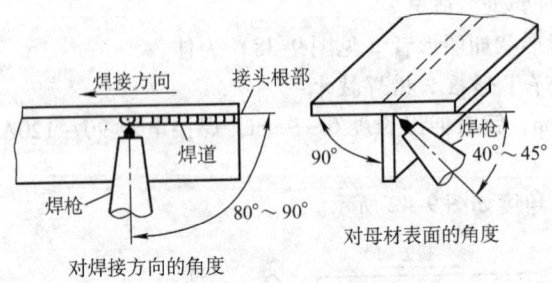

图 9-44　T 形接头 TIG 仰焊焊枪角度

2）电弧长度 2~3mm。
3）钨极前端始终对准接头根部略偏上方的位置。
4）填丝角度如图 9-45 所示。
5）确认接头根部充分熔化，并根据熔池大小供给适量的焊丝，注意不要产生熔化金属的下垂以及熔合不良。
6）填丝的前端应处于熔池中心偏上方的位置（见图 9-45）。

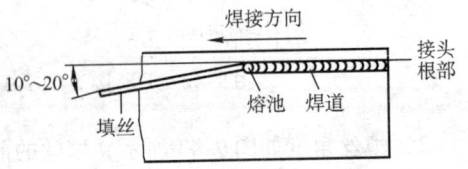

图 9-45　T 形接头 TIG 仰焊填丝角度及前端位置

7）焊缝宽度以 4~5mm 为佳。

仰焊时尤其要注意尽量使焊接姿态舒适自如，这样才能稳定地运行焊枪和正确而均匀地填丝，最终获得优质接头。

第六节　钨极氩弧焊单面焊双面成形操作技术

一、V 形坡口对接平焊

1. 装配与定位焊

定位焊缝长度≤15mm，间距 300mm，必须焊透，不允许有缺陷。如果定位焊缝有缺陷，必须将有缺陷的定位焊缝磨掉后重焊，不允许用重熔的办法来处理定位焊缝上的缺陷。装配与定位焊的具体要求见表 9-9。

表 9-9 V 形坡口装配与定位焊的具体要求

坡口角度	装配间隙/mm	钝边/mm	反变形	错边量/mm
60°	起焊端 2 终焊端 3	0	3°	≤1

2. 焊接参数

V 形坡口对接平焊焊接参数见表 9-10。

表 9-10 V 形坡口对接平焊焊接参数

焊接层次	焊接电流/A	电弧电压/V	氩气流量/(L/min)	钨极直径	焊丝直径	钨极伸出长度	喷嘴直径	喷嘴至工件距离
				/mm				
打底焊	90～100	12～16	7～9	2.5	2.5	4～8	6～10	8～12
填充焊	100～110							
盖面焊	110～120							

3. 焊接技术

平焊是最容易焊接的位置。首先要进行定位焊,其次再开始打底焊,在定位焊缝引燃电弧后,焊枪停留在原位置不动,稍预热后,当定位焊缝外侧形成熔池,开始填充焊丝。打底焊应减小焊枪角度,使电弧热量集中在焊丝上。采取较小的焊接电流,加快焊接速度和送丝速度,避免焊缝下凹和烧穿,焊接过程中密切注意焊接参数的变化及相互关系,随时调整焊接速度和焊枪角度,保证背面焊缝成形良好。平焊焊枪的角度与填丝位置如图 9-46 所示。在接头处要检查原弧坑处的焊缝质量,如果有缺陷,要处理好后方能进行焊接。收弧时要减小焊枪与工件的夹角,

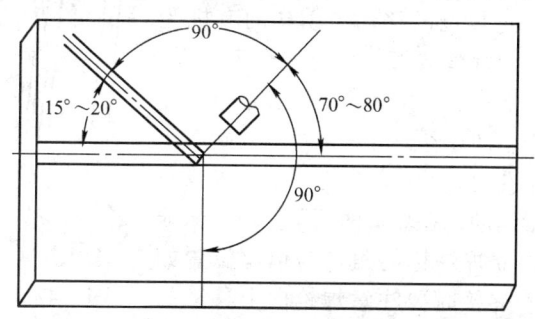

图 9-46 平焊焊枪的角度与填丝位置

加大焊接处的熔化量,填满弧抗。打底焊完成以后要进行填充焊,填充焊的注意事项同打底焊,焊枪的横向摆动幅度比打底焊时稍大。在坡口两侧稍加停留,保证坡口两侧熔合好,焊道均匀。填充焊时不要熔化坡口的上棱边,焊道比工件表面低1mm左右。最后是盖面焊,要进一步加大焊枪摆动幅度,保证熔池两侧超过坡口棱边0.5~1.5mm,根据焊缝的余高决定填丝速度。

二、V形坡口对接立焊

1. 装配与定位焊

同平焊相同。

2. 焊接参数

V形坡口对接立焊焊接参数见表9-11。

表9-11　V形坡口对接立焊焊接参数

焊接层次	焊接电流/A	电弧电压/V	氩气流量/(L/min)	钨极直径	焊丝直径	钨极伸出长度	喷嘴直径	喷嘴至工件距离
						/mm		
打底焊	80~90	12~16	7~9	2.5	2.5	4~8	8~10	≤12
填充焊	90~100							
盖面焊	90~100							

3. 焊接技术

立焊难度较大,主要是熔池金属下坠,焊缝成形不好,易出现焊瘤和咬边,一般选用偏小的焊接电流,焊枪做上凸月牙形摆动,并随时调整焊枪角度来控制熔池的凝固,避免液态金属下淌,通过焊枪的移动与填丝的有机配合,获得良好的焊缝成形。首先进行定位焊,然后在工件最下端的定位焊缝上引燃电弧,开始打底焊,先不加焊丝,等定位焊缝开始熔化形成熔池和熔孔后开始填丝向上焊接,焊枪做上凸的月牙形运动,在坡口两侧稍停留,保证两侧熔合好。立焊焊枪的角度与填丝位置如图9-47所示。焊接时要注意焊枪向上移动的速度要合适,特别要控制好熔池的形状,保证

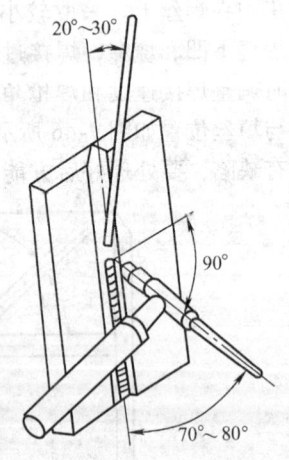

图9-47　立焊焊枪的角度与填丝位置

熔池的外沿接近椭圆形，不能凸出来，否则焊道外凸成形不好。尽可能让已经焊好的焊道拖住熔池，使熔池表面接近一个水平面匀速上升，这样焊缝外观较平整。填充焊时，焊枪摆动幅度较大，保证两侧熔合好，焊道表面平整，焊接步骤、焊枪角度与打底焊相同。最后是盖面焊，除焊枪摆动幅度较大外，其余与打底焊相同。

三、V形坡口对接横焊

1. 装配与定位焊

装配与定位焊的具体要求见表9-12。

表9-12 V形坡口对接横焊装配间隙与定位焊

坡口角度	装配间隙/mm	钝边/mm	反变形	错边量/mm
60°	起焊端 2 终焊端 3	0	2°~3°	≤1

2. 焊接参数

V形坡口对接横焊焊接参数见表9-13。

表9-13 V形坡口对接横焊焊接参数

焊接层次	焊接电流/A	电弧电压/V	氩气流量/(L/min)	钨极直径	焊丝直径	钨极伸出长度	喷嘴直径	喷嘴至工件距离
				/mm				
打底焊	90~100	12~16	7~9	2.5	2.5	4~8	8~10	≤12
填充焊	100~110							
盖面焊	100~110							

3. 焊接技术

焊接时要避免上部咬边，下部焊道突出下坠，电弧热量要偏向坡口下部，防止上部坡口过热，母材熔化过多。定位焊完成以后，首先要进行打底焊，打底焊保证根部焊透，坡口两侧熔合良好，在工件一端引弧，先不填丝，焊枪在起始端定位焊缝处稍停留，待形成熔池和熔孔后，再填丝向另一方向焊接（一般采用右焊法）。焊枪做小角度锯齿形摆动，在坡口两侧稍停留。横焊打底焊的焊枪角度与填丝位置如图9-48所示。填充焊时，除焊枪摆动幅度稍大外，焊接顺序、焊枪角度、填丝位置都与打底焊相同，盖面焊有两道焊道，先焊下面的焊道，后焊上面的焊道。焊下面的焊道时，电弧以填充焊道的下沿为中心摆动，使熔池的上沿在填充焊道的1/2~2/3处,熔池的下沿超过坡口下棱边0.5~1.5mm;焊上面的焊道时,电弧以填充焊道上缘为中心摆动,使熔池的上沿超过坡口上棱边0.5~1.5mm处,熔池的下沿与下面的盖面焊道均匀过渡,保证盖面焊道表面平整。

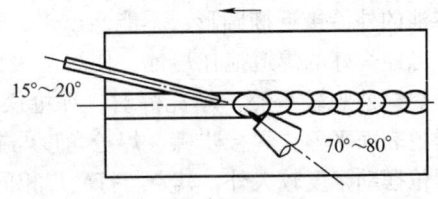

图9-48 横焊打底焊焊枪的角度与填丝位置

四、V形坡口对接仰焊

1. 装配与定位焊

装配与定位焊的具体要求与平焊相同。

2. 焊接参数

V形坡口对接仰焊焊接参数见表9-14。

表9-14 V形坡口对接仰焊焊接参数

焊接层次	焊接电流/A	电弧电压/V	氩气流量/(L/min)	钨极直径	焊丝直径	钨极伸出长度	喷嘴直径	喷嘴至工件距离
				/mm				
打底焊	80~90	12~16	7~15	2.5	2.5	4~8	10	≤12
填充焊	90~100							
盖面焊	90~100							

3. 焊接技术

这是平板对接最难焊的位置,主要是熔池和焊丝熔化后由于重力作用下坠比立焊严重得多,因此必须控制好焊接热输入和冷却速度,采用较小的焊接电流,较大的焊接速度,加大氩气流量,使熔池尽可能小,凝固尽可能快,保证焊缝外形美观。打底焊时,焊枪与工件成80°~90°角。仰焊焊枪角度如图9-49所示。在工件一端定位焊缝上引弧,先不填丝,形成熔池和熔孔后开始填丝,并向另一方向开始焊接(一般采取右焊法)。焊接时要压低电弧,小幅度锯齿形摆动,在坡口两侧稍停留,熔池不能太大,防止熔化金属下坠。接头时可在弧坑右侧(右焊法)15~20mm处引燃电弧,迅速将电弧移至弧坑处加热,待原弧坑熔化后,开始填丝转入正常焊接。焊至工件终端填满弧坑后灭弧,待熔池冷却后再移开焊枪。填充焊步骤同打底焊,但摆动幅度稍大,保证坡口两侧熔合好、焊道表面平整，离工件表面约 1mm，不得熔化棱边。盖面焊时焊枪摆幅加大，使熔池两侧超过坡口棱边 0.5~1.5mm，熔合好，成形好，无缺陷。

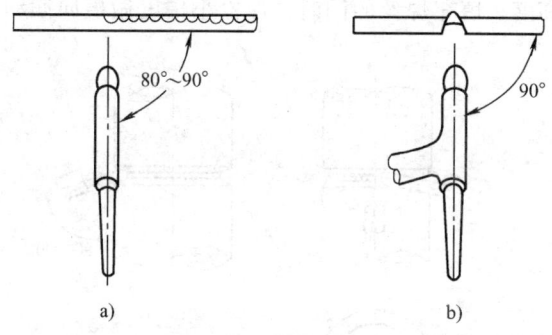

图 9-49　仰焊焊枪角度

五、小直径管对接垂直固定焊

1. 焊前准备和试件装配

1) 修磨钝边 0~0.5mm。

2) 焊前清理同手工钨极氩弧焊薄板对接平焊。

3) 装配间隙 1.5~2.0mm，错边量≤0.5mm。

4) 定位焊。一点定位，焊缝长 10mm 左右，并保证该处间隙为 2mm，与其相隔 180°处间隙为 1.5mm，使管子轴线垂直并加以固定，间隙小的一侧位于右边。定位焊缝两端应先打磨成斜坡，以利于接头。

2. 焊接参数

小直径管对接垂直固定焊焊接参数的选择见表 9-15。

表 9-15　小直径管对接垂直固定焊焊接参数

焊接层次	焊接电流/A	电弧电压/V	氩气流量/(L/min)	焊丝直径	钨极直径	喷嘴直径	喷嘴至工件距离
				/mm			
打底焊	90~95	10~12	8~10	2.5	2.5	5~8	≤8
盖面焊	95~100		6~8				

3. 焊接技术

采用两层三道焊，打底焊为一层一道；盖面焊为上、下两道。

（1）打底焊　焊枪角度如图9-50所示，在右侧间隙最小处（1.5mm）引弧，先不加焊丝，待坡口根部熔化形成熔池后，将焊丝轻轻地向熔池里送一下，并向管坡口内摆动，将熔滴送到坡口根部，以保证背面焊缝的高度。填充焊丝的同时，焊枪小幅度做横向摆动并向左均匀移动。

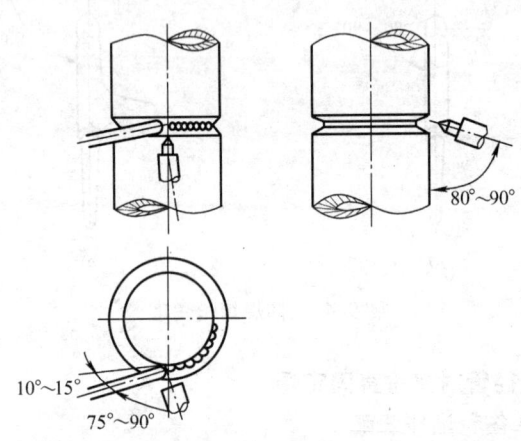

图9-50　垂直固定焊打底焊焊枪角度

在焊接过程中，填充焊丝以往复运动方式间断地送入电弧内的熔池前方，在熔池前呈滴状加入。焊丝送进要有规律，不能时快时慢，以保证焊缝成形美观。

当操作者移动位置暂停焊接时，应按收弧要点操作（见薄板对接焊收弧部分）。继续焊接时，焊前应将收弧处修磨成斜坡并清理干净，在斜坡上引弧移至离接头8～10mm处，焊枪不动，当获得明亮清晰的熔池后，即可填加焊丝，继续从右向左进行焊接。

小直径管垂直固定打底焊时，熔池的热量要集中在坡口的下部，以防止上部坡口过热，母材熔化过多，产生咬边或焊缝背面的余高下坠。

（2）盖面焊　盖面焊缝由上、下两道组成，先焊

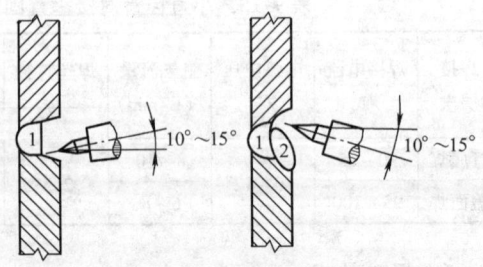

图9-51　垂直固定焊盖面焊焊枪角度

下面的焊道，后焊上面的焊道，焊枪角度如图9-51所示。

焊下面的盖面焊道时，电弧对准打底焊道下缘，使熔池下沿超出管子坡口的棱边0.5~1.5mm，熔池上沿在打底焊道的1/2~2/3处。

焊上面的盖面焊道时，电弧对准打底焊道上缘，使熔池超出管子坡口棱边0.5~1.5mm，下沿与下面的焊道圆滑过渡，焊接速度要适当加快，送丝频率也加快，适当减少送丝量，防止焊缝下坠。

六、大直径中厚壁管对接水平固定组合焊

1. 焊前准备和试件装配

1）修磨钝边0~0.5mm。

2）焊前清理同手工钨极氩弧焊薄板对接平焊。

3）装配间隙2.5~3.0mm，错边量≤1mm。

4）定位焊。TIG焊两点定位，定位焊缝位置为焊接时钟2点、10点，如图9-52所示，且装配最小间隙应位于6点。其所用的焊接材料为H08Mn2SiA焊丝，直径2.5mm。定位焊缝长度为10~15mm，要求焊透、无焊接缺陷，并且两端修磨成斜坡，以利于接头。

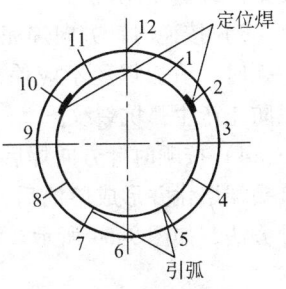

图9-52 定位焊、引弧位置示意图

2. 焊接参数

大直径管水平固定组合焊焊接参数选择见表9-16。

表9-16 大直径管水平固定组合焊焊接参数

焊接方法及层次	焊接电流 /A	电弧电压 /V	氩气流量 /(L/min)	焊丝（焊条）直径	钨极直径	喷嘴直径	喷嘴至工件距离
				/mm			
TIG打底焊	90~95	10~12	8~10	2.5	2.5	6~8	≤10
焊条电弧焊填充、盖面焊	100~110	22~26	—	3.2	—	—	—

3. 焊接技术

采用三层三道焊接，用TIG焊打底，焊条电弧焊填充并盖面焊。

焊接分左、右两个半圈进行，在仰焊位置起焊，平焊位置收尾，每

个半圈都存在仰、立、平三种不同位置。

(1) TIG 焊打底

1) 将按要求组装好的试件水平固定于焊接架上,注意在时钟 6 点位置应无定位焊缝,且间隙为 2.5mm。

2) 在时钟 6 点位置前 8mm 左右处引弧起焊,如图 9-53 中的 A 点所示。引弧后,先不加焊丝,待坡口根部钝边形成熔池后,即可填丝焊接。为使背面成形良好,熔化金属应送至坡口根部。为防止始焊处产生裂纹,始焊速度要慢些,并多填焊丝,使焊缝加厚。焊接时的焊枪、焊丝的角度如图 9-53 所示。

3) 按逆时针方向焊完前半圈,在图 9-53 所示 B 点位置收弧。注意收弧时,填加焊丝不应使焊缝过高,以利于后半圈接头;也不应太薄,以防止产生弧坑裂纹。

4) 按顺时针方向焊后半圈,在前半圈始焊处引弧,先不加焊丝,待接头端熔化并形成熔池后,再填加焊丝。填加焊丝有外填丝和内填丝两种方法,如图 9-54 所示。

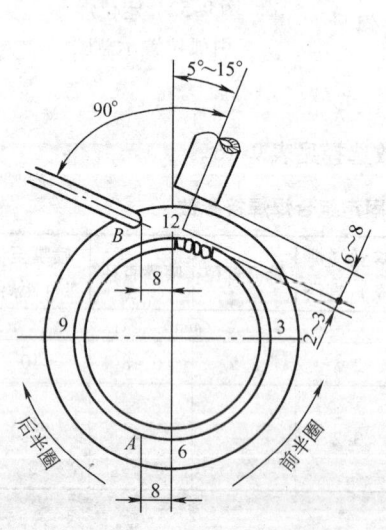

图 9-53 TIG 打底焊焊枪与角度

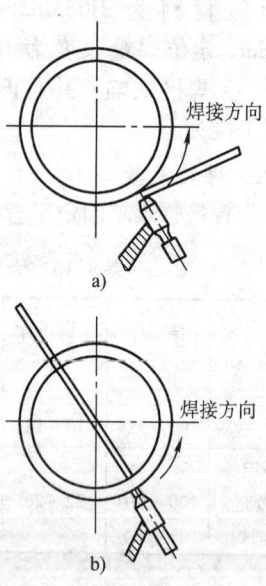

图 9-54 焊丝填加方法
a) 外填丝法 b) 内填丝法

5）送丝。

① 在管道根部横截面上相当于时钟 4 点至时钟 8 点位置采用内填丝法，即焊丝处于坡口钝边内。在焊接横截面上相当于时钟 4 点至时钟 12 点或时钟 8 点至时钟 12 点位置时，则应采用外填丝法。若全部采用外填丝法，则坡口间隙应适当减小，一般为 1.5~2.5mm。

② 钨极与管子轴线成 90°夹角，焊丝沿管子切线方向与钨极成 100°~110°夹角。当焊至横截面上相当于时钟 10 点至时钟 12 点和时钟 2 点至时钟 12 点的斜平焊位置时，焊枪略后倾，此时焊丝与钨极成 100°~120°夹角。

6）打底层焊接时，每半圈最好一次焊完。若中断时，应将焊缝末端重新熔化，并重叠 5~10mm。一般打底层焊缝厚度以 3mm 左右为佳，不应太薄，否则焊条电弧焊时容易烧穿。

7）封口接头。当焊至封口处时，先停止填加焊丝，待原焊缝端部熔化后，再加焊丝并填满熔池后熄弧。当焊至横截面上相当于时钟 12 点位置收弧时，应与前半圈焊缝重叠 5~10mm。

（2）焊条电弧焊填充

1）清理和修整打底焊道氧化物及局部凸起的接头等。

2）采用锯齿形或月牙形运条法，施焊时的焊条角度如图 9-55 所示。

3）到坡口两侧时稍作停顿，中间过渡稍快，以防焊缝与母材交界处产生夹角。焊接速度应均匀一致，以保持填充焊道平整。

4）填充层高度应低于母材表面 1~1.5mm，并不得熔化坡口棱边。

5）中间接头时，更换焊条要迅速，应在弧坑上方 10mm 处引弧，然后把焊条拉至弧坑处，填满弧坑，再按正常方法施焊。不得直接向弧坑填加熔滴，以使弧坑成斜坡状（也可采用打磨两端使接头部位成斜坡状），并将其起始端焊渣敲掉 10mm，收弧时要填满弧坑。

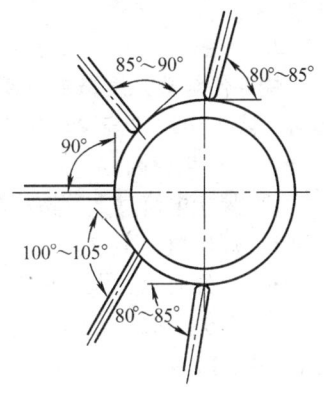

图 9-55　焊条角度

（3）焊条电弧焊盖面　盖面层的焊接运条方法、焊条角度与填充层焊接相同。不过焊条的摆动幅度应适当加大，并使两侧坡口棱边各熔化

1~2mm，在坡口两侧应稍作停留，以防咬边。

盖面层的中间接头应特别注意，当焊接位置偏下时，则使接头过高；当偏上时，则造成焊缝脱节。焊缝接头的方法同填充层焊接。

第七节　钨极氩弧焊焊接接头常见缺陷分析

焊缝及热影响区中若存在缺陷，将使焊接接头的强度显著降低，以致影响产品的使用性能及安全。氩弧焊一般用来焊接较重要的产品，故对焊接质量的要求就更严格。

手工钨极氩弧焊常见的焊接缺陷有：焊缝尺寸不符合要求、烧穿、未焊透、咬边、夹钨和非金属夹杂物、气孔、裂纹等，现分别简述如下。

1. 焊缝尺寸不符合要求

焊缝外形尺寸超出了规定的尺寸范围，表现为高低宽窄不一，焊缝成形不良，背面焊缝内凹等。

(1) 产生原因

1）焊接参数选择不当。

2）操作时，双手配合不协调，送丝、焊枪运走摆动不规范。

3）熔池温度控制不合适。

(2) 防止措施　加强双手配合的熟练程度，同时选择合适的焊接参数。

2. 烧穿

烧穿使焊缝强度减弱，易引起应力集中和裂纹，使结构的承载能力显著下降。出现"烧穿"是不允许的，必须修补好。

(1) 产生原因

1）焊接电流过大，熔池温度过高。

2）焊丝填加不及时。

3）装配间隙过大，焊接速度过慢等。

(2) 防止措施　正确选择焊接参数，选择合适的装配间隙，双手的配合要熟练，控制好熔池温度。

3. 未焊透和未熔合

(1) 产生原因

1）焊接电流过小，焊接速度太快。

2）操作技术不熟练。

3）装配间隙小，坡口钝边厚，坡口角度小。

4)电弧过长,焊枪偏向一边。
5)焊前清理不彻底,尤其是铝合金的氧化膜未消除掉。
6)当采用无沟槽的垫板焊接时,焊件与垫板过分贴紧等。
(2)防止措施 正确选择焊接参数;选择适当的对接间隙和坡口尺寸;正确掌握熔池温度和调整焊枪、焊丝的角度;提高操作技术水平,操作时焊枪移动要平稳、均匀;选择合适的垫板沟槽尺寸。

4. 咬边

咬边最易在横焊、立焊及仰焊时产生。对于某些金属,当熔池金属流动性大时易产生咬边,如焊接不锈钢、镍含量较高的低温钢及钛等材料时容易发生。

(1)产生原因
1)焊接电流过大。
2)焊枪角度不正确。
3)焊丝送进太慢或送进位置不正确。
4)当焊接速度过慢或过快时,熔池金属不能填满坡口两侧边缘。
5)钨极修磨角度不当,使得电弧偏移。
(2)防止措施 正确掌握熔池温度;熔池应饱满,焊接速度要适当;正确选择焊接参数;正确选用钨极的修磨角度;合理填加焊丝等。

5. 夹杂和夹钨

在手工钨极氩弧焊焊缝中,有可能产生氧化物夹杂和夹钨。

(1)产生原因 焊件和焊丝表面不清洁或焊丝熔化端严重氧化,当氧化物进入熔池便产生夹杂。而当钨极与工件或焊丝短路,或电流过大而使钨极端头熔化落入熔池中,则产生夹钨。

(2)防止措施 为防止产生氧化物夹杂,焊前应对焊件、焊丝进行仔细清理,清除表面氧化膜;加强氩气保护,焊丝端头应始终处于氩气保护范围内。对于夹钨的防止,则要选择合适的钨极直径和焊接参数;提高操作水平,正确修磨钨极端部尖角;当钨极粘在焊件上时应将粘着物彻底清除,重新修磨钨极。

6. 气孔

常见的气孔有氢气孔和一氧化碳气孔。两类气孔都是由于溶解在熔池中的气体,在熔池冷却结晶过程中,因气体溶解度急剧降低来不及析出,残留在固体金属内形成的。例如从液态转变为固态时,氢在铁中的溶解度从 $32mL/100g$ 降至 $10mL/100g$。

(1) 产生原因

1) 焊件、焊丝表面有油污、氧化皮、铁锈等。
2) 在潮湿的空气中焊接。
3) 氩气纯度较低,含杂质较多。
4) 氩气保护不良以及熔池高温氧化等。

(2) 防止措施　焊件和焊丝应清洁并干燥,氩气纯度应符合要求,氩气保护要好,熔池应缓慢冷却,遇风时要加挡风板施焊等。

7. 裂纹

裂纹的存在减小了焊缝金属的有效面积,降低了接头的强度,而且造成严重的应力集中,直接影响产品的使用性能。在产品使用过程中,裂纹会继续扩展,以致发生脆性断裂。所以裂纹是焊接接头中最危险的缺陷,必须采取措施防止裂纹的出现。

(1) 产生原因

1) 焊丝选择不当。
2) 焊接顺序不正确。
3) 焊接时高温停留时间过长。
4) 母材含杂质多,淬硬倾向大。

(2) 防止措施　选择合适的焊丝和焊接参数,减小晶粒长大倾向;选择合理的焊接顺序,使焊件自由伸缩,尽量减小焊接应力;采用正确的收弧方法,填满弧坑,减少弧坑裂纹;对易产生冷裂纹的材料,可采取焊前预热、焊后缓冷等措施。

第十章

其他常用焊接与切割方法简介

第一节 埋 弧 焊

一、埋弧焊概述

1. 埋弧焊过程

埋弧焊即电弧在焊剂层下燃烧进行焊接的方法。埋弧焊的过程如图 10-1 所示。先将焊丝 9 由送丝机构送进，经导电嘴 4 与焊件 8 轻微接触，焊剂 7 由焊剂软管 6 流出，均匀地堆敷在待焊处，引弧后电弧将焊丝和焊件熔化形成熔池，同时将电弧区周围的焊剂熔化并有部分蒸发，形成一个封闭的电弧燃烧空间，密度较小的熔渣浮在熔池表面，将液态金属与空气隔绝开来，有利于焊接冶金反应的进行。随着电弧向前移动，液态金属随之冷却凝固而形成焊缝，浮在表面上的液态熔渣也随之冷却而形成渣壳。

2. 埋弧焊的特点

埋弧焊与焊条电弧焊比较有以下特点：

（1）生产率高 埋弧焊可以使用较大的焊接电流，对于较厚的板开 I 形坡口也能焊透，另外电弧热量集中，利用率高，所以焊接生产率高。

（2）焊接质量好 埋弧焊的电弧区保护效果好，同时焊接参数稳定，焊接过程连续，所以焊缝的化学成分和性能均匀，不易产生缺陷。

（3）改善劳动条件 埋弧焊由于实现了焊接过程的机械化，操作简便，而且没有弧光的有害影响，放出烟尘也少，因此焊工的劳动条件得到改善。但埋弧焊不能进行全位置焊。

3. 埋弧焊的应用范围

由于埋弧焊有很多优点，已成为工业生产中最常采用的高效机械化焊接方法之一。目前主要用于焊接碳素结构钢、低合金结构钢等钢板结构，还可以焊接不锈钢、耐热钢和复合钢材等，在造船、锅炉、压力容

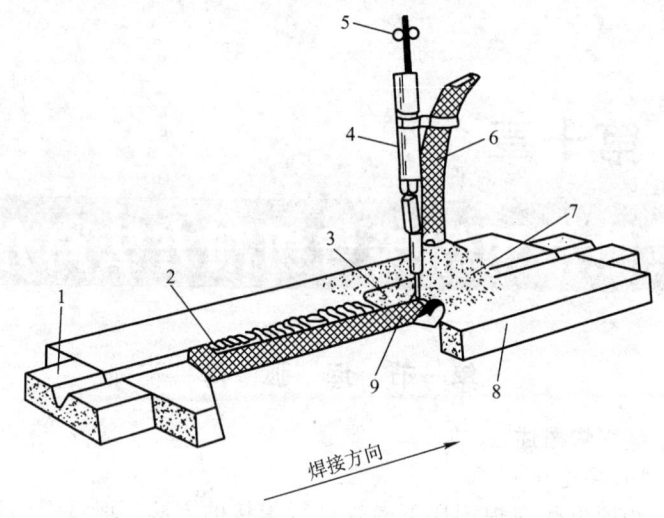

图 10-1 埋弧焊的焊接过程示意图
1—引出板 2—焊缝 3—焊渣 4—导电嘴 5—送丝轮
6—焊剂软管 7—焊剂 8—焊件 9—焊丝

器、桥梁、起重机械及冶金机械制造业中应用最广泛。

二、焊剂

焊接时,经加热能够熔化形成熔渣和气体,对熔化金属起保护作用和冶金处理作用的一种颗粒状物质称为焊剂。

1. 焊剂的作用

焊剂的作用与焊条药皮的作用基本相同,主要有保护作用、稳弧作用、冶金作用、渗合金作用、改善工艺性能作用等。

2. 焊剂的种类

焊剂按照不同的分类方法有以下几种:

(1) 按制造方法分类　可分为熔炼焊剂、烧结焊剂和粘结焊剂三大类。

(2) 按化学成分分类　可分为高锰焊剂、中锰焊剂、低锰焊剂和无锰焊剂。

(3) 按化学特性分类　可分为酸性焊剂和碱性焊剂。

3. 焊剂的牌号

GB/T 5293—1999《埋弧焊用碳钢焊丝和焊剂》规定,根据焊缝金属的力学性能来划分焊剂的型号。表示方法如下：

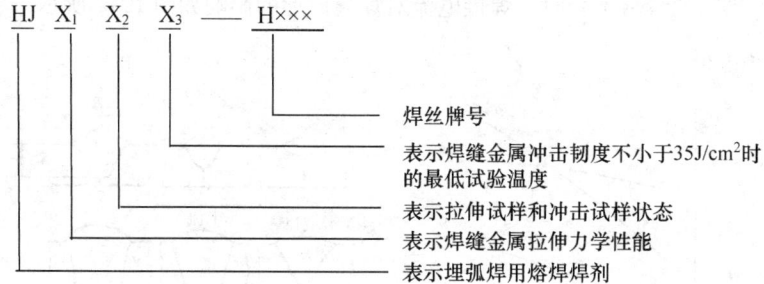

4. 焊剂的保管与使用

为了保证焊接质量，焊剂在保存时应注意防潮，搬运时，防止包装破损。

使用前，必须按规定温度烘干，酸性焊剂在 250℃ 烘干 2h；碱性焊剂在 300~400℃ 烘干 2h，焊剂烘干后应立即使用。

使用中回收的焊剂，应清除掉其中的渣壳、碎粉及其他杂物，与新焊剂混合均匀后使用。

三、焊接设备

目前常用的机械化埋弧焊机有 MZ—1000 型和 MZ1—1000 型。它们由焊接电源、控制箱和焊车等组成。

1. 焊车

焊车主要由机头、控制盘、焊丝盘及焊剂斗和行走机构等部分组成。

2. 控制箱

控制箱内主要装有发电机组、整流器、继电器和接触器，以及引弧、熄弧等控制系统。

3. 焊接电源

焊接电源有交流电源和直流电源两种，交流电源一般采用 BX2—1000 型弧焊变压器，直流电源采用弧焊整流器。

四、焊接参数

对焊接质量和焊缝成形影响较大的焊接参数有：焊接电流、电弧电压、焊接速度、焊丝直径与伸出长度、焊丝与焊件的相对位置（焊丝倾斜角度）、装配间隙与坡口尺寸等，此外焊剂层厚度及粒度对焊缝质量也有影响。

1. 焊接电流

当其他参数不变时,焊接电流对焊缝成形的影响如图 10-2 所示。

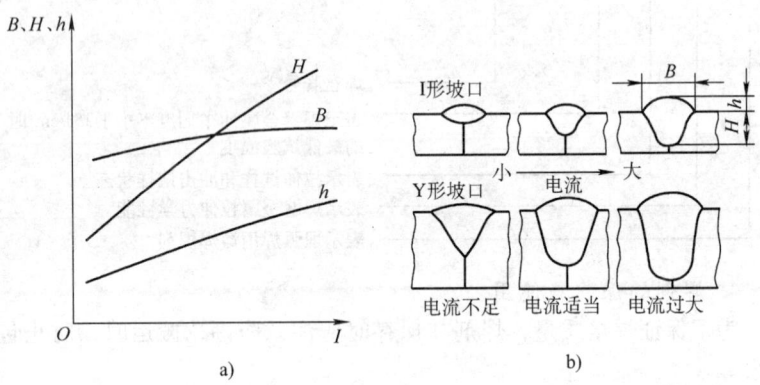

图 10-2　焊接电流对焊缝成形的影响
a) 影响规律　b) 焊缝形状的变化

焊接电流是决定熔深的主要因素。在一定范围内,焊接电流增加时,焊缝的熔深 H 和余高 h 都增加,而焊缝的宽度 B 增加不大。增大焊接电流能提高生产率,但在一定的焊接速度下,焊接电流过大会产生焊瘤及烧穿等缺陷;若焊接电流过小,则熔深不足,产生熔合不良、未焊透和夹渣等缺陷,并使焊缝成形变坏。

为保证焊缝的成形美观,在提高焊接电流的同时要提高电弧电压,使它们保持合适的比例关系,焊接电流与相应的电弧电压见表 10-1。

表 10-1　焊接电流与相应的电弧电压

焊接电流 I/A	600~700	700~850	850~1000	1000~1200
电弧电压 U/V	36~38	38~40	40~42	42~44

注:焊丝直径5mm,交流电源。

2. 电弧电压

其他焊接参数不变时,电弧电压对焊缝成形的影响如图 10-3 所示。

电弧电压是决定熔宽的主要因素。电弧电压增加时,弧长增加,熔深减小,焊缝变宽,余高减小。电弧电压过大时,熔剂熔化量增加,电弧不稳,严重时会产生咬边和气孔等缺陷。

第十章 其他常用焊接与切割方法简介

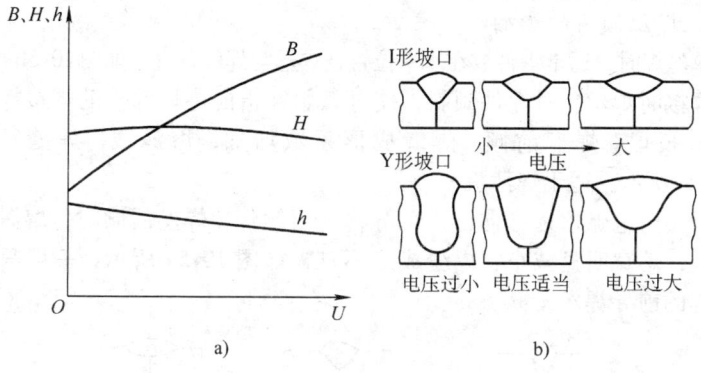

图 10-3 电弧电压对焊缝成形的影响
a) 影响规律 b) 焊缝形状变化

3. 焊接速度

其他参数不变时,焊接速度对焊缝成形的影响如图 10-4 所示。

焊接速度增加时,母材熔合比较小。焊接速度过高时,会产生咬边、未焊透、电弧偏吹和气孔等缺陷,焊缝窄而成形不好。焊接速度太慢,则焊缝余高过高,形成宽而深的大熔池,焊缝表面粗糙,容易产生满溢、焊瘤或烧穿等缺陷。焊接速度过慢,电弧电压又太高时,焊缝截面呈"蘑菇形",容易产生裂纹。

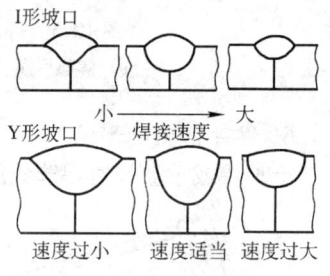

图 10-4 焊接速度对焊缝成形的影响

4. 焊丝直径与伸出长度

焊接电流不变时,减小焊丝直径,因电流密度增加、熔深增大,焊缝成形系数减小。不同直径焊丝适用的焊接电流范围见表 10-2。

表 10-2 不同直径焊丝适用的焊接电流范围

焊丝直径/mm	2	3	4	5	6
电流密度 /(A/mm²)	63~125	50~85	40~63	35~50	42~44
焊接电流/A	200~400	350~600	500~800	700~1000	800~1200

焊丝伸出长度增加时,熔敷速度和余高增加。

5. 焊丝倾角的影响

单丝焊时，通常焊件放在水平位置，焊丝与焊件垂直，如图 10-5b 所示。

焊接时焊丝相对焊件倾斜，使电弧始终指向待焊部分的焊接操作方法叫前倾焊。焊丝前倾，焊缝成形系数增加，熔深浅，焊缝宽，如图 10-5c 所示，适于焊薄板。

焊接时电弧永远指向已焊部分称为后倾焊。焊丝后倾时，熔深与余高增大，熔宽明显减小，焊缝成形不良，如图 10-5a 所示，一般只用于多丝焊的前导焊丝。

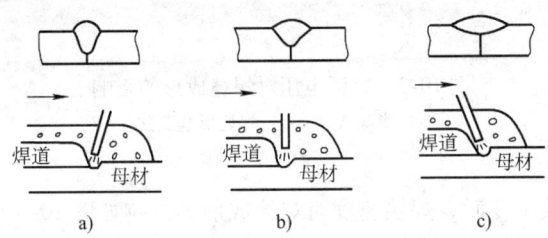

图 10-5　焊丝倾角对焊缝形状的影响
a）焊丝后倾　b）焊丝垂直　c）焊丝前倾

6. 焊件位置的影响

上坡焊或下坡焊对焊缝成形的影响如图 10-6 所示。

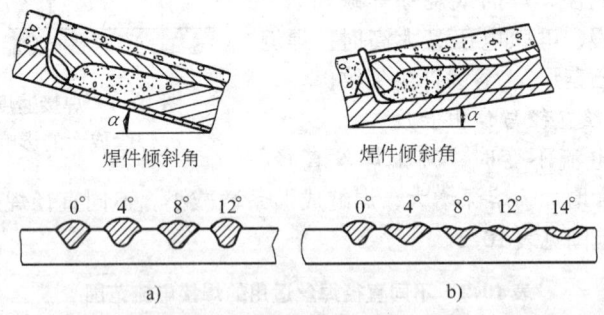

图 10-6　焊件位置对焊缝成形的影响
a）上坡焊　b）下坡焊

7. 装配间隙与坡口角度的影响

在其他焊接参数不变的条件下，装配间隙与坡口角度增大时，熔合比与余高减小，熔深增大，但焊缝厚度大致保持不变，如图 10-7 所示。

8. 焊剂层厚度与粒度

焊剂层太薄时,容易露弧,电弧保护不好,容易产生气孔或裂纹;焊剂层太厚时,焊缝变窄,成形系数减小。

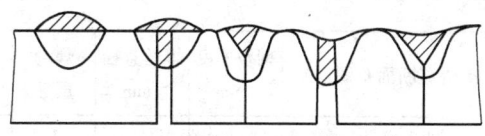

图 10-7 装配间隙与坡口角度对焊缝成形的影响

一般情况下,焊剂粒度对焊缝成形影响不大,但采用小直径焊丝焊薄板时,焊剂粒度对焊缝成形有影响。若焊剂颗粒太大,电弧不稳定,焊缝表面粗糙,成形不好;焊剂颗粒小时,焊缝表面光滑,成形好。

船形位置埋弧焊的焊接参数见表 10-3,双面对接埋弧焊的焊接参数见表 10-4,手工封底对接埋弧焊的焊接参数见表 10-5,用焊剂衬垫的单面对接埋弧焊的焊接参数见表 10-6。

表 10-3 船形位置埋弧焊的焊接参数

焊缝断面草图	焊脚尺寸/mm	焊缝层数	焊丝直径/mm	焊接电流/A	电弧电压/V	焊接速度/(m/h)
	6	1	5	650~700	34~36	40
	8	1	5	700~750	34~36	25
	10	1	5	750~800	34~36	18
	12	1	5	850~900	34~36	15
	14	1	5	850~900	34~36	10
	16	1	5	900~950	34~36	8

表 10-4 双面对接埋弧焊的焊接参数

焊缝断面草图	钢板厚度/mm	焊丝直径/mm	焊缝层数	焊接电流/A	电弧电压/V	焊接速度/(m/h)
	4	2	1	270~300	33~36	35~40
			2			
	6	4	1	450~500	32~33	30~35
			2	500~550	33~34	20~35
	8	5	1	500~550	32~34	31~33
			2	650~700	33~35	27~28
	10	5	1	600~650	34~35	26~28
			2	750~800	35~36	30~31
	14	5	1	850~900	38~40	31~32
			2	850~900		

(续)

焊缝断面草图	钢板厚度/mm	焊丝直径/mm	焊缝层数	焊接电流/A	电弧电压/V	焊接速度/(m/h)
	14	5	1	750	35~37	38~40
			2	850	38~40	30~32
	16	5	1	750~950	35~37	36~38
			2		38~40	
	18	5	1	800~850	36~37	36~38
			2	925~975	38~40	
	20	5	1	800~850	30~32	30~32
			2	925~975		
	20	6	1	800	37~38	30~32
			2	1000	38~40	
	24	6	1	900	37~38	30~32
			2	1100	39~41	24~26
	25	6	1	1000	38~39	30~32
			2	1100	39~41	20~22
	32	6	1	950~1050	38~39	28~30
			2	1050~1150	39~41	18~20

表10-5 手工封底对接埋弧焊的焊接参数

焊缝断面草图	钢板厚度/mm	封底焊缝深度/mm	焊丝直径/mm	焊缝层数	焊接电流/A	电弧电压/V	焊接速度/(m/h)
I形坡口	4	2	2	1	300~350	33~36	25~30
			4	1	400~450	32~34	30~32
	6	3	2	1	340~360	34~37	30~32
			4	1	550~600	33~35	34~40
	8	4	2	1	380~400	34~38	28~30
			5	1	650~700	33~35	28~34
	10	5	2	1	420~450	36~38	28~30
			5	1	750~800	34~36	29~35
	12	5	2	1	475~500	40~45	28~30
			5	1	800~850	35~37	30~36
	15	6	2	1	425~450	35~38	11~13
			6	1	800~900	36~38	28~34

(续)

焊缝断面草图	钢板厚度/mm	封底焊缝深度/mm	焊丝直径/mm	焊缝层数	焊接电流/A	电弧电压/V	焊接速度/(m/h)
V形坡口	20	7	2	1	425~450	36~38	18~20
				2	375~400	40~42	13~15
			5	1	800~900	36~38	30~32
				2	800~900	38~40	22~26
	25	8	2	1	450~500	36~38	15~18
				2	450~500	40~42	10~14
			5	1	800~900	36~38	30~32
				2	800~900	38~40	20~22

表10-6 用焊剂衬垫的单面对接埋弧焊的焊接参数

焊缝断面草图	钢板厚度/mm	根部间隙/mm	焊丝直径/mm	焊接电流/A	电弧电压/V	焊接速度/(m/h)	压缩空气的压力/MPa
I形坡口	4	1.0~2.0	2	375~400	28~30	38~40	0.30~0.35
		1.0~2.0	4	600~625	32~33	60~65	0.30~0.35
	6	1.0~3.0	2	465~485	32~34	32~32	0.30~0.35
		1.5~2.5	5	800~850	33~34	50~55	0.30~0.35
	8	1.5~2.5	5	850~950	36~38	45~50	0.30~0.35
	10	1.5~2.5	5	850~950	38~40	40~45	0.30~0.35
V形坡口	10	1.5~2.5	5	800~850	38~40	30~35	0.30~0.35
	15	1.5~2.5	5	950~1050	39~41	20~25	0.30~0.35
	20	1.0~3.0	5	1000~1100	39~41	25~30	0.30~0.35
		1.0~3.0	5	1000~1100	40~42	25~30	0.30~0.35
	25	1.0~3.0	5	1050~1150	39~41	20~25	0.30~0.35
		1.0~3.0	5	1050~1150	40~42	20~25	0.30~0.35

第二节　等离子弧焊与切割

一、等离子弧产生的原理及特点

1. 等离子弧产生的原理

等离子弧就是对一般的电弧进行强迫压缩，使弧柱内的气体全部电离的电弧。它具有极高的温度（15000～30000℃），极强的导电性和导热性。

等离子弧的发生原理如图 10-8 所示，电弧受到机械压缩、热收缩和磁收缩三种形式的压缩。

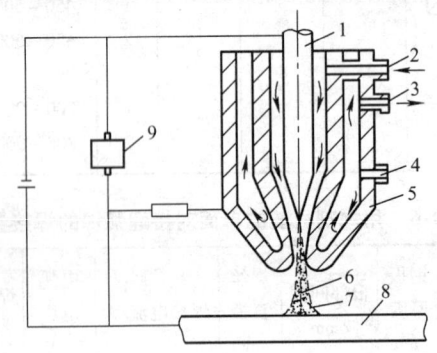

图 10-8　等离子弧的发生原理示意图
1—电极　2—进气管　3—出水管　4—进水管　5—喷嘴
6—等离子弧焰　7—等离子气流　8—割件　9—高频振荡器

2. 等离子弧的特点

1) 能量高度集中。
2) 良好的稳定性。
3) 很强的冲击力。

3. 等离子弧的类型

根据电源极性的接法，等离子弧可分为转移型弧、非转移型弧和联合型弧三种类型。

（1）转移型弧　转移型弧是产生于电极与焊件之间的等离子弧，如图 10-9a 所示。电弧先在电极与喷嘴之间引燃，然后再转移到电极与焊件之间，转移型弧热量集中，热效率高，主要用于金属材料的焊接、切割与堆焊。

（2）非转移型弧　非转移型弧是产生于电极与喷嘴之间的等离子弧，如图10-9b所示，主要用于焊接及切割较薄的金属和非金属材料，以及金属的表面喷涂。

（3）联合型弧　联合型弧是转移型弧和非转移型弧同时存在的等离子弧，如图10-9c所示，主要用于微束等离子弧焊接。

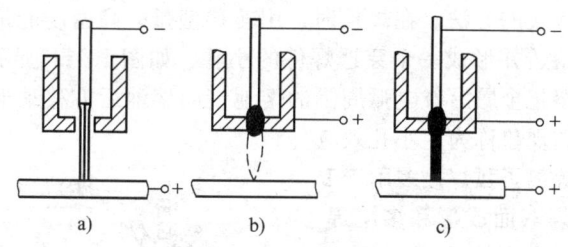

图10-9　等离子弧的类型
a）转移型弧　b）非转移型弧　c）联合型弧

二、等离子弧焊接

等离子弧焊接是借助水冷喷嘴对电弧的拘束作用，从而获得较高能量密度的等离子弧，而进行焊接的方法，如图10-10所示。

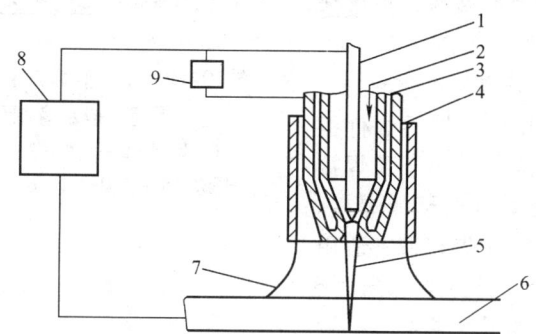

图10-10　等离子弧焊接示意图
1—电极　2—等离子气体　3—冷却水　4—保护气体　5—等离子弧
6—焊件　7—保护气层　8—电源　9—高频振荡器

等离子弧焊接电源采用具有陡降外特性的直流电源。
等离子弧焊接电极材料主要采用钍钨极和铈钨极两种。

等离子弧焊接采用的工作气体分等离子气体和保护气体,均为氩气、氮气或其与氢气的混合气体,其中使用最多的是氩气。在焊接不锈钢时可采用氩气+体积分数为5%~15%的氢气,焊接铜时可采用氮气或氩气。

1. 穿透型等离子弧焊接

(1) 工作原理及特点 穿透型等离子弧焊接是利用"小孔效应"实现等离子弧焊接的方法。在焊接时,用转移型弧的高密度能量及冲击力将焊件完全熔透并形成一个穿透焊件的小孔,如图10-11所示。随着焊枪的前移,熔化金属沿着电弧周围的熔池壁向熔池后方移动形成双面焊缝,这种穿透现象称为"小孔效应"。

穿透型等离子弧焊接多用于I形坡口单面焊双面成形和多层焊第一道焊缝的焊接。它具有焊接速度快、生产率高、焊接接头质量好、热影响区窄及焊接变形小等优点。

(2) 焊接参数 穿透型等离子弧焊接的主要焊接参数有:工作气体流量、焊接电流、焊接速度和喷嘴距焊件距离等。

2. 熔透型等离子弧焊接

焊接过程中,只熔透焊件但不产生小孔效应的等离子弧焊接方法称为熔透型等离子弧焊接。此方法与钨极氩弧焊相似,适用于薄板、多层焊缝的盖面及角焊缝的焊接,但生产率高于钨极氩弧焊。

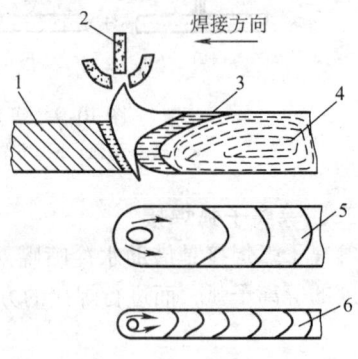

图10-11 穿透型等离子弧焊接焊缝形成示意图
1—焊件 2—焊枪 3—熔池
4—焊缝 5—正面焊缝 6—背面焊缝

3. 微束等离子弧焊接

微束等离子弧焊接是利用小电流(通常小于30A)进行焊接的等离子弧焊接方法。微束等离子弧焊接时采用联合型弧,热源由转移型弧提供,非转移型弧起着在小电流焊接的情况下维持等离子体稳定的作用。由于焊接电流在30A以下,因此适宜焊接金属薄箔及丝网。

不同材料等离子弧焊接的焊接参数见表10-7。

表 10-7 不同材料等离子弧焊接的焊接参数

焊接材料	板厚/mm	焊接速度/(cm/min)	焊接电流/A	电弧电压/V	气体流量/(L/min) 种类	等离子气体	保护气体	工艺方法
低碳钢	3	30.4	185	28	Ar	6.07	28	穿透
低合金钢	6	35.4	275	33	Ar	7	28	穿透
不锈钢	0.12	12.7	2.0		$Ar+H_2 0.5\%$ [①]	0.23	0.08	微束
	0.8	110	85	20	Ar	1.5	15	熔透
	3	71.2	145	32	$Ar+H_2 0.5\%$ [①]	4.7	16.3	穿透
	6	35.4	240	38	$Ar+H_2 0.5\%$ [①]	8.4	23.3	穿透
30CrMoSiA	6.5	18	200	32	Ar	6	20	穿透
12Cr1MoV	φ42×5	33	115	32	Ar	2.5	25	穿透

① 指 H_2 的体积分数。

三、等离子弧切割

等离子弧切割是利用等离子弧的热能实现切割的方法。切割时等离子弧将割件熔化,并借助离子流的冲击力将熔化金属排除,从而形成切口。

1. 等离子弧切割的特点
1)可切割任何黑色金属、有色金属。
2)采用非转移型弧,可切割非金属材料及混凝土、耐火砖等。
3)由于等离子弧能量高度集中,所以切割速度快,生产率高。
4)切口光洁、平整,并且切口窄,热影响区小,变形小,切割质量好。

2. 等离子弧的切割电源、工作气体及电极

等离子弧切割需要具有陡降外特性的直流电源,并且空载电压在 150~400V 之间;采用的工作气体是氩与氮的混合气;电极材料为钍钨极、铈钨极或锆电极。

3. 等离子弧切割的工艺参数

不同材料等离子弧切割工艺参数的选择见表10-8。

表 10-8　不同材料等离子弧切割的工艺参数选择

材料	板厚/mm	喷嘴直径/mm	空载电压/V	切割电流/A	切割电压/V	切割速度/(m/h)	气体流量/(L/h)
不锈钢	12 20 30 150	2.8 3 3 5.5	160 160 230 320	200~210 220~240 280 440~480	120~130 120~130 125~140 190	130~157 70~80 35~40 6.55	N_2：2300~2400 N_2：2600~2700 N_2：2500~2700 N_2：3170 N_2：23%，960
铝	12 21 80	2.8 3 3.5	215 230 245	250 300 350	125 130 150	784 75~80 10	N_2：4400 N_2：4400 N_2：4400
纯铜	18 38	3.2 3.5	180 252	340 364	84 106	30 11.3	N_2：1660 N_2：1570
铬钼铜	85	3.5	252	300	117	5	N_2：1050
铸铁	100	5	240	400	160	13.2	N_2：3170 N_2：23%，960

第三节　碳弧气刨

　　碳弧气刨可用于加工坡口，清除焊接件、铸钢件和锻件的缺陷，还可用于金属的切割。

　　它和风铲切削相比，具有噪声小、生产效率高、劳动强度低、使用方便等特点。因此，这种加工方法在工厂的生产中广泛应用。

一、碳弧气刨的设备

1. 设备及工具

　　碳弧气刨的设备及工具主要包括：碳弧气刨电源、刨枪、压缩空气输送管及电源电缆等。

　　(1) 碳弧气刨电源　碳弧气刨所使用的电源和焊条电弧焊直流电源基本相同，所以各种功率较大的直流弧焊电源均可作为碳弧气刨的电源。

　　(2) 刨枪　刨枪是碳弧气刨的主要工具，有圆周送风式和侧面送风式两种，如图 10-12 所示。

第十章 其他常用焊接与切割方法简介

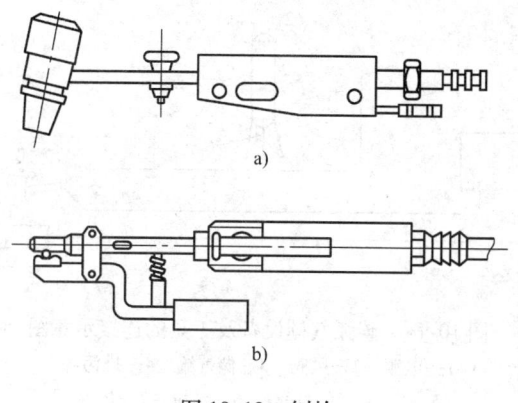

图 10-12 刨枪
a) 圆周送风式　b) 侧面送风式

（3）压缩空气输送管　压缩空气输送管一般采用氧气管代替，也有专用的风电合一软管，如图 10-13 所示。

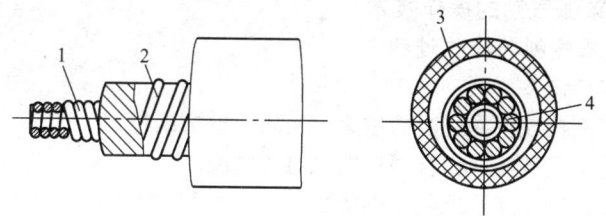

图 10-13 风电合一软管
1—弹簧管　2—外敷铜丝　3—胶管　4—多股导线

（4）电源电缆　电源电缆可采用焊条电弧焊的电缆，但截面应适当选大些，最好采用图 10-13 所示的风电合一软管。

2. 碳弧气刨设备及工具的连接

碳弧气刨前，将气刨电源、压缩空气输送管、刨枪等连接好，如图 10-14 所示。

二、碳弧气刨的安全知识

碳弧气刨时除必须遵守电焊工安全操作规程外，还需注意以下几点：

1）露天作业时，尽可能顺着风向操作，防止吹出的熔渣烧伤周围其他作业人员，并做好现场的安全防火工作。

2）在容器内操作时，必须有通风排烟措施。

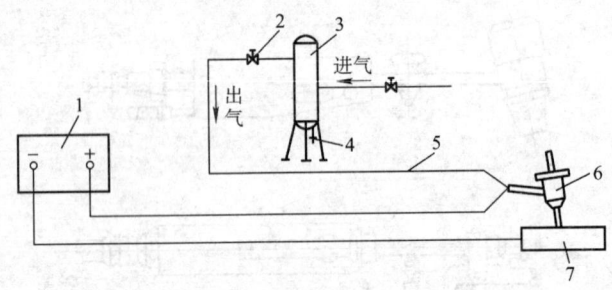

图 10-14 碳弧气刨设备及工具的连接示意图
1—电源 2—风阀 3—储气罐 4—排污阀
5—压缩空气输送管 6—刨枪 7—焊件

3) 气刨电流较大时,在连续使用过程中要防止焊机过载发热。

4) 碳弧气刨的粉尘、烟雾对人体有较大危害,操作时,最好戴特制防毒口罩。

三、碳弧气刨的操作技术

1. 碳弧气刨的操作过程

1) 连接设备。
2) 将刨枪放置在适当的位置,送风、检试风量。
3) 检查设备接地,合闸送电,启动电源。
4) 按伸出长度要求装好碳棒。
5) 戴好焊工面罩,起刨。
6) 在刨削过程中,要不断调节碳棒的伸出长度,并随时清除熔渣,检查刨削质量。
7) 刨削结束后,关闭电源和风源,整理设备及工具,做到文明生产。

2. 刨削操作姿势

碳弧气刨根据刨削位置的不同有多种操作姿势。其中平面直缝刨削有两种姿势:一种是和焊条电弧焊的操作姿势基本相同,操作者右手推刨枪,左手拿面罩,蹲在刨缝的侧面从右向左刨,但引燃起刨位置一般不应超过右膝,同时,操作者身体不能向刨削方向倾斜过大,以免影响刨削视线及刨削角度,随着刨削的进行,要随时调整身体的位置;另一种操作姿势是操作者蹲在刨削缝前,右手反推刨枪,由两膝间的前方向前刨削。采用这种方法,操作时视线好,易观察刨缝和沟槽的形状,适合刨削长直缝。

3. 刨削操作要点

1）刨削时，碳棒和工件的角度应控制在一定范围内，如图 10-15 所示。

2）碳棒伸出长度应在 80~100mm 范围内，最短为 35~40mm，否则会烧坏刨枪。

3）当刨削速度过快时，易产生夹碳，使刨削工作无法进行下去，此时应从夹碳缺陷前重新起刨，如图 10-16 所示，但不得刨深。

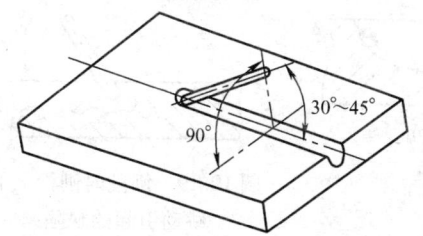 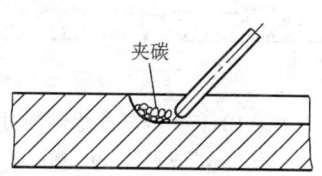

图 10-15　碳棒与工件之间的角度　　　图 10-16　夹碳缺陷的处理

4）刨削工艺参数见表 10-9。

表 10-9　碳弧气刨刨削工艺参数

板厚/mm	碳棒直径/mm	刨削电流/A	气体压力/MPa	伸出长度/mm	弧长/mm	极性
3~6	4	160~190	0.3~0.4	50~60	2~3	直流反接
6~10	5~8	200~240	0.4~0.45	80~90		
10~14	8	240~280	0.45~0.5	80~100		
14~20	10	270~320	0.5~0.6	80~120		

5）坡口的刨削顺序如图 10-17 所示。图 10-17a 所示的刨削顺序适用于中厚板坡口的刨削及缺陷的清理，图 10-17b 所示的刨削顺序适用于大厚度板坡口的刨削及缺陷的清理。

6）局部返修焊接缺陷时，刨削过渡面要圆滑，如图 10-18 所示，防止出现较大棱角。

7）刨削时要握稳刨枪，防止刨枪上下跳动，否则会造成缺陷，如图 10-19 所示。当刨削角度掌握不对时，会产生局部凹陷，如图 10-20 所示。

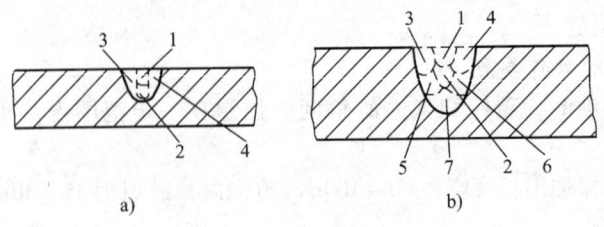

图 10-17 坡口的刨削顺序
a) 中厚板 b) 大厚板

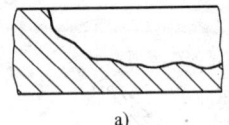 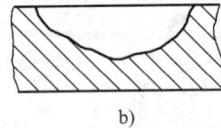 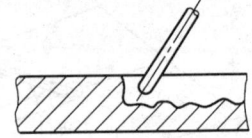

图 10-18 局部缺陷刨削过渡面　　图 10-19 刨削时刨枪上下
　a) 纵剖面 b) 横剖面　　　　　　　跳动引起的缺陷

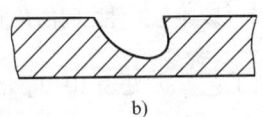

图 10-20 刨削角度不对造成的缺陷
a) 刨枪与刨削方向的角度不对造成的局部缺陷
b) 刨枪与工件横向角度不对造成的局部缺陷

第四节　气焊与气割

  气焊与气割是金属材料加工的主要方法之一。它具有设备简单、操作方便、质量可靠、成本低、实用性强等特点。因此，在各工业部门中，特别是在机械、锅炉、压力容器、管道、电力、造船及金属结构方面，得到了广泛应用。
  气焊与气割是利用可燃气体与助燃气体混合燃烧所释放出的热量作为热源进行金属材料的焊接或切割的。可燃气体的种类很多，例如，乙炔、氢气、天然气和液化石油气等。由于乙炔与氧气混合燃烧产生的温度最高，所以是目前气焊、气割中应用最广的一种可燃气体。因此在生产中，常常利用乙炔和氧气混合燃烧产生的热能对钢材进行下料、薄板和低熔点材料（有色金属及其合金）的焊接及钎焊和构件变形的矫正等。

一、气焊和气割用的气体及气焊的焊接材料

1. 气焊、气割用的气体

气焊气割常用的可燃气体有乙炔（C_2H_2）、氢气（H_2）、液化石油气等，常用的助燃气体是氧气。

(1) 氧气　氧气（O_2）是一种无色无味无毒的气体，比空气略重，微溶于水。工业上用的大量氧气主要采用空气液化法制取，即把空气引入制氧机内，经过加压和冷却，使之凝结成液体，然后让它在低温下挥发，根据各种气体元素的沸点不同，来提取纯氧。

氧气不能燃烧，但能助燃，是强氧化剂，与可燃气体混合燃烧可以得到高温火焰，所以氧气广泛应用于气焊、气割行业。氧气几乎能与所有可燃气体和液体燃料的蒸气混合而形成爆炸性混合气，这种混合气具有很宽的爆炸极限范围。

氧气越纯，可燃混合气燃烧的火焰温度越高。焊接用的氧气纯度一般分为两级，一级纯度的氧含量不低于99.2%，二级纯度的不低于98.5%。氧气用压缩机压进氧气瓶或各种管道，氧气瓶内的工作压力为15MPa，输送管道内的压力为0.5～15MPa。

(2) 乙炔　乙炔（C_2H_2），又名电石气，是不饱和的碳氢化合物，在常温和大气压力下，它是一种无色气体。工业用乙炔中，因为混有硫化氢（H_2S）及磷化氢（H_3P）等杂质，故具有特殊的臭味。在标准状态下，密度为1.17kg/m^3，比空气稍轻。它的自燃点低（305℃），点火能量小（0.019mJ）。在一定条件下，很容易因分子的聚合、分解而发生着火、爆炸。

乙炔是理想的可燃气体，与空气混合燃烧时所产生的火焰温度为2350℃，而与氧气混合燃烧时所产生的火焰温度为3100～3300℃，因此足以迅速熔化金属进行焊接和切割。

乙炔是有毒气体，因有特殊臭味，中毒现象比较少见，它主要表现为中枢神经系统损伤。其症状轻度的表现为：精神兴奋、多言、嗜睡、走路不稳等；重度的表现为：意识障碍、呼吸困难、发呆、瞳孔反应消失、昏迷等。也有表现为狂躁、无故哭笑等精神症状的。

乙炔与铜或银长期接触后会生成一种爆炸性的化合物，所以凡是与乙炔接触的器具设备禁止用银或纯铜制造，只准用铜的质量分数不超过

70%的铜合金制造。乙炔能大量溶解于丙酮溶液中，在15℃、0.1MPa时，1L丙酮能溶解23L乙炔，在压力增大到1.42MPa时1L丙酮能溶解乙炔约400L。可以利用乙炔的这个特性将乙炔装入乙炔瓶内（瓶内装有丙酮溶液和活性炭）储存、运输和使用。

(3) 液化石油气 液化石油气（简称石油气）是石油炼制工业的副产品，其主要成分是丙烷（C_3H_8），大约占50%~80%（体积分数），其余是丙烯（C_3H_6）、丁烷（C_4H_{10}）、丁烯（C_4H_8）等，在常温和大气压力下，组成石油气的这些碳氢化合物以气态存在。但是只要加上不大的压力（一般为0.8~1.5MPa）即变为液体，液化后便于装入瓶中储存和运输。在标准状态下，石油气的密度为1.8~2.5kg/m³，比空气重，但其液体密度则比水、汽油小。

石油气燃烧的温度比乙炔火焰温度低，丙烷在氧气中燃烧的温度为2000~2850℃，用于气割时，金属预热时间需稍长，但可减少切口边缘的过烧现象，切割质量较好，在切割多层叠板时，切割速度比乙炔快20%~30%。石油气除越来越广泛地应用于钢材的切割外，还用于焊接有色金属。国外，还采用乙炔与石油气混合后作为焊接气源。

石油气有以下特点和安全要求：

1) 石油气易挥发，闪点低，其中的主要成分丙烷挥发点为-42℃，闪点为-20℃，所以在低温时，它的易燃性就很大。

2) 石油气燃烧若供氧不足，燃烧不充分，会产生一氧化碳，使人中毒，严重时有致命的危险。

3) 组成石油气的几种气体都能和空气形成爆炸性混合气。但是它们的爆炸极限范围比较窄。例如丙烷、丁烷和丁烯的爆炸极限分别为2.17%~9.5%、1.15%~8.4%和1.7%~9.6%（体积分数），比乙炔要安全得多。但石油气和氧气的混合气有较宽的爆炸极限，范围为3.2%~64%（体积分数）。

4) 气态石油气比空气重，易于向低处流动而滞留积聚，液化石油气比汽油轻，能飘浮在液面上，而且易挥发。在使用、储存石油气时，应采取安全措施。

5) 石油气对普通橡胶导管和衬垫有腐蚀性，能引起漏气，必须采用耐蚀性强的橡胶导管和衬垫，不能随便更换而采用普通橡皮管和衬垫。

6) 石油气瓶内部的压力与温度成正比。在-40℃时，压力为0.1MPa，在20℃时为0.7MPa，40℃时为2MPa。所以石油气瓶与热源应保持1.5m以上的安全距离,更不许用火烤。

7) 石油气有一定毒性,空气中含量很少时,人吸入一般不会中毒。但当它的浓度较高时,就会引起人的麻醉,在石油气浓度大于10%的空气中停留3min后,就会使人头脑发晕。

8) 石油气点火时,要先点燃引火物后再开气,不要颠倒次序。

(4) 氢气

氢是一种无色无味的气体,是最轻的气体。它具有最大的扩散速度和很高的导热性,极易漏泄,点火能力低,是一种极危险的易燃易爆气体。

氢在空气中的自燃点为560℃,在氧气中的自燃点为450℃。

氢氧火焰的温度可达2770℃,氢具有很强的还原性。在高温下,它可以从金属氧化物中夺取氧而使金属还原。广泛地用于水下火焰切割,以及某些有色金属的焊接和氢原子焊等。

氢与空气混合可形成爆鸣气,其爆炸极限为4% ~ 80%(体积分数),氢与氧混合气的爆炸极限为4.65% ~ 93.9%(体积分数),氢与氯气的混合物为(1:1)时,见光即行爆炸,当温度达240℃时即能自燃。氢与氟化合时能发生爆炸,甚至在阴暗处也会发生爆炸,因此它是一种很不安全的气体。

(5) 特利Ⅱ气

特利Ⅱ气主要以丙烯为原料,再辅以一定比例的添加剂,经过物理混合而成,是金属切割、加热、焊接的一种新型气体,可以用来代替溶解乙炔。特利Ⅱ气与溶解乙炔相比有如下特点:

1) 特利Ⅱ气的单瓶充装量是乙炔的2.5~3倍,增加了气瓶的使用周期。

2) 特利Ⅱ气在空气中的爆炸极限只为2.4% ~ 10.5%(体积分数),而溶解乙炔则是2.2% ~ 81%(体积分数),所以较乙炔安全、无分解爆炸危险。

3) 在使用过程中,特利Ⅱ气不发生逆火。

4) 特利Ⅱ气切割精度比溶解乙炔高、割缝较光滑,而且在切割过程中没有熔渣回跳引起的灭火及回火引起的工作中断。

5) 特利Ⅱ气在使用过程中对环境无污染,对人体也无害。

使用特利Ⅱ气的主要缺点是:预热时间稍长。

2. 气焊的焊接材料

（1）气焊丝 在气焊过程中，气焊丝的正确选用十分重要，因为焊缝金属的化学成分和质量在很大程度上取决于焊丝的化学成分。一般说来，焊接黑色金属和有色金属所用焊丝的化学成分基本上是与被焊金属化学成分相同，有时为了使焊缝有较好的质量，在焊丝中也加入其他合金元素。

常用的气焊丝有碳素结构钢焊丝、合金结构钢焊丝、不锈钢焊丝、铜及铜合金焊丝、铝及铝合金焊丝、铸铁气焊丝等。碳素结构钢焊丝、合金结构钢焊丝、不锈钢焊丝的牌号及用途见表10-10。

表10-10 部分常用气焊丝的牌号及用途

碳素结构钢焊丝			合金结构钢焊丝			不锈钢焊丝		
牌号	代号	用途	牌号	代号	用途	牌号	代号	用途
焊08	H08	焊接一般低碳钢结构	焊10锰2	H10Mn2	用途与H08Mn相同	焊00铬19镍9	H00Cr19Ni9	焊接超低碳不锈钢
			焊08锰2硅	H08Mn2Si				
焊08高	H08A	焊接重要低、中碳钢及某些低合金钢结构	焊10锰2钼高	H10Mn2MoA	焊接普通低合金钢	焊0铬19镍9	H0Cr19Ni9	焊接18-8型不锈钢
焊08特	H08E	用途与H08A相同。工艺性能较好	焊10锰2钼钒高	H10Mn2MoVA	焊接普通低合金钢	焊1铬19镍9	H1Cr19Ni9	焊接18-8型不锈钢
焊08锰	H08Mn	焊接较重要的碳素钢及普通低合金钢结构，如锅炉受压容器等	焊08铬钼高	H08CrMoA	焊接铬钼钢等	焊1铬19镍9钛	H1Cr19Ni9Ti	焊接18-8型不锈钢

(续)

碳素结构钢焊丝			合金结构钢焊丝			不锈钢焊丝		
牌号	代号	用途	牌号	代号	用途	牌号	代号	用途
焊08锰高	H08MnA	用途与H08Mn相同,但工艺性能较好	焊18铬钼高	H18CrMoA	焊接结构钢如铬钼钢、铬锰硅钢等	焊1铬25镍13	H1Cr25Ni13	焊接高强度结构钢和耐热合金钢等
焊15高	H15A	焊接中等强度工件	焊30铬锰硅高	H30CrMnSiA	焊接铬锰硅钢	焊1铬25镍20	H1Cr25Ni20	焊接高强度结构钢和耐热合金钢等
焊15锰	H15Mn	焊接高强度焊件	焊10钼铬高	H10MoCrA	焊接耐热合金钢			

(2) 气焊熔剂 气焊过程中，被加热后的熔化金属极易与周围空气中的氧或火焰中的氧化合生成氧化物，使焊缝产生气孔和夹渣等缺陷。为了防止金属的氧化以及消除已经形成的氧化物，在焊接有色金属（如铜及铜合金、铝及铝合金）、铸铁以及不锈钢等材料时，通常采用气焊熔剂。

气焊熔剂可以在焊前直接撒在焊件坡口上，或者蘸在气焊丝上加入熔池中。

气焊熔剂的选择要根据焊件的成分及其性能而定，常用气焊熔剂的牌号、性能及用途见表10-11。

表10-11 常用气焊熔剂的牌号、性能及用途

牌号	名称	基本性能	用途
CJ101	不锈钢及耐热钢气焊熔剂	熔点为900℃，具有良好的润湿性，能防止熔化金属氧化，熔渣易清除	适用于气焊不锈钢和耐热钢等
CJ201	铸铁气焊熔剂	熔点为650℃，呈碱性反应，能有效地去除硅酸盐和氧化物等，并有加速金属熔化的功能	适用于铸铁的气焊
CJ301	铜及铜合金气焊熔剂	熔点为650℃，系硼基盐类，呈酸性反应，易吸潮，能有效地溶解氧化铜及氧化亚铜	适用于铜及铜合金的气焊

（续）

牌号	名称	基本性能	用途
CJ401	铝及铝合金气焊熔剂	熔点为560℃，呈酸性反应，能有效地熔解三氧化二铝，极易吸潮，在空气中能引起铝的腐蚀，焊后必须将熔渣清除干净	适用于铝及铝合金的气焊

二、气割

1. 气割设备与工具及其连接

（1）气割设备与工具　手工气割的设备与工具主要包括：气瓶、减压器、回火防止器、输气胶管、割炬等。半自动气割设备还包括气割小车。

1）氧气瓶。氧气瓶是储存和运输氧气的高压容器，瓶内氧气压力一般为15MPa，它的构造如图10-21所示，外表规定为天蓝色，并用黑色标写"氧气"字样。

开启氧气瓶阀时，不要面对出气口和减压器，以防伤人。

2）乙炔瓶。乙炔瓶是储存和运输乙炔的压力容器，瓶内气体压力一般为1.5MPa，它的构造如图10-22所示，气瓶外表规定为白色，并用红

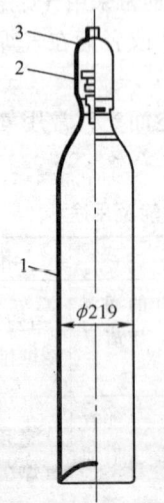
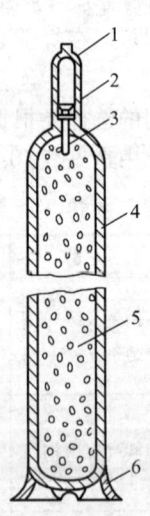

图10-21　氧气瓶的构造　　　　图10-22　乙炔瓶的构造示意图
1—瓶体　2—瓶阀　3—瓶帽　　　1—瓶帽　2—瓶阀　3—石棉　4—瓶体
　　　　　　　　　　　　　　　　　5—多孔性填料　6—瓶座

色标写"乙炔"和"严禁明火"字样。

乙炔瓶应直立放置使用,其温度不能过低,否则影响充分使用瓶内的乙炔,但温度也不得过高,高温降低乙炔的溶解度,而使瓶内乙炔气的压力剧增,甚至爆炸。

3) 减压器。减压器起减压和稳压作用,氧气减压器的构造如图10-23所示,其外表规定为天蓝色。

乙炔减压器的构造和氧气减压器的基本相同,只是多了一个特殊的夹环,如图10-24所示。其外表规定为白色。

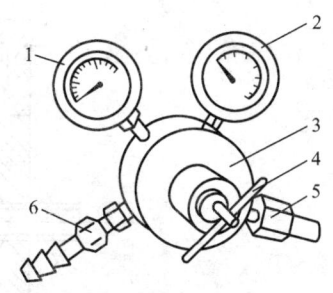

图 10-23　氧气减压器构造示意图
1—低压表　2—高压表　3—外壳
4—调压螺钉　5—进气接头
6—出气接头

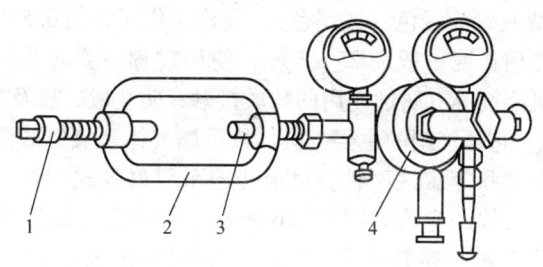

图 10-24　乙炔减压器构造示意图
1—紧固螺钉　2—夹环　3—连接管　4—乙炔减压器

减压器上有两只压力表,一只为高压表,显示气瓶内的压力;一只为低压表,显示气体的工作压力。

乙炔减压器压力表表盘上的红线刻度表示最大的许可工作压力,使用时应严格控制。

4) 回火防止器。它的作用是当回火发生时阻止倒流的火焰气体进入乙炔瓶,防止乙炔发生器爆炸。干式回火防止器的构造如图10-25所示。

使用安装干式回火防止器时要注意方向性(一般外部有箭头表示气体的流出方向)。

5) 氧气胶管和乙炔胶管　规定氧气胶管为红色,允许工作压力为

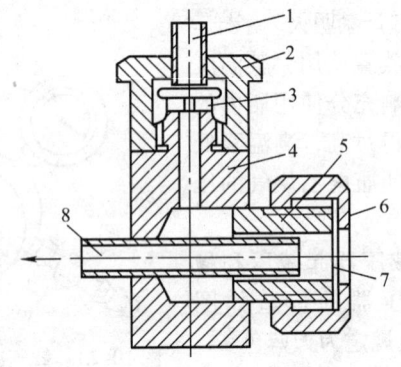

图 10-25　干式回火防止器的构造示意图
1—进气管　2—端盖　3—逆止阀　4—阀体
5—膜座　6—膜盖　7—防爆膜　8—出气口

1.5MPa，乙炔胶管为绿色（或黑色），允许工作压力为 0.5MPa。

胶管的使用长度一般为 25~30m，使用过程中要防止与酸、碱、油类及其他有机溶剂等有腐蚀作用的物质接触；防止砸、压及自身折叠。

6) 割炬。它是气割的主要工具，按可燃气体和氧气的混合方式不同可分为：射吸式和等压式两种。目前普遍采用射吸式割炬，其特点是可使用中、低压乙炔，构造如图 10-26 所示。割嘴主要分为整体式（梅花形割嘴）和组合式（环形割嘴）两种，如图 10-27 所示。

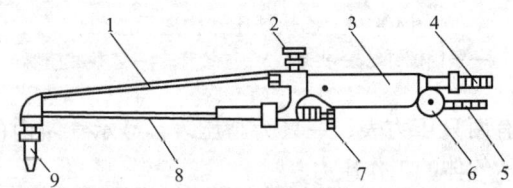

图 10-26　射吸式割炬
1—切割氧管　2—切割氧手轮　3—手柄　4—氧气管接头
5—乙炔管接头　6—乙炔开关　7—预热氧气阀手轮
8—混合气管　9—割嘴

等压式割炬的工作原理如图 10-28 所示，其特点是：火焰燃烧稳定，不易回火，但不能使用低压乙炔（一般用瓶装乙炔）。

(2) 手工气割设备及工具的连接　设备和工具的连接如图 10-29 所示。

第十章 其他常用焊接与切割方法简介

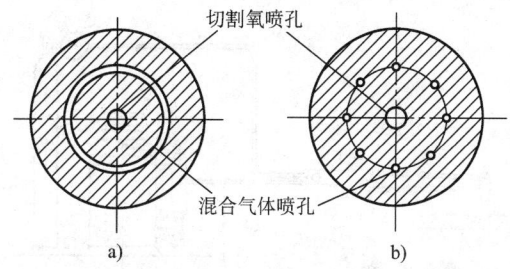

图 10-27 割嘴形式
a) 环形割嘴 b) 梅花形割嘴

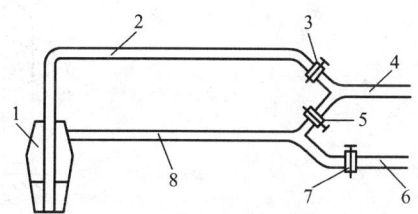

图 10-28 等压式割炬工作原理图
1—割嘴 2—切割氧气管 3—切割氧调节阀 4—氧气管
5—预热氧气调节阀 6—乙炔气管 7—乙炔气调节阀 8—混合气管

2. 气焊、气割的安全操作技术

（1）氧气瓶的安全使用

1）搬运氧气瓶时，应避免氧气瓶剧烈振动或碰撞。

2）禁止氧气瓶和可燃物品（乙炔气瓶、油脂等）同车搬运或存放在一起，不准氧气瓶沾有油脂。

3）取瓶帽时，只能用手或专用扳手旋取，不得用手锤或其他铁器敲击。

4）氧气瓶直立放置时，必须放稳，防止跌倒，最好固定斜置使用，避免卧置使用，严禁用氧气瓶作为接地的导电体。

5）氧气瓶与高温热源或其他明火的距离应不小于 10m。

6）开启氧气瓶阀时，不允许开启过快，以防止产生静电火花而引起爆炸。开启时，人不要面对出气口和减压器。

7）夏季使用氧气瓶时要防曝晒。冬季使用时，若发现氧气瓶嘴冻结，不得用火烤，可用热水解冻。

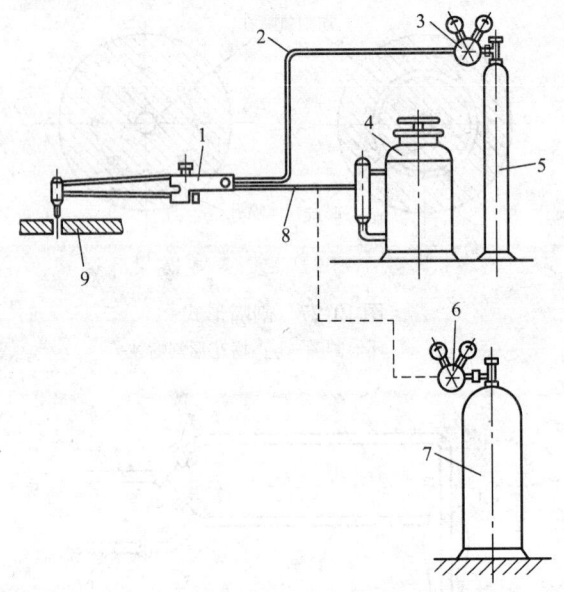

图 10-29 气割设备使用连接示意图
1—割炬 2—氧气胶管 3—减压器 4—乙炔发生器 5—氧气瓶
6—减压器 7—乙炔瓶 8—乙炔胶管 9—割件

8)严禁氧气瓶内的氧气全部用光,要求留 0.1~0.2MPa 表压,而且用后要关紧阀门,防止漏气。

9)开启氧气瓶阀时,要开到底,垫紧密封垫,以防漏气,开启及关闭阀门时不要用力过大,防止将阀门扳坏。

10)氧气瓶要按易燃易爆压力容器的使用要求定期安全检查。

(2)乙炔瓶的安全使用 使用乙炔瓶时,除必须遵守使用氧气瓶的有关要求外,还必须注意以下几点:

1)乙炔瓶不允许受到剧烈振动或撞击,以免瓶内的多孔性填料下沉而形成空洞,影响乙炔的储存。

2)乙炔瓶工作时应直立放置,因卧置会使丙酮随乙炔流出,甚至会通过减压器流入乙炔胶管和割炬内而造成危险。

3)存放乙炔瓶的库房应注意通风,防止泄漏的乙炔滞留而遇明火爆炸。

4)乙炔减压器与乙炔瓶的连接必须可靠,严禁在漏气的情况下使用。

5) 乙炔瓶的温度不应过高，温度过高会降低乙炔的溶解度，使瓶内乙炔的压力急剧增高而产生爆炸。

6) 使用乙炔瓶时，应按使用压力安装相应的岗位式回火防止器。

7) 冬季使用乙炔瓶时，防止瓶温过低而影响乙炔的分解，当温度低而乙炔压力不足时，可将气瓶搬入室内，使瓶温正常后再使用，以便充分使用瓶内的乙炔。

8) 开启乙炔瓶时，必须使用专用套筒扳手，防止将瓶阀压紧帽松脱，而造成阀门失灵。

9) 乙炔瓶的气体严禁用尽，要留 $0.1 \sim 0.2$ MPa 表压，用后要将瓶阀关紧，防止漏气。

(3) 减压器的安全使用

1) 安装减压器前，先检查接头螺纹有无损坏，以防安装不牢，检查表针是否处于零位，然后打开氧气阀门，将气嘴内的灰尘、污物等吹掉，以防杂物进入减压器内，损坏减压器。

2) 安装好减压器，开启氧气阀前应先将减压器的调压螺钉旋松，使其处于非工作状态，以防止开启氧气阀而损坏减压器。

3) 严禁减压器沾有油脂。

4) 开启氧气瓶时应缓慢进行，以防开得过快，使高压气体损坏减压器。

5) 开启氧气阀后，应注意检查减压器各部位是否有漏气现象，压力表工作是否正常。

6) 调节工作压力时（顶风），应缓慢地旋进调压螺钉，防止高压气体冲坏弹簧、薄膜装置或使低压表损坏。

7) 减压器在使用过程中，发现冻结现象时，应用温水解冻，不得用火烤。

8) 严禁氧气减压器和乙炔减压器相互换用。

9) 停止工作时，应先将减压器的调压螺钉松开，再关闭瓶阀，防止减压器内存有气体和拆卸减压器时损坏螺纹或伤人。

10) 减压器必须定期检修，其上的压力表必须定期检验，以确保压力的准确性。

(4) 割炬的安全使用

1) 割炬使用后要妥善保管，防止砸压，不得沾有油脂。

2) 要保持割嘴连接面的光洁平整, 防止划伤, 以免接触不严密而漏气。

3) 使用时, 严禁用割炬敲打工件或清除氧化渣。

4) 要经常检查割炬的射吸性能, 防止各阀门漏气, 若发现漏气应及时检修。

5) 使用割炬时若发现喷嘴内阻塞, 要用合适的通针清理, 严防将孔壁划伤。

6) 回火制止后, 应清理割炬内的炭灰, 并冷却后方可继续使用。

7) 安装拆卸割嘴时, 只能用扳手, 不得用其他铁器砸。

(5) 氧气胶管和乙炔胶管的安全使用

1) 胶管要避免长期日光照射。

2) 胶管在使用过程中, 应距离高温和火源1m以上。

3) 使用胶管前必须用空气把胶管内的杂物吹除, 以防堵塞, 但不得用氧气吹可燃性胶管。

4) 当发生回火时, 倒流的火焰通过胶管后, 此胶管不能继续使用, 要更换新的胶管。

3. 气割工艺

(1) 气割原理　气割是利用气体火焰的热能, 将工件切割处预热到一定温度后, 喷出高速切割氧流, 使其燃烧并放出热量实现切割的方法。

气割过程包括下列三个阶段: 气割开始时, 用预热火焰将起割处的金属预热到燃烧温度 (燃点); 向被加热到燃点的金属喷射切割氧, 使金属剧烈地燃烧; 金属燃烧氧化后生成熔渣和产生反应热, 熔渣被切割氧吹除, 所产生的热量将下层金属加热到燃点, 这样继续下去就将金属逐渐切割穿。随着割炬的移动, 就切割成所需的形状和尺寸。

所以金属的气割过程实质是铁在纯氧中的燃烧过程, 而不是熔化过程。

气割过程是预热—燃烧—吹渣过程。但并不是所有的金属都能满足这个过程的要求, 而只有符合下列条件的金属才能进行氧乙炔切割。

1) 金属在氧气中的燃点应低于熔点。

2) 金属气割时形成氧化物的熔点应低于金属本身的熔点。

3) 金属在切割氧射流中燃烧应该是放热反应。

4) 金属的导热性不应太高。

5) 金属中阻碍气割过程和提高钢的可淬性的杂质要少。

第十章 其他常用焊接与切割方法简介

金属的氧乙炔切割过程主要取决于上述五个条件。纯铁和低碳钢能满足上述要求，所以能很顺利地进行气割。钢中碳的质量分数增高时，气割过程开始恶化，当碳的质量分数超过 0.7% 时，必须将割件预热至 400～700℃ 才能进行气割。当碳的质量分数大于 1% 时，割件就不能进行正常气割了。

（2）气割工艺参数　气割工艺参数主要包括切割氧压力、切割速度、预热火焰能率、割嘴与割件的倾斜角度、割嘴离割件表面的距离等。气割工艺参数的选择正确与否，直接影响到切口表面的质量，而气割工艺参数的选择又主要取决于割件厚度。

1）切割氧压力。一般选择氧气压力的根据是：随割件厚度的增加而加大，或随割嘴号码的增大而加大；氧气纯度降低时，由于气割时间增加，要相应增大氧气压力。当割件厚度小于 100mm 时，其氧气压力见表 10-12。

表 10-12　钢板的气割厚度与切割速度、氧气压力的关系

钢板厚度/mm	切割速度/(mm/min)	氧气压力/MPa	钢板厚度/mm	切割速度/(mm/min)	氧气压力/MPa
4	450～500	0.2	30	210～250	0.45
5	400～500	0.3	40	180～230	0.45
10	340～450	0.35	60	160～200	0.5
15	300～375	0.375	80	150～180	0.6
20	260～350	0.4	100	130～165	0.7
25	240～270	0.425			

2）切割速度。切割速度对切割质量和切割效率影响较大，主要根据被割件的板厚和切割氧的压力来确定切割速度，当割件厚度小于 100mm 时，其切割速度见表 10-12。

3）预热火焰能率。预热火焰的作用是把金属割件加热至燃点。预热火焰的能率主要根据板厚来选择，板越厚，预热火焰能率越大。

4）割嘴与割件的倾斜角。割嘴与割件的倾斜角度，直接影响切割速度和后拖量，当割嘴沿气割相反方向倾斜一定角度时，能使氧化燃烧而产生的熔渣吹向切割线的前缘。这样可充分利用燃烧反应产生的热量来减小后拖量，从而促使切割速度提高。进行直线切割时，应充分利用这

一特性。

割嘴倾斜角大小，主要根据割件厚度而定。如果倾斜角选择不当，不但不能提高切割速度，反而使气割发生困难，同时增加氧气的消耗量。

5）割嘴离工件表面的距离。为了减少周围空气对切割氧的污染而保持其纯度，同时又为了充分利用高速氧气流的动能，在气割过程中，割嘴与割件表面的距离越近，越能提高切割速度和质量。但是距离过近，预热火焰会将切口上缘熔化，被剥离的氧化皮易堵塞割炬的嘴孔造成回火现象，甚至烧坏割嘴。在通常情况下其距离为 3～5mm，当割件厚度小于 20mm 时，火焰可长些，距离可适当加大；当割件厚度大于或等于 20mm 时，由于切割速度放慢，火焰应短些，距离应适当减小。

4. 手工气割的基本操作技术

（1）气割操作姿势　根据割件所在的空间位置、切口的形式和切口的长短，气割操作姿势多种多样，最基本的是抱割法。

1）抱割法。抱割法是右手握住割把，并以中指靠扶预热氧调节阀，以便随时调整预热火焰和回火时能及时切断预热氧；左手的大拇指和食指把握切割氧调节阀，其余三指托住混合气管并掌握按线气割的方向。抱割法一般是从右向左气割。

2）依托气割法。为了提高气割的质量，使切口更直、角度一致，在抱割基础上，采用靠尺或临时胎板等辅具进行气割的方法即依托气割法。

（2）气割前的准备工作

1）认真熟悉气割工艺。

2）垫高、放稳工件，清除污物。

3）检查复验切割线及尺寸。

4）选用气割方法、割炬和割嘴。

5）连接设备及工具（氧气瓶、乙炔瓶、割炬等）。

6）向气割场地洒水，防止吹起尘土。

7）准备遮挡板，防止飞溅。

8）准备通风排烟设施。

9）调试火焰能率及风线等工艺参数。

（3）气割操作要点

1）气割过程中，要使割嘴与工件表面距离保持均匀一致，以保证切口宽窄一致。割嘴与工件表面的距离主要根据割件厚度确定，见表 10-13。

表 10-13　割嘴与工件表面的距离　（单位：mm）

板　厚	3~5	6~12	12~4	42~80	80~100
割嘴与工件表面距离	4~5	5~7	7~9	8~12	10~14

2）气割时，要使割嘴与切口两侧工件保持垂直，如图 10-30 所示，以保证切割面的垂直。

3）在气割长直线缝时，随着气割过程的进行，操作者的身体不要弯得太低，沿气割方向不要倾斜太大。因此，要求每次移动距离和位置要适中，一般移动距离为 300~500mm。在移动前将割嘴沿切口方向往回带，并立即抬起。如果移动速度快可不关闭切割氧，立即将割嘴风线沿切口返回气割处继续气割，但气割厚板在移动位置时，一般都要关掉切割氧，并重新预热、气割。

4）气割过程中，操作者的眼睛要始终注视割嘴和切割线的相对位置，注意割透及后拖量的大小，如图 10-31 所示。如果后拖量大或割不透时，应放慢切割速度，提高切割氧的压力。

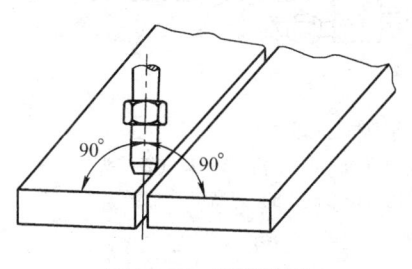

图 10-30　割嘴角度

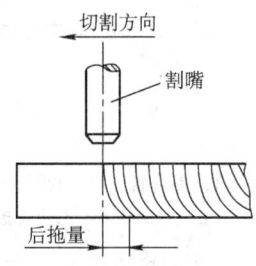

图 10-31　气割后拖量示意图

5）气割时，切口应留半个样冲眼。

6）气割前应认真复查划线尺寸、交叉切口处的样冲眼是否符合要求。

7）气割薄板时，要保持割嘴沿切割方向后倾斜一致。

8）气割直线时，正确的气割顺序是：先割长缝，后割短缝，应在交叉切口处停割，避免停在交叉切口的两边。

9）气割打孔的操作技术：从中间气割厚板时，一般先气割打孔，然后引到起割处,在靠近起割处的余料部位打孔(在不造成切割缺陷的基础上,应尽可能靠近起割线)。

气割打孔时,割嘴应与工件倾斜一定角度,以便熔渣飞出,但偏斜方向不要对着切口,打孔后引入切割线,割嘴转为垂直角度,进行正常气割。

在切割线上气割打孔:如果打孔必须在切割线上进行时,割嘴应向切割方向倾斜,而且在不影响排渣的基础上,尽量使割嘴距工件表面近些,以减小气割打孔的尺寸。

三、气焊

气焊是利用气体火焰作为热源的一种熔焊方法,常用的气焊为氧乙炔焊。

1. 气焊设备、工具及安全操作技术

气焊设备、工具及安全操作技术与气割基本相同,但气焊使用的是焊炬。

目前普遍应用的是射吸式焊炬,如图 10-32 所示。

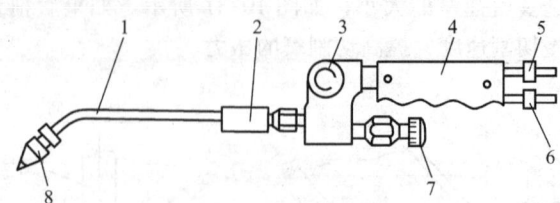

图 10-32 射吸式焊炬
1—混合管 2—射吸管 3—氧气调节阀 4—手柄 5—氧气管接头
6—乙炔管接头 7—乙炔调节阀 8—焊嘴

2. 气焊火焰

常用的气焊火焰是氧乙炔焰,其外形、构造、火焰的化学性质和火焰温度的分布是由氧气体积与乙炔体积的混合比决定的。

根据混合比的大小,可得到性质不同的三种火焰:中性焰、氧化焰和碳化焰,如图 10-33 所示。

3. 气焊焊接参数

气焊焊接参数主要包括:焊丝直径和牌号、气焊熔剂、火焰种类、火焰能率、焊炬的倾斜角度和焊接速度等。

(1) 焊丝的牌号 焊丝的牌号选择应根据焊件材料的力学性能或化学成分,选择相应性能或成分的焊丝,碳素结构钢、合金结构钢、不锈

钢的焊丝选择见表10-10。

（2）焊丝的直径　焊丝直径的选用要根据焊件的厚度来决定，焊接5mm以下板材时，焊丝直径要与焊件厚度相近，一般选用$\phi 1 \sim \phi 3$mm焊丝。

（3）气焊熔剂　气焊熔剂的选择要根据焊件的成分及其材质而定，气焊熔剂牌号的选择见表10-11。

（4）火焰的种类及能率

1) 火焰的种类。各种不同材料的焊件，应采用的火焰种类见表10-14。

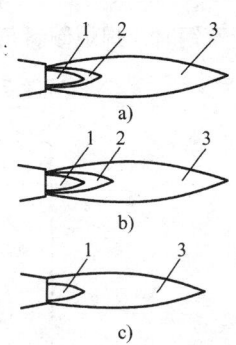

图10-33　氧乙炔焰的种类、外形及构造
a) 中性焰　b) 氧化焰　c) 碳化焰
1—焰心　2—内焰（轻微闪动）　3—外焰

表10-14　气焊火焰种类的选用

焊件材质	火 焰 种 类	焊件材质	火 焰 种 类
低碳钢	中性焰或乙炔稍多的中性焰	锰钢	氧化焰
中碳钢	中性焰或乙炔稍多的中性焰	铬镍钢	中性焰或乙炔稍多的中性焰
低合金钢	中性焰	镀锌铁皮	氧化焰
纯铜	中性焰	高碳钢	碳化焰
青铜	中性焰或微氧化焰	铸铁	碳化焰或乙炔稍多的中性焰
铝及铝合金	中性焰或乙炔稍多的中性焰	镍	碳化焰或乙炔稍多的中性焰
不锈钢	中性焰或乙炔稍多的中性焰	高速钢	碳化焰
黄铜	氧化焰	硬质合金	碳化焰

2) 火焰的能率。一般以焊炬型号及焊嘴号码大小来表示火焰能率大小。如果焊件较厚，金属材料熔点较高，导热性较好（如铜、铝及其合金），焊缝又是平焊位，则应选择较大的火焰能率，反之应选用较小的火焰能率。

（5）焊炬的倾斜角度　焊炬倾斜角度的大小，主要取决于焊件的厚度和母材的熔点。焊件越厚、热导率及熔点越高，越应采用较大的焊炬倾斜角。

焊接碳素钢时，焊炬倾斜角与焊件厚度的关系如图10-34所示。

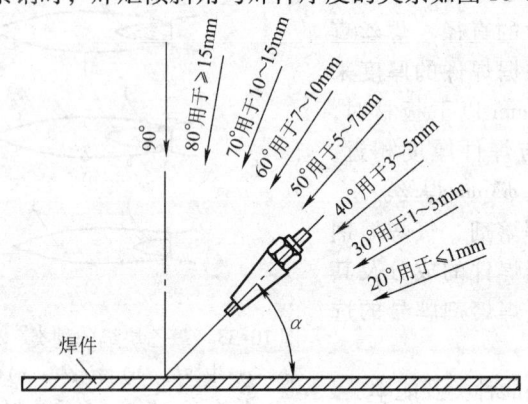

图10-34　焊炬倾斜角与焊件厚度的关系

（6）焊接速度　一般情况下，厚度大、熔点高的焊件，焊接速度要慢些，以免产生未熔合的缺陷；反之，应采用较小的焊接速度。总之，在保证焊接质量的前提下，应尽量加快焊接速度，以提高生产率。

4. 操作方法

气焊的操作方法分为右焊法以及左焊法两种，如图10-35所示。

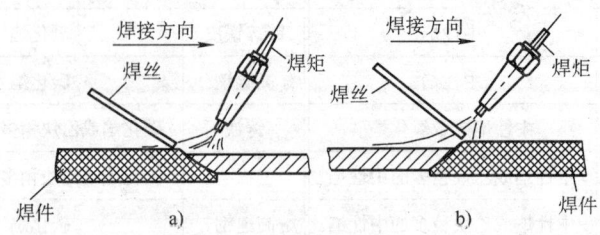

图10-35　气焊操作方法
a）右焊法　b）左焊法

右焊法（见图10-35a）时，焊炬在焊丝前面移动，焊炬火焰指向焊缝，因此火焰可以遮盖整个熔池，使熔池和周围的空气隔离，所以能防止焊缝金属的氧化和减少产生气孔的可能性，同时可以使焊好的焊缝缓慢地冷却，改善了焊缝组织。而且火焰热量较为集中，火焰能率的利用率高，使熔深增加和生产率提高。缺点主要是不易掌握，操作过程对焊件没有预热作用，所以它只能适用于焊接较厚的焊件。

左焊法（见图10-35b）时，焊炬火焰背着焊缝面指向焊件未焊部分，并且焊炬跟着焊丝走。焊接时，焊工能够很清楚地看到熔池的后部凝固边缘，容易获得宽度和高度较均匀的焊缝，由于焊炬火焰指向焊件未焊部分，对金属有着预热作用，这种方法容易掌握，应用最普遍。缺点是焊缝易氧化，冷却较快，热量利用率较低，因此适用于薄板的焊接。

第十一章

焊接应力和变形

在焊接过程中,由于焊接热源和焊接热循环的特点,使焊件受到不均匀加热,因此焊接接头处的金属受热膨胀及冷却的程度也不同,这样在焊件内部产生了应力和变形。焊接应力往往是造成裂纹的直接原因,同时也大大降低了焊接结构的承载能力和使用寿命;焊接变形造成焊件尺寸、形状的变化,使其在焊后要进行大量的矫正工作,甚至使焊件报废。

由于焊接应力及变形直接影响到焊接结构的产品质量和使用性能,因此应了解焊接应力及变形的原因及控制和防止方法。

第一节 焊接应力和变形产生的原因

一、焊接应力和变形的概念

通常当物体受到外力作用时,在其内部要产生内力,而单位截面积上所承受的内力叫做应力,应力一般可分为拉应力、压应力和切应力三种。

内应力是在没有外力的条件下,平衡于物体内部的应力。如焊接时,焊接构件由于不均匀的加热和冷却,使其内部产生应力,这种应力称为焊接应力。

焊接残余应力是焊后残留在焊件内部的应力。

物体在外力或内应力的作用下形状发生的变化称为变形。变形可分为弹性变形和塑性变形两种。当外力消除后,物体能够恢复到原来的形状时,这种变形称为弹性变形;若物体在外力消除后,不能恢复到原来的形状,则该变形为塑性变形。

焊件由焊接而产生的变形即焊接变形,焊后焊件残留的变形即焊接残余变形。

二、焊接应力和变形产生的原因

假设在焊接过程中焊件整体受热是均匀的，加热膨胀和冷却收缩将不受拘束而处于自由状态，那么焊后焊件不会产生焊接残余应力和变形。金属棒自由膨胀和收缩过程见表11-1。

表 11-1　金属棒自由膨胀和收缩

自由膨胀和收缩	加热过程	变　形	应　力
	室温	原长	无
	加热	伸长	无
	冷却	缩短	无
	最终状态	原长	无

但是，焊接时焊件实际上是承受局部不均匀的加热和冷却，用一根金属棒进行不均匀加热和冷却实验，可模拟金属材料的焊接过程。

由表11-2可知，金属棒加热时，膨胀受到阻碍，产生了压应力，在压缩应力的作用下，产生一定的热压缩塑性变形。冷却时，金属棒可以自由收缩，冷却到室温后金属棒长度有所缩短，应力消失。

表 11-2　金属棒膨胀受阻、自由收缩

自由膨胀和收缩	加热过程	变　形	应　力
	室温	原长	无
	加热	膨胀受阻	压应力
	冷却	缩短	无
	最终状态	缩短（中心变厚）	无

由表11-3可知，金属棒在加热和冷却过程中都受到拘束，其长度几乎不能伸长也不能缩短。加热时，棒内产生压缩塑性变形，冷却时的收缩使棒内产生拉应力和拉伸变形，当冷却到室温后，金属棒长度几乎不变，但金属棒内产生了较大的拉应力。

表 11-3 金属棒膨胀和收缩都受拘束

自由膨胀和收缩	加热过程	变形	应力
	室温	原长	无
	加热	膨胀受阻	压应力
	冷却	收缩受阻	拉应力
	最终状态	原长（中心稍厚）	拉应力

在焊接过程中，电弧热源对焊件进行了局部的不均匀加热，如图 11-1 所示。焊缝及其附近的金属被加热到高温时，由于受到周围较低温度金属的抵抗，不能自由膨胀而产生了压应力。如果压应力足够大，就会产生压缩塑性变形。当焊缝及其附近金属冷却发生收缩时，同样也会由于受周围较低温度金属的拘束，不能自由地收缩，在产生一定的拉伸变形的同时，产生了焊接拉应力。

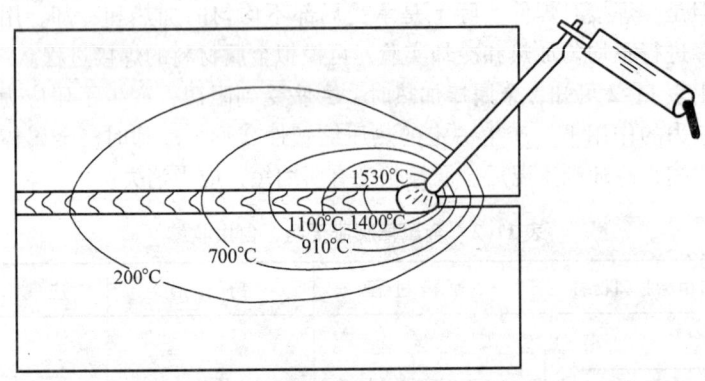

图 11-1 焊件上的温度分布

根据以上分析可知：焊接过程中，对焊件进行局部不均匀地加热是产生焊接应力和变形的主要原因。焊接接头的收缩造成了焊接结构的各种变形。另外，在焊接过程中，焊接接头晶粒组织发生转变引起的体积变化，也会在金属内部产生焊接应力，同时也可能引起变形。

焊接残余应力和残余变形既同时存在，又相互制约。如果使残余变形减小，则残余应力会增大；如果使残余应力减小，而残余变形相应会增大，应力和变形同时减小是不可能的。

在实际生产中，往往焊后的焊接结构既存在一定的焊接残余应力，又产生了一定的焊接残余变形。

第二节 焊接应力及其控制

一、焊接应力的分类

焊接过程中焊件内产生的应力，按其作用时间可分为焊接瞬时应力和焊接残余应力；按应力的作用位置可分为线应力、平面应力和体积应力；按应力与焊缝的相对位置，可分为纵向应力和横向应力；按应力形成原因可分为热应力、拘束应力、组织应力和氢致应力。

二、影响焊接应力的因素

影响焊接应力的因素很多，也较复杂，根据焊接结构和焊接过程的特点，主要影响因素有以下几个方面：

1）焊接件的坡口形式和尺寸。
2）焊接材料的性能。
3）结构本身的刚性及焊接时外加的刚性拘束大小（包括焊接胎夹具、定位焊等）。
4）焊接方法。
5）焊接条件（预热、层间温度、后热等）、焊接热输入大小及焊接操作方法等。
6）焊接接头的性能。

三、减少焊接应力的措施

1. 设计措施

（1）减少焊缝数量　在保证结构有足够强度的前提下，应尽量减少焊缝的数量，缩短焊缝尺寸以及合理地选择接头形式和坡口形状。

（2）对称布置焊缝　应尽量不要使焊缝过分集中，以避免应力叠加，在可能的情况下，应尽量对称布置焊缝，避免十字交叉焊缝和连续焊缝。

2. 工艺措施

（1）选用合理的焊接顺序和方向　焊接过程中，应使焊缝能尽量地自由收缩，并应先焊结构中收缩量比较大的焊缝。例如，钢板拼接时，一般先焊横向焊缝，后焊纵向焊缝，如图11-2所示。反之，如果先焊纵向焊缝，则横向焊缝的装配间隙就被刚性固定了，在焊接横向焊缝时不能自由收缩，势必产生较大的焊接应力，还有可能导致裂纹的产生。

有时也可按受力的大小来确定焊接顺序，若在工地焊接工字梁的接

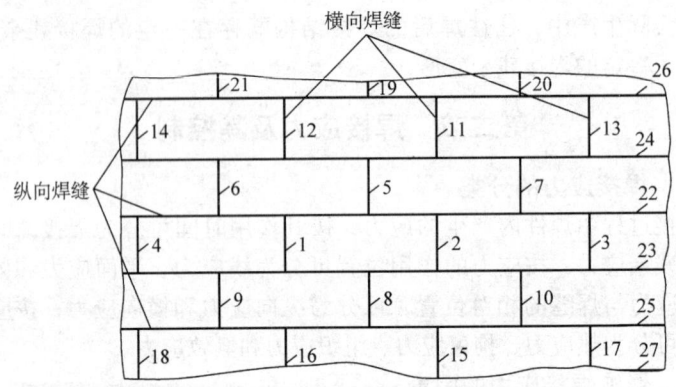

图 11-2　大面积平板拼接时的合理焊接顺序

头时（见图 11-3），其盖板受力最大，因此先焊盖板的对接焊缝 1，再焊腹板的对接焊缝 2，最后焊翼缘角焊缝 3。按这种焊接顺序，可使受力最大的焊缝 1 产生较小的拘束应力，焊接过程中的焊接应力得到减小。在焊接焊缝 2 时，焊缝 1 受拉伸，而收缩时使焊缝 1 受压缩，还可使盖板接头有减小焊接残余应力的作用。在焊接焊缝 3 时，这种焊缝虽然为交叉焊缝，但由于焊缝 3 的焊接热输入一般较小，而且对焊缝 1、2 的交叉点有重熔和热处理作用，可减少交叉焊缝的不利影响，提高疲劳强度。

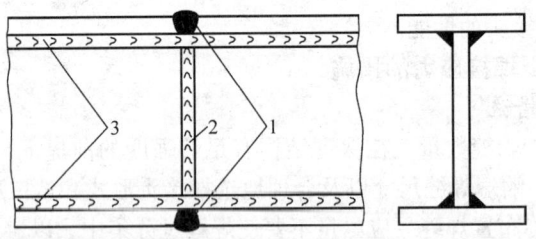

图 11-3　按受力大小确定的合理焊接顺序

（2）预热　预热的作用有三点：一是降低焊件热影响区的温度梯度，使其在较宽的范围内获得较均匀的分布，从而减小温度应力的峰值；二是降低和控制焊接接头的冷却速度，因而减少淬硬倾向及减弱组织应力；三是有利于氢的扩散逸出，减少氢致应力集中。因此，预热从总体来讲，可降低焊接结构的残余应力。小件可以整体预热，大件局部预热。在局部预热时还要认真考虑结构件应力的分布情况，以确定预热部位，使之有利于温度的平缓分布或减少拘束程度。

（3）加热减应区法　选择焊件的适当部位进行加热，减少焊件在焊接时的拘束，使焊件尽量均匀冷却和收缩，以减小焊接应力，如图11-4所示。

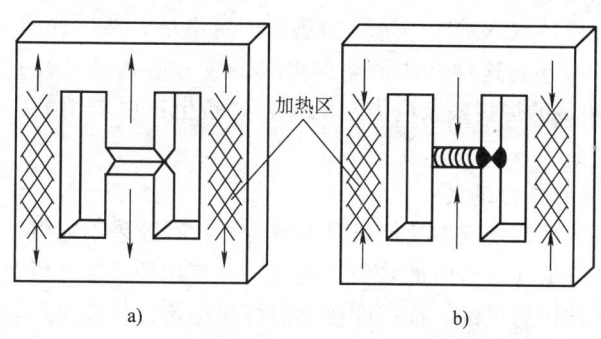

图 11-4　加热减应区法示意图
a) 焊前局部加热　b) 焊后冷却

（4）采用较小的热输入　小的热输入可以减小不均匀加热的宽度，如用小直径焊条、快速不摆动、多层多道焊等。

（5）锤击法　在焊后热态下锤击焊缝，使焊缝得到延伸，从而减小焊接残余应力。

（6）减少氢的措施及消氢处理　为减少氢致应力集中，应尽量选择碱性低氢型焊条；焊条应按要求严格烘干；焊接结构件的坡口表面要清理干净水、油、锈和其他杂质。有的结构件必要时还要采取消氢处理。

四、消除焊接残余应力的方法

焊后结构件是否有必要消除焊接残余应力，应从结构的用途、尺寸、所用材料的性能以及工作条件等方面进行综合考虑。对于下列情况之一，应考虑消除焊接残余应力：

1) 要求承受低温或动载，有发生脆断危险的结构。
2) 厚度超过一定限度的焊接容器。
3) 要进行精密机械加工的结构。
4) 有可能产生应力腐蚀破坏的结构。

消除焊接残余应力的方法主要有热处理和机械法。热处理法有整体和局部去应力退火法和中间去应力退火法；机械法包括温差拉伸法、低温处理法、爆炸法和振动法等。

常用的方法有整体去应力退火法、局部去应力退火法和机械拉伸（加载）法。

1. 整体去应力退火

将焊件整体放入炉内，缓慢加热到一定温度，然后保温一定时间，空冷或随炉冷却。这种办法消除焊接残余应力的效果最好，一般可以将80%~90%的焊接残余应力消除掉，这是生产中应用最广泛的一种方法。

2. 局部去应力退火

对构件局部残余应力处加热以去除应力，其效果不如整体去应力退火，仅可从降低残余应力的峰值，使应力分布比较平缓。但此法设备简单，常用于比较简单的、拘束度较小的焊接结构，如长筒形容器、管道接头、长构件的对接接头等。

3. 中间去应力退火

对于大厚度、刚度较大的焊件，为了避免在焊接过程中由于应力过大而产生裂纹，往往在中间加一次或多次去应力退火热处理。

4. 机械拉伸（加载）法

产生焊接残余应力的根本原因是，焊件在焊后产生了压缩残余变形，因此焊后对构件进行加载拉伸，产生拉伸塑性变形，它的方向和压缩残余变形相反，结果使压缩残余变形减小，残余应力因此也相应地减小。

第三节 焊接变形及其控制

一、焊接变形分类

焊接变形包括：纵向缩短、横向缩短、角变形、弯曲变形、扭曲变形和波浪变形等。

1. 纵向缩短和横向缩短

（1）纵向缩短 焊件在焊后沿焊缝长度方向的缩短称为纵向缩短。焊缝的纵向收缩变形量随焊缝长度、焊缝熔敷金属截面积的增加而增加，随整个焊件垂直焊缝的横截面积的增加而减少。同样厚度的焊件，多层多道焊时产生的纵向收缩变形量比单层焊少。

（2）横向缩短 焊件在焊后，垂直于焊缝方向发生的收缩叫做横向缩短。横向收缩变形量随焊接热输入的提高而增加，随板厚的增加而增加。

2. 角变形

角变形是焊接时,由于焊缝区沿板材厚度方向不均匀的横向收缩而引起的回转变形,角变形的大小以变形角 α 进行度量(见图 11-5)。在堆焊、搭接和 T 形接头的焊接时,往往也会产生角变形。

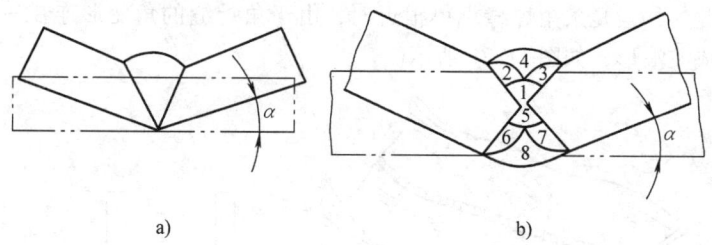

图 11-5 角变形
a)V 形坡口对接接头焊后角变形 b)双 V 形坡口对接接头焊后角变形

焊接角变形不但与焊缝截面形状和坡口形式有关,还与焊接操作方法有关。对于同样的板厚和坡口形式,多层焊比单层焊角变形大,焊接层次越多,角变形越大。

3. 弯曲变形

弯曲变形是焊接结构中经常出现的基本变形,在焊接管道、梁、柱等焊接件时尤为常见。

弯曲变形主要是结构上的焊缝布置不对称或焊件断面形状不对称,焊缝收缩引起的变形。

弯曲变形的大小用挠度 f 进行度量。挠度 f 是指焊后焊件的中心轴偏离焊件原中心轴的最大距离,如图 11-6 所示。

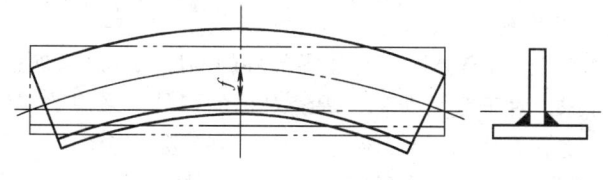

图 11-6 弯曲变形

4. 扭曲变形

如果焊缝角变形沿长度方向分布不均匀,焊件的纵向有错边,或装配不良、施焊顺序不合理,致使焊缝纵向收缩和横向收缩没有一定规律,这会引起构件的扭曲变形。

5. 波浪变形

由于结构刚度小,在焊缝的纵向收缩、横向收缩综合作用下造成较大的压应力而引起的变形,薄板容易产生波浪变形,如图 11-7a 所示。

此外,当几条角焊缝靠得很近时,由于角焊缝的角变形连在一起也会形成波浪形,如图 11-7b 所示。

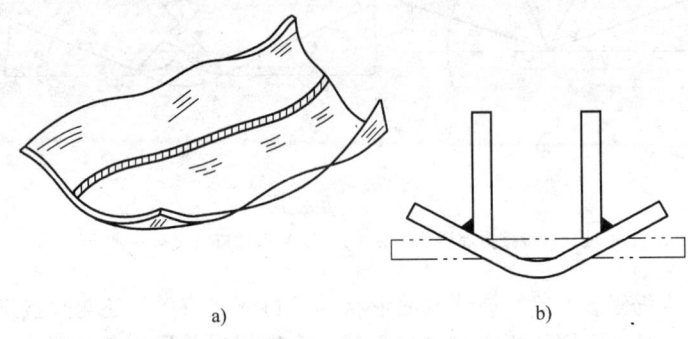

a)　　　　　　　　　　　　b)

图 11-7　波浪变形

二、影响焊接变形的因素

1. 焊缝位置

如果焊缝布置不对称或焊缝截面重心与焊件截面重心不重合时,易引起弯曲变形或角变形。

2. 结构刚度

焊件的变形程度与结构的刚度有关,在同样焊接应力的作用下,焊件刚度较大时,变形较小;刚度较小时,则变形较大。

3. 装配焊接顺序

一般说来,焊件整体刚度总比零部件的刚度大,从增加刚度减小变形的角度考虑,对于截面对称、焊缝对称的焊件,采用整体装配焊接,产生的变形较小。然而,因焊件结构复杂,一般不能整体装配焊接,而是边装配、边焊接,此时就要选择合理的装配焊接顺序,尽可能地减小焊接变形。

4. 焊接热输入

焊接热输入的变化对焊接变形是有影响的,随着热输入的增加,加热宽度增加,引起的焊接变形也增加。

5. 其他影响因素

焊接变形还与坡口形式有关，坡口角度越大，熔敷金属的填充量越大，焊缝上下收缩量的差别也就越大，则产生的角变形大，因此 V 形坡口的变形比 U 形、双 V 形坡口大。焊接方向和顺序不同，沿焊缝上热量分布不一样，冷却速度和冷却收缩所受拘束不同，引起的焊接变形量的大小也不同。

三、控制焊接变形的措施

1. 设计措施

（1）选用合理的焊缝尺寸　焊缝尺寸增加，焊接变形也随之增大，但过小的焊缝尺寸，将会降低结构的承载能力，并使接头的冷却速度加快，产生一系列的焊接缺陷，如裂纹、热影响区硬度增高等。因此在满足结构的承载能力和保证焊接质量的前提下，根据板厚选取工艺上可能的最小焊缝尺寸。

（2）尽可能地减小焊缝的数量　适当选择板的厚度，可减小肋板的数量，从而可以减小焊缝和焊后变形矫正量，对自重要求不严格的结构，这样做即使质量稍大，仍是比较经济的。

对于薄板结构，则可以用压型结构来代替肋板结构，以减少焊缝数量，防止焊接变形。

（3）合理安排焊缝位置　焊缝对称于构件截面的中心轴，或使焊缝接近中心轴，可减小弯曲变形，焊缝不要密集，尽可能避免交叉焊缝，如焊接钢制压力容器在组装时，相邻筒节的纵焊缝距离或封头焊缝的端点与相邻筒节纵焊缝距离应大于 3 倍的壁厚，且不得小于 100mm。

2. 工艺措施

（1）预留收缩余量　为了补偿焊后焊件的缩短，应预留收缩余量，以抵消变形。

（2）选择合理的装配焊接顺序

1）选择合理的装配顺序。将结构件适当地分成部件，分别装配、焊接，然后再拼焊成整体，使不对称的焊缝或收缩量较大的焊缝能比较自由地收缩而不影响整体结构。按此原则生产制造复杂的焊接结构既有利于控制焊接变形又缩短了生产周期。

2）选择合理的焊接顺序采用对称焊。当结构具有对称布置的焊缝时，如采用单人先后的顺序施焊，则由于先焊的焊缝具有较大的变形，所以整个结构焊后仍会有较大的变形。如果由两名焊工同时对称地进行焊接，则每条焊缝引起的变形可以相互抵消，焊后变形因此大为减小。焊缝不对称时，先焊焊缝少的一侧。因为先焊的焊缝变形大，故焊缝少的一侧先焊时引起的总变形量不大，再用另一侧多的焊缝引起的变形来加以抵消，就可以减小整个结构的变形。采用不同的焊接方向，通常可采用逐步退焊法、跳焊法、交替焊法等不同的焊接方向来减小变形。

（3）反变形法　为了抵消焊接变形，在焊接前装配时，先将焊件向与焊接变形相反的方向进行人为地变形，这种方法称为反变形法。例如，V形坡口单面对接焊的角变形，在压力容器焊工培训、考试中是常见的一个问题，采用反变形法后，变形基本得以消除，如图11-8所示。

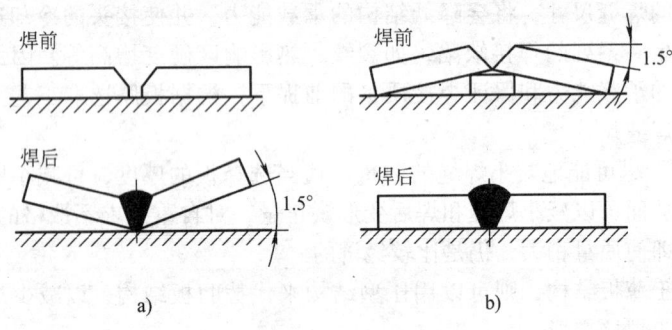

图 11-8　反变形控制
a）无反变形　b）预装反变形

（4）刚性固定法　焊前对焊件采用外加刚性拘束，强制焊件在焊接时不能自由变形，这种控制变形的方法叫刚性固定法。应当指出，焊后的焊件，当外加的拘束去掉后，由于残余应力的作用，焊件上仍会残留一些变形，不过要比没加拘束时小得多。另外，这种方法将使焊接接头中产生较大的残余应力，对于焊后易裂的材料应该慎用。图11-9是焊接对接接头焊件，采用弧形加强板的方法进行刚性固定。

（5）散热法　焊接时用强迫冷却方法使焊接区散热，由于受热面积减小而达到减小变形的目的。散热法对减小薄板焊件的焊接变形比较有效，但散热法不适用于焊接淬硬性较大的材料。

（6）锤击法　用圆头小锤敲击热态下的焊缝，使它产生长、宽方向上延伸，产生塑性变形，从而减少焊缝的收缩变形。

四、焊接残余变形的矫正方法

焊接结构在生产过程中，虽然采取了一系列措施，但是焊接变形总

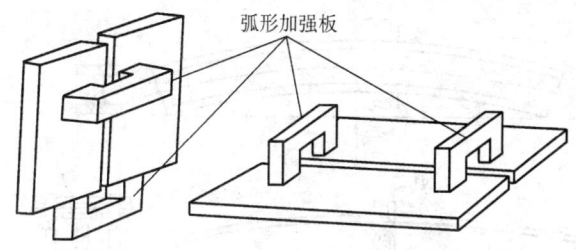

图 11-9　采用刚性固定法焊接对接接头焊件

是不可避免的。当焊接后产生的残余变形量超过技术要求时，必须采取措施加以矫正。

焊接结构变形的矫正有两种方法：机械矫正法和火焰矫正法。

1. 机械矫正法

机械矫正法是利用机械力的作用来矫正变形，如图 11-10 所示为工字梁焊后变形的机械矫正，对于低碳钢的结构，可在焊后直接用此法矫正；对于一般合金钢的焊接结构，焊后必须进行消除应力处理后才能机械矫正，否则不仅矫正困难，而且易产生断裂。

对于薄板波浪变形的机械矫正，应采用锤击焊缝区的拉伸应力段，即产生了塑性变形，减小了对薄板边缘的压缩应力，从而矫正了波浪变形。在锤击时，必须垫上平锤，以免出现明显的锤痕。

常用的机械矫正法有压力机加压法、锤击法和碾压法。

2. 火焰矫正法

火焰矫正法是用氧乙炔火焰或其他气体火焰，以不均匀的加热方式引起结构变形来矫正原有的残余变形的方法。

火焰矫正时，将变形构件的局部（变形处伸长的部分）加热到一定温度，然后让其自然冷却或强制冷却，使该处在冷却后产生收缩变形，以抵消原有变形。火焰矫正效果的好坏，关键是掌握火焰加热变形的规律，然后正确选择加热位置和加热范围。火焰矫正常用的加热方式有下面三种：

（1）火焰点状加热矫正　图 11-11 为火焰点状加热矫正钢板和钢管的实例。如图 11-11a 所示为钢板（厚度在 8mm 以下）波浪变形的点状加热矫正，其加热点直径 d 一般为 15～30mm，点间距离 l 应随变形量的大小而变，残余变形越大，l 越小，一般在 50～100mm 变动。为提高矫正速度和避免冷却后在加热处出现小泡突起，往往在加热完一个点后，

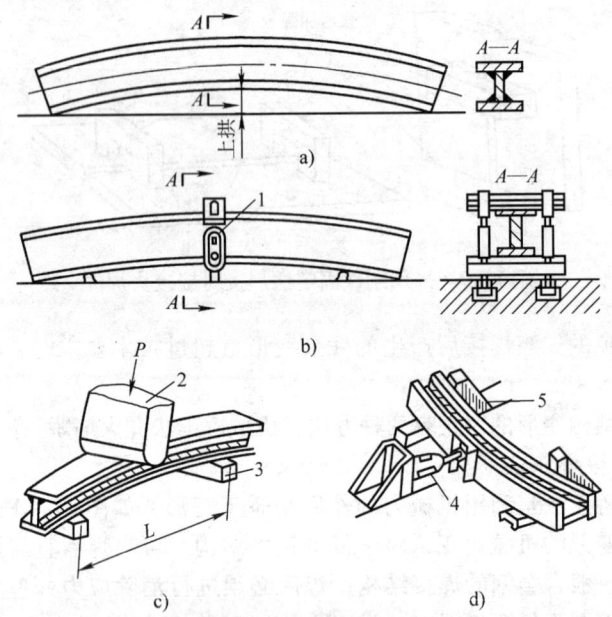

图 11-10 工字梁焊后变形的机械矫正
a) 拱曲焊件　b) 用拉紧器拉　c) 用压头压　d) 用千斤顶顶
1—拉紧螺旋器　2—压头　3—支承件　4—支承架　5—千斤顶

立即用木槌击打加热点及其周围,然后浇水冷却。

如图 11-11b 所示为钢管弯曲的点状加热矫正。加热速度要快,加热一点后迅速移到另一点加热。经过同样方法加热,自然冷却一至两次,即能矫直。

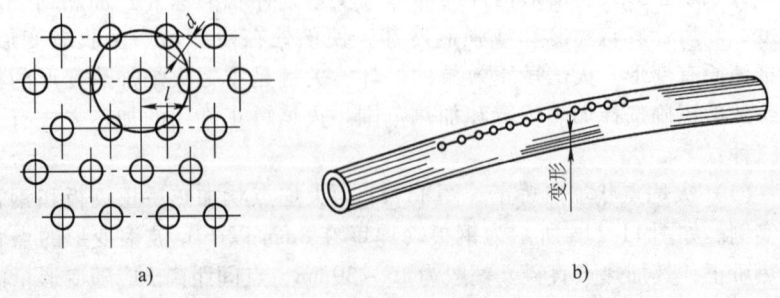

图 11-11　火焰点状加热矫正
a) 钢板的点状加热　b) 钢管的点状加热

(2) 火焰线状加热矫正　火焰沿着直线方向或者同时在宽度方向作横向摆动的移动,形成均匀线状加热。如图 11-12 所示为火焰线状加热的几种形式。在线状加热矫正时,加热线的横向收缩大小纵向收缩,加热线的宽度越大,横向收缩也越大。所以,在线状加热矫正时要尽可能发挥加热线横向收缩的作用。加热线宽度一般取钢板厚度的 0.5~2 倍左右。这种矫正方法多用于变形较大或刚度较大的结构,也可用于矫正钢板。

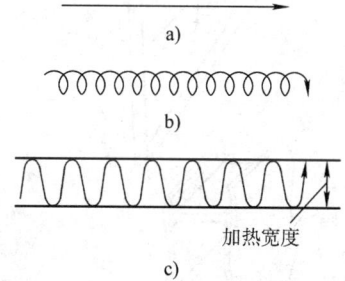

图 11-12　火焰线状加热矫正
a) 直通加热　b) 链状加热　c) 带状加热

(3) 火焰三角形的加热矫正　火焰三角形加热即加热区呈三角形。加热的部位是在弯曲变形构件的凸缘,顶点朝内,如图 11-13 所示。由于加热面积较大,所以收缩量也较大,尤其在三角形底部。常用于矫正厚度较大、刚度大的构件的弯曲变形。可用多个焊炬同时加热。

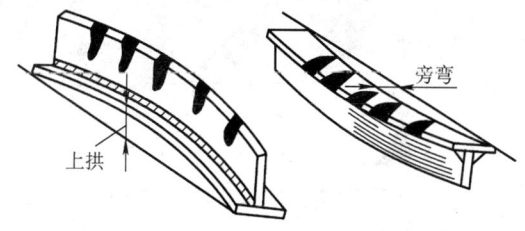

图 11-13　T 形梁的三角形加热矫正

各种火焰矫正变形方法如图 11-14 所示。

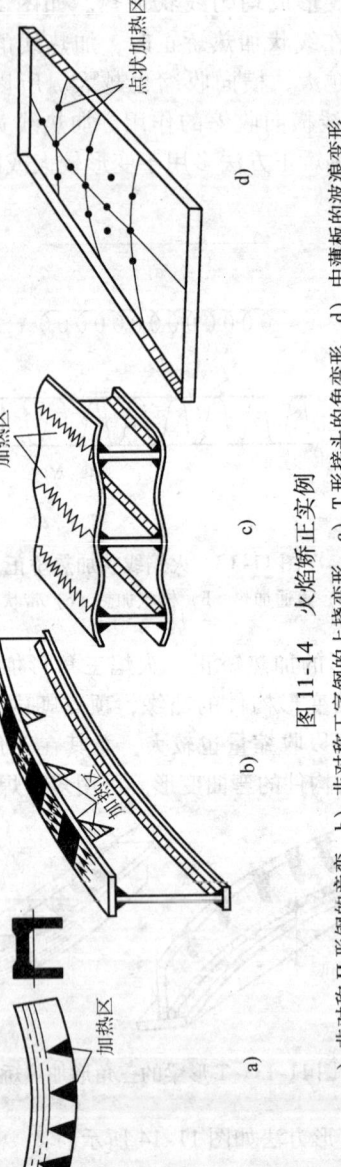

图 11-14 火焰矫正实例

a) 非对称Ⅱ形钢的旁弯 b) 非对称工字钢的上挠变形 c) T形接头的角变形 d) 中薄板的波浪变形

第十二章

结构件的冷作加工

将金属板材、管材或型材,在基本不改变其断面特征的情况下加工成各种制品的综合工艺称为冷作加工。从事冷作加工的工种称为冷作工,又名铆工。金属结构的主要形式有桁架结构、容器结构、箱体结构和一般结构。冷作加工的基本工序有矫正、放样、下料、切割、弯曲、冲压、装配和铆接、焊接等。由此可见,焊接属于冷作工艺中的一个工序。

冷作制品一般是以成形材料作为原材料的,这样可简化加工工艺、缩短制造周期、降低生产成本,并可获得相当的制造精度。冷作产品由于不受原材料尺寸的限制,为产品的大型化提供了独特的条件。所以冷作加工在锅炉制造、石油化工、船舶、桥梁、建筑构架、核能装置和航天导弹等制造中得到了广泛的应用。

随着工业技术的进步,许多产品的生产不只是靠某一种工艺方法就能完成,往往是将多种工艺方法按照一定的顺序有机地组合在一起,才能制造出符合要求的产品来。在产品备料阶段,大多要进行矫正、划线、分离、装焊等工作。即使在焊接生产过程中,焊工也会遇到焊接变形及其矫正工作,还会遇到材料的分离工作(如气割下料),在个别情况下甚至要面对放样、装配和铆接方面的问题。

综上所述,作为一名焊工,不但要掌握好焊接知识,还必须了解冷作加工的一些基础知识。为了让焊工对冷作常识有一些初步的了解,并能掌握基本的冷作操作技能,本章将冷作加工中常用设备与工具的用途及其正确操作方法等知识做一简要叙述。

第一节 钢材的基本知识

一、钢材的分类

钢材的品种很多,根据断面形状可分为钢板、钢管、型钢和钢丝四大类。

1. 钢板

钢板常用于制造压力容器、箱体、机身和钢结构等。钢板按厚度分为薄钢板和厚钢板两大类。

(1) 薄钢板　薄钢板厚度在0.2~4mm之间。薄钢板的宽度为500~1500mm，长度为1000~4000mm，薄钢也有成卷供应的。

薄钢板有热轧薄钢板和冷轧薄钢板两种。根据不同的材质，薄钢板可分为普通碳素结构钢、优质碳素结构钢、合金结构钢、不锈钢等多种。薄钢板常用于汽车、航空、电气、机械等工业部门，作为制造机壳、水箱、油箱、冲压件等的原材料。

(2) 厚钢板　厚度在4mm以上的钢板称为厚钢板。通常又把4~25mm厚的钢板称为中厚板，25~60mm厚的钢板称为厚板。厚钢板按其用途分为锅炉钢板、压力容器钢板、造船钢板、桥梁钢板和特殊钢板等。

2. 钢管

钢管分无缝钢管和有缝钢管两大类。

(1) 无缝钢管　无缝钢管是由整块金属轧制而成的，断面上没有接缝。无缝钢管的材料有普通碳素结构钢、优质碳素结构钢和合金结构钢等多种。无缝钢管按断面形状有圆形和异形两种，异形钢管有方形、椭圆形、三角形、六角形等多种形状。无缝钢管主要用作地质钻探管、石油化工用的裂化管、锅炉用管等重要构件。

(2) 有缝钢管　有缝钢管又称焊接钢管，用钢带成形后焊成，有镀锌和不镀锌两种。镀锌钢管常用作低压管、煤气管、油管等。不镀锌钢管又称黑铁管，用作普通低压、无压力的管道或一般结构件。

3. 型钢

型钢的种类很多，按其断面形状可分为简单断面型钢和复杂断面型钢。简单断面型钢有圆钢、方钢、六角钢、扁钢和角钢；复杂断面型钢有槽钢、工字钢、钢轨及异形钢材等。

(1) 圆钢、方钢和六角钢　圆钢、方钢和六角钢在冷作中一般用于制作撑条、箍、轴、螺栓等，也可作为锻造的坯料。

(2) 扁钢　扁钢常用于制作箍、框架、拉条等。

(3) 角钢　角钢分等边角钢和不等边角钢两类，其断面形状如图12-1所示。角钢一般采用的材料为Q235A、Q235A—F。常用于制造法兰圈、框架、梁、柱和其他轻型结构。角钢的大小可用号数表示，其数值表示角钢边长的厘米数,例如:4号角钢表示边长为40mm的等边角钢。

(4) 槽钢 槽钢分热轧槽钢、热轧轻型槽钢和普通低合金轻型槽钢三大类,其断面形状如图12-2所示。槽钢的材料一般为Q235钢,常用于制作柱、梁、框以及车辆底盘等。槽钢大小用型号表示,其中号数表示槽钢高度的厘米数,如10号槽钢,其高度为100mm。

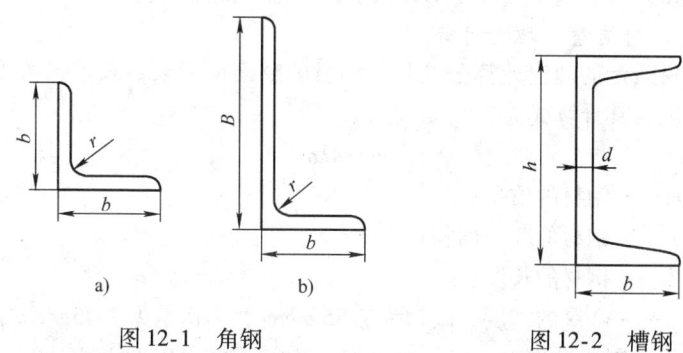

图12-1 角钢　　　　　图12-2 槽钢

(5) 工字钢 工字钢分热轧普通工字钢、热轧轻型工字钢和普通低合金热轧轻型工字钢三大类,其断面形状如图12-3所示。热轧普通工字钢的材料有Q235A、Q235A—F等。工字钢一般用于制作横梁、立柱、框架等要求承受较大载荷的结构。工字钢大小由型号表示,其中号数表示工字钢高度的厘米数,如10号工字钢表示高度为100mm的热轧普通工字钢。

(6) 异形钢材 异形钢材是为特殊需要而轧制的,图12-4所示为几种断面形状的异形钢材。

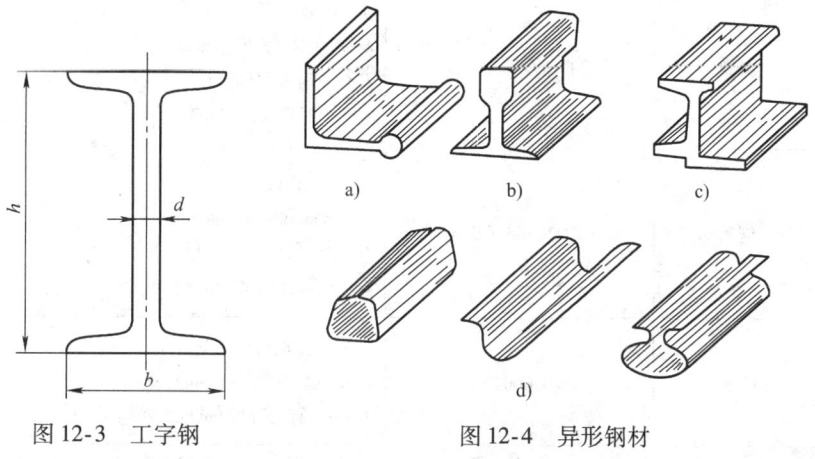

图12-3 工字钢　　　　　图12-4 异形钢材

4. 钢丝

钢丝通常用热轧线材（盘料）与原料，经冷拉制成。

二、钢板的质量计算

冷作产品在备料、起重、运输中，常常需要计算其质量。准确迅速地计算出钢板的质量是冷作工必须掌握的基本技能。

1. 钢材质量的理论计算

钢材质量的理论计算公式是：钢材的断面面积乘以长度，再乘以钢材的密度，其计算式为

$$m = AL\rho$$

式中　m——钢材的质量；

　　　A——钢材的断面面积；

　　　L——钢材的长度；

　　　ρ——金属的密度，碳钢为 7.85g/cm^3，不锈钢为 7.75g/cm^3。

钢材在制造过程中，尺寸允许有一定的偏差，因此上式计算的理论质量与实际质量有一定的误差。

2. 钢材质量的简易计算

采用上式计算断面较复杂钢材的质量较繁琐，可在理论计算的基础上经简化得到钢材质量的简易计算，具体计算式见表12-1。

表12-1　钢材质量简易计算式

名　称	计 算 式	单　　位
钢板	$m = 7.85\delta BL$	m——钢板质量（kg） δ——钢板厚度（mm） B——钢板宽度（m） L——钢板长度（m）
钢管	$m = 0.02466\delta(D-\delta)L$	m——钢管质量（kg） δ——钢管壁厚（mm） D——钢管长径（mm） L——钢管长度（m）
圆钢	$m = 0.00617d^2 L$	m——圆钢质量（kg） d——圆钢直径（mm） L——圆钢长度（m）

(续)

名　　称	计　算　式	单　　位
方钢	$m=0.00785a^2L$	m——方钢质量（kg） a——方钢边长（mm） L——方钢长度（m）
六角钢	$m=0.00685S^2L$ 或 $m=0.0204a^2L$	m——六角钢质量（kg） S——六角钢对边距离（mm） a——六角钢边长（mm） L——六角钢长度（m）
扁钢	$m=0.00785\delta bL$	m——扁钢质量（kg） δ——扁钢厚度（mm） b——扁钢宽度（mm） L——扁钢长度（mm）

第二节　钢材的矫正

钢材的轧制、运输及堆放过程中，常会产生表面凹凸不平或弯曲、扭曲、波浪变形等现象，特别是薄板及截面积小的型钢，更容易发生变形。这些变形的存在将影响各道工序的正常进行，钢材下料前的允许偏差见表 12-2。凡变形超过允许偏差的钢材，下料前必须进行矫正。

钢材矫正根据矫正时力的来源和性质分为机械矫正、手工矫正和火焰矫正。

表 12-2　钢材下料前的允许偏差值　　（单位：mm）

偏差名称	简　图	允许值
钢板局部的挠度		$\delta<14$　$f\leqslant 1.5$

(续)

偏差名称	简图	允许值
角钢、槽钢、工字钢的直线度		$f \leq \dfrac{L}{1000}$，≤ 5
角钢两边的垂直度		$\Delta \leq \dfrac{b}{100}$
工字钢、槽钢翼缘的倾斜度		$\Delta \leq \dfrac{b}{80}$

一、机械矫正

机械矫正主要用来矫正钢板、型钢和钢管的变形。

常用的矫正机床有：多辊钢板矫正机、型钢矫直机、板缝辗压机、圆管矫直机和普通液压机等。

二、手工矫正

1. 手工矫正用工具和设备

手工矫正用的主要工具有手锤、大锤和型锤等，主要设备是平台。

(1) 手锤 手锤的规格有 1kg、2kg、3kg 数种。

(2) 大锤 大锤的规格有 4kg、5kg、6kg、8kg 数种，大锤的木柄长度随操作者的身高和工作情况而定，一般为 1000~1300mm。大锤在钢材矫正中常采用抱打或抢打，打大锤时必须注意安全。

(3) 平台 平台是矫正的基本设备，用于支承矫正的钢材，常用的规格有 1000mm×1500mm、2000mm×3000mm，平台的高度约为200～300mm。

2. 薄钢板的矫正

首先应明确分析变形的薄钢板哪些部位松（松的部位往往凸起或呈波浪形），哪些部位紧（紧的部位往往紧贴矫正平台）。矫正厚度小于3mm 的薄板时要锤击紧的部位，使其延伸而矫平。矫正厚度为 4～6mm 的薄板时，因其刚度较大。可锤击凸起部位，使该部位受压缩而矫平。

3. 角钢的矫正

角钢的变形主要有弯曲、扭曲等。矫正弯曲的角钢时，可将弯曲处凸部向上置于两块垫铁上，锤击凸部而矫直。矫正扭曲的角钢时，可将角钢一端用台虎钳夹持，用扳手夹持另一端并做反方向扭转，待扭曲变形消除后，再锤击进行修整。如果角钢同时有几种变形，应先矫正变形较大的部位，然后再矫正变形较小的部位。

三、火焰矫正

在矫正钢材变形的过程中，各种矫正方法经常结合使用，如在火焰矫正的同时对工件施加外力，在机械矫正时用火焰进行局部加热或在机械矫正之后辅以手工矫正，都可以取得较好的矫正效果。

第三节　划线、号料放样及展开

一、划线方法

在放样和号料时，必须进行具体的划线操作。划线除了要求线条清晰均匀外，最重要的是保证尺寸的准确度。冷作、钣金划线多数是在平面上划线，为了保证划线的准确性和较高的工作效率，必须熟练掌握各种基本的划线方法。

1. 划线工具

在钢板上划线通常使用的工具有划针、石笔、粉线、划规、长划规、90°角尺、样冲、曲线尺、划线规等。

（1）划针　划针的主要用途是在金属表面上划出带凹痕的线段。为了能够在金属表面上划出具有一定深度的清晰线条，划针的尖端必须经过淬火，使用时要将划针的划线尖消磨成夹角约为 15°～20°的尖角并使其尖端保持锋利。当划针用钝重磨时，要经常浸入水中冷却，注意不要使针尖过热退火而变软。

使用划针时通常用右手握持，使针尖与钢直尺的底边接触，并应向外侧倾斜约 15°～20°（见图 12-5），且向划线方向倾斜约 45°～75°。均匀用力使针尖沿钢直尺移动划出线痕。划线时尽量一次划成,尽可能避免连续几次重划,否则线条变粗,反而模糊不清。

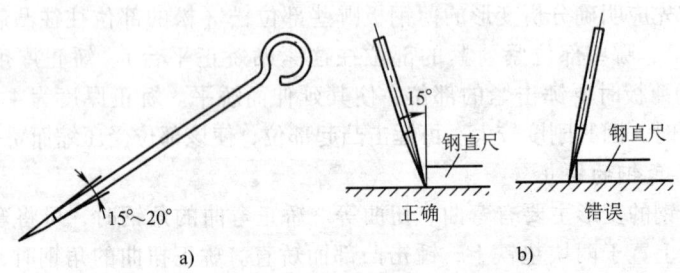

图 12-5　划针及正确使用方法示意图
a) 划针　b) 划线方法

(2) 石笔和粉线

1) 石笔。石笔用于要求较低或较大构件的划线。石笔在使用前应将头部磨成斜楔形,如图 12-6a 所示,以保证划出的线尽可能准确。

2) 粉线。粉线用于划较长的直线。平时粉线绕于粉线盘上,如图 12-6b 所示,使用时将其拉出,在粉线上涂敷白粉,然后对准线段的两端,绷紧弹出所需要的直线。注意拉弹时,应让粉线垂直钢板表面。当线长超过 2.5m 时,不要在大风下进行操作,以免产生较大的误差。

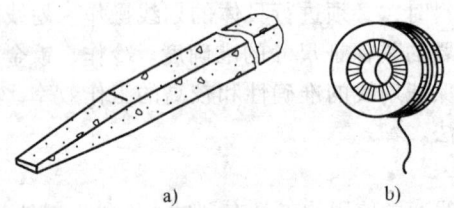

图 12-6　石笔和粉线
a) 石笔　b) 粉线

(3) 划规和长划规

1) 划规。划规用于在钢板上划圆、圆弧或分量线段,常用的划规有普通划规和弹簧划规,如图 12-7a 所示。普通划规开度调整方便,调好后可用螺钉锁紧,防止工作中开度的变动。弹簧划规的开度是用螺母调节的,其开度在工作中不易变动。划规在使用前,应用样冲在圆弧的中心打上定位用的凹痕，以防划圆时，划规脚尖打滑移位。划规一般用于较小半径的划圆或分量线段。为了提高划线或分量尺寸的精度，要求将划规的两脚磨成一样的长度，并且脚尖要能靠紧合拢，其脚尖保持锋利，经热处理淬硬。在使用时，将作为旋转中心的一个脚尖插在工件表面的孔眼里定心，用另一个脚尖在材料表面划出所需要的圆弧。为了不使作为旋转中心的脚尖移位，划线时，施加在划线脚尖上的压力不宜太大。

2）长划规。长划规用于划大圆或大圆弧，长划规如图12-7b所示，其长杆采用长方形的木质杆，或用圆形钢管等制成，划规脚套在长杆上，可往返移动，当其位置确定以后，用紧固螺钉锁定。其操作方法类似于普通划规，但是，由于长杆划规的划规脚常常与工件表面垂直，所以划线时旋转中心移位很小，划线精度较高。与普通划规进行比较，长杆划规的划线范围较大，其杆身长度可达3m，可以划直径为5m的大圆弧。

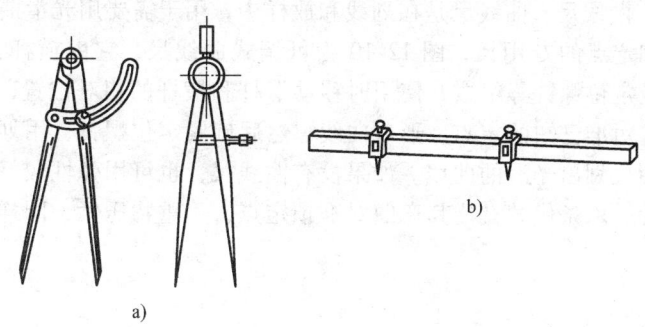

图12-7　划规和长划规
a）划规　b）长划规

（4）90°角尺　90°角尺有扁平的和带肋的两种（见图12-8），扁平的90°角尺主要用于划直线，以及检查工件装配角度的正确性。这种角尺也适用于在钢板上划线，它一般采用2~3mm厚的钢板、铜板、硬质铝板、不锈钢板制成。

使用带肋90°角尺时，可以将肋靠在型钢的直边上，划出与直边垂直的线。这种角尺灵活方便，适用于各种型钢上的划线。

（5）样冲　样冲一般是用弹簧钢或工具钢制成的，长度为80~120mm，直径8~12mm，顶尖经淬火后修磨成45°~60°的圆锥形，如图12-9所示。在用划规划圆或钻孔时，先要用样冲冲出定位眼，以便划规

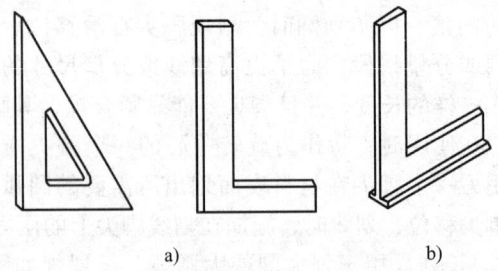

图 12-8 90°角尺
a) 扁平90°角尺　b) 带肋90°角尺

和钻头定中心。此外，划线和放样后，可用样冲沿线冲出小眼作为标记，保存所划的线段，作为加工的依据或检验的标准。

(6) 曲线尺　曲线尺是在划线和放样中，用于需要用光滑曲线连接数个已知定点的专用尺，图12-10为可调式曲线尺，它由横杆、滑杆、弯曲尺及定位螺钉等组成，使用时移动滑杆和横杆的相对位置，让弯曲尺弯曲，对准已知的定点，形成曲线，然后旋紧定位螺钉，用划针或石笔沿弯曲尺划出光滑的曲线。如果没有曲线尺，也可用弹性较好的窄薄板、竹片、木条代替，让其弯曲对准预定点，用重物压紧，同样可划出曲线。

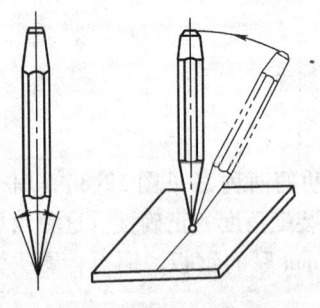

图 12-9　样冲及使用方法

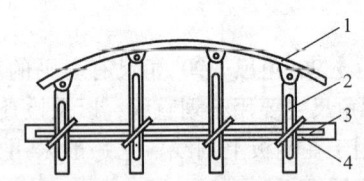

图 12-10　曲线尺
1—弯曲尺　2—滑杆　3—横杆　4—定位螺钉

(7) 划线盘和划线规　划线盘用于在平台上划线或找正工件定位的准确度。在小型设备的焊接组对时，可以用划线盘（见图12-11）来检验零件组对位置的准确性，并在焊接过程中随时检查焊接变形的情况。

划线时,为了提高划线的精度,应使划针尽可能处于水平位置,不要倾斜太大;划针伸出的部分应尽量短些,这样划针的刚度较好,不易产生抖动;划针的夹紧也要可靠,以免尺寸在划线过程中变动,在拖动底座时,将针尖紧靠工件,使划针与工件的划线面之间沿划线方向倾斜一定角度,并且将划线盘底座与平台的接触面擦干净,使其紧密接触。这样,划线时无摇晃或跳动现象,划线质量较高。

划线规用于划出与边缘相互平行的线段,图 12-12 为可调式划线规。划线时将划线规端板靠住型钢的边缘,移动划线规,用划针划出与型钢相平行的直线。针尖与端板的距离可以随需要调整。

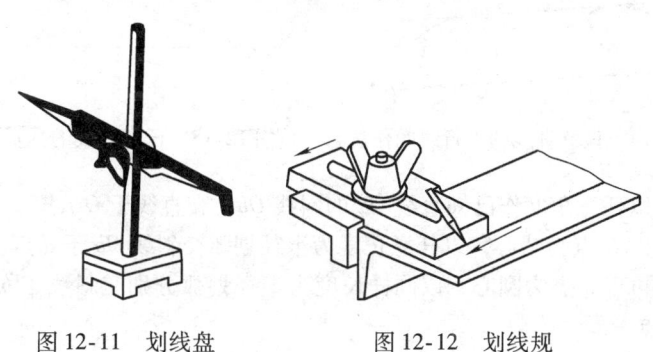

图 12-11　划线盘　　　　　图 12-12　划线规

2. 基本划线方法

任何复杂的图形,都是由直线、曲线和圆等基本线条、基本几何图形组成的,因此熟练地掌握基本几何图形的作法,能有效地提高划线的质量和效率。

(1) 直线的任意等分法　已知直线 ab (见图 12-13),将其任意等分(图中进行了 7 等分)的作图方法如下:

1) 从直线 ab 的任一端点作一角度斜线 ac。

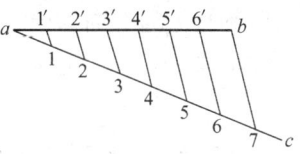

图 12-13　直线的任意等分作法

2) 在所作直线 ac 上量取任意单位长度 L 的 7 等分,得各等分点 1、2、3、…、7。

3) 用直线连接 b-7 两点。

4) 再过各等分点 6、5、4、3、2、1 分别作 b-7 的平行线且交直线 ab 于 $6'$、$5'$、$4'$、$3'$、$2'$、$1'$ 各点,即得 ab 直线的 7 等分点。

(2) 平行线的作法　若已知直线 ab，作距离为 s 的平行线，其作法如下（见图 12-14）：

1) 在直线 ab 上任取两点为圆心，以 s 长为半径作圆弧。
2) 作两圆弧的公切线，即求得平行线。

(3) 垂直线的作法
1) 作已知直线 ab 的垂线，其作法如下（见图 12-15）：

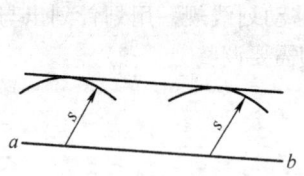

图 12-14　任意直线的平行线的作法　　图 12-15　任意直线的垂直线作法

① 以任意角度作已知直线 Oa 的斜线 Ob，交直线于 O 点。
② 以 O 点为圆心，以任意长度为半径划弧交斜线 Ob 于 d 点。
③ 再以 d 点为圆心，以同样长度为半径划弧分别交斜线于 b 和直线于 a 两点。
④ 连接 a、b 所得直线 ab 就是直线 Oa 的垂线。

2) 已知直线 ab，过直线上的定点 c 作垂线，其作法如下（见图 12-16）：

① 以定点 c 为圆心，任取适当 R 为半径作圆弧，交直线于 d、e 两点。
② 分别以 d、e 为圆心，用大于 R 之长为半径作弧交于 f、g 两点。
③ 连接 f、g 得垂直线。

3) 已知直线 ab，过 a 点作边垂线，求作方法如下（见图 12-17）：

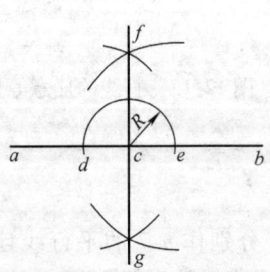 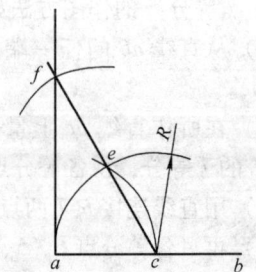

图 12-16　过线上定点作垂线的方法　　图 12-17　线段的边垂线作法

① 以 a 为圆心，取适当 R 为半径作圆弧交 ab 线于 c 点。
② 以 c 为圆心，相同的 R 为半径作圆弧交于 e。
③ 以 e 为圆心，相同的 R 为半径作圆弧。
④ 连接 e、c 并延长交圆弧于 f 点。
⑤ 连接 a、f 得过 a 点的边垂线。

(4) 角的等分

1) 二等分一任意角。以该角的顶点为圆心作圆弧交角的两边，得到两个交点；再分别以这两个交点为圆心作半径相同的圆弧，两圆弧相交得一交点，将该交点与角的顶点相连即得角的平分线。

2) 三等分一直角

已知∠abc 为 90°，作此角的三等分（见图 12-18），作法如下：

① 以角顶点 b 为圆心，取适当长度 R 为半径作圆弧，分别交两直角边于 d、e 两点。
② 以 d 点为圆心，以同样的 R 为半径作圆弧，交第一个圆弧于 f 点。
③ 再以 e 点为圆心，以同样的 R 为半径作圆弧，交第一个圆弧于 g 点。
④ 分别连接 b、f 及 b、g，这两直线将直角分成三等分，每等分角为 30°。

3) 不用量角器作任意角。一个圆的圆心角是 360°，如果设圆的周长为 360 个单位长度（单位可根据需要选定），则每个单位长度对应的圆心角为 1°，这个圆的半径为 57.3 单位长度，利用以上关系就可以方便地作出任意角度。例如作一个 24°角，其作法如下（见图 12-19）：

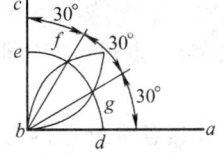

图 12-18　直角三等分作法

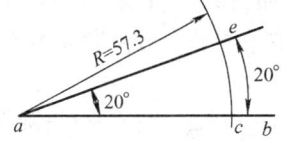

图 12-19　任意角度的作法

① 取 mm 为单位，作长度大于 57.3mm 的直线 ab。
② 以 a 为圆心，长度等于 57.3mm 为半径，作圆弧交直线于 b 点。
③ 以 b 为始点，在圆弧上量取 20mm，连接得角度为 20°的角。
④ 若要提高作图精度，可把圆弧的半径放大 10 倍，即 R = 573mm 为

半径作弧,则 10mm 弧长所对应的圆心角为 10°。

4) 大圆弧的作法。当圆弧的半径很大时,不可能通过找圆心的方法来作,可采用描点法来求作。若已知大圆弧的弦长 ab,弧高 cd,求作方法如下(见图 12-20):

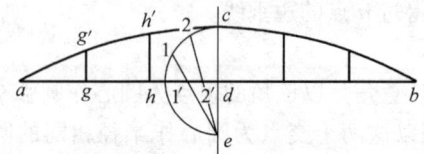

图 12-20 大圆弧的作法

① 作弦长 ab 和过中点 d 的垂线。
② 以 d 为圆心,弧高为半径作半圆,交中垂线于 c、e 两点。
③ 将 1/4 圆周和 ad、db 作相同的等分(图 12-12 中作 3 等分),圆周上得 1、2 点,弦长得 g、h 点(其对称部分略)。
④ 将圆周上各点与 e 连接,交弦长得 1′、2′;过弦长 g、h 点作垂线。
⑤ 取 1-1′、2-2′之长,量到对应的垂线上得 g′、h′,用光滑的曲线连接各点得大圆弧(其对称部分也如此)。

(5) 圆周等分和内接正多边形

1) 将已知半径为 R 的圆周,作 3、5、6、7 等分,其求作方法如下(见图 12-21):

① 以 b 为圆心,R 为半径作弧交圆周于 e、f,连接 e、f 交水平中心线于 g,如图 12-21a 所示。
② 取 ef 之长,分量圆周得 3 等分,连接各等分点得正三边形,如图 12-21b 所示。
③ 取 eg 或 gf 之长,分量圆周得 7 等分,连接各等分点得正七边形,如图 12-21e 所示。
④ 在以上作图的基础上连接 eb(见图 12-21a),取 eb 之长,分量圆周得正六边形,如图 10-21d 所示。
⑤ 在以上作图的基础上,以 g 点为圆心,cg 为半径作弧交水平中心线于 h 点,量取 ch 之长(见图 10-21a),分量圆周得 5 等分,连接各点得正五边形,如图 12-21c 所示。

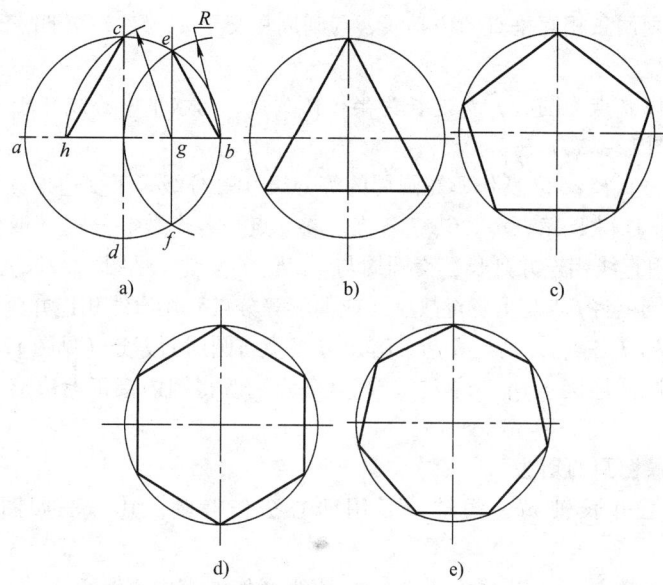

图 12-21 圆周等分及内接多边形的作法

2) 圆周的任意等分及圆内接任意多边形的划法。已知一圆及圆心 O，作此圆的任意等分，并作圆内接任意多边形（见图 12-22），其作法如下：

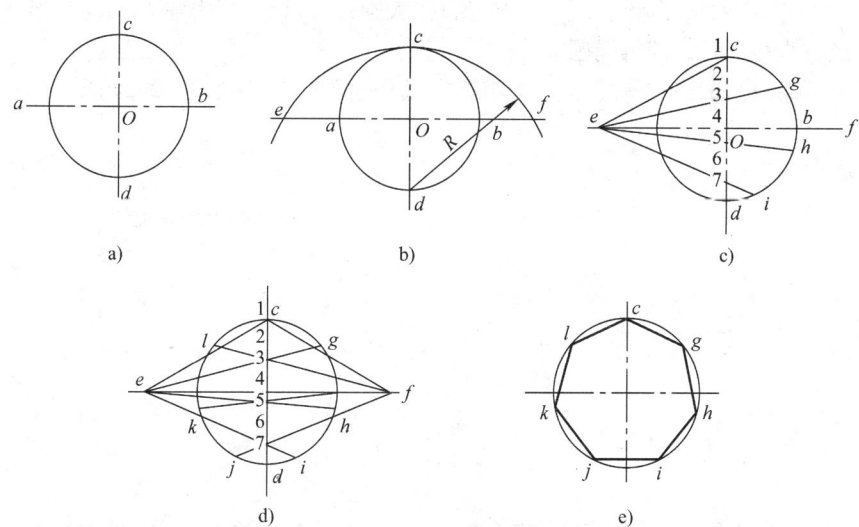

图 12-22 圆周任意等分的作法

① 划两条相互垂直的中心线，与圆周相交于 a、b、c、d 四点（见图 12-22a）。

② 以 d 点为圆心，dc 之长为半径作圆弧，与水平中心线交于 e、f 两点（见图 12-22b）。

③ 将直径 cd 之长作所需圆周的等分级（等分级等于多边形数。圆中为七等分）得 1、2、…、6、7 各点。将 e 点与各奇数等分点（或偶然等分点）用直线相连并延长，交圆周与 g、h、i 各点（见图 12-22c）。

④ 同上将 f 点与上各奇数点（或偶然等分点）用直线相连并延长，得交点 j、k、l 各点。c、g、h、i、j、k、l 各点将圆周七等分（见图 12-22d）

⑤ 顺次连接 c、g、h、i、j、k、l 各点，既得圆内接正七边形（见图 12-22e）。

(6) 椭圆的划法

1) 已知长轴 ab、短轴 cd，用四心法作椭圆，其方法如图 12-23 所示。

① 连接 a、c，以 O 为圆心，Oa 为半径作弧交中心线于 e，以 c 点为圆心，ce 为半径作弧交 ac 于 f。

② 作 af 直线的中垂线交中心线于 h、g 点，求出 h、g 的对称点 h′、g′，连接 gh、hg′、h′g′、h′g 得四个圆弧的连接点。

③ 以 g、g′ 为圆心，gc 为半径，作大圆弧；以 h、h′ 为圆心，ah 为半径，作小圆弧，即得椭圆。

2) 已知长、短轴，可以采用等分法画椭圆，其方法如图 12-24 所示。

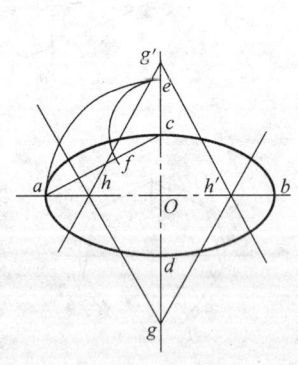

图 12-23　四心法作椭圆的作法

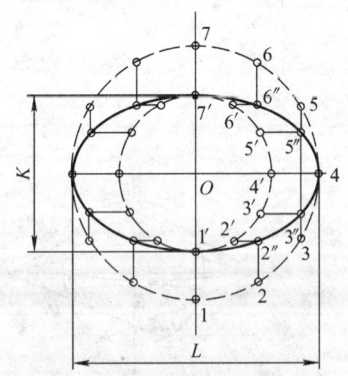

图 12-24　椭圆等分法的作法

① 以 O 点为圆心，以长、短轴的 1/2 作为半径画两个圆，分别通过各点画水平线与垂直线。

② 然后将两个圆周按同样数量等分（12 或 24 等分）其等分点分别为 1、2、…、7 和 1′、2′、3′、…、7′。

③ 从而获得各新的交点 2″、3″、4″、5″、6″，并用光滑曲线相连诸点即成椭圆。

二、放样

根据构件图样，用 1:1 的比例（或一定的比例）在放样台（或平板）上划出所需图形的过程称为放样。

放样的方法有多种，如实尺放样、光学放样、电子计算机放样等，目前广泛应用的仍然是实尺放样。实尺放样就是根据图样的形状和尺寸，用基本的作图方法，以产品的实际大小划到放样台上的工作。由于实尺放样是手工操作，所以要求工作细致认真。

在放样前，必须仔细分析研究图样，确定哪些线段可按尺寸直接划出，哪些线段需要根据连接条件才能划出，因此首先应确定放样基准，然后才能确定放样程序。

1. 放样基准

放样时，首先要确定放样基准。

在零件图上用来确定其他点、线、面位置的基准称为设计基准。基准就是零件上用来确定其他点、线、面位置的依据。可以线为基准，也可以面作为基准。在放样时，通常放样基准与设计基准是一致的。

放样基准一般有以下三种类型：

1) 以两个互相垂直的平面（或线）作为基准，如图 12-25a 所示。
2) 以两条中心线为基准，如图 12-25b 所示。
3) 以一个平面和一条中心线为基准，如图 12-25c 所示。

由于在平面上，确定零件某部分的位置时，需要两个方向的尺寸，所以在放样时需要确定两个基准。

2. 放样程序

放样程序又称为放样步骤，一般包括结构处理、划基本线型和展开三部分。

（1）结构处理 结构处理就是根据图样的要求进行工艺性处理的过程。

（2）划基本线型 划基本线型是在结构处理的基础上，确定放样基

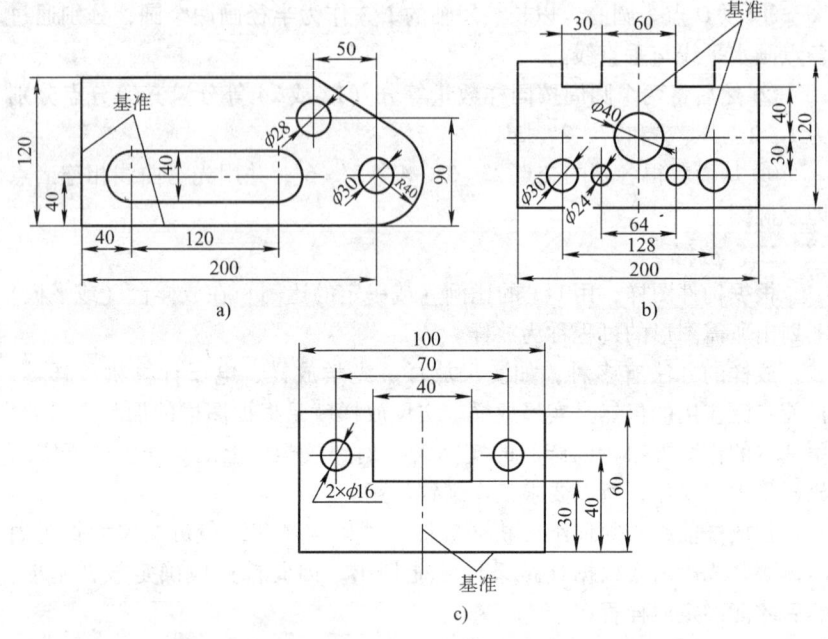

图 12-25 放样基准
a) 以两个互相垂直的平面为基准 b) 以两条中心线为基准
c) 以一个平面和一条中心线为基准

准和划出工件的结构轮廓线。

(3) 展开 展开是在划基本线型的基础上,对工件不能反映实形的立体部分,运用展开的基本方法,将构件的表面摊开在平面上求出其实形的过程。

三、号料

利用样板、样杆、号料草图及放样得出的数据,在板料或型钢上划出零件的真实轮廓和孔口的真实形状,与之连接构件的位置线、加工线等,并注出加工符号,这一工作过程称为号料。

号料是一项细致、重要的工作,必须按有关的技术要求进行。同时,还要着眼于产品整个制造工艺,充分考虑合理用料问题,灵活而准确地在各种板料、型钢及成形零件上进行号料划线。

1. 号料的一般技术要求

1) 熟悉施工图样和产品制造工艺,合理安排各零件号料的先后次序，而且零件在材料上的排布应符合制造工艺的要求。

例如：某需要经弯曲加工的零件，要求弯曲线与材料的压延方向垂直；需要在剪床上剪切的零件，其零件位置的排布应保证剪切加工的可能性。

2）根据施工图样，验明样板、样杆、草图及号料数据；核对钢材牌号、规格，保证图样、样板、材料三者的一致。对重要产品所用的材料，应有检验合格证书。

3）检查材料有无裂纹、夹层、表面疤痕或厚度不均匀等缺陷，并根据产品的技术要求，酌情处理。当材料有较大变形，影响号料精度时，应先进行矫正。

4）号料前应将材料垫放平整、稳妥，既要利于号料划线和保证精度，又要保证安全和不影响他人工作。

5）正确使用号料工具、量具、样板和样杆，尽量减小操作引起的号料偏差。例如弹划粉线时，拽起的粉线应在欲划之线的垂直平面内，不得偏斜。

6）号料划线后，在零件的加工线、接缝线以及孔的中心位置等处，应根据加工需要打上錾印或样冲眼。同时，按样板上的技术说明，用白铅油或磁漆标注清楚，为下道工序提供方便。文字、符号、线条应端正、清晰。

2. 合理用料

利用各种方法、技巧，合理铺排零件在材料上的位置，最大限度地提高原材料的利用率，是号料的一项重要内容。生产中，常采用下述方法，来达到合理用料的目的。

(1) 集中套排 由于材料的规格多种多样，而号料的零件也是多种多样的。为了做到合理使用原材料，在零件数量较多时，将使用相同牌号、相同厚度的零件集中在一起，统筹安排，长短搭配，凸凹相就。这样便可充分利用原材料，提高材料的利用率，集中套排号料如图 12-26 所示。

(2) 余料利用 由于每一张钢板或每一根型钢号料后，经常会出现一些形状和长度大小不同的余料。将这些余料按牌号、规格集中在一起，用于小型零件的号料，可使材料的利用率达到最大限度。

目前，在某些工厂中，上述合理用料工作已由计算机来完成，并与数控切割等先进下料方法相匹配。

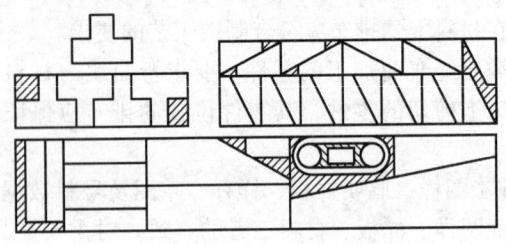

图 12-26　集中套排号料

3. 型钢号料

因型钢截面形状多样，故其号料方法也有特殊之处。

（1）整齐端口长度号料　整齐端口长度号料，一般采用样杆或卷尺确定长度尺寸，再利用过线板划出端线，如图 12-27a 所示。

（2）中间切口或异型端口号料　有中间切口或异型端口的型钢号料时，首先利用样杆或卷尺确定切口位置，然后利用切口处形状样板，划出切口线，如图 12-27b 所示。

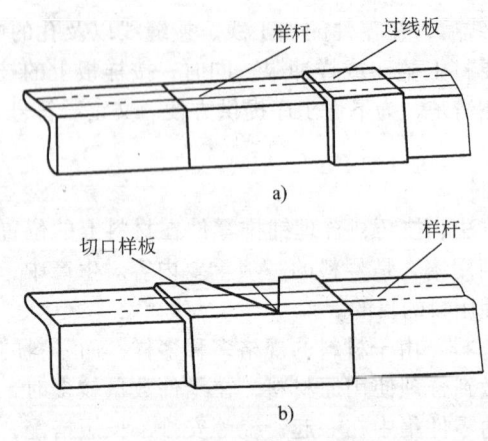

图 12-27　型钢上号料

（3）型钢上号孔的位置　在型钢上号孔的位置，一般先用勒子划出中心线，再利用样杆确定长度方向上孔的位置，然后利用过线板划线。有时也用号孔样板来号孔的位置。

4. 号料允许误差

号料划线，为加工提供直接依据，为保证产品质量，号料划线偏差要加以限制，常用的号料划线允许误差值见表 12-3。

表 12-3 常用号料允许误差

序 号	名 称	允许误差/mm
1	直线	±(0.5)
2	曲线	±(0.5~1)
3	结构线	±1
4	钻孔	±0.5
5	减轻孔	±(2~2.5)
6	料宽和长	±1
7	两孔（钻孔）距离	±(0.5~1)
8	铆接孔距	±0.5
9	样冲眼和线间	±0.5
10	扁铲（主印）	±0.5

四、展开放样

将构件的各个表面依次摊开在一个平面上的过程称为展开，如图 12-28 所示。画在平面上的展开图形为展开图；画展开图的过程称为展开放样。求作展开图的方法通常有两种：一种是作图法；另一种是计算法。对于形状复杂的工件，广泛地采用作图法，而对形状简单的工件可以通过计算直接求得展开尺寸，作出展开图。

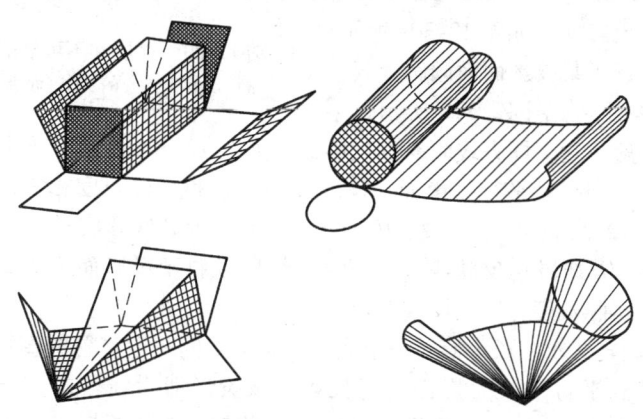

图 12-28 展开示意图

1. 展开基础知识

(1) 可展与不可展构件表面　根据展开性质，可分为可展表面和不可展表面两类，若构件表面能全部平整地平摊在一个平面上，而不发生撕裂或皱折，这种表面称为可展表面，如图12-29a所示；反之称为不可展表面，如图12-29b所示。从图中可以看出平面立体、圆柱体、锥体的素线均为直线，相邻两条素线能构成一个平面或单向弯曲的曲面，因而能全部平整地平摊在一个平面上，是可展表面。而球和环的素线为曲线，另一方向又是弯曲的，即双向弯曲，所以无法平整地摊在一个平面上，是不可展表面。不可展表面可采取一定的方法作近似展开。其方法是将不可展表面分割成许多小块，每一小块看作只在一个方向上弯曲，而另一方向近似看作为直线，这样便可进行展开。

(2) 线段实长的鉴别和求作　求作线段实长是作展开图的首要环节，能否准确地求得形体表面各线段的实长，直接影响到展开图的正确与否。视图中有些线段能直接反映实长，有些则不能，这就需要先进行判别，而后对不反映实长的进行求作。

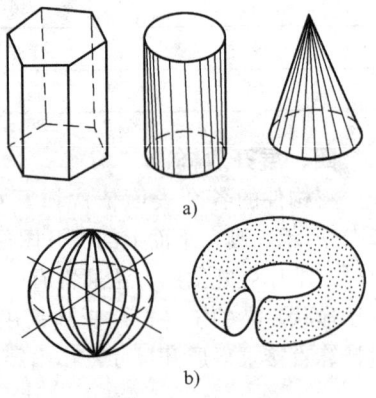

图12-29　可展和不可展表面
a) 可展表面　b) 不可展表面

1) 线段实长的鉴别。空间直线在视图中的投影通常有以下三种情况：第一种垂直于某投影面而平行于其他两个投影面，如图12-30a所示；第二种平行于某投影面而倾斜于其他两个投影面，如图12-30b所示；第三种为一般位置，即直线倾斜各投影面，如图12-30c所示。根据投影面原理可知，当线段平行投影面，该线段的投影和线段长度相等，即反映实长。图12-30a的左、俯视图中，ab和$a''b''$均反映线段实长；图10-30b主视图中$a'b'$线段也反映实长。当空间线段倾斜于投影面，则其投影小于线段的实际长度，即不反映实长。

2) 旋转法求实长。旋转法求实长就是把空间一般位置的直线，绕一定轴旋转到平行于某投影面进行投影，该投影即为线段的实长，如图12-31a所示，图中将空间线段AB绕AO轴旋转至与正投影平行的AB_1位置进行投影，投影$a'b''$就是实长。

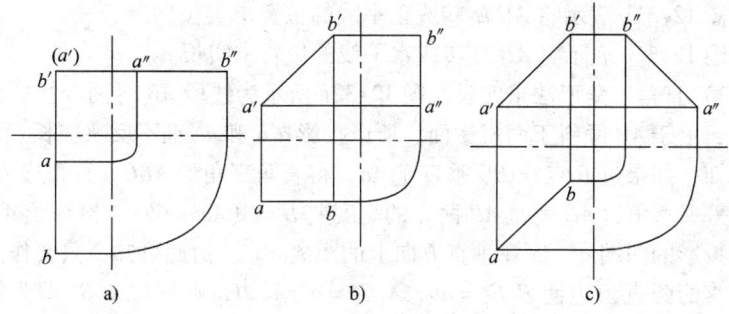

图 12-30 直线投影

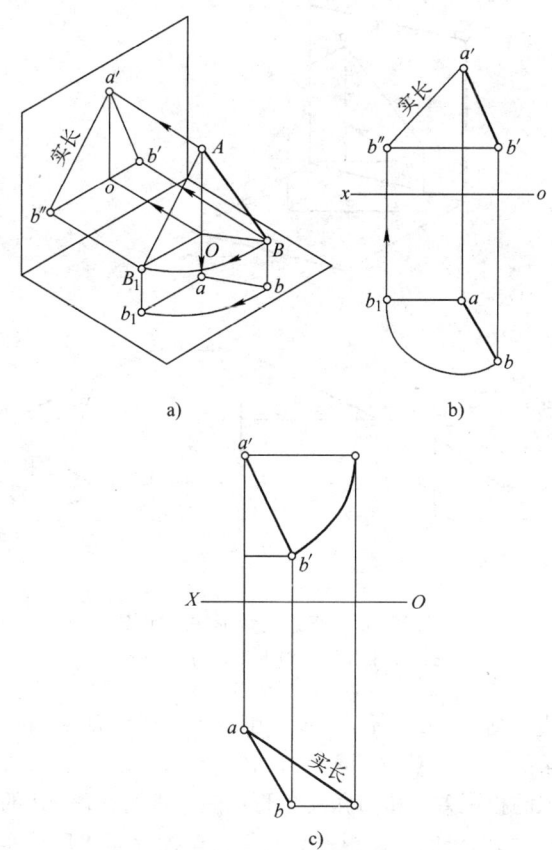

图 12-31 旋转法求实长

a) 原理图　b) 旋转成正平线　c) 旋转成水平线

图 12-31b 表示将 AB 旋转成正平线的位置求实长。

图 12-31c 表示将 AB 旋转成水平线的位置求实长。

3）直角三角形法求实长。图 12-32a 所示为线段 AB 对两个投影面的投影，由于 AB 倾斜于两投影面，所以投影 $a'b'$ 和 ab 都不反映实长。由图中可知，如果过 B 点作 BC 垂直于 Aa，得直角三角形 ABC，直角边 $BC = ba$，另一直角边 AC 就是 AB 两点的高度差 $H = (Aa - Bb)$，恰等于 AB 在正面投影的两端 a'、b' 在垂直方向上的距离 $a'c'$。由此可知，只要作出互相垂直的两直角边使 $B_1C_1 = ab$，$A_1C_1 = a'c' = H$，则斜边 A_1B_1 即为线段 AB 的实长，如图 12-32b 所示。

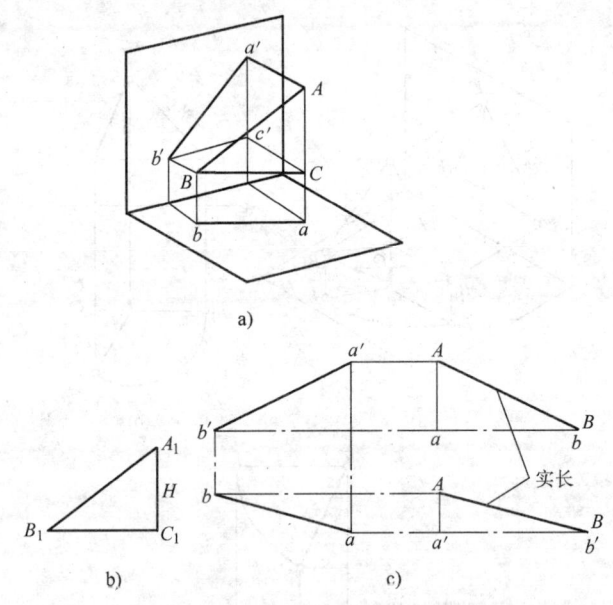

图 12-32 直角三角形法求实长
a）原理图 b）实长图 c）简化图

作图方法如图 12-32c 所示，$a'b'$ 和 ab 为线段 AB 的两投影，先作一直角，在直角的一边上量取投影图中 ab（或 $a'b'$）之长，另一直角边上量取另一视图的投影差，则直角三角形的斜边即为线段 AB 的实长。

4）变换投影面求实长。根据只有平行于投影面才反映实长这一投影规律，建立一个新的投影面，使新的投影面平行空间直线并与其基本投影面垂直，那么该线段在新投影面上的投影一定反映实长。如图 12-33

所示。在 V 面上设新的投影面 P，使 P 面垂直于 V 面，又平行于 AB，即在新投影面 P 上的投影 a_1b_1 反映实长。

（3）截交线　截交线是在基本形体的基础上通过一个或数个平面截割而成的。如图 12-34 所示，平面 P 为截平面、交线 Ⅰ Ⅱ、Ⅱ Ⅲ、Ⅰ Ⅲ 为截交线、平面图形 △ⅠⅡⅢ 为截断面。

截交线的特点：截交线是基本形体和截平面的共有线，一般是封闭的平面多边形或平面曲线。

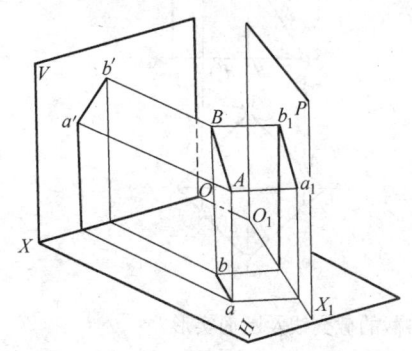 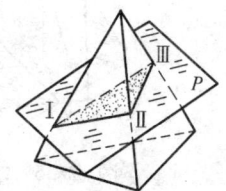

图 12-33　变换投影面法求实长　　　图 12-34　截交线的形成

截交线及截面实形的求法如图 12-35 所示。截平面 P 为正垂面，利用 Pv 的积聚性可以看出，P 平面与四棱柱的顶面、底面及 B、D 棱相交。四棱柱的顶面为水平面，它与 P 面相交，交线必为正垂线，其正面投影 $1'(2)'$ 积聚为一点；水平投影 1—2 为可见直线。同理，四棱柱的底面也是水平面，它与 P 面的交线也是正垂线，正面投影 $5'(4)'$ 积聚为一点，水平投影 5—4 也可直接按投影规律求出。P 面与 B、D 两棱线的交 Ⅳ、Ⅲ 的正面投影 $6'$、$3'$ 和水平投影 6、3 可直接找出。将求出的交点顺次连接，即得所求截交线。然后，再用交换投影面法求出该六边形的实形。

（4）相贯线　当两个或两个以上的基本形体相互贯穿交接而合成的形体，称为相贯体。相贯体表面上所产生的交线称为相贯线。其既是两形体表面的共有线，也是分界线，相贯线总是封闭的折线或曲线。下面介绍素线法求异径正交三通管的相贯线，如图 12-36 所示。

1）先求特殊点：相贯线的最高点（即主视图中的左、右端点）是支管轮廓线与主管轮廓线的交点。其正面投影 $1'$、$1'$ 和水平投影 1、1 可直接画出。相贯线最前点的水平投影 3，在支管断面竖直直径上，其正面投

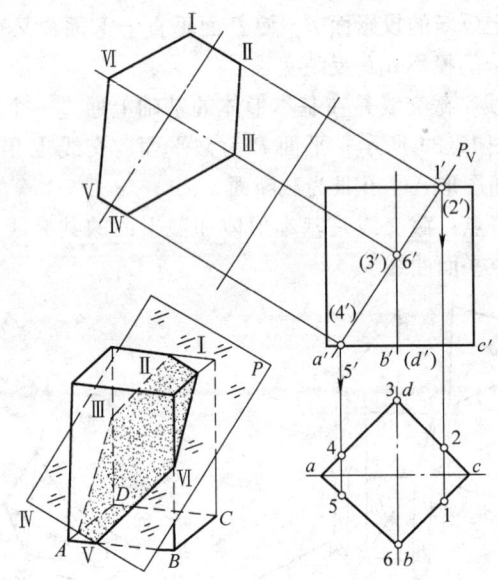

图 12-35 求棱柱斜截的截交线及断面实形

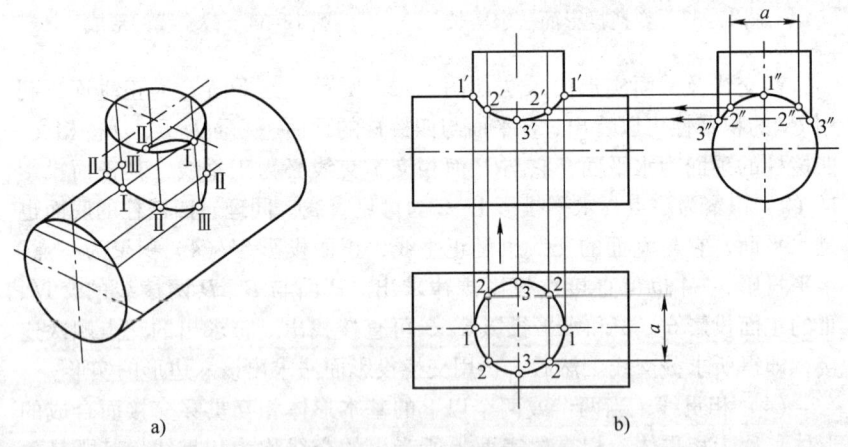

图 12-36 素线法求异径三通管的相贯线

影 3′点,可由侧视图上 3″按"高平齐"的关系求出。

2) 求出一般点:相贯线水平投影上的 2(支管断面圆周等分点,共 4 个)为一般点,通过 2、2,按俯视、左视"宽相等"求出其侧面投影

2″、2″,在根据 2″、2″点求出其一般点的正面投影 2′、2′。用光滑的曲线连接 1′、2′、3′、2′、1′各点,即为所求的相贯线的正面投影。

2. 展开放样原理和方法

冷作、钣金构件的形状各种各样,无论何种形状的表面,一般将其分成若干基本几何体,然后再展开,展开放样的方法有平行线法、放射线法、三角形法三种。

(1) 平行线展开法　平行线展开法的原理是将构件的表面,看作由无数条相互平行的素线组成,取两条相邻素线及其两端线所围成的小面积作为平面,只要将每个小平面的真实大小依次画在平面上,即得构件表面的展开图。平行线展开法适用于素线相互平行的构件展开,如各种棱柱体、圆柱体和圆柱面等。

1) 上斜口四棱管的展开。图 12-37 所示为上斜口四棱管,各棱线相互平行,由四个面组成,只要画出四个面的实际大小,即得展开图,作图步骤如下:

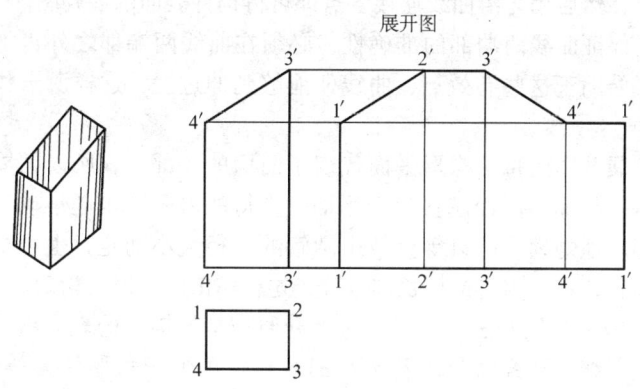

图 12-37　上斜口四棱管的展开

① 作棱柱管的主、俯视图,在各棱线处标上 1、2、3、4 代号。

② 沿主视图底线的延长线展开,在其上量取俯视图上 1、2、3、4 各点(由于是沿主视图底线的延长线展开与展开图中各点重合,因此图中标注为 1′、2′、3′、4′、1′),并过各点作垂线。

③ 在各垂线上量取主视图相应各棱线的高度,得 1′、2′、3′、4′各点,用直线连接各点得展开图。

2) 上口斜截圆柱管的展开作图方法如图 12-38 所示。

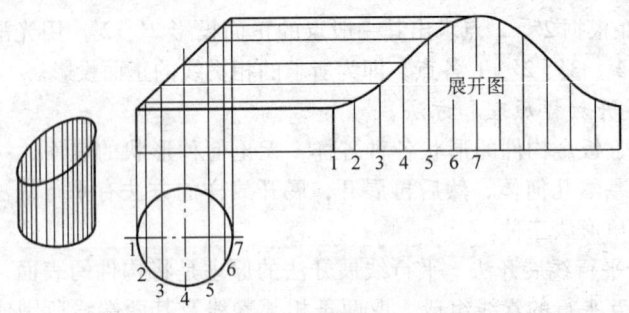

图 12-38 上口斜截圆柱管的展开

① 将俯视图上的圆周作 12 等分,从各等分点向主视图作投影线,则相邻两投影线组成一小的梯形,每一小梯形作为一平面。

② 延长主视图的底线作为展开的基准线,将圆周展开在延长线上得 1,2,3,…,7 各点,过各点作垂线并在其上量取各素线的长度,得到一系列点,然后用光滑曲线连接各点即可得构件表面的展开图。

为了保证曲线两端部的准确性,必须在曲线两端部之外再加作几个有效点,借助于这些有效点,曲线便能够延伸过去,这样所求作的曲线更准确。

由于展开图上每一梯形平面代表了曲面的一部分,所以圆周等分数越多,每一小梯形曲面越接近于平面,作得的展开图也越准确,但作图过程也相应地烦琐,所以等分数由圆管的直径大小而定,也可根据直径计算其周长,再将求得的周长作等分,这样作出的图形较精确。

(2) 放射线展开法 放射线法展开原理是将构件的表面由锥顶起作一系列放射线,把锥面分成若干小三角形,每个三角形作为一个平面,将各三角形依次画在平面上,就得所求的展开图。放射线展开法适用于素线或素线延长线汇交于一点的构件,如棱锥体、圆锥体、棱台体、圆台体等。

1) 斜口正圆锥管的展开。

斜口正圆锥管可以想象成由一只具有锥顶的正圆锥管被斜平面截割锥顶而形成的。其展开过程是先作正圆锥管的展开。然后作被截割锥顶部分的展开图,则剩下的部分即为所求的展开图。其作法如图 12-39 所示。

① 先画出锥管的主视图和俯视图,将俯视图上的半圆周作六等分

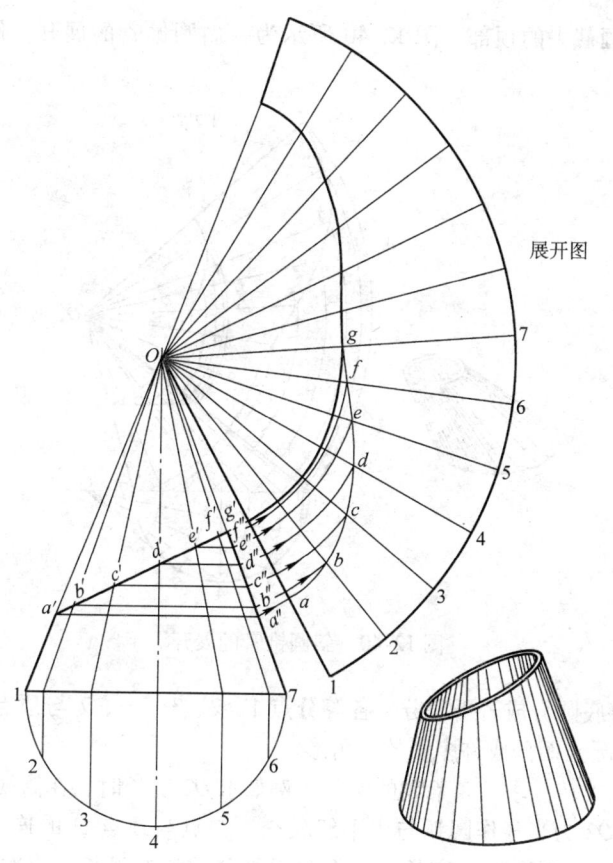

图 12-39 斜口正圆锥管的展开

(即整个圆周进行 12 等分),然后画出整个圆锥面的展开图。

② 作切口展开曲线时,需要知道锥顶切去部分素线的实长. 如 Ob'、Oc' 等,但一般位置直线的投影不反映实长,因此需要解决求直线实长的问题。在主视图的投影中,只有 Oa'、Og' 的投影代表实长,其余素线的投影都不是实长,求一般投影 Oc' 实长的方法是,过 c' 点引水平线与投影图的轮廓线相交于 c 点,则 Oc 即为 Oc' 的实长。其余各线均用同样方法求得,实长求出后作出斜口的展开曲线。

2)斜圆锥管的展开。如果圆锥的轴线与底面不垂直,则该圆锥称斜圆锥。斜圆锥的顶点至底圆的距离(即斜圆锥表面各素线的长度)都不相等,作展开图时必须分别求出各素线的实长,先画出整个圆锥面的展开图，再画截去的顶部。图 12-40 所示为一斜圆锥管的展开，作图步骤如下：

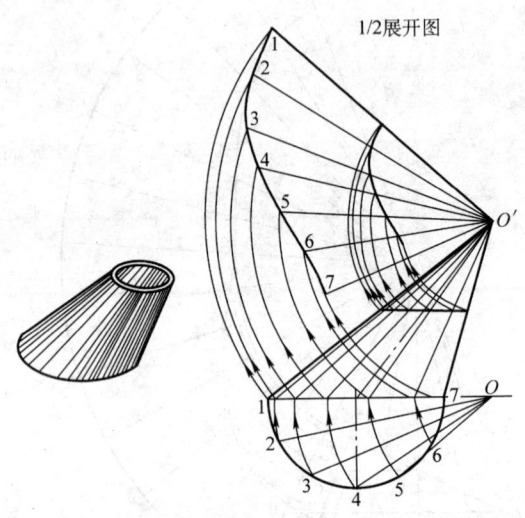

图 12-40　斜圆锥管的展开

① 将底圆分成若干等分，各等分点 1、2、3、…、7 与顶点 O 连接，这样将斜圆锥面分成许多小的三角形。

② 用旋转法求各条素线的实长，例如求 $O2$ 实长时，在俯视图中以 O 为圆心，$O2$ 为半径作圆弧与水平线相交，交点与顶点 O' 的连线即为 $O2$ 的实长。求出各素线的实长后，再利用等分圆弧的弧长，依次作出各三角形的展开图，图中只画出了一半展开图，另一半与其对称。

③ 用同上的方法作出截去顶部的展开图，得斜圆锥管的展开图。

（3）三角形展开法　三角形展开法的原理是将构件的表面分成一组或很多组三角形，然后求出各组三角形每边实长，并把它的实形依次画在平面上，得到展开图。三角形展开法划分的三角形与放射线展开法不同，放射线展开法划分的三角形，其顶点是围绕锥顶的，而三角形展开法划分的三角形是根据构件形状特征进行的，因此三角形展开法适用的面比平行线展开法、放射线展开法更广。

1）斜口漏斗的展开。图 12-41 为倒置的斜口漏斗，图中所有棱线不交于一点，因此只能用三角形展开法。作展开图时，将其表面分成若干三角形，求出各三角形的边长，依次画出各个三角形的实形，即可求得展开图。作图方法如下：

① 作斜口漏斗的主、俯视图，将其表面分成若干三角形。

② 采用三角形法求实长，在主视图上延长底边线作两个直角，分别在两个直角边的高度方向，量取主视图上的投影的高度差得 A、B 点，在水平直角边上分别量取俯视图中的投影长 $1a$、$1b$ 等，得 a、b、d、4、3 等各点，则斜边为各线段的实长。

③ 作一长度为 ab 的直线，以 a 点为圆心，实长 aA 为半径作弧，再以 b 点为圆心，实长 bA 为半径作弧交于 1 点，连接 $1a$、$1b$ 得 $ab1$ 三角形，以此类推得 2、c、3 等各点，用直线连接各点得展开图。

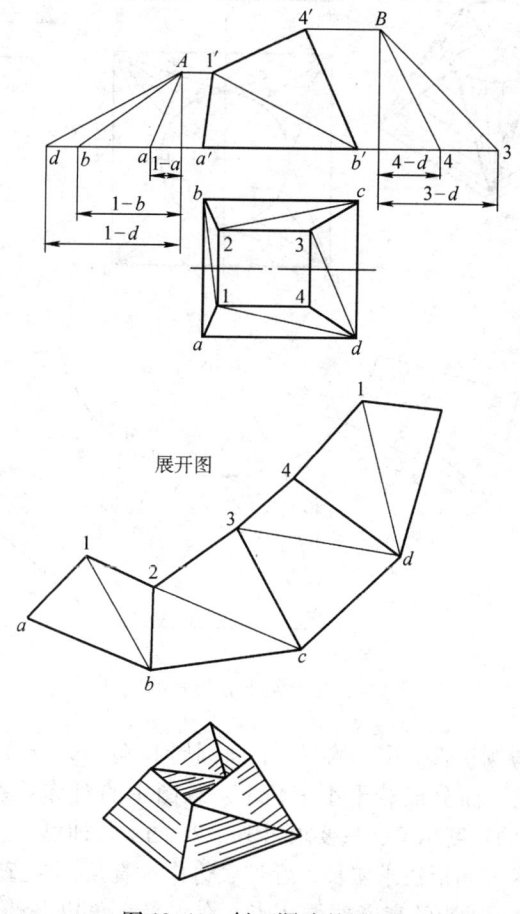

图 12-41　斜口漏斗的展开

2）上圆下方接管的展开。图 12-42 所示为上圆下方接管，是用于连接方管和圆管的过渡管，它由四个三角形平面和四个局部锥面组成。展开时只要将局部锥面分成若干小三角形，求出平面和锥面的小三角形的各边实长，依次画出各三角形实形，即得展开图。具体作法如下：

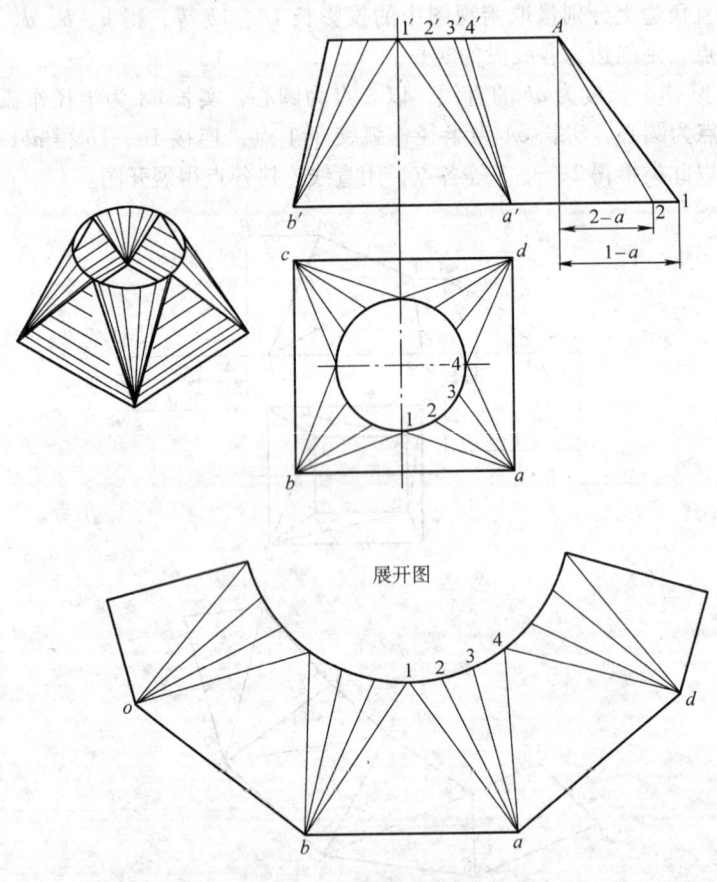

展开图

图 12-42　上圆下方接管的展开

① 作出方圆接管的主、俯视图，将圆周 12 等分，连接等分点与方底的四个角，把锥面分成若干小三角形。从图中的对称关系可知，1a 与 4a、2a 与 3a 的长度相等，只要求出 1a、2a 的实长即可。

② 用直角三角形法求实长，延长底边作一直角，在直角边的高度方向量取主视图上投影的高度差得 A 点，在水平直角边上量取俯视中的投

影长得1、2点,则斜边为1a、2a的实长。

③ 作一水平直线,量取ab之长得a、b点,分别以a、b为圆心,实长1A为半径作弧交于1点,即得三角形ab1实形;再分别以1、a为圆心,12弧长和实长2A为半径分别作弧交于2点,依次类推画出各三角形,然后用曲线光滑连接1、2、3、4各点,用直线连接a、b各点,即得整个接管的展开图。

3）上圆下椭圆接管的展开。图12-43为上圆下椭圆接管。由图可知,该接管表面均是曲面,且具有对称性,只要画出接管四分之一的展开图,其他的利用其对称性便可求得整个展开图。展开时将曲面分成若干小三角形,然后求出各小三角形的各边长,依次画出小三角形就可得所求的展开图。展开的步骤如下：

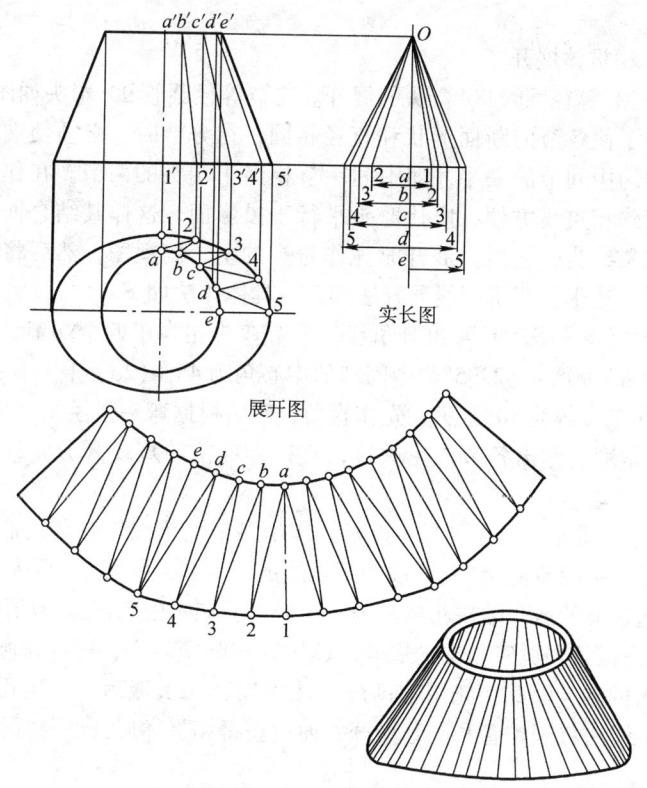

图 12-43 上圆下椭圆接管的展开

① 作上圆下椭圆的主、俯视图，分别将四分之一圆周和椭圆周等分，圆周上得 a、b、…、e 等点，椭圆周上得 1、2、…、5 等点，并将等分点向主视图投影。连接各等分的对应点，把表面分成若干小三角形。

② 用直角三角形法求实长，延长主视图底线作一直角，在直角边的高度方向量取主视图上的投影高度差得 O 点。另一直角边量取俯视图各线段的投影长度，则斜边为各线段的实长。

③ 以 $a1$ 实长作为展开中线，以 1 为圆心，12 为半径作圆弧，再以 a 为圆心，实长 $O2$ 为半径作圆弧交弧线于 2 点，以此类推画出余下的三角形实形，用曲线光滑连接 a、b、…、e 和 1、2、…、5 各点得 1/4 展开表面。

④ 利用对称原理求出其他展开表面，得整个上圆下椭圆接管的展开图。

(4) 相贯体展开

1) 三节等径圆管 90°弯头的展开。三节等径圆管 90°弯头如图 12-44 所示，为了使各节的断面形状和直径相同，在分节时，必须使端头两节的中心角为中间节的一半，即中间一节相当于端头的两节。在作投影图时，为了作相贯线方便，应让弯头平行于投影面，这样其结合面垂直投影面，相贯线为一直线。展开时先作弯头的主、俯视图，然后将表面划分成若干四边形，用平行线展开法展开。具体作法如下：

① 根据弯头角度计算出分角线，三节弯头相当于四个端节，所以端节中心角 $\alpha = 90°/4 = 22.5°$，中间节的中心角为 45°（2α）。

② 作三节等径 90°弯头，先作直角，然后根据弯头半径 R、圆管直径 d 和每节角度，作出各节的轮廓线，其结合部位的直线（分角线）就是相贯线。

③ 将圆周等分，并向弯头投影，作出各节的素线。端节沿底线的延长线展开，中间节沿 45°角分线的延长线展开。如果将各节接缝错开 180°分布，则各节的展开图拼起来后为一个矩形，如图中双点画线的形状。

2) 圆锥管与圆管斜交的展开。圆锥管与圆管斜交，可看作圆锥管与圆管的相贯体。因此，先用辅助球面法求出其相贯线后，分别用放射线法和平行线法将圆锥管和圆管展开，便可获得相贯体展开图，如图 12-45 所示。

① 用已知尺寸画出主视图轮廓线、圆管断面及圆锥管辅助断面。以两管轴线交点 O 为圆心（球心）在形体相贯区域内画三个不同半径

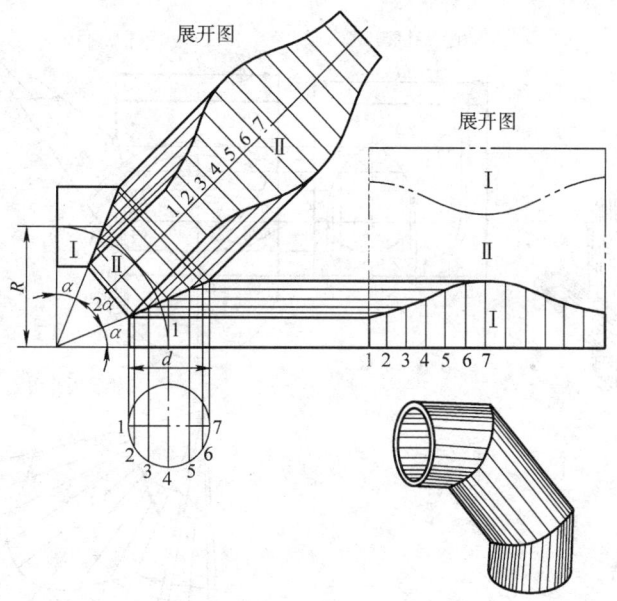

图 12-44　三节等径圆管 90°弯头的展开

($R1$、$R2$、$R3$) 的圆弧（球面），与形体轮廓线相交。在各自形体内分别连接各弧的弦，得对应交点为 2、3、4。通过各点连成 $\overset{\frown}{1\text{-}5}$ 曲线为两管的相贯线。

② 四等分辅助断面半圆周，等分点为 1、2、3、4、5。由各等分点引出 1-5 垂线，过垂足向锥顶 s 连素线交顶口，得相贯线各点。再由各交点分别引对 s-3 直角线交于 s-5 各点，则各点至锥顶距离反映各对素线的实长。

③ 作锥管展开：以 s 为圆心，s-5 为半径画圆弧 $\overset{\frown}{1\text{-}1}$，等于圆锥辅助断面圆周长，并作 8 等分。由等分点向 s 连放射线，与以 s 为圆心，s-5 上各点为半径画同心圆弧相交，所得对应交点，分别连成两条光滑曲线，即得锥管展开图。

④ 用平行线法展开圆管孔，其过程如圆管展开图所示。

3）正圆锥与圆管直交的展开。正圆锥与圆管直交如图 12-46 所示，相贯线在俯视图上投影为圆。展开时先将相贯线向主视图投影，求得主视图相贯线，然后再分别展开圆管Ⅰ和圆锥Ⅱ。作图步骤如下：

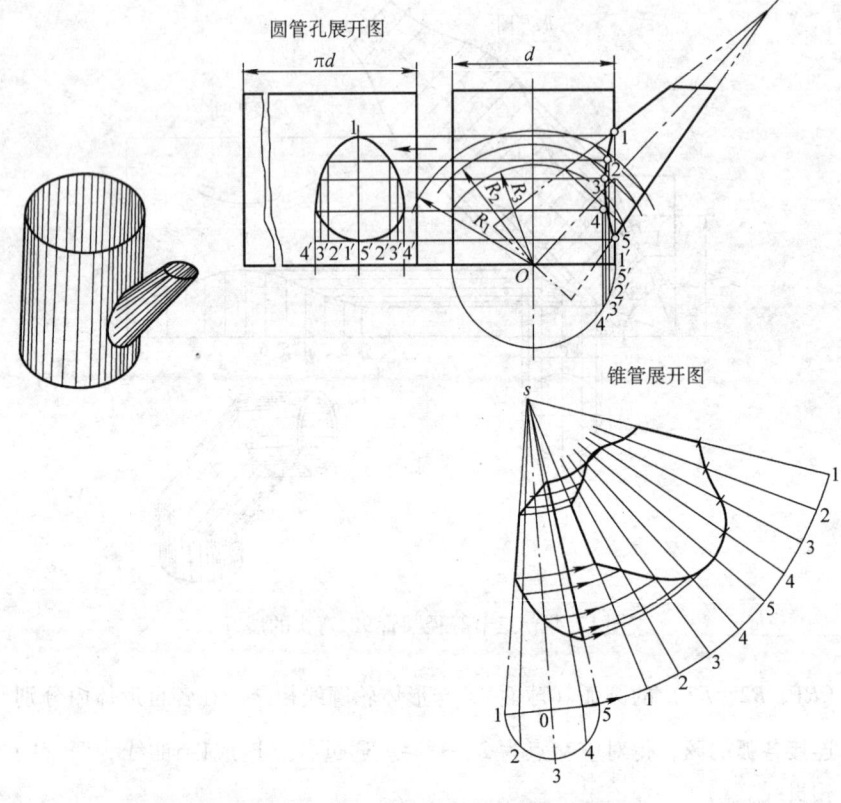

图 12-45 圆锥管与圆管斜交的展开

① 将圆管俯视图八等分得 1、2、…、5 点,连接 O 与各等分点得辅助线,再把辅助线与圆锥的交点 $2''$、$3''$、…、$5''$ 向上投影,作主视图的辅助线;然后将圆管的等分点向上投影,与对应辅助线的交点即为相贯点,用曲线连接各点得相贯线。

② 圆管 I 采用平行线法展开。延长圆管上口线,在延长线上量取俯视图上圆周等分之长得 1、2、3、…、5 点,过各点作垂线,将主视图上相贯线至上口线的距离移到对应的垂线上,用曲线连接各点得圆管 I 的展开图。

③ 圆锥管 II 采用放射线法展开,展开时先画出圆锥的扇形展开图,其半径为主视图圆锥的斜边之长,展开弧长为俯视图的圆周长,然后定出孔的位置,将俯视图圆周上 $2''$、$3''$、…、$5''$ 点移至展开图上,并连接各

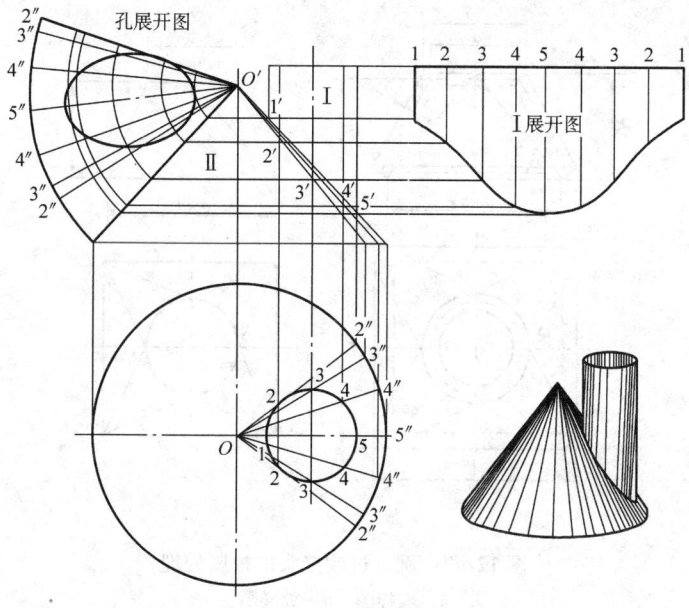

图 12-46 正圆锥与圆管直交的展开

点与顶点作出辅助线。在主视图上过相贯线与辅助线的交点作水平线交于圆锥斜边（即旋转法求实长），求出辅助线上相贯点至顶点的实长。再将实长移至展开的对应辅助线上得各点，用曲线连接各点得孔的展开形状，完成整个圆锥的展开。

（5）板厚处理 前面所讲过的各种展开中，均没有考虑板厚的问题，但在实际上板料总有一定的厚度，尤其是当展开件的板厚较大，而构件的尺寸又要求较精确时，就一定要考虑板厚的因素，展开时应进行板厚处理，消除板厚对尺寸的影响，一般的处理方法是：折弯构件以折弯的内侧尺寸作为展开的依据；圆和圆弧形构件则以板厚的二分之一处（即中心线）尺寸作为展开依据。

1）圆方过渡接头的板厚处理。圆方过渡接头的几何形状，具有三管（圆管、方管、圆锥管）的综合特征。因此，它的板厚处理应按圆、方、锥三管的板厚处理方法进行，即顶口按圆管，以中性层直径 d 为准确定展开周长；底口按方管，以里口四边长度为准展开；为了保证工件的高度尺寸，放样图的高度应取上下口中性层的垂直高度 h。图 12-47b 所示为圆方过渡接头经过板厚处理的放样图，按此图的尺寸作出展开图。

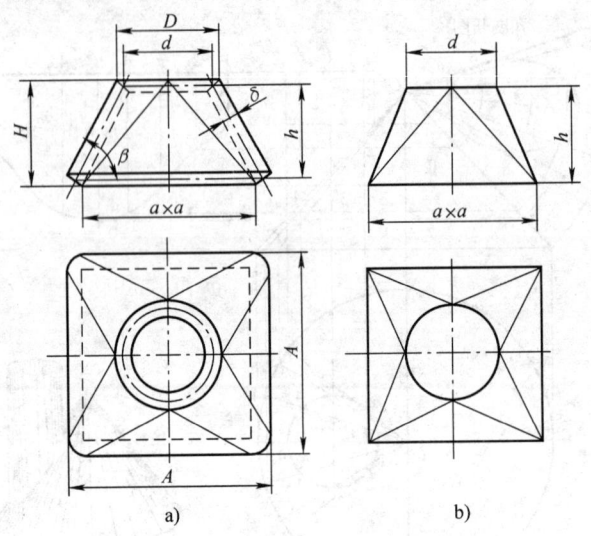

图 12-47　圆方过渡接头的板厚处理
a）实样图　b）放样图

2）异径直交三通管的展开。图 12-48 所示为异径直交三通管。由于圆管具有一定的壁厚，展开时应作板厚处理方能展开。由图可见，支管的内表面与主管的外表面接触，因此展开结合部位要以此作展开的依据，展开步骤如下：

① 求相贯线。将支管内层圆八等分得 1、2、3 等点，并向下作投影（素线）；左视图素线交于主管外表面得 1″、2″、3″等点，过各交点向主视图投影交于对应的素线得各相贯点，用曲线连接各点得相贯线。

② 支管展开。延长支管上口线展开，展开长度以板厚的 1/2（中心线）为展开依据，即 $\pi(d+\delta)$，然后八等分展开线得 1、2、3 等各点，过各点作垂线，将支管内层各素线的长度移到对应的素线上，得支管的展开图。

③ 主管展开。主管展开长度是以主管壁厚中心线作为展开依据，即 $\pi(D-\delta)$。在展开的矩形上确定孔的中心位置，然后量取左视图主管外层 l 弧长，移至孔的展开线上得 1″、2″、3″等各点；过各点作素线，再将主视图上相贯点移到对应的素线上，用曲线连接各点得孔的展开，从而完成整个主管的展开。当支管与主管直径相差不大时，两管成形后进行装配时，由于板厚的影响，支管的最低点（图 12-48 左视图中 3″点）会

先与主管接触,造成整个支管抬高,1″点处出现较大的空隙,因此在展开放样时,可将3″点处进行修正,向上缩短(0.5~1)δ,或采用向外弯曲3″点来解决。

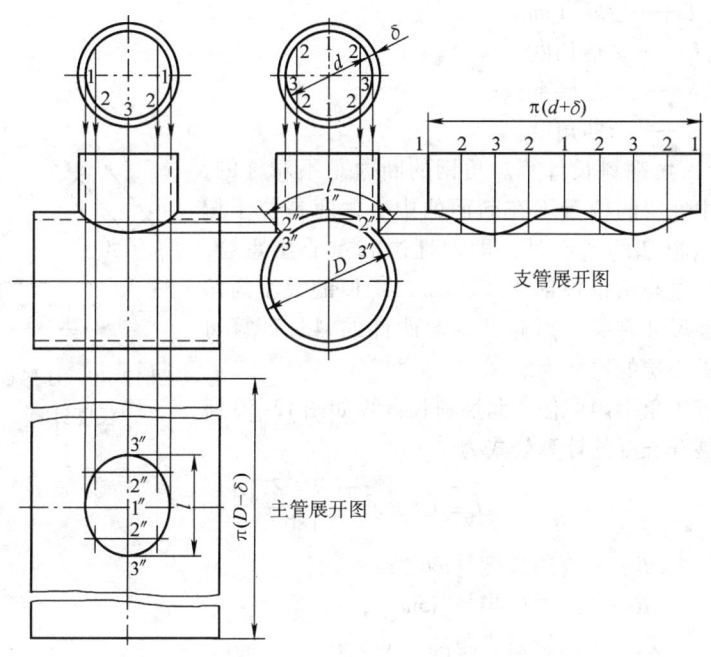

图 12-48 异径直交三通管的展开

(6) 计算展开 对于形状简单的构件或型钢的弯曲可以通过计算求得展开尺寸。钢材弯曲时外侧材料受拉而伸长,内侧材料受压而缩短,则中间必有一层材料在弯曲前后既不伸长也不缩短,这一层称为中性层。中性层是计算展开的依据,不同的断面、不同的弯曲程度,中性层的位置也不同。因此在计算展开前先要确定中性层的位置,然后才能进行计算。

计算展开的步骤为:
① 将构件的曲线部分和直线部分在切点处分段。
② 分别确定每段的中性层位置,并计算各段的展开长度。
③ 求各段的总和得整个构件的展开长度。
④ 根据加工要求和技术要求加放余量。

1) 板料长度计算。图 12-49 所示为圆角 U 形钢板。已知尺寸为 r、δ、l_1、l_2 及弯曲角 α,则料长 L 计算公式为

$$L = l_1 + l_2 + \frac{\pi \times \alpha(r + K\delta)}{180°}$$

式中 r——弯曲弧的内半径（mm）；
  δ——板厚（mm）；
  l_1、l_2——直边长度（mm）；
  K——中性层系数；
  α——弯曲角度。

2）角钢料长计算。角钢的断面是不对称的，所以中性层的位置不在断面的中心，而是位于偏向角钢根部的重心处，即中性层和重心层重合。设中性层与角钢根部距离为 Z_0，Z_0 值的大小与角钢断面尺寸有关，因此角钢弯曲件的料长计算可以按重心层的尺寸为准。

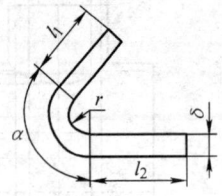

图12-49 U形板料长度计算

等边角钢内弯任意角度料长计算如图12-50所示，展开长度的计算公式为

$$L = A + B + \frac{\pi(R - Z_0)\alpha}{180°}$$

式中 A、B——直边长度（mm）；
  R——弯曲处半径（mm）；
  Z_0——角钢重心距离（mm）；
  α——弯曲角度。

3）扁钢圈料长计算。扁钢圈料长计算如图12-51所示。

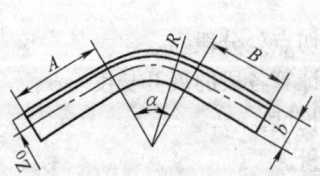

图12-50 角钢料长计算

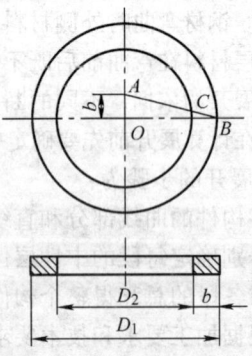

图12-51 扁钢圈料长计算

已知 D_1、D_2、b，其料长计算公式为

$$L = \pi(D_1 - b)$$

或

$$L = \pi(D_2 + b)$$

式中　L——扁钢圈料长（mm）；

　　　D_1——扁钢圈外径（mm）；

　　　D_2——扁钢圈内径（mm）；

　　　b——扁钢宽度（mm）。

第四节　钢材的切割与成形

一、切割

钢材经划线号料后，要按其轮廓形状进行切割，在简单结构件的备料中，常采用的切割方法有气割、锯削、砂轮切割、剪切和錾削等。

1. 气割

气割适用于型钢的切割或形状较复杂零件的切割，如薄钢板的曲线与转角的切割。气割的操作方法参见第十章。

2. 锯削

锯削常用于切断型钢，它分为手工锯削和机械锯削两种。机械锯削的设备有弓锯床、圆盘锯、摩擦锯等。机械锯削时，为了提高效率，可将型钢用特制的夹具夹成一束，再一起锯削。

3. 砂轮切割

型钢也可用砂轮切割机切割。切割时，工件要夹持牢固，防止松动，以免造成砂轮崩裂，发生事故。

4. 剪切

直线形板件一般采用剪床剪切，型钢可用联合剪床剪切。

5. 錾削

薄板小件也可用錾削切断，常用的方法是：将钢板夹在台虎钳上进行錾削切断，如图 12-52 所示，用扁錾贴着钳口并斜对着板面（约 45°）自右向左錾削，工件的切断线应与钳口平齐，工件的夹持要牢固，以防切断过程中钢板松动而使切断线歪斜。

较大的钢板可在铁砧（或平台）上进行錾削切断，如图 12-53 所示，錾削时要在钢板下面衬以废旧软铁等材料，以免损伤錾子的切削刃。

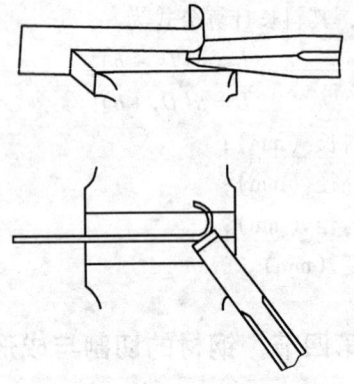

图 12-52　钢板錾削切断法

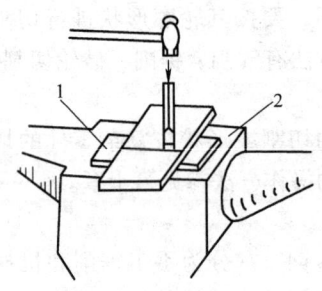

图 12-53　较大钢板的錾削切断
1—垫板　2—铁砧

二、成形

把钢板毛坯、型钢或管材等加工成一定的曲率、角度，从而形成一定形状的零件，这种加工方法称为成形。

成形的方法很多，但常用的有压弯、滚弯、压延和折边等工艺方法。

薄板简单结构件在切割后，往往需要进行折边加工成形，其加工成形方法有手工和机械两种，但对尺寸小、批量少的零件通常用手工方法折边。

手工折边方法如图 12-54 所示。折边前，首先在钢板折角处划一直线作为基准，然后将钢板放在条形铁砧上，使所划直线与铁砧的棱角对齐，一手压住钢板，另一手用锤子先把两端敲弯成一定角度，以便定位，然后再全部敲弯成形，如图 12-54a 所示，也可在台虎钳上用两根角钢夹住钢板（见图 12-54b），或用弓形夹具夹住，用锤子敲弯成形（见图 12-54c）。

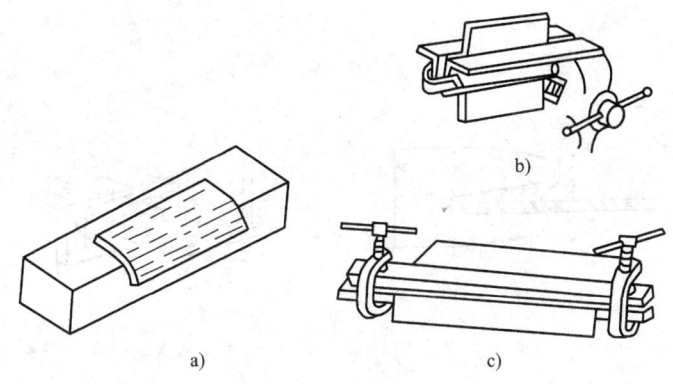

图 12-54 手工折边方法
a）在铁砧上弯曲 b）一端用台虎钳夹紧 c）两端全部用弓形夹夹紧

第五节 结构件的装配

一、装配前的准备工作

首先熟悉图样，根据图样上的技术要求，弄清各零件之间的相对位置、尺寸和连接方法，然后确定装配方法，并选择好装配基准面和装配工、量、夹具。

清理干净装配现场，零件堆放要整齐，安置并检查好装配需要配置的有关设备：如电焊机、气割设备等，并做好安全生产工作。

二、装配基准面的选择与装配工、量、夹具

1. 装配基准面的选择

装配时，结构件与装配平台相接触的面称为装配基准面。简单结构件的装配基准面可按下列两点选择：

1）在结构件上有若干个平面的情况下，应选择较大的平面作为装配基准面。

2）选择的装配基准面要使装配过程最便于对零件进行定位与夹紧。

2. 装配工、量、夹具

结构件装配时所使用的工、量具主要有锤子、大锤、角尺、卷尺和粉线；使用的夹具主要有楔条夹具、杠杆夹具和螺旋夹具，如图12-55所示。

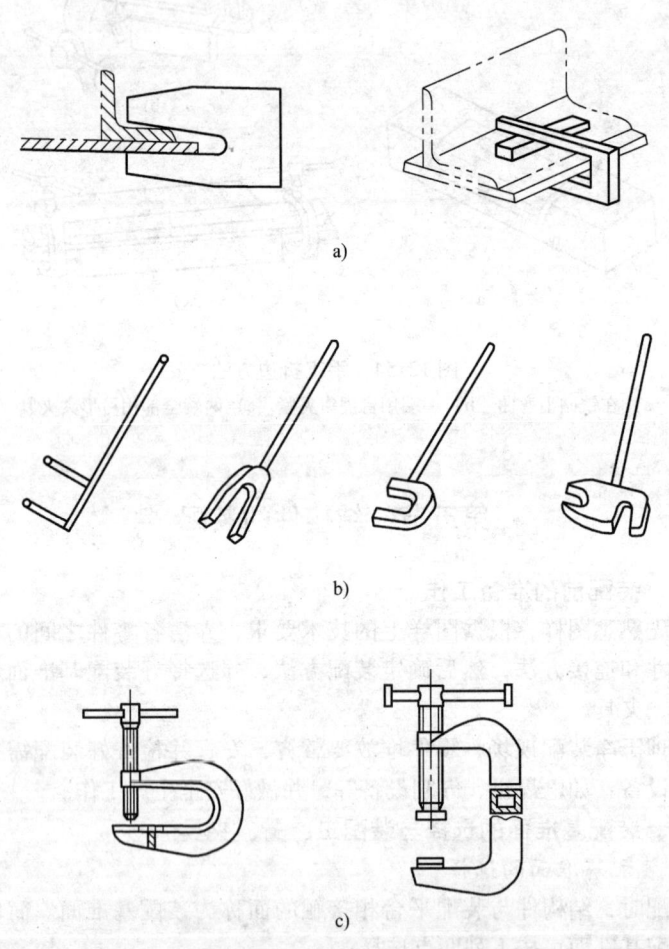

图 12-55 结构件的装配夹具
a) 楔条夹具　b) 杠杆夹具　c) 螺旋夹具

三、装配方法

1. 装配定位方法

装配过程中需要确定零件之间的相对位置并将其固定,这种方法称为装配定位方法。简单结构件常用的装配定位方法是划线定位、挡铁定位和样板定位。

(1) 划线定位 利用结构件的中心线、接合线作为定位基准线,图 12-56a 为型钢或钢板在装配中利用中心线定位,图 12-56b 为利用接合线进行定位。

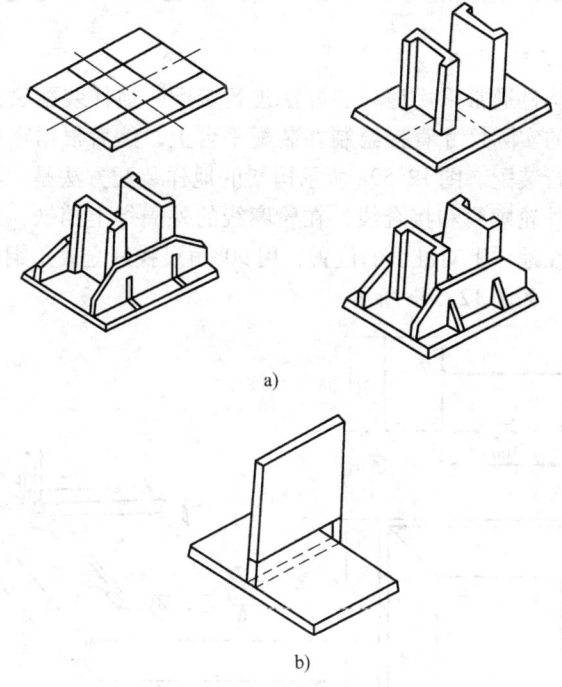

图 12-56 划线定位
a) 利用中心线定位 b) 利用接合线定位

(2) 挡铁定位 在零件的装配位置线上焊上挡铁,作为零件的定位依据,如图 12-57 所示。固定挡铁用于确定垂直板的位置,活动挡铁用于控制垂直板的顶部尺寸。

(3) 样板定位 根据结构件的形状制作样板,作为装配定位基准,如图 12-58 所示。

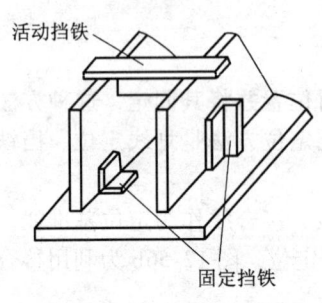
图 12-57 挡铁定位

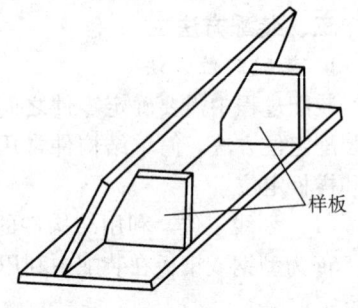
图 12-58 样板定位

2. 装配方法

简单结构件通常采用地样装配法进行装配。地样装配法是将结构件形状按 1:1 的实际尺寸直接绘制在装配平台上，然后根据零件之间的接合线位置进行装配。图 12-59a 所示构架的地样装配方法是：在平台上划出俯视图的外轮廓线和接合线，在轮廓线的外周焊上挡铁，然后将零件按图样要求在地样上对准线的位置，用 90°角尺找好立放角钢的垂直位置并定位焊好，如图 12-59b 所示。

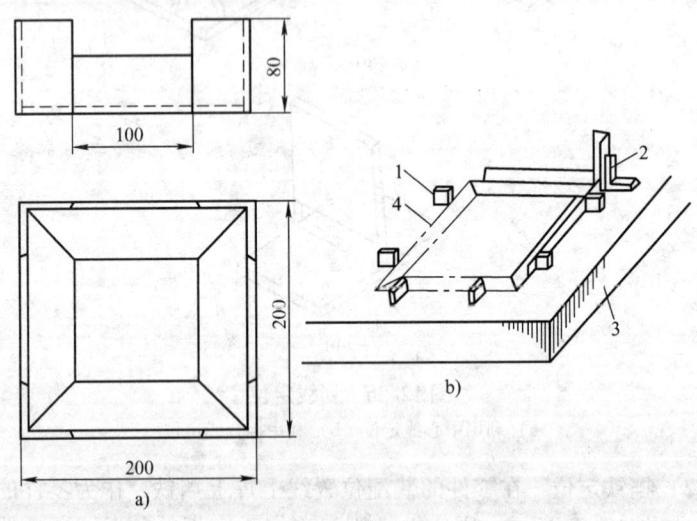

图 12-59 角钢构架地样装配法
a) 角钢构架图样 b) 构架地样装配
1—挡铁 2—角尺 3—平台 4—外轮廓线

第六节 连　　接

连接是将各零件或部件按照一定的结构形式和相对位置固定成为一体的一种工艺过程。金属结构件的连接方法通常有铆接、螺纹联接和焊接三种。选择连接方法应考虑构件的强度、工作环境、材料和施工条件等因素。若选择恰当，不仅能降低成本，提高生产率，而且可以延长使用寿命。本节主要介绍金属结构常用的铆接和螺纹联接。

一、铆接

利用铆钉把两个或两个以上的零件或构件连接为一个整体称为铆钉连接，简称铆接，如图 12-60 所示。

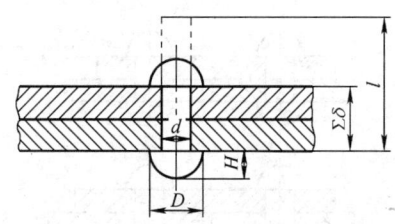

图 12-60　铆接

δ—工件厚度　l—钉杆长度　D—铆钉直径　H—铆钉头高度

近年来，由于焊接连接和高强度螺柱摩擦连接的发展，铆接的应用已逐渐减少。但由于铆接不受金属种类和焊接性能的影响，而且铆接构件的应力和变形都比焊接小，所以承受严重冲击或振动载荷构件的连接、某些异种金属和轻金属（如铝合金）的连接，铆接仍得到广泛应用。

1. 铆接的种类与形式

（1）铆接的种类　根据构件的工作要求和应用范围不同，铆接可分为：

1）强固铆接。强固铆接只要求铆钉和构件有足够的强度来承受大的载荷，而对接缝处的严密性无特殊要求，如房架梁、桥梁、车辆和塔架等桁架类构件，均属于这类铆接。

2）密固铆接。密固铆接既要具备足够的强度承受一定的压力，同时还要求接缝处有良好的严密性，保证液体或气体在一定压力作用下不致渗漏。

3）紧密铆接。这种铆接不能承受较大的压力，但对铆缝处的严密性要求较高，以防止漏水或漏气。一般多用于薄壁容器构件的铆接。

（2）铆接的形式　根据连接的相互位置不同，铆接有搭接、对接和角接三种形式，如图12-61、图12-62、图12-63所示。

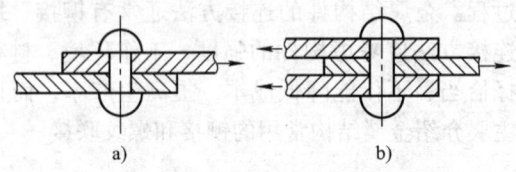

图 12-61　搭接

a) 单剪切铆接　b) 双剪切铆接

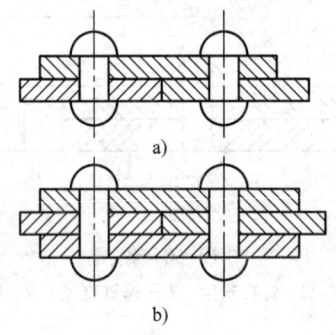

图 12-62　对接

a) 单排单盖板　b) 双排双盖板

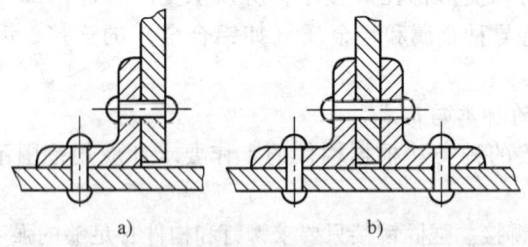

图 12-63　角接

a) 单面角接　b) 双面角接

2. 铆接工艺种类

铆接按温度分为冷铆和热铆两种方式。

(1) 冷铆 铆钉在常温状态下的铆接称为冷铆。冷铆时要求铆钉有良好的塑性。用铆钉枪冷铆时,铆钉直径一般不超过13mm,手工冷铆时,铆钉直径通常小于8mm。

(2) 热铆 铆钉加热后的铆接称为热铆。热铆的铆钉因受热钉杆塑性增加,铆钉头成形容易,因而铆接时需要的外力与冷铆相比明显减小。所以在铆钉材质的塑性较差或直径较大等不适合冷铆时,通常采用热铆。热铆时,钉杆一端除形成封闭的钉头外,同时镦粗而充满铆孔。冷却时,铆钉长度收缩,使被铆件之间产生压力,而造成很大的摩擦力,从而获得足够的连接强度。

二、螺纹联接

螺纹联接是利用螺纹零件构成的可拆卸的固定联接。常用的螺纹联接有螺柱联接、双头螺柱联接和螺钉联接等三种形式。螺纹联接具有结构简单、紧固可靠、装拆迅速方便等优点,所以应用极为广泛。

1. 螺纹紧固件

螺纹紧固件有螺栓、双头螺柱、螺钉、紧定螺钉、螺母、垫圈以及防松零件等,总称为螺纹紧固件。

(1) 螺栓 螺栓由杆身和头部组成。杆身上制有螺纹,用来与螺母旋合。螺栓头部有六角形和四方形等。螺栓按承受的载荷不同,分为受拉螺栓(见图12-64a)和受剪螺栓(见图12-64b)两种。

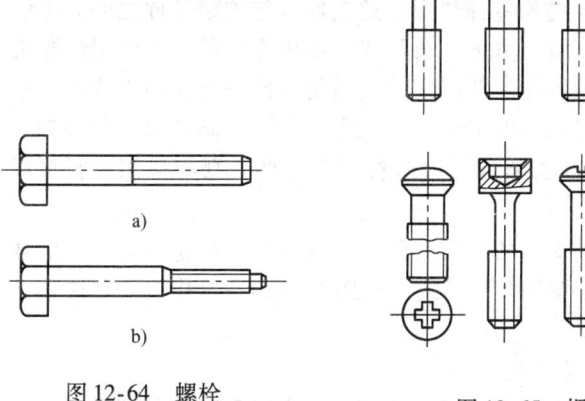

图 12-64 螺栓
a) 受拉螺栓 b) 受剪螺栓

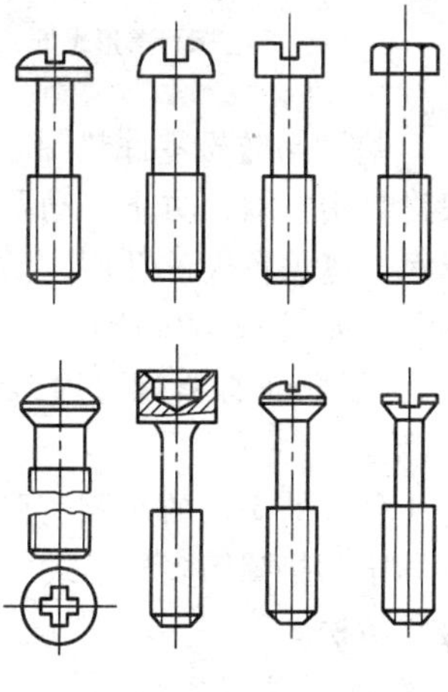

图 12-65 螺钉

(2) 双头螺柱 双头螺柱是杆的两端制有螺纹,中间部分为光杆,用于不通孔的厚件联接。

(3) 螺钉 螺钉的结构与螺栓大体相同,但头部形状较多,如图 12-65 所示。

(4) 螺母 螺母是与螺栓等配用的联接件。螺母的形状很多,除最常用的六角螺母外,还有方螺母、六角槽形螺母、盖形螺母和蝶形螺母等,如图 12-66 所示。

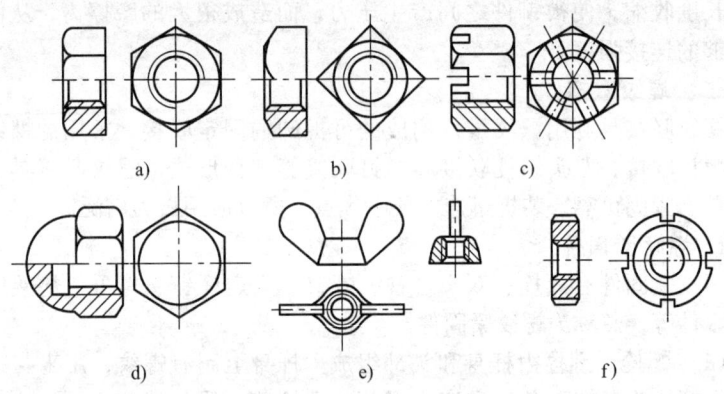

图 12-66 螺母
a) 六角螺母 b) 方螺母 c) 六角槽螺母
d) 盖形螺母 e) 蝶形螺母 f) 圆螺母

(5) 垫圈与防松零件垫圈 放在螺母与被联接件之间。按作用可分为一般衬垫用垫圈、防止松动及特殊用垫圈三种。衬垫用垫圈主要起增大支承面、遮盖较大的孔眼、防止损伤零件表面和垫平作用,一般常用的有两种,如图 12-67a 所示。当被联接件表面倾斜时(如槽钢、工字钢内侧),为了防止拧紧螺母时螺杆受到弯曲,则应采用方斜垫圈,如图 12-67b 所示。

防止联接件松动的垫圈有弹簧垫圈、圆螺母止退垫圈、单耳止动垫圈和双耳止动垫圈等多种形式(见图 12-68)。其中弹簧垫圈用于经常拆开连接的防松。

2. 螺纹联接形式

(1) 螺栓联接 螺栓联接由螺栓、螺母和垫圈组成,联接时,螺栓穿过被联接件上的通孔(孔无螺纹),套上垫圈后用螺母紧固。

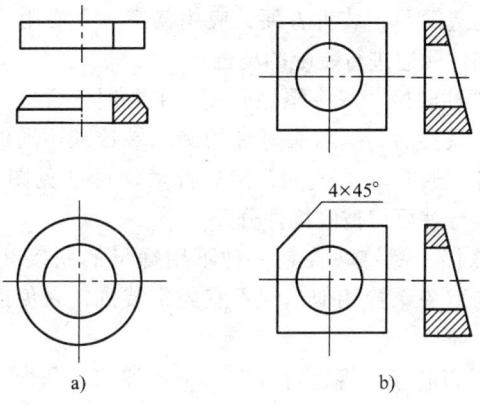

图 12-67 垫圈
a) 平垫圈　b) 方斜垫圈

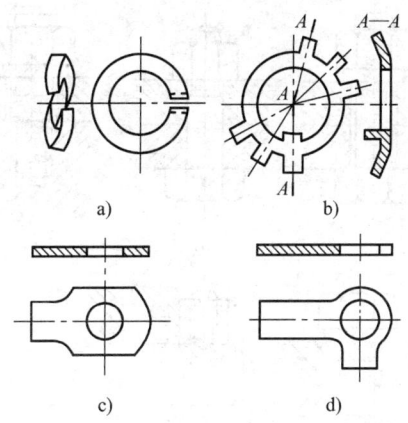

图 12-68 防松垫圈
a) 弹簧垫圈　b) 圆螺母止退垫圈
c) 单耳止动垫圈　d) 双耳止动垫圈

螺栓联接有两种：一种是承受轴向拉伸载荷作用的联接（见图 12-69a），这种联接螺栓杆身与孔壁之间有一定的间隙；另一种是承受横向作用力的联接（见图 12-69b），这种螺栓联接的孔需是铰制孔。孔与无螺纹杆身部分采用基孔制的过渡配合或静配合。因此，能准确地固定被联接件的相对位置，并能承受横向载荷作用时所引起的剪切和挤压。

螺栓联接构造简单，装拆方便，应用甚广。主要用于被联接件不太厚，并能从联接件两边进行装配的场合。

（2）双头螺柱联接　双头螺柱联接，主要用于联接件较厚不宜用螺柱联接的场合。联接时，把双头螺柱的旋入端拧入不通的螺孔中，另一端穿过被联接件的通孔套上垫圈，然后拧紧螺母（见图12-69c），拆卸时，只要拧开螺母就可将被联接件分开。

（3）螺钉联接　螺钉联接是一种不用螺母的联接（见图12-69d）。它的应用场合与双头螺栓相似，但不宜经常装拆，以免损坏被联接件的螺孔。

（4）紧定螺钉联接　将螺钉拧在一个零件的螺孔内，利用螺钉末端顶住另一零件的表面来固定两零件的相对位置（见图12-69e），紧定螺钉的头、尾具有多种形状，螺钉顶经淬火处理。

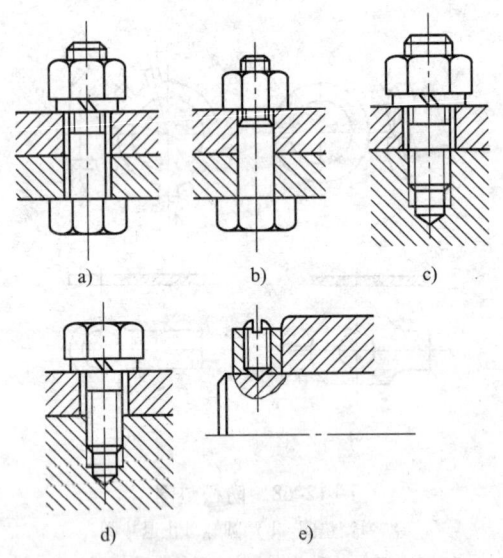

图 12-69　螺纹联接
a）受拉螺栓联接　b）受剪螺栓联接　c）双头螺柱联接
d）螺钉联接　e）紧定螺钉联接

参考文献

[1] 王滨涛. 焊工工艺学 [M]. 北京：机械工业出版社，2009.
[2] 金连东. 钣金展开施工手册 [M]. 北京：机械工业出版社，2005.
[3] 李亚江. 气体保护焊工艺及应用 [M]. 北京：化学工业出版社，2009.
[4] 程绪文. 焊接技能强化实训 [M]. 2版. 北京：化学工业出版社，2008.
[5] 王文安. 切割与其他焊接技术 [M]. 北京：中国劳动社会保障出版社，2009.
[6] 冯明河. 焊工技能训练 [M]. 3版. 北京：中国劳动社会保障出版社，2005.
[7] 郑应国. 焊工工艺学 [M]. 2版. 北京：中国劳动出版社，2002.
[8] 陆秋生. 冷作·钣金工入门 [M]. 北京：机械工业出版社，2001.
[9] 唐景富. 焊接操作技能 [M]. 北京：机械工业出版社，2009.
[10] 支道光. 焊工速成与提高 [M]. 北京：机械工业出版社，2008.
[11] 王建勋，任延春. 弧焊电源 [M]. 北京：机械工业出版社，2009.
[12] 徐佩兰，石学军. 焊工操作技巧与禁忌 [M]. 北京：机械工业出版社，2008.
[13] 刘春玲. 焊工快速入门 [M]. 北京：国防工业出版社，2010.
[14] 邓开豪. 弧焊电源 [M]. 北京：化学工业出版社，2009.
[15] 梁文广，杨颖镇，赵振海. CO_2 气体保护焊 [M]. 沈阳：辽宁科学技术出版社，2007.